GEHEIME CODES UND ZAHLEN

GEHEIME CODES
UND ZAHLEN

Verschlüsselte Geheimnisse und Rätsel
von der Antike bis zur Gegenwart

PIERRE BERLOQUIN

Librero

Für meine liebe Frau, Marie-Thérèse

Titel der Originalausgabe: *Hidden Codes & Grand Designs*

© 2020 Librero IBP (für die deutsche Ausgabe),
Postbus 72, 5330 AB Kerkdriel, Niederlande

© 2008 Pierre Berloquin
Ursprünglich herausgegeben in den VS in 2008.
Die deutsche Ausgabe wurde veröffentlicht mit Genehmigung von
Sterling Publishing Co., Inc., 1166 Avenue of the Americas, New York, NY, VS, 10036.

Aus dem Englischen von Anna Döbel und Thomas Guirten (für iMport/eXport)
Lektorat: Anika Seemann
Satz: Studio Frontaal, Groningen, Niederlande

Printed in Slovenia

ISBN: 978-94-6359-329-8

INHALT

EINLEITUNG

Über Geheimcodes schreiben hat etwas Paradoxales. Geheimcodes sollen ja etwas für die Öffentlichkeit verbergen und verhüllen, was verborgen bleiben soll. Aber irgendwann verzieht sich der Nebel und es werden Zeichen sichtbar, mit denen sich okkulte Gruppen und mystische Glaubensgemeinschaften identifizieren lassen. Sie wollen Geschichte schreiben und hoffen, in ihren Taten und Schöpfungen weiterzuleben. Dabei wollen sie, dass ihre Gebräuche geheim bleiben, aber ihre großartigen Entwürfe, über die die Welt staunen soll, sollen sichtbar sein.

Wir Historiker stehen außerhalb ihrer geheimen Welten. Wir können lediglich die wenigen erhaltenen Schriften studieren und erforschen, was sie bewirkten. Codes schützen vertrauliche Informationen und Nachrichten und sind deshalb geheim. Ein Geheimcode kann ein Verschlüsselungssystem sein, das Nachrichten unlesbar aussehen lässt, es kann aber auch in einer bestimmten Ästhetik oder in bestimmten Formen verborgen sein. Wenn es uns gelingt, die Codes zu entschlüsseln, erhalten wir nicht nur Einblicke in die Lebensregeln und mysteriösen Rituale von Geheimgesellschaften, es wird auch der Plan hinter ihren großen Entwürfen sichtbar.

Auch unsere heutige Welt wird mehr als je zuvor von Codes beherrscht. Nur mit Codes erhalten wir Zugang zu unseren Häusern, Autos, Computern, Mobiltelefonen, E-Mails und Bankkonten. Codes erinnern an die magischen Formeln aus Märchen, in denen Reichtum, Leben und Tod davon abhängen, ob das richtige Wort gefunden wird. Ein „Sesam öffne dich" kann Felsen sprengen und Armeen in ihrem Vormarsch stoppen. Heute geben wir unsere Codes in eine Tastatur ein und unsere Bankpässe sind die Amulette, mit denen wir Geld aus einer Wand zaubern. Wir leben in einer Welt, die sich ein Autor ausgedacht haben könnte und es ist kein Wunder, dass „Fantasy" in Literatur und Film ein so beliebtes Genre ist. Sie beherrscht heute schon unser tägliches Leben.

Codes funktionieren für uns als eine Art virtuelle zweite Haut, die bestimmt, was wir sind oder nicht sind: „Ich codiere, also bin ich."

Diese Magie stützt sich auf Computer, die Codes generieren, speichern und kontrollieren. Sie verwenden Programme, die selbst aus Codes aufgebaut sind – der Sprache, in die Maschinen das menschliche Denken übersetzen. Es werden also Codes von Codes aktiviert, genauso wie Zahnräder von Zahnrädern angetrieben wurden. Der Programmierer hat den Platz des Uhrmachers eingenommen. Sollten wir seine geheimnisvolle Arbeit deswegen als eine komplexere Art von Mechanik betrachten? Müssen wir befürchten, dass ein mit Codes überfülltes System sich eines Tages selbst blockiert, oder dass die Codes sich irgendwann völlig unabhängig von uns entwickeln?

In unserer heutigen, von Codes gesicherten Lebenswelt sind konkrete Schlüssel überflüssig geworden. Der Speicherort unserer Codes ist unser Gehirn. Schützt sich damit die Gesellschaft gegen diejenigen, die ihren Verstand, ihr Gedächtnis und damit den Zugang zu den Codes verlieren, die ihnen den Zugang zu Haus, Auto und dem sonstigen Leben schaffen? Oder sind wir dabei, die Schlüssel zu unserer Welt langsam aber sicher unseren auf reiner Logik basierten Maschinen anzuvertrauen, die unsere Codes perfekt speichern?

Hiermit berühren wir die Erfahrungswelt von Pythagoras, die in Kapitel 2 („Die Lehren von Pythagoras") beschrieben wird. Vor 2500 Jahren versuchte dieser griechische Mathematiker und Philosoph, jene Codes zu finden, die der natürlichen Schöpfung zugrunde liegen, um so vom Zuschauer und Spielball des Weltgeschehens zum Mitspieler zu werden. Das Pentagramm, das Rechteck und die perfekten Zahlen waren die heiligen Schlüssel, mit denen die Pythagoreer eine der ursprünglichen Schöpfung verwandte Harmonie suchten und schufen. Seit der Zeit von Pythagoras verehren und verwenden mystische Gemeinschaften die von ihm und seinen Schülern formulierten Codes. Und Architekten, Baumeister und Künstler verwenden die pythagoreischen Codes, um die Ästhetik ihrer Werke zu gestalten.

Codierungssysteme sind wahrscheinlich so alt wie die Menschheit selbst. Dieses Buch stellt die Entstehung und Entwicklung von Codes als Geheimsprache und als ästhetisches Prinzip von den Zeiten des Pythagoras und Aineias (s. Kapitel 1, „Die ersten Codes") bis heute dar.

Der Begriff „Code" hat viele, manchmal widersprüchliche Bedeutungen. Ein

ethischer Code, ein ästhetischer Code, ein Ehrencode oder Kleidungscode bringen Klarheit und definieren Verhalten. Ein Geheimcode dagegen soll den Inhalt und die Bedeutung einer Nachricht – zum Beispiel eine Aufforderung zu Treue oder Verrat – für all diejenigen geheim halten, die nicht über den Code verfügen. Beide Bedeutungen sind miteinander verwoben und werden in diesem Buch nicht getrennt.

Nachrichten in Geheimschrift sind faszinierende Puzzle, gerade weil sie sich unmittelbar auf die Wirklichkeit beziehen. Beim Codieren und beim Entschlüsseln eines Codes versuchen der Codierer und der Codebrecher ständig, dem anderen überlegen zu sein, wobei aber auf Dauer keiner bleibend die Oberhand behält. Schon 1840 schrieb Edgar Allen Poe: „Es gibt keinen vom menschlichen Erfindungsgeist erfundenen Geheimcode, der sich nicht auch vom menschlichen Erfindungsgeist entschlüsseln lässt." Die Geschichte der Geheimschrift bestätigt dies. Auch wenn es manchmal Jahrhunderte dauert – irgendwann wird jeder Code entschlüsselt. In Kapitel 6 „Homofone und Vigenère" geht es um den Vigenèrecode, der 300 Jahre lang als nicht zu entschlüsseln galt – vielleicht gerade deshalb, weil die Lösung in einer komplexen Art von Einfachheit bestand.

Es ist wichtig sich klar zu machen, dass eine Nachricht in Geheimschrift zwar aussieht wie ein Puzzle, aber kein Puzzle ist. Stattdessen ist die Geheimschrift ein echtes Kommunikationsmittel, an dem drei Parteien beteiligt sind: Absender,

Empfänger und „Abfänger". Der Absender schreibt eine Nachricht, codiert sie und schickt sie dem Empfänger. Die codierte Nachricht ist für denjenigen, der sie abfängt, zunächst unverständlich. Der Empfänger aber, der den Code kennt, kann die ursprüngliche Nachricht ermitteln. Da sich dieser Prozess in der Realität und nicht in einer virtuellen Welt von Computerspielen oder Puzzles abspielt, sind zwei Aspekte besonders wichtig. Erstens muss ein Codierungssystem möglichst effizient und zuverlässig sein. Der Codierende muss sich darauf verlassen können, dass der Empfänger die Nachricht auch unter Druck und in schwierigen Umständen, wie bei Kriegen oder diplomatischen Missionen in feindliche Länder, schnell und richtig entschlüsseln kann. Zweitens müssen Absender und Empfänger sich dessen bewusst sein, dass der ‚Abfänger" den Code über kurz oder lang entschlüsseln wird, denn das Funktionieren des Codes liefert bestimmte Hinweise, die durch Scharfsinn und mithilfe weiterer Informationen zur Entschlüsselung des Codes führen. Eine Methode, eine Geheimschrift noch besser zu verschlüsseln ist eine wiederholte Codierung, wie bei einem Safe, der in einem Safe steckt. Allerdings bringt dies das Risiko mit sich, dass sich die Bedeutung der Nachricht durch höhere Fehleranfälligkeit nicht mehr ermitteln lässt. Schon ein einziger kleiner Fehler in den vielen einzelnen Schritten macht den Code unbrauchbar. Außerdem wird das Codieren und Entschlüsseln sehr zeitaufwendig.

Die Risiken von Geheimschriften sind akzeptabel, solange der Code funktioniert und die Entschlüsselung mindestens so lange dauert, wie die Nachricht relevant ist. Dieses Gleichgewicht ist labil: So führen manche Historiker Napoleons Niederlage in Russland auf einen zu einfachen Code zurück, der zur Folge hatte, dass die Russen manchmal eher über Napoleons Angriffspläne informiert waren als seine eigenen Generäle. Obwohl er schon ein Jahrhundert früher geknackt wurde, wurde die Vigenère-Chiffre im Ersten und Zweiten Weltkrieg immer noch verwendet, denn sie bot einen ausreichenden Schutz für Informationen, die nur kurze Zeit geheim zu bleiben brauchten.

Ästhetische Codes, wie sie zum Beispiel im vitruvianischen Menschen versinnbildlicht werden, funktionieren genau umgekehrt und symbolisieren den offenen Aspekt des Codierens. Der ästhetische Code will zunächst das Herz und erst dann den Intellekt erreichen. Er will nicht verhüllen, sondern durchsichtig sein. Die ästhetische Wertschätzung muss der logischen Analyse vorangehen. Deshalb erhöht sich der ästhetische Wert, wenn ihm ein logischer Code zugrunde liegt. Die Perfektion eines ästhetischen Codes entspricht der Perfektion der ihm zugrunde liegenden Mathematik oder Logik, ohne dass diese sichtbar zu sein braucht. Auch hier macht die Realität jedoch Kompromisse erforderlich. Der Code muss nicht nur ausreichend verfeinert sein, um sich der Perfektion zu nähern, sondern auch einfach und vielseitig, damit er sich in allen Situationen anwenden lässt. Ein schönes Beispiel ist der Goldene Schnitt, der auf die mathematischen Erkenntnisse von Pythagoras zurückgeht.

Wenn dieses Buch ein Roman wäre, wäre der Code die Hauptfigur, die in verschiedenen Kostümen auftritt: als Kommunikationsmittel und als ethische oder ästhetische Richtlinie. Wir wären die Nebenfiguren, die zwar meinen, alles im Griff zu haben und Codes entwerfen, anwenden, negieren oder löschen zu können, aber die in Wirklichkeit eine viel engere und komplexere Beziehung zu ihnen haben. Obwohl uns das Erstellen von Codes wenig Mühe kostet, können wir uns nur schwer von ihnen lösen, wenn sie einmal existieren. Oft genug fühlen wir uns durch einen Code eingeschränkt, werden aber bei der Suche nach einem Ausweg durch andere Codes behindert und sind dann wie gelähmt. So kann unser Bedürfnis nach Freiheit mit unserem Bedürfnis nach Sicherheit oder unserer Neugier nach neuen Technologien in Konflikt geraten.

Seit dem Ende des 20. Jahrhunderts ist eine völlig neue Situation entstanden, denn dank der rasanten Entwicklung der Codierungssystematik sind Codes in gewissem Sinn autonom und unabhängig geworden. Zwar werden sie immer noch von Menschen entwickelt, aber die Entwicklung der Computertechnik führt dazu, dass sie sich der menschlichen Kontrolle entziehen. In der virtuellen Welt von Internet und elektronischer Kommunikation schweben Millionen von Codes, von denen niemand weiß, ob sie uns wirklich vor Gefahren schützen

oder sich selbst zu einer unkontrollierten Gefahr entwickelt haben.

In diesem Buch finden Sie außer Fotos und grafischen Abbildungen zahlreiche Beispiele von Geheimschriften und Codierungssystemen aus Vergangenheit und Gegenwart. Die codierten Texte sind in englischer Sprache abgefasst, sodass beim Decodieren ein englischsprachiger Text entsteht. Die richtigen Lösungen mit deutscher Übersetzung finden Sie hinten im Buch. Die verschiedenen Code-Beispiele sind als Herausforderung, Übung und Illustration gedacht, denn in einem Buch über Codes dürfen Beispiele natürlich nicht fehlen. In diesem Sinne ist Kapitel 10 „Eine Galerie von Alphabeten" ein illustrativer Höhepunkt.

KAPITEL 1

DIE ERSTEN CODES

Bereits Jahrhunderte vor Beginn unserer Zeitrechnung entwickelten Griechen und Römer die Prinzipien der Geheimschrift. Geheimschriften werden inzwischen seit über zweitausend Jahren benutzt. Auch ohne technische Hilfsmittel entwickelte der Mensch Kommunikationsnetzwerke, die er mit Verschlüsselungssystemen schützte. Die Fackeln, Spiegel, Flaggen und Signalmasten, die jahrhundertelang zur Übertragung optischer Signale benutzt wurden, sind die Vorläufer unserer heutigen digitalen Netzwerkgesellschaft.

POLYBIUS

	1	2	3	4	5
1	A	B	C	D	E
2	F	G	H	I	J
3	K	L	M	N	O
4	P	Q	R	S	T
5	V	W	X	Y	Z

Diese einfach aussehende Matrix, eine Anordnung von Zahlen in Zeilen und Spalten, in der sich ein Buchstabe durch seine Koordinaten ersetzen lässt, ist die älteste effiziente Verschlüsselungsmethode. Sie wurde vor 2200 Jahren von Polybius, einem griechischen Strategen und Historiker, entwickelt. Das sogenannte „Polybius-Viereck" hatte große Bedeutung als geheimes Kommunikationsmittel für die römische Armee. Mit diesem Code ließen sich Befehle und Informationen direkt weiterleiten, ohne dass man auf Botschafter zu Fuß oder zu Pferd angewiesen war, denn diese konnten abgefangen werden. Der Code brachte der römischen Armee einen wichtigen Vorsprung gegenüber ihren Gegnern.

Auf der Grundlage dieser Matrix bauten die Römer das erste Informationsnetzwerk auf, mit dem sich Nachrichten innerhalb weniger Stunden oder Tage (anstelle von Wochen oder Monaten über Boten) über das ganze Römische Reich übermitteln ließen. Zwar fehlt ein eindeutiger Hinweis auf die verwendete Verschlüsselungstechnik, aber der Verfasser ist überzeugt, dass hier das Polybius-Viereck benutzt wurde.

Um die Bedeutung und Verwendung von Codierungen und Kryptografie in unserer Zeit richtig zu verstehen, ist es wichtig zu wissen, wie dieses Verschlüsselungsverfahren funktionierte und welche Kommunikationstechnologie verwendet wurde.

Von Griechenland bis Rom

Im zweiten Jahrhundert vor Christus wurde Griechenland, die letzte unabhängige Zivilisation im Mittelmeergebiet, von den Römern erobert, die mit einem Korridor von Ländern um Italien herum die sogenannte „Pax Romana" (Römischer Friede) sicherstellen wollten. Rom beherrschte diese Länder und führte dort das römische Rechtssystem ein. Um den Römern Widerstand zu leisten, wollte Polybius die griechischen Stadtstaaten der Peloponnes in einer Föderation vereinen. Er wurde aber als Geisel nach Rom verschleppt, wo er siebzehn Jahre verbrachte, offiziell als Gefangener und Sklave der berühmten Familie der Skipios, aber in Wirklichkeit als vollwertiges Mitglied der römischen kulturellen Elite. In seinen *Historien* berichtet Polybius über diese wichtige Periode in der römischen Geschichte, während der auch Karthago und Korinth erobert wurden. Dabei erzählt er ausführlich über die damaligen militärischen Mittel und Strategien.

Entschlüsseln Sie:

Das hier abgebildete Beispiel einer Geheimschrift nach dem Polybius-Viereck gibt ein Zitat von Scipio Africanus wieder. Im lateinischen Alphabet kann man das V auch als U lesen.

(Alle Auflösungen finden Sie hinten im Buch).

12 53 34 54 15 43 51 12 11 15 53 34 44 54 32 51 21 53 23 41

Als Stratege kannte Polybius die Bedeutung effektiver Kommunikation genau. Ihn interessierte an erster Stelle die Übertragung von Nachrichten über große Entfernungen. In diesem Rahmen erwähnt er eine Art Telegrafen, der zwei Jahrhunderte früher von Aineias Taktikos, ebenfalls ein Grieche, entwickelt und beschrieben wurde. Obwohl Aineias' Text verlorengegangen ist, gibt Polybius' Beschreibung uns einen deutlichen Eindruck dieses Systems und der Verbesserungen, die er durchführte.

Aineias verwendete etwas, was wir heute ein Codebuch nennen würden, also eine Aufzählung möglicher Nachrichten, die jeweils durch eine Zahl wiedergegeben werden. Wenn die Parteien, die Informationen austauschen wollen, diese Codes kennen, genügt es, die jeweiligen Zahlen zu übertragen.

Die Liste von Aineias enthielt nur eine begrenzte Anzahl von Nachrichten. Moderne Codebücher – zum Beispiel die, die im Ersten Weltkrieg von der Marine verwendet wurden – enthalten Tausende von Codewörtern oder Zahlen, die für Personen, Orte, Waffen, bestimmte Formulierungen oder Wortkombinationen stehen.

Die Liste von Aineias könnte folgendermaßen ausgesehen haben:

Vorrücken	1
Zurückziehen	2
Vormarsch beenden	3
Lager aufschlagen	4
Deckung suchen	5
Angriff	6

Auf der Basis dieser Liste würde die Kombination 1-4-6 bedeuten: vorrücken bis zu der Stelle, wo das Lager aufgeschlagen wird, von dort aus Angriff.

Wichtiger als das Codebuch war allerdings die Art der Signale, mit der Aineias Nachrichten übertrug. Zwar waren optische Signale schon länger in Gebrauch – schon die Babylonier verwendeten Rauchsignale und Spiegel zur Reflektion des Sonnenlichts –, aber viel mehr als „Ja" oder „Nein", „Wir haben gesiegt" oder „Wir haben verloren" konnte auf diese Weise nicht übertragen werden. Für genauere Informationen waren Boten notwendig. Aineias erweiterte die Möglichkeiten erheblich und seine Erfindung kann man zu Recht als Telegrafen *avant la lettre* bezeichnen. Das Wort „Telegraf" wurde allerdings erst im 18. Jahrhundert von dem Franzosen Claude Chappe, der das Werk Aineias' kannte, geprägt. Es beruht auf den griechischen Worten *„grafein" (schreiben) und „tèle" (weit)*.

Der Telegraf von Aineias beruhte auf Gleichzeitigkeit (Synchronie). Um Absender und Empfänger exakt synchronisieren zu können, verwendete Aineias das damals genaueste Zeitmessgerät: die Wasseruhr (*clepsydra*). Sie bestand aus einem Gefäß, aus dem Wasser kontrolliert ausströmte, sodass sich am Pegel des Wasserspiegels die Zeit ablesen ließ.

Sender und Empfänger verwendeten ein identisches Reservoir mit einem Ventil an der Unterseite. Das Reservoir zeigte eine Skala verschiedener Meldungen und diente damit als Codebuch.

Es funktionierte folgendermaßen. War das Reservoir gefüllt und sollte eine

Nachricht übertragen werden, so öffneten beide Parteien gleichzeitig ihre Ventile, aus denen das Wasser strömte. Wenn der Wasserspiegel die vom Absender gemeinte Nachricht anzeigte, wurden die Ventile gleichzeitig wieder geschlossen.

Um die für diese Methode wichtige Synchronisierung zu erreichen, wurden bestimmte Signale vereinbart:

1 Partei A hält eine brennende Fackel hoch und meldet damit „Bereit zu senden".
2 Partei B hält als Antwort ebenfalls eine brennende Fackel hoch und meldet damit „Bereit zu empfangen".
3 Partei A senkt die Fackel zum Zeichen, dass die Ventile geöffnet werden können. Dies geschieht, sobald auch Partei B seine Fackel senkt. Jetzt strömt Wasser aus beiden Reservoirs.
4 Die Ventile werden wieder geschlossen, sobald Partei A die Fackel wieder erhebt.

Da es zu Aineias' Zeit noch keine großen Behälter aus durchsichtigem Material gab, war das Ablesen des Wasserspiegels nicht ganz einfach. Es wurden keramische Gefäße verwendet, in die auf der Höhe der Nachrichten Löcher gebohrt und mit Korken verschlossen wurden. In den Korken steckten kleine Stöckchen, die sich zur Hälfte innerhalb, zur Hälfte außerhalb des Gefäßes befanden (s. Abbildung). War das Gefäß voll, zeigten die Stöckchen durch den Wasserdruck an der Innenseite nach oben und an der Außenseite nach unten. Stand ein Stöckchen horizontal, befand es sich genau auf der Höhe des Wasserspiegels. Sank das Wasser noch weiter, zeigte das Stöckchen an der Außenseite nach oben.

Die hügelige Landschaft Griechenlands ist für ein solches optisches Kommunikationssystem besonders geeignet. Das Problem von Entfernung und schlechtem Wetter lösten die Griechen, indem sie lange Hohlrohre als eine Art primitive Ferngläser benutzten.

Obwohl dieses System mit Fackeln und Wasseruhr theoretisch effizienter ist als die

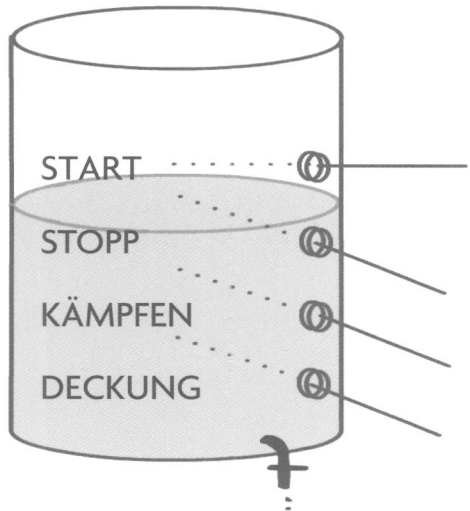

Verwendung von Rauchsignalen, ist nicht bekannt, ob es auch tatsächlich verwendet wurde. Seine Nutzungsmöglichkeit ist beschränkt, da nur eine begrenzte Anzahl spezifischer Nachrichten weitergeleitet werden konnte. Damit war es in bei unvorhersehbaren Situationen wie in Kriegen ungeeignet. Polybius erkannte, dass für wirkliche Kommunikation nicht die Nachricht, sondern die Sprache selbst codiert werden müsste. Dazu entwickelte er das sogenannte Polybius-Viereck (s. Seite 13): die erste echte Geheimschrift, in der mit Buchstaben anstatt von bestimmten, nur auf wenige Situationen zugeschnittenen Nachrichten kommuniziert wurde.

Für das Telegrafensystem von Polybius sind zehn Fackeln erforderlich. Der Absender stellt zwei Reihen von fünf deutlich voneinander getrennten und für die empfangende Partei gut sichtbaren Fackeln auf. Fackeln, die nicht benutzt werden, werden abgedeckt. Um einen Buchstaben aus dem Alphabet zu senden, werden links so viele Fackeln gezeigt, wie es der jeweilige Spaltenkoordinate im Polybius-Viereck entspricht und rechts so viele, wie es der Reihenkoordinate entspricht. Die andere Partei bestätigt den Empfang mit einer einzelnen Fackel je Buchstabe, danach sendet der Absender den folgenden Buchstaben.

Die Illustration zeigt den Fackelcode des Buchstaben L, mit zwei erhobenen Fackeln links, und drei Fackeln rechts.

„Sei gegrüßt" (lateinisch *ave*) codiert man mit einer Fackel links und einer Fackel rechts, anschließend einer Fackel links und fünf Fackeln rechts und schließlich fünf Fackeln links und einer Fackel rechts. In den folgenden codierten Texten werden die Koordinaten des Polybius-Vierecks in Zahlen benutzt.

Entschlüsseln Sie:
eine Botschaft von Cato dem Älteren an den Römischen Senat:

31 11 34 54 32 11 22 51 33 15 44 54 21 51 15
54 54 51 34 23
45 15 54 54 51 34 23 45
41 51 44 54 53 45 51 41

Entschlüsseln Sie:
diesen paradoxalen Spruch von Scipio Africanus:

42 11 33 43 51 15 51 34 23 51 44 44 11 54

23 51 42 44 15 34 51 54 32 11 43 25 32 51 43
11 54

23 52 42 44 15 34 51 53 34 23 51 44 44 11 23
53 43 51

54 32 11 43 25 32 51 43 11 23 53 43 51

Studenten der Technischen Hochschule in Aachen haben Polybius' Methode in den achtziger Jahren des 20. Jahrhunderts mit Fackeln getestet. Nach einiger Übung gelang es ihnen, durchschnittlich acht Buchstaben pro Minute zu übertragen.

Wenn wir dies mit modernen Computern vergleichen, können wir die Übermittlung eines Buchstabens mit 8 Bit gleichsetzen. Die Studenten erreichten also eine Geschwindigkeit von 64 Bits/min oder ungefähr 1 Bit/s. Das mag für unser Verständnis heute langsam sein, war in der damaligen Zeit aber unerhört schnell.

Entschlüsseln Sie:

diesen Spruch von Vergilius in einer Variante des Polybius-Vierecks:

45 42 51 23 41 43 53 54 54 53 33 42 44 12 53 34 54 15 43 51 44

21 15 54 11 41 15 11 43 31 51 11 23 23 54 32 51 33 53 34 51 21

53 23 41 23 45 11 22 11 42 43 44 54 54 32 51 33

JULIUS CÄSAR

Im Jahre 55 v. Chr. unternahm Julius Cäsar einen Feldzug nach England. Aus Cäsars eigenem *De Bello Gallico (Berichte aus dem Gallischen Krieg)* wissen wir, dass er noch vor seinen Soldaten an Land sprang und damit der erste Römer wurde, der einen Fuß auf englisches Territorium setzte. 2000 Jahre später hatte auch Napoleon Pläne, die britischen Inseln erobern, aber dieser Feldzug sollte nie stattfinden. Außerdem war Napoleon ein ganz anderer Feldherr als Cäsar: Er führte seine Soldaten nicht an, sondern nahm eine Position auf einem Hügel ein, um seine Armee mithilfe von Karten und Boten anzuführen.

Statue von Julius Cäsar in Rom

Entschlüsseln Sie:

Cäsars legendäre Worte bei seiner Ankunft in Britannien:

OHDS, IHOORZ VROGLHUV, XQOHVV BRX ZLVK WR EHWUDB BRXU HDJOH
WR WKH HQHPB. L, IRU PB SDUW, ZLOO SHUIRUP PB GXWB WR WKH
FRPPRQZHDOWK DQG PB JHQHUDO.

Natürlich brauchten diese Worte nicht codiert zu werden, denn sie wurden ja laut und deutlich gesprochen, als Cäsar auf feindlichem Boden an Land ging. Vielleicht wurden sie damals auch etwas gröber formuliert, als Cäsar sie später in seinen *Berichten aus dem Gallischen Krieg* wiedergab. Trotzdem war auch für Cäsar Geheimschrift von großer Bedeutung, und er spielte selbst eine wichtige Rolle in ihrer Entwicklung.

Cäsar hatte sogenannte *speculatores* in Dienst, die sowohl Boten als auch Spione waren. Nicht nur Cäsar, sondern alle Römer mit politischen Ämtern verfügten über ein solches Team eigener, vertrauter *speculatores*, die sie über die Aktivitäten von Freunden und Feinden auf dem Laufenden hielten. Cäsar ging jedoch noch einen Schritt weiter. Er wusste ganz genau, dass seine Gegner seine Macht untergraben wollten. Wichtige Briefe waren deswegen sogar in den Händen seiner *speculatores* nicht sicher. Deswegen entwickelte er ein Verschlüsselungssystem, das den Inhalt seiner Nachrichten unverständlich machen sollte, wenn man nicht über den Verschlüsselungscode verfügte.

Der Cäsar-Code funktionierte folgendermaßen: Jeder Buchstabe wird durch den Buchstaben ersetzt, der eine bestimmte Zahl (zum Beispiel drei) weiter im Alphabet steht. So wird das A zum Beispiel zum D, das B zum E usw. Umgekehrt wird beim Entschlüsseln das D als A und das E als B gelesen. Bei der Wiedergabe von X, Y und Z geht man wieder zum Anfang des Alphabets zurück, sodass A der Codebuchstabe von X, B von Y, und C von Z wird.

Wahrscheinlich kannte Cäsar das Polybius-Viereck. Fackelsignale wurden noch lange nach Cäsars Zeiten unter Kaiser Trajan (98–117 n. Chr.) verwendet. Es wurden dafür spezielle Türme gebaut, damit die Fackeln besser sichtbar waren. Cäsar hat diese Fackeltürme sicherlich auch verwendet, aber es ist nicht bekannt, ob er, wie später Marie-Antoinette (s. Kapitel 6) zur Verbesserung der Geheimhaltung das Polybius-Viereck um zusätzliche Codes erweitert hat.

Der Code von Cäsar mag in unseren Augen simpel erscheinen, aber im ersten Jahrhundert v. Chr. bedeutete er in jeder Hinsicht einen Durchbruch.

Die Überlieferung zeigt uns Cäsar als vielseitiges Genie. Schon in jugendlichem Alter war er ein hervorragender Schwertkämpfer und Reiter und später entwickelte er sich zu einem genialen Strategen, der von Erfolg zu Erfolg eilte. Cäsar lebte und kämpfte wie seine Soldaten, die ihn auf Händen trugen. Sogar seine Feinde rühmten seine Qualitäten als Schriftsteller und Dichter. Als Politiker wusste er seine Chancen zu nutzen, wobei er allerdings Betrug und Bestechung nicht scheute. Aber Cäsar war auch Idealist und verabschiedete Gesetze, die die Grundlage unserer modernen Republiken bildeten. So verdanken wir ihm das Gesetz, dass die Debatten der Volksvertreter öffentlich zugänglich sein sollten: Ein Gesetz, das den grundlegenden Unterschied zwischen einer demokratischen Versammlung und dem Treffen einer Geheimgesellschaft definiert.

Entschlüsseln Sie:
Cäsar zitierte dieses Sprichwort von Publius häufig, es erklärt vielleicht seinen Erfolg als Stratege:

EDG LV D SODQ ZKLFK FDQQRW EHDU D FKQJH

Cäsar, der oft gesagt haben soll, ein unerwarteter Tod sei der beste Tod, starb so, wie er sich das gewünscht hatte. Seine berühmten letzten Worte drücken sein Staunen und Entsetzen darüber aus, dass sich unter den Verschwörern auch sein angenommener Sohn Brutus befand.

Entschlüsseln Sie:
Cäsars letzten Worte an Brutus, als dieser mit seinem Dolch bereitstand.

BRX WPR PB VRQ?

Schon kurz nach seiner Ermordung erklärte der römische Senat Cäsar zum Gott. Der Komet, der am selben Abend über

Rom erschien, wurde hierfür als Beweis angesehen.

Entschlüsseln Sie:
den Rat von Cäsar an Politiker (alle Buchstaben sind um eine unbekannte Anzahl Stellen verschoben, der Text ist in Standardgruppen von fünf Buchstaben aufgeteilt).

ROHXD VDBCK ANJTC QNUJF MXRCC
XBNRI NYXFN ARWJU UXCQN ALJBN
BXKBN AENRC

Cäsars Code geknackt

Die größte Schwäche von Cäsars Code war, dass er lediglich 25 Möglichkeiten bot, die Buchstaben zu verschieben, sodass sich der Code durch Ausprobieren all dieser Möglichkeiten leicht entschlüsseln ließ. Und es gab sogar noch eine einfachere Möglichkeit. Wie in Kapitel 6 erläutert wird, ist sowohl im Englischen als auch im Deutschen der Buchstabe E der am häufigsten vorkommende Buchstabe. Der Entschlüsselnde braucht also nur zu zählen, welcher Buchstabe im codierten Text am häufigsten vorkommt. Wenn dieser dann höchstwahrscheinlich als E zu lesen ist, lässt sich einfach ermitteln, um wie viele Stellen die Buchstaben verschoben sind.

So kommt in obigem Beispiel der Buchstabe N am häufigsten vor, gefolgt durch C und X. Wahrscheinlich ist das N also als E zu lesen, woraus folgt, dass jeder Buchstabe um neun Stellen verschoben wurde.

Nach einer unruhigen Zeit mit vielen Bürgerkriegen kam Augustus an die Macht. Er ersetzte das System der *speculatores* durch einen normalen

Postdienst (*cursus publicus*) und einen *cursus velox* mit berittenen Kurieren für dringende Nachrichten und öffentliche Angelegenheiten. Diese Infrastruktur existierte bis ins 19. Jahrhundert, bis in Europa die optische Telegrafie erfunden wurde und der Pony Express in Amerika durch Morse-Telegrafen ersetzt wurde.

Die Berichte aus Cäsars Leben sind hier nicht nur als unterhaltsame Anekdoten gedacht. Im Laufe der Zeit wurde die Person Cäsar zum bewundernswerten absoluten Vorbild für politische Führer und die Berichte über seine Qualitäten wurden zum ästhetischen und politischen Code. Der Name Cäsar hat die Bedeutung „Führer mit absoluter Macht" erhalten, wie im deutschen „Kaiser", russischen „Zar" und möglicherweise sogar im tibetanischen „gesar".

Eine Führungspersönlichkeit, die sich mit Cäsar vergleichen lassen will, muss sich auf jeden Fall in folgenden vier Punkten auszeichnen. Sie ist

- eine Person, die sowohl physisch als auch intellektuell hervorragende Leistungen erbringt,
- ein vernünftiger Gesetzgeber, der sich jedoch auch über das Gesetz erhebt oder es übertritt, falls dies erforderlich ist,
- ein perfekter Stratege mit vorausschauendem Blick, der neues Territorium für seine Untertanen erobert,
- Vermittler zwischen dem sterblichen Menschen und der geistigen Welt.

Durch letztere Eigenschaft vermittelt er zwischen der politischen Führung, geheimen Gesellschaften und der mythischen Welt, in der Cäsaren geschaffen werden und der sie angehören. Gerade das Paradox, dass derjenige, der das Gesetz schreibt es selbst bricht, verleiht dem Führer seinen mystischen Status und verstärkt seine Position. Da er damit quasi zu verschiedenen Welten gehört, kann der Führer seine in beiden Welten erhaltene Macht bündeln (s. auch S. 158–162 über mythische Reisen).

Das Skytale

Das Skytale ist ein kryptografisches Werkzeug, das bereits im 7. Jahrhundert v. Chr. von den Griechen entwickelt wurde. Dabei werden die Buchstaben nicht durch andere Buchstaben, Zahlen oder Symbole ersetzt, sondern transpositioniert. Mit anderen Worten: die Reihenfolge, in der die Buchstaben gelesen werden sollen, ist codiert.

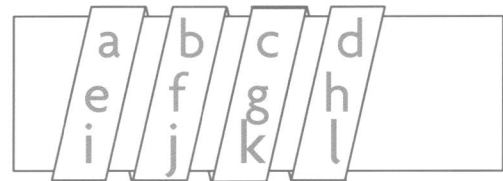

Der Absender wickelt hierbei einen Papierstreifen (die Griechen verwendeten Leder) um einen zylindrischen Stab. Anschließend wird die Nachricht in Zeilen auf diesem Streifen geschrieben. Wird der Streifen wieder abgewickelt, steht darauf eine bedeutungslose Reihe von Buchstaben. Dort, wo auf der Abbildung „abcdefghijk" steht, ist jetzt „ieajfbkclhd" zu lesen. In diesem Beispiel müsste man jeden dritten Buchstaben lesen. Im folgenden Beispiel kann der Leser selbst herausfinden, wie groß dieses Intervall ist. Die codierten Texte sind stets in Gruppen von fünf Buchstaben aufgeteilt.

Entschlüsseln Sie:
eine weise Bemerkung von Äsop.

ANACD DEIOR SUTWB AOTIR FNSUE
ELNTF EHRMA IYNE

Entschlüsseln Sie:
eine zynische Betrachtung von Aristoteles.

NNLIA RTAAI NNEHS RFGTN ELEEO
HOVEA FNEBI ELOEL EGPIR HATOK
AAZTR ELLYE OWLFL RUHMO UTSEE
FRHA

Entschlüsseln Sie:
einen praktischen Rat von Sophokles.

DAITL TOTIC OSOIT NMHCP EEAMA RELTR
TGIHO TEOOT DFRNA UEGTW EHSNA ENR

Mit diesem System waren die Griechen ihrer Zeit weit voraus. Das Transpositionieren geriet in Vergessenheit und wurde erst im 19. Jahrhundert wieder entdeckt und weiterentwickelt.

DAS NETZWERK VON TRAJAN

In den ersten Jahrhunderten unserer Zeitrechnung wurden für das Übertragen von Informationen im Römischen Reich,

Die Trajanssäule

das sich über ganz Europa bis in den mittleren Osten und Nordafrika erstreckte, vor allem optische Signale verwendet. Ottavio Bianco spricht in seiner *Telegrafia optica* (Turin 1887) von einem sich über Tausende von Kilometern erstreckendes Netzwerk von Türmen. Allein in Italien und in Gallien standen 1200, in Asien weitere 500. Jeder Turm wurde von zwei Soldaten bewacht und bemannt.

Durch die Trajanssäule, die vom römischen Kaiser Trajan als Erinnerung an seine Siege über die Dakier errichtet wurde, wissen wir, wie diese Türme aussahen. Die spiralförmigen Reliefs auf dieser 30 m hohen Säule erzählen die Geschichte von Kriegen und zeigen genaue Abbildungen von Kriegern, ihrer Kleidung, Waffen und Werkzeugen. Die Geschichte beginnt unten an der Säule (s. Abbildung) mit fünf kleinen eingezäunten Türmen, bei denen es sich wahrscheinlich um Signaltürme handelt. Aus den drei Türmen rechts von den Strohhütten ragen brennende Fackeln, während auf den Türmen links keine Fackeln sichtbar sind. Die Türme werden durch Strohhütten und ein Rechteck mit 5 x 12 Fächern voneinander getrennt. Es ist unklar, ob es sich hier um exakt aufgeschichtete Stapel Feuerholz handelt oder um eine Matrix mit einer regelmäßigen Anordnung von Zahlen in Spalten und Zeilen. Auffällig ist auf

jeden Fall, dass die Rechtecke oder Matrix genau von vorn dargestellt sind und die Türme und Hütten aus der Perspektive von Personen, die sich genau vor dieser Matrix befinden.

Es gibt für die Hypothese, dass es sich im ersten Fach auf der Säule um ein Netzwerk von Signaltürmen handle, keine weiteren Belege. Dass dies die allererste Szene der Reliefs ist, könnte allerdings auf die Bedeutung eines Informations- und Kommunikationssystems für die Verwaltung eines so großen Reichs wie das Römische Reich hinweisen – nicht nur im Krieg, sondern auch in Friedenszeiten.

Die Türme sind nicht befestigt, was ausschließt, dass es sich um eine Festung oder Wachtürme handelt. Bei Interpretationen dieser Darstellungen sind alle abgebildeten Details zu berücksichtigen, denn auch in den anderen Abbildungen zeigt sich die große Sorgfalt, mit der der Bildhauer alle Details dargestellt hat.

Wenn wir also davon ausgehen, dass dieses Relief ein Kommunikationsnetzwerk darstellt, müssten die einzelnen Türme zusammen eine Reihe von Posten bilden, die durch das Zeigen oder Verbergen von Fackeln Signale übertragen, vergleichbar mit einem Morsecode ohne Streifen. Obwohl dies im Prinzip möglich ist, erscheint es als Kommunikationssystem wenig zuverlässig.

Eine andere Hypothese wäre, dass die perspektivisch zentral dargestellte Matrix auch inhaltlich eine zentrale Rolle spielt. Das Rechteck mit fünf Reihen erinnert an das Polybius-Viereck. Möglicherweise symbolisieren die fünf Türme ein System mit fünf Fackeln, wobei jeder Posten aus fünf Türmen besteht, auf denen Fackeln gezeigt oder nicht gezeigt werden. Die Türme stehen weit genug auseinander, um auch aus größerer Entfernung noch einzeln sichtbar zu sein. Wie die ebenfalls in diesem Kapitel dargestellten Schwenkarme von Claude Chappe und Niclas Edelcrantz bietet ein solches, auf der Grundlage des binären Zahlensystems basiertes System, die Möglichkeit, 32 (2 × 2 × 2 × 2 × 2 = 32) verschiedene Signale zu übertragen, was für alle Buchstaben des Alphabets ausreicht – und mehr. Man könnte diese Hypothese belegen, wenn man identifizieren könnte, was in den verschiedenen Ecken der Matrix dargestellt ist. Leider ist der Marmor durch die Einwirkung saurer Stoffe verwittert, und auch der im Auftrag von Königin Victoria für das Victoria & Albert Museum angefertigte Gipsabdruck ist nicht detailliert genug. Die im Auftrag von Napoleon III. angefertigte Bronzekopie befindet sich zwar in besserem Zustand, aber auch darauf ist kaum mehr zu sehen als etwas, das sowohl ein Stapel Holzblöcke als auch eine symbolisierte Matrix sein könnte.

Die Bedeutung dieser Szene ist also nach wie vor rätselhaft, denn wie wahrscheinlich ist es, dass die Römer das Geheimnis ihres Kommunikationsnetzwerks für jedermann sichtbar in Stein gravieren sollten?

DAS TELEGRAFENSYSTEM DER BRÜDER CHAPPE

Nach dem Untergang des Römischen Reichs gerieten die Signaltürme in Vergessenheit, von den Bauwerken selbst blieben nur unerkennbare Ruinen übrig. Erst im 18. Jahrhundert wurde das System von europäischen Wissenschaftlern neu entdeckt. Damals war es üblich, dass Wissenschaftlicher sich von Texten aus dem Altertum inspirieren ließen, schließlich war Latein als Lingua franca die internationale Sprache der Wissenschaft. Die Namen neuer Erfindungen oder Techniken bestanden meistens aus einer Kombination simpler lateinischer oder griechischer Begriffe, deren Bedeutung auch den weniger Gebildeten bekannt war, sodass Funktion und Sinn einer neuen Idee oder Konstruktion unmittelbar einleuchteten.

Nach der Lektüre von Polybius führte Claude Chappe mit Unterstützung seiner vier Brüder eine Reihe von Experimenten zur Entwicklung eines effizienten modernen Signalsystems durch, das die von Polybius beschriebenen Fackeln und Rauchsignale ersetzen sollte. Elektrizität war damals zwar schon bekannt, aber praktisch noch nicht anwendbar. Deshalb suchte Chappe die Lösung zunächst in einer Verbesserung der Wasseruhren des Aineias.

Der Tachygraf (Schnellschreiber)

Auch die Erfindung des „Tachygrafen" („Schnellschreiber"), wie Chappe ihn selbst nannte, beruhte auf dem Prinzip der Synchronisation. Chappe verwendete dazu zwei Pendeluhren (s. Abbildung), die mit ihrem Zifferblatt mit Symbolen so genau aufeinander abgestimmt waren, dass sich

die Zeiger mit gleicher Geschwindigkeit bewegten und gleichzeitig dieselben Symbole anzeigten. Mittels eines Zeichens konnte der Absender angeben, wann der Zeiger das von ihm gemeinte Symbol anzeigte, das der Empfänger dann notierte. Dabei war wichtig, dass das vereinbarte Zeichen eindeutig war und sofort notiert wurde. Auf diese Weise ließ sich eine Reihe von Symbolen übertragen. Chappe experimentierte mit verschiedenen Techniken, denn akustische Signale haben eine Reichweite von lediglich 400 m und

Der Tachygraf der Brüder Chappe

die Signale nehmen selbst Zeit in Anspruch, die auch zu berücksichtigen war. Chappe versuchte es deshalb auch mit Elektrizität. Wenn ihm dies gelungen wäre, wäre er Samuel Morse um ein halbes Jahrhundert voraus gewesen! Aber Drähte von einer derartigen Länge ließen sich damals noch nicht ausreichend isolieren. Schließlich entwickelte er eine Konstruktion mit drehbaren Armen mit einer schwarzen und einer weißen Seite. Dies stellte sich als erfolgreich heraus, denn diese Signale waren mithilfe eines Teleskops auch aus großer Entfernung zu erkennen. Moderne Linsenfernrohre waren damals schon ein Jahrhundert lang in Gebrauch und spielten eine wichtige Rolle in der optischen Telegrafie.

Am 2. März 1791 demonstrierte Chappe seine Erfindung einer Gruppe geladener Gäste, zu denen ein Notar, ein Priester und ein Bürgermeister gehörten. Das Publikum war beeindruckt und es wurde bestätigt, dass die versandte Nachricht angekommen und verständlich war.

Es ist unbekannt, ob auf dem Ziffern-blatt dieses ersten optischen Telegrafen Buchstaben, Zahlen oder Symbole abge-bildet waren. Trotz der Komplexität seines Tachygrafen hatte Chappe ein effektives System entwickelt, das neue Möglichkeiten

bot. In einem kleinen Museum in Brûlon, wo die Demonstration stattfand, sind die unterschriebenen Zeugenerklärungen zu bewundern. Zwar wurde der Tachygraf nicht weiter entwickelt, aber dieser erste Erfolg bestärkte Chappe.

Die Paneele

Chappe experimentierte daraufhin mit ver-schiedenen anderen Verfahren. Er entwickelte auf der Grundlage des binären Zahlensystems ein System mit fünf Holzpaneelen, mit denen 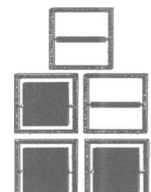 32 (2 × 2 × 2 × 2 × 2) mögliche Signale übertragen werden konnten. Mithilfe von Flaschenzügen wurden die Paneele so gedreht, dass sie ihre weiße oder schwarze Seite zeigten.

Auch verwendete Chappe Reihen aus zehn Paneelen und erweiterte so die Zahl der möglichen Signale auf insgesamt 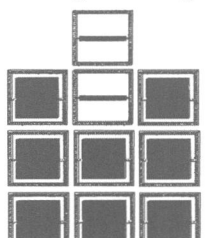 1024, sodass er die 26 Buchstaben des Alphabets (s. unten) um ein ausführliches Codewörterbuch ergänzen konnte. Der in seine Forschung

A B C D E F G H I J K L M

N O P Q R S T U V W X Y Z

Entschlüsseln Sie:

die erste von Chappe mit dem Tachygrafen versandte codierte
Nachricht im Alphabet aus zehn Paneelen.

vertiefte Chappe bemerkte aber nicht, dass
er mit seinen Experimenten sein Leben aufs
Spiel setzte.

Nach dem Ausbruch der Französischen Revolution befürchtete das Volk die
Intervention benachbarter Länder. Als
die Pariser sahen, dass Chappe Signal-
geräte auf dem Place de l'Étoile aufgestellt
hatte (dort wo heute der Arc de Triomphe
steht), glaubte man, er wolle Informationen
an feindliche Armeen weiterleiten. Eine
wütende Menge bedrohte Chappe, der seine
Apparate im Stich ließ und floh.

Kurz danach gab Chappe die Weiterentwicklung seines Paneelen-Systems
auf. Der Hauptgrund lag darin, dass die
Signale bei schlechter Witterung über große
Entfernungen nicht deutlich genug sichtbar
waren und deshalb nicht schnell und
fehlerfrei gelesen werden konnten.

Die Signalmasten

1792 entwickelte Chappe das Signalmasten-
System. An einem Balken auf einem Turm
wurde eine H-förmige Konstruktion
befestigt, die aus einem Querbalken –
dem *régulateur* – und zwei Armen – den
indicateurs – bestand (s. Abbildung). Dank
ihrer Befestigung an einer Achse ließen sich
die Querbalken und Arme in verschiedene
Stellungen drehen, wodurch insgesamt
196 Zeichen übertragen werden konnten.
Der Telegrafist befand sich im Turm, wo
er auf einem kleinen Anzeigemechanismus
den genauen Stand von Balken und Armen
ablesen konnte.

Chappe stand jedoch Größeres vor
Augen als die Entwicklung eines Signalsystems. Er sah sie als Teil eines kompletten
noch zu entwickelnden Kommunikationsnetzwerks. Hierin unterschied er sich von
seinen Zeitgenossen, denen es lediglich um
eine effiziente Kommunikation zwischen
direkten Partnern ging.

Signalturm mit Nachricht

Im August 1793 beauftragte die französische Nationalversammlung Chappe mit dem Bau einer Telegrafie-Verbindung mit 15 Posten zwischen Paris und Lille. Chappe wurde zum Telegrafie-Ingenieur ernannt und durfte jetzt offiziell Telegrafie-Konstruktionen auf hohen Gebäuden aufstellen, Türme bauen und gegebenenfalls sogar Bäume fällen.

Im Juli 1794 wurde die Verbindung offiziell eröffnet. Innerhalb eines Jahres haben die Chappe-Brüder alle vorgesehenen und unvorhergesehenen Probleme gelöst und ihren Traum eines Kommunikationsnetzwerks erfüllt. Trotz der Anerkennung durch die Regierung begriffen die meisten Menschen die nationale Bedeutung dieses Projekts jedoch zunächst nicht. Der Inhalt der ersten Nachricht, die über den

Chappe-Telegrafen gesendet wurde, hätte jedoch nicht überzeugender sein können: „Der Feind ist besiegt und die österreichische Armee aus der Stadt Condé-sur-l'Escaut vertrieben."

Das Codebuch

Chappe konzentrierte sich daraufhin auf eine schnellere Methode zur Übertragung von Informationen. Dazu stellte er ein Codebuch zusammen, das nicht nur Buchstaben, sondern auch oft verwendete Wörter und sogar ganze Ausdrücke enthielt. Theoretisch konnten mit den vier möglichen Stellungen

des *régulateurs* in Kombination mit den sieben möglichen Stellungen des *indicateurs* 196 (4 x 7 x 7) Signale weitergeleitet werden. Tatsächlich wurde jedoch nur die Hälfte der Signale für solche Meldungen benutzt, die anderen Stellungen wurden für dienstliche Signale, wie „Störung", „schlechtes Wetter" oder „Mittagspause" verwendet. Von den 98 für den Telegrafieverkehr verfügbaren Kombinationen wurden 92 für Codierungen verwendet. Das Codebuch von Chappe zählte 92 Seiten mit je 92 Codes. In der Kombination von je zwei telegrafierten Stellungen verwies die erste auf die Seitennummer und die zweite auf die Codenummer auf der jeweiligen Seite.

Die Signale waren überall sichtbar. Da die telegrafische Verbindung aber ausschließlich für Regierungszwecke bestimmt war und die übertragenen Informationen geheim bleiben sollten, besaßen die Telegrafisten kein Codebuch. Sie kannten nur die dienstlichen Signale und notierten und übertrugen die anderen Codes, die am Anfang der Telegrafenlinie vom *directeur de télégraphes* codiert und am Ende vom dort zuständigen Direktor entschlüsselt wurden.

Ein Posten wurde meist von zwei Telegrafisten bemannt: einer las mit einem Fernrohr den angezeigten Code ab, den der andere Telegrafist, der die Flaschenzug-Konstruktion bediente, an den nächsten Posten weiterleitete. Daraufhin kontrollierte der Telegrafist mit dem Fernrohr, ob die Codes korrekt empfangen und übertragen wurden. Der Vorgang wurde mit einem speziellen Zeichen zur Bestätigung abgeschlossen.

Bald wurden in ganz Frankreich und Europa Chappe-Türme errichtet, die ihre unbegreiflichen Zeichen in die Luft schrieben. Die neue Errungenschaft wurde heiß diskutiert und es wurde heftig über die Bedeutung der Signale spekuliert. Die Telegrafie inspirierte sogar Dichter, wie Victor Hugo, aus dessen Versen jedoch vor allem eine Abneigung gegen den modernen und ihm unverständlichen Telegrafenverkehr spricht.

Auf dem Höhepunkt seiner Entwicklung umfasste das Chappe-Netzwerk Hunderte von Türmen und konnten Informationen von Amsterdam aus direkt nach Venedig geschickt werden.

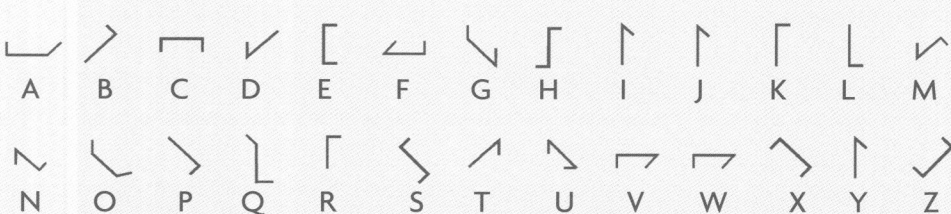

Entschlüsseln Sie:

die erste mit einem Chappe-Telegrafen versandte Nachricht. Wie bei der Geheimschrift der Römer gibt es nur ein Symbol für I und J.

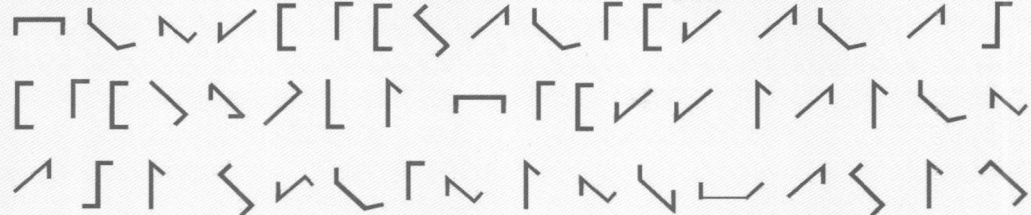

Militärische Anwendungen

Nach Frankreich war Schweden das zweite Land, in dem eine optische Telegrafenlinie gebaut wurde. Angesichts einer drohenden russischen Invasion beauftragte König Karl XIII. den jungen Ingenieur und Dichter Abraham Niclas Edelcrantz mit dem Bau einer Linie von Telegrafenposten von der Küste bis auf das Dach des königlichen Palastes. Edelcrantz hatte sich in die moderne Technologie vertieft und schrieb auch das erste Buch über optische Telegrafie. Für die schwedische Linie verwendete er das System mit zehn Paneelen.

In Frankreich wurde die Telegrafenlinie Paris-Lille nach der Machtergreifung Napoleons wieder demontiert, weil Napoleon Missbrauch durch seine Gegner befürchtete. Nachdem ihm die Bedeutung der Telegrafie jedoch rasch klar wurde, ließ er die bestehende Verbindung wieder aufbauen und sogar in alle Richtungen bis außerhalb der Landesgrenzen erweitern.

England reagierte mit dem Bau einer eigenen optischen Telegrafenlinie, denn die Admiralität in London wollte möglichst schnell über eine befürchtete Invasion durch Napoleon informiert werden. Dies war nicht unbegründet, denn Napoleon hatte an der normannischen Küste eine enorme Telegrafenanlage mit einem Signalbereich von mindestens 32 km errichten lassen, so breit wie der Kanal selbst an dieser Stelle. Und die Bauteile für eine weitere Anlage an der anderen Seite des Kanals lagen schon bereit ...

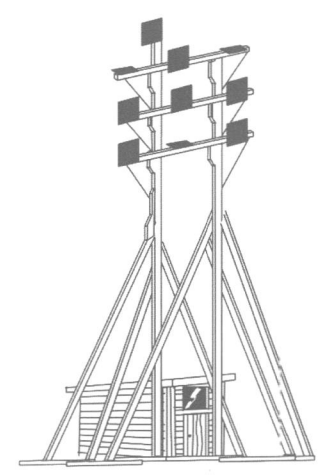

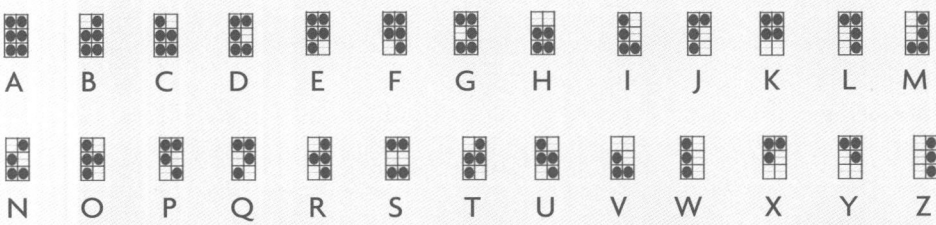

A	B	C	D	E	F	G	H	I	J	K	L	M

N	O	P	Q	R	S	T	U	V	W	X	Y	Z

Das britische Telegrafennetzwerk wurde nie mit dem Festland verbunden. Die Linien liefen von London aus zu strategischen Küstenorten: Yarmouth, Sheerness, Deal, Portsmouth und Plymouth. Später wurde es durch ein Netzwerk ersetzt, das an das Eisenbahnnetz gekoppelt war.

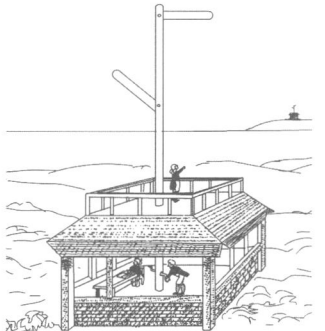

Zwar fand die Invasion nicht statt, aber London war jetzt über ein telegrafisches Netzwerk mit der englischen Küste verbunden. Auch hier wurde ein System mit zehn Paneelen mit codierten Buchstaben verwendet, vergleichbar mit dem oben abgebildeten Alphabet.

Nach dem Sieg über Napoleon wurde das britische Netzwerk demontiert und unter Lord Popham durch ein System mit Signalmasten ersetzt, wie es Edelcrantz in seiner *Abhandlung über Telegrafen* (1796) beschrieb.

DAS ERSTE NETZWERKVIRUS

1834 wurde der Chappe-Telegraf durch das erste dokumentierte Netzwerkvirus befallen. Wie bei modernen Computersystemen bot eine Schwäche im Codierungsmechanismus die Möglichkeit, den Virus in das System einzuführen. Das Virus funktionierte zwei Jahre lang perfekt und brachte seinen Erfindern ein Vermögen.

Um den Virus in das System zu bringen, benutzten die Eindringlinge den im Telegrafendienst verwendeten Korrekturmechanismus. Weil unvermeidlich war, dass bei der Weitergabe von Nachrichten Fehler gemacht wurden, ließen sich diese – nachdem man sie bemerkt hatte – durch einen „Annullierungscode", dem das richtige Signal folgte, beheben. Das falsche Signal wurde zusammen mit dem Annullierungscode vom Empfänger notiert und weitergeleitet. Am Ende der Linie strich derjenige, der die Nachrichten entschlüsselte, die Nachricht, hinter der sich ein Annullierungscode befand.

Dieses System gab dem *directeur de télégraphes* die Möglichkeit, eigene Informationen in Form sogenannter „falscher Signale" in die offiziellen Nachrichten zu schmuggeln. Solange er seiner Nachricht einen Annullierungscode hinzufügte, würde niemand sie zu sehen bekommen, denn sie wurde ja am Ende der Linie gelöscht. Das Virus wurde von einem Komplizen, der die Dienstsignale und den Annullierungscode kannte, kurz vor dem Ende der Linie abgelesen. Die „Einbrecher" waren die Brüder Blanc, Bankiers in Bordeaux. Die Börse in Bordeaux folgte den Kursnotierungen der Pariser Börse. Diese Informationen wurden per Brief von einem berittenen Boten nach Bordeaux geschickt, was drei Tage dauerte. Jeden Abend wurde also von Paris aus ein Brief mit sämtlichen Börsenkursen verschickt, die drei Tage später in Bordeaux veröffentlicht wurden. Der Chappe-Telegraf hätte diese Informationen innerhalb weniger Stunden übertragen können, aber seine Benutzung war nur offiziellen Instanzen vorbehalten. Wie auch heute galt damals, dass man mit Vorkenntnissen über steigende oder sinkende Börsenkurse auf einfache Weise viel Geld verdienen kann, weil sich dann billig einkaufen und möglichst teuer verkaufen lässt.

Die Brüder Blanc konnten dieser Versuchung nicht widerstehen. Allerdings verlief die Telegrafenlinie nicht direkt von Paris nach Bordeaux, sondern machte einen Zwischenstopp in Tours, wo die Nachrichten entschlüsselt, notiert, neu codiert und dann erst nach Bordeaux geschickt wurden. Das heißt, von Paris aus versandte Viren würden schon in Tours abgefangen werden und Bordeaux nie erreichen. Um dieses Problem zu lösen, erkauften sich die Blancs die Hilfe des Direktors und seines Assistenten in Tours.

In Paris besuchte ein Komplize jeden Tag die Börse. Kam es dort zu interessanten Kursveränderungen, schickte er der Ehegattin des Direktors in Tours ein kleines Paket: Bei Kursrückgängen waren es Strümpfe, bei steigenden Kursen Handschuhe. Derartige Pakete erweckten kein Misstrauen, weil diese Dame einen Nähwarenladen besaß, in dem solche Artikel verkauft wurden. Sofort nach Eingang des Pakets gab der Direktor die Börseninformationen als Virus in eine offizielle Nachricht ein, die sein Assistent weiterleitete.

Ein weiterer Komplize war ein früherer *directeur de télégraphes* aus Lyon, der die Bedeutungen der verschiedenen Codes kannte. Er hatte sich in Bordeaux ein Zimmer mit Blick auf einen Chappe-Turm gemietet, um die Signale ablesen zu können. Sobald er dies getan hatte, informierte er die Bankiers, die dadurch zwei Tage Vorsprung hatten.

Natürlich weckte das auffällige Glück der Brüder Blanc den Argwohn anderer, aber es gab keinerlei Hinweise auf Betrug. Erst als der Assistent des Direktors auf seinem Totenbett in Tours einen Freund einweihte und ihm seine Aufgaben übertragen wollte, kam die Sache ans Licht. Der Direktor weigerte sich, den Freund am Komplott zu beteiligen, woraufhin dieser die Polizei informierte.

Obwohl die „Einbrecher" zweifellos schuldig waren, hatten sie sich nicht gesetzwidrig verhalten. Ihr Anwalt argumentierte erfolgreich, dass die Telegrafenlinie zwar Regierungszwecken vorbehalten war, aber dass es kein Gesetz gab, das die Nutzung zu privaten Zwecken verbot. Die Bankiers wurden freigesprochen und lediglich zur Zahlung der Prozesskosten verurteilt. Der *directeur de télégraphes* aus Tours wurde entlassen.

Noch während der Dauer des Prozesses reichte die Regierung einen Gesetzentwurf ein, der die Nutzung von Kommunikationsmitteln zu persönlichen Zwecken ohne offizielle Genehmigung unter Strafe stellte. Das Gesetz wurde an dem Tag verabschiedet, als die Brüder Blanc freigesprochen wurden. Seit diesem Tag bis zum 1. Januar 1998, als Frankreich sich der liberaleren Gesetzgebung in der Europäischen Gemeinschaft anpassen musste, gab es in Frankreich ein Regierungsmonopol auf das Versenden von Informationen.

Der wirkliche Einbrecher im System war natürlich der frühere Direktor aus Lyon, der die Codes kannte. Er hatte sich den Plan ausgedacht und den Brüdern Blanc vorgelegt. Sein Name war Pierre Renaud.

OPTISCHE TELEGRAFIE IN DER NEUEN WELT

Als echter Vorkämpfer des Freihandels wurde das erste öffentliche telegrafische Netzwerk in Amerika nicht von der Regierung, sondern von Geschäftsleuten realisiert. Es diente in erster Linie kommerziellen Zwecken und weniger dem Militär oder der Verwaltung. Außer für den Aktienhandel – die Linie von Philadelphia nach New York – war die optische Telegrafie vor allem für den Schiffsverkehr von Bedeutung. In Baltimore, Boston, Charleston, New York, Portland (Maine) und San Francisco wurden überall an der Küste telegrafische Netzwerke errichtet. Zunächst stellte man Signalmasten auf, die später von Masten mit einer Rahe ersetzt wurden, an denen Kugeln hochgezogen wurden (s. Abbildung).

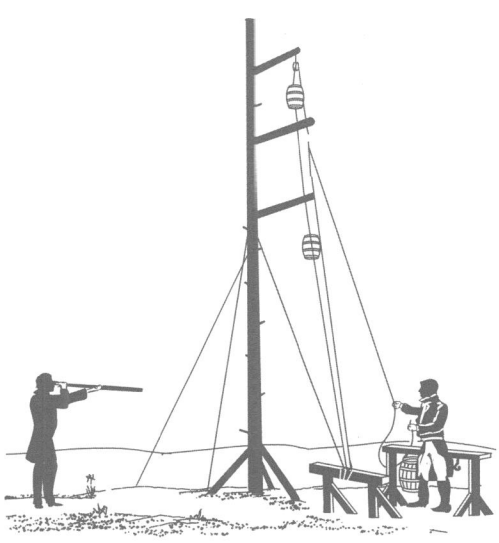

Die Linie Marthas Vineyard – Boston

Bereits im Jahre 1801 verfügte der amerikanische Staat Massachusetts über ein Telegrafennetzwerk von über 116 km Länge, das sich von einem Beobachtungsposten auf der Insel Marthas Vineyard nach Woods Hole auf dem Festland erstreckte. Nach 13 weiteren Zwischenstationen („Telegraph Hills") endete die Verbindung in Boston. Diese Linie war eine private Initiative von Jonathan Grout, einem Rechtsanwalt aus Belcherstown. Die Informationen bezogen sich auf die Beladung von Handelsschiffen nach Boston und Salem und waren für die Händler in den Städten gedacht. Endpunkt der Linie war ein Postamt, wo gegen Bezahlung auch andere Nachrichten übertragen werden konnten.

Zwar ist keine genaue Beschreibung dieses Systems erhalten geblieben, aber wir wissen, dass es sich um eine Variante von Chappes Konzept mit den Signalmasten handelte. Grout selbst sprach von einem „telegraphe" und verwendete dabei bewusst die französische Schreibweise.

Die Linie wechselte mehrmals den Besitzer und wurde dabei immer weiter modernisiert. John Rowe Parker, der den Telegrafen 1822 übernahm, erweiterte das Netzwerk so, dass sich mehrere Codesysteme verwenden ließen und montierte dazu auf den Masten eine Stange, an der sich ablesen ließ, welches System gerade verwendet wurde. So konnten zum Beispiel amerikanische Schiffe mithilfe der sogenannten Elford-Flaggen anhand einer eigenen Nummer identifiziert werden, die verschlüsselt übertragen wurde.

Von New Jersey über Staten Island nach Manhattan

Im Jahre 1812 erhielt New York seine erste Telegrafenverbindung. Dabei wurden vermutlich Masten verwendet, an denen mittels einer Rahe Kugeln hochgezogen wurden. An der Position dieser (schwarzen) Kugeln, die nachts durch Öllampen ersetzt wurden, ließ sich das jeweilige Signal ablesen.

Ein etwas später angelegtes Netzwerk von Signalmasten verband New York mit den Leuchttürmen von Sandy Hook und den Navesink Highlands an der Küste von New Jersey. Dieses Kommunikationsnetzwerk funktionierte dank einer ingeniösen Serie aufeinanderfolgender Handlungen und Techniken sehr effizient. Wenn sich ein Schiff der Küste näherte, ruderte ein Boot dorthin. Die Angaben der Besatzung über die Befrachtung wurden per Taubenpost zu den Telegrafenposten in Sandy Hook oder Navesink geschickt, von wo aus die Informationen weiter telegrafisch über Staten Island nach Wall Street übertragen wurden.

Ein derartiges Kommunikationssystem wird als Semaphor („Zeichenträger") bezeichnet, weil lediglich eine begrenzte Anzahl festgelegter Nachrichten übertragen wird und keine willkürlichen anderen

Informationen verschickt oder empfangen werden können. Das hier verwendete Codierungssystem enthielt Kompasspositionen, Schiffsterminologie, Schiffsnamen und Hafennamen.

Das Semaphor in San Francisco

Auf dem Telegraph Hill in San Francisco, der auch heute noch diesen Namen trägt, wurde 1849 der letzte Signalmast nach dem Chappe-System aufgestellt. Der verwendete Code bezog sich auf die Beschreibung von Schiffen und deren Herkunftshäfen. Die Linie verband die sogenannte Outer Station an der Ozeanseite – noch hinter dem Golden Gate – mit dem Telegraph Hill in der Stadt.

Der Semaphor-Verbindung in San Francisco war kein langes Leben vergönnt, denn der häufige Nebel behinderte ihr praktisches Funktionieren. 1853 wurde das System durch einen elektromagnetischen Telegrafen ersetzt. Der Mast auf dem Telegraph Hill wurde danach aber noch für Schiffskapitäne verwendet. Jeden Tag genau um 12 Uhr wurde eine große, von Weitem sichtbare Kugel von seiner Spitze aus heruntergelassen, sodass die Kapitäne ihre Uhren synchron einstellen konnten. Synchronisierung war wichtig für den Schiffsverkehr und das System wurde in vielen Häfen noch bis 1900 verwendet.

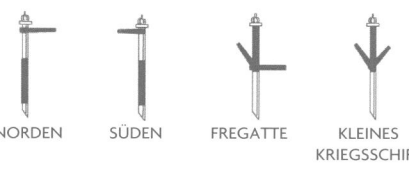

NORDEN   SÜDEN   FREGATTE   KLEINES KRIEGSSCHIFF

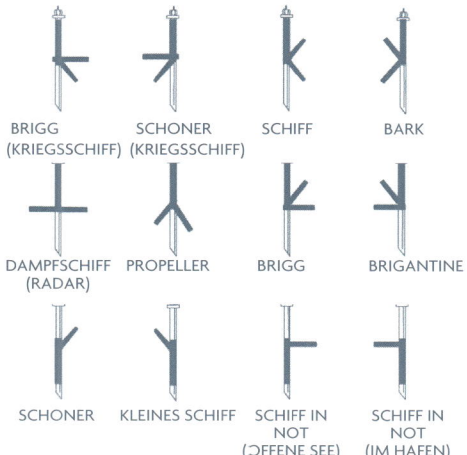

BRIGG (KRIEGSSCHIFF)	SCHONER (KRIEGSSCHIFF)	SCHIFF	BARK
DAMPFSCHIFF (RADAR)	PROPELLER	BRIGG	BRIGANTINE
SCHONER	KLEINES SCHIFF	SCHIFF IN NOT (OFFENE SEE)	SCHIFF IN NOT (IM HAFEN)

DER MORSECODE

Während überall noch Signalmasten und Drehpaneele aufgestellt wurden, untersuchten andere bereits die Möglichkeit, Elektrizität zur Übertragung von Nachrichten zu verwenden. Ein wichtiger Durchbruch dabei war William Sturgeons Erfindung des Elektromagneten im Jahre 1825. Hiermit konnte er über eine Entfernung von anderthalb Kilometern ein Klingelsignal ertönen lassen. Fünf Jahre später präsentierte Joseph Henry eine verbesserte Version mit höherer Leistung.

Fortschritt ist oft heiß umkämpft. Charles Wheatstone und William Fothergill Cooke entwickelten zusammen den ersten praktisch einsetzbaren elektrischen Telegrafen. Das 1837 beantragte Patent lautet auf beider Namen, aber Uneinigkeit über die Frage, wessen Beitrag am größten war, führte schließlich zum Bruch zwischen den beiden. Das Gerät verwendete fünf magnetische Nadeln, die sich über einer Matrix mit zwanzig Buchstaben befanden. Obwohl sechs Buchstaben fehlten, was ein kompliziertes

Morsegerät

und kostspieliges Kabelnetz erforderlich machte, war dies der erste funktionierende elektrische Telegraf – sehr zum Erstaunen des britischen Parlaments, das noch einige Jahre vorher Forschung nach Elektrizität als Spielerei und Zeitverschwendung abgelehnt hatte. Am 25. Juli 1837 wurde eine Nachricht vom Bahnhof Euston über eine Entfernung von 2,4 Kilometern zum Bahnhof Camden Road in London geschickt.

Samuel Morse war Porträtmaler, aber auch ein begeisterter Elektrotechniker. Auf einer Reise nach Frankreich lernte er den Chappe-Telegrafen kennen. Zurück in Amerika suchte er nach einer Möglichkeit, Elektrotechnik und Telegrafie zu kombinieren und experimentierte mit Drähten und Elektromagnetismus. Schließlich fiel ihm die brillante Idee ein, elektrische Impulse durch einen Draht zu leiten, die dann auf der Empfängerseite von einem Elektromagneten in Zeichen auf Papier notiert wurden. Diese Methode war einfacher als der von Wheatstone und Cooke entwickelte Nadeltelegraf und hatte außerdem den Vorteil, dass die Nachrichten sofort notiert wurden, ohne dass dafür speziell ausgebildetes Personal erforderlich war. Die kurz hintereinander eingegebenen Impulse wurden als Gruppen von Punkten notiert, deren Zahl einen bestimmten Code darstellte, vergleichbar mit dem Code von Polybius.

Der Morsecode mit Punkten und Strichen, wie wir ihn heute noch kennen, wurde erst später von Morse und seinem Assistenten Alfred Vail entwickelt. Dabei ist bis heute unklar, wer von beiden auf den Gedanken kam, die umständliche Ordnung von Punkten durch das viel praktischere

Alphabet von Punkten, Strichen und Leerräumen zu ersetzen.

Zunächst gelang es Samuel Morse nicht, in Amerika finanzielle Unterstützung für die weitere Entwicklung seiner Erfindung zu erhalten. Auch in Frankreich, wo er seine Erfindung in der Pariser Académie des Sciences demonstrierte, war das Interesse gering. Nach der Verbannung Napoleons wurde das Land von einem König regiert, der sich nicht besonders für wissenschaftliche Forschung interessierte. Zwar faszinierte Morses Demonstration die französischen Akademiker, aber sie waren mit ihrem Chappe-Telegrafen zufrieden und befürchteten außerdem, ein elektrisches Netzwerk könne sabotiert werden. Die Sichtbarkeit der

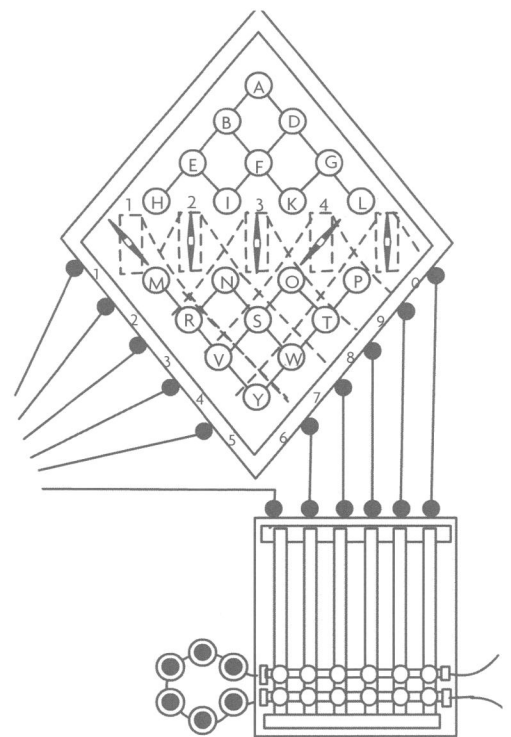

optischen Signale sahen sie offensichtlich weniger als potentielle Gefahr.

Nach seiner Rückkehr in Amerika gelang es Morse aber, Unterstützung zu erhalten. Am 3. März 1843 stellte ihn der Kongress 30.000 $ für den Bau einer Telegrafenverbindung zwischen Baltimore und Washington zur Verfügung. Der isolierte elektrische Draht wurde über Telegrafenstangen aus Kastanienholz weitergeleitet. Am 24. Mai war die Verbindung fertiggestellt und Morse konnte die ersten Nachrichten verschicken.

Der Morsetelegraf wurde ein großer Erfolg und Samuel Morse gründete die Magnetic Telegraph Company. Zehn Jahre später machte er bereits Pläne für eine transatlantische Verbindung zwischen Neufundland und Irland. Langfristig musste er dieses Projekt jedoch der Western Union überlassen, die sich zum wichtigsten amerikanischen Telegrafenunternehmen entwickelte.

Vom Morsepunt zu Punkt.com

Ab 27. Januar 2006 beendet Western Union endgültig ihre Telegrafie- und Nachrichtendienstleistungen.

Diese Nachricht bedeutete das Ende eines 155 Jahre langen Zeitalters von Telegrammen, die im Morsecode übertragen wurden.

Dieses System war inzwischen so veraltet, dass Western Union die Nachricht nicht mit den klassischen Punkten und Strichen per Telegraf verschickte, sondern unverschlüsselt im Internet veröffentlichte – dem Medium, das die Telegrafie überflüssig gemacht hatte.

Bis zur Mitte des 20. Jahrhunderts, als die von Computern durchgeführten Verschlüsselungsverfahren ausreichend effizient wurden, war der Morsecode von großer Bedeutung. Die Computerverschlüsselung brachte aber Zeitgewinn gegenüber dem manuellen und zeitraubenden Morsecode-System. In unserem heutigen von Satelliten gesteuerten Kommunikationszeitalter haben GSM-Masten längst den Platz von Signalmasten eingenommen.

Obwohl im Zeitalter der elektrischen Telegrafie außer dem Morsecode auch andere, traditionelle Verschlüsselungsmethoden in Gebrauch blieben (s. Kapitel 8), sind das Morsealphabet und die klassische Geheimschrift jetzt eher zu einem lustigen Zeitvertreib für Kinder geworden. Damit gerät jedoch aus dem Blickfeld, was Geheimschrift so faszinierend macht, welche Ideen den verschiedenen Codes zugrunde liegen und was Geheimschriften für das Verständnis der Geschichte von Geheimgesellschaften, stiller Diplomatie und Kriegsführung bedeuten.

Entschlüsseln Sie:
die erste von Samuel Morse versandte Nachricht (Numeri 23:23).

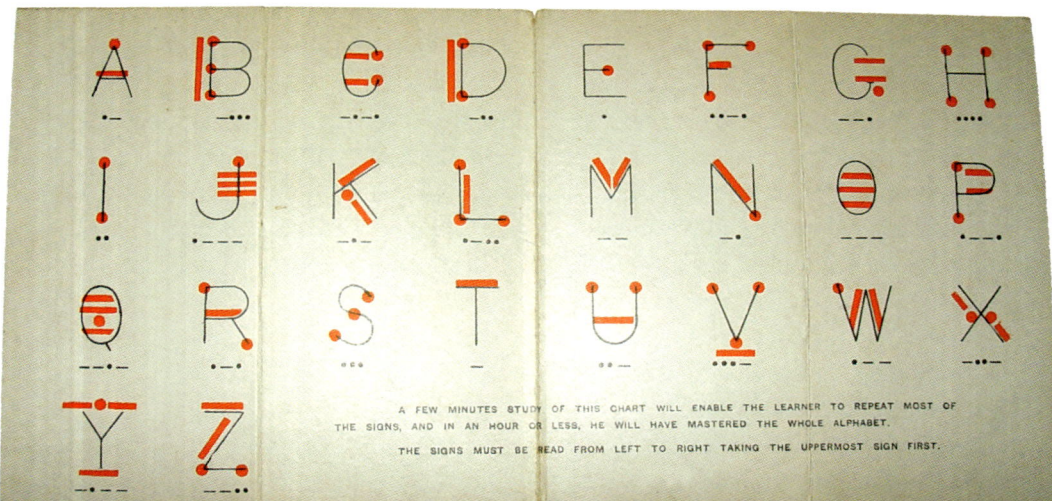

Morsecode-Instruktionsheft

KAPITEL 2

DIE LEHRSÄTZE VON PYTHAGORAS

Pythagoras' ästhetischen Prinzipien und Codes sind bis heute aktuell. Seine Schüler waren in einer engen Bruderschaft vereinigt, die Vorbild für viele spätere Sekten und Geheimgesellschaften werden sollte und unsere Fantasie bis heute beflügelt.

DER ERSTE CODIERER

Pythagoras lebte im 6. Jahrhundert vor
Christus. Er war der erste, der die Tiefen-
strukturen von bildender Kunst, Musik,
Wissenschaft und sogar Religion in Codes
zu fassen versuchte.

Die heutige weite Bedeutung des
Begriffs „Code" verdanken wir Pythagoras.
Der Begriff bezieht sich nicht nur auf
Systeme vereinbarter Gruppen von Zahlen
oder Buchstaben, die, wie im vorigen
Kapitel beschrieben, Worte oder Aussagen
repräsentieren, sondern auch auf Systeme
von Vorschriften und Richtlinien. Die
Lehrsätze von Pythagoras zeigen den
Zusammenhang zwischen Ästhetik und
Logik in Mathematik, Wissenschaft und
Mythologie.

Pythagoras war überzeugt, dass der
Weltordnung Codes zugrunde liegen, die
sich entschlüsseln lassen. Diese Überzeugung prägte seine Lehre so stark, dass es in
ihr keine Kluft zwischen Wissenschaft und
Religion gibt. Pythagoras' Werk verschaffte
der Wissenschaft ein stabiles Fundament,
auch wenn Wissenschaft und Religion sich
heute noch immer gegenüberstehen – zum
Beispiel in der Debatte über Schöpfungs-
lehre und Evolutionstheorie.

Vom Kochbuch zum Codebuch

Pythagoras ist der Urvater aller Codierungssysteme. Seine Codes sind noch immer
Maßstab und Richtlinien für Ingenieure,
Künstler und Kritiker. Für seine Anhänger
ist der „Goldene Schnitt", nach dem sich
das Verhältnis der Teile zum Ganzen als

Pythagoras

$B/A = A/(A + B)$ ausdrücken lässt, ein heiliger Grundsatz. Die von seinen Adepten
entworfenen Türen, Fenster oder Altäre
entsprechen dem Goldenen Schnitt
(Rechteck) und auch die Flächenverteilung
in vielen Gemälden ist auf diesem goldenen Verhältnis basiert, um Harmonie zu
bewirken.

Auch Kritiker, die nach Pythagoras'
Prinzipien urteilen, berücksichtigen die
Anwendung dieser Proportionen. Natürlich
gibt es kreative Künstler und Kritiker, die
den Goldenen Schnitt als eine Zwangsjacke
ablehnen. Sie sind
sich aber oft nicht
bewusst, dass er als
Negativfolie ihrer
Ablehnung auch bei
ihnen eine wichtige
Rolle spielt.

Pythagoras war nicht der erste, der die Zahlen und Geometrie erforschte. Schon seit Jahrtausenden wandten Architekten, Kaufleute und Reisende

mathematische Prinzipien an. Die Verwendung des Fünfecks zum Beispiel lässt sich bis zur späteren Uruk-Periode, ca. 3500 v. Chr., zurückverfolgen. Das einem Stern ähnelnde Pentagramm (s. Abbildung) war wahrscheinlich ein Symbol für einen Himmelskörper. Später, als sich um 3000 v. Chr. die Bildschrift zur Keilschrift entwickelte, bedeutete das Pentagramm wahrscheinlich auch „Gebiet" oder „Richtung". Die Entdeckung, dass die äußersten Ecken eines regelmäßigen Fünfecks zusammen einen Kreis bilden (s. Abbildung) verdanken wir wahrscheinlich den Babyloniern.

Die Pythagoreer bündelten all diese

Erkenntnisse zu einem wissenschaftlichen Lehrsatz. Sie waren die ersten, die nicht rein von der Praxis her arbeiteten, sondern die reine Logik von natürlichen Zahlen, rationalen Zahlen, Vierecken und Fünfecken erforschten. Anstelle von praktischen Rezepten stellten sie Thesen auf. Deshalb schrieb Pythagoras kein Kochbuch, sondern ein Codebuch.

Der berühmte Satz des Pythagoras warf ein völlig neues Licht auf das rechtwinklige Dreieck. Pythagoras hielt sich während seiner weiten Reisen

lange Zeit in Ägypten auf. Zwar waren die theoretischen mathematischen und architektonischen Kenntnisse, über die die Erbauer der Pyramiden schon Jahrtausende früher verfügt haben mussten, inzwischen verlorengegangen, aber Pythagoras beobachtete, mit welchem Geschick die ägyptischen Landmesser rechte Winkel bei der Abgrenzung der Äcker festlegten, was durch die jährlichen Überschwemmungen des Nils jedes Jahr wieder erforderlich war. Sie unterteilten ein langes Seil mittels Knoten in zwölf gleich

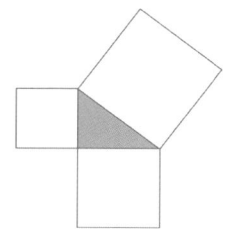

lange Stücke und steckten das Seil am fünften und achten Knoten fest in den Boden. Die beiden übrig gebliebenen Teile mit einer Länge von vier bzw. fünf Knoten wurden zusammengeführt und an der Stelle, wo sie zusammenkamen, mit einem Pfahl im Boden befestigt. Der Winkel gegenüber der längsten Seite war ein rechter Winkel.

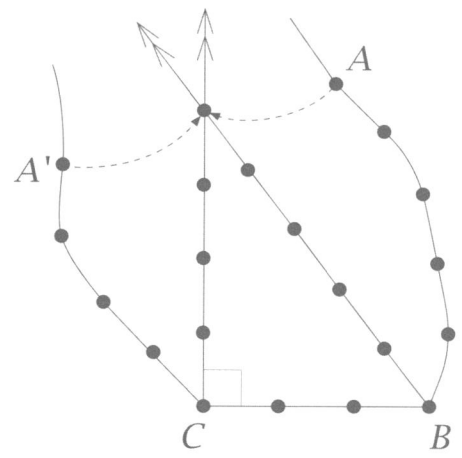

Nilufer

Der Sohn eines Juweliers

Trotz seiner Berühmtheit ist über Pythagoras' Leben nur wenig bekannt. Von ihm
selbst sind keine schriftlichen Zeugnisse
erhalten. Uns stehen lediglich Werke
anderer Autoren zur Verfügung, bei denen
sich Fantasie und Realität aber oft nur
schwer voneinander trennen lassen.

Manche Gelehrten sind sogar der
Meinung, die Person Pythagoras habe es nie
gegeben und sie führen dabei an, dass die

ersten Biografien über ihn erst im
1. Jahrhundert v. Chr. geschrieben wurden.
Außerdem sei merkwürdig, dass immer
mehr Informationen über sein Leben
auftauchten, je länger er tot war. Trotzdem
gibt es Schriften berühmter Zeitgenossen,
aus denen sich ableiten lässt, dass Pythagoras tatsächlich gelebt hat. Heraklit zum
Beispiel nennt zwar kaum biografische
Einzelheiten, beweist durch seine Polemik
gegen Pythagoras jedoch indirekt seine
Existenz.

Nach dem heutigen Kenntnisstand geht man davon aus, dass Pythagoras 582 v. Chr. geboren wurde, etwa 40 Jahre nach der Geburt von Gautama Buddha im Jahre 624 v. Chr. Für die Geschichte der Codierungssysteme sind historische Tatsachen über Pythagoras' Leben jedoch kaum relevant. Ob er eine mythische Figur war oder tatsächlich gelebt hat, ist angesichts der enormen Bedeutung seiner Theorien für unsere Zivilisation nicht von Bedeutung. Sie allein verleihen Pythagoras schon Realität. Seine Ideen und Lehrsätze sind auch nach Jahrtausenden immer noch aktuell und es lohnt sich, sie näher kennenzulernen.

Da in der von Pythagoras gegründeten Schule Geheimhaltung und Zusammenarbeit sehr wichtig waren, lassen sich seine Beiträge nicht von denen seiner Schüler unterscheiden. Innerhalb der pythagoreischen Bruderschaft ging es nicht um individuelle Leistungen. Die Mitglieder der Gemeinschaft praktizierten und entwickelten die pythagoreische Lebensform, in der alle gleich waren und alles geteilt wurde.

Pythagoras' Vater war Juwelier. Der frühe, unmittelbare Kontakt mit der natürlichen Schönheit von Edelsteinen hat wahrscheinlich Pythagoras' Fantasie angeregt und sein Interesse für Mathematik geweckt. Der Wert eines Edelsteins beruht auf der Reinheit der geometrischen Muster seiner Kristallstruktur. Der Schleifer findet die richtigen Bruchlinien und verwandelt das rohe Mineral in einen Edelstein. Indem er die prächtigen glatten Facetten freilegt, macht er die im Stein verborgene Perfektion sichtbar. Das tägliche Beobachten dieser Arbeit an vollendeten Formen hat beim jungen Pythagoras möglicherweise zum Gedanken geführt, dass auch das Universum aus solchen perfekt geformten Elementen bestehe und dass man es durch das Studium der Perfektion ihrer einzelnen Strukturen erklären könne.

Das Schleifen von Edelsteinen und die Herstellung von Schmuck ist keine alltägliche Angelegenheit und die Welt um uns herum zeigt sich uns meist nicht als perfekt gestaltete Einheit. Im Vergleich zur alltäglichen Realität scheinen Kristallstrukturen über eine mythische Kraft zu verfügen, die einen magischen Zugang zur verborgenen Ordnung des Universums bieten. Sie suggerieren, dass der Kosmos nach bestimmten Gesetzen aufgebaut ist, die jeder entdecken kann, der sich darin vertieft.

Mit seinem Vater machte Pythagoras Reisen, um die Edelsteine auch außerhalb der Insel Samos in anderen griechischen Städten zu verkaufen. Manche Biografen gehen davon aus, dass Pythagoras dabei fast alle wichtigen religiösen und kulturellen Zentren seiner Zeit besuchte: Chaldäa, Persien, Indien, Ägypten, Arabien, Thrakien, Phönizien und Judäa, wo er seine Ideen mit Priestern und Gelehrten austauschte. Um all diese Reisen zu machen, hätte man zur damaligen Zeit jedoch mehrere Leben gebraucht. Diese „Berichte" haben also eher symbolischen Wert und sollen wohl vor allem zeigen, dass Pythagoras das menschliche Wissen zusammenbringen und zu einem eigenen System umgestalten wollte.

Pyramiden von Gizeh

Sicher ist allerdings, dass Pythagoras Ägypten besuchte und die Pyramiden und ihre Architektur studierte. Diese Bauwerke, von denen manche schon damals mehr als 2000 Jahre alt waren, überzeugten ihn davon, dass die Menschheit Projekte realisieren kann, die in Größe und Schönheit mit der natürlichen Welt und deren Geometrie wetteifern. Die Pyramiden von Gizeh, besonders die Pyramide des Cheops, sind materialisierte reine Geometrie. Eine Pyramide ist das perfekte Bauwerk schlechthin, sie bedarf keiner Erläuterung, sondern strahlt selbst ihre Bedeutung aus. Allein schon die Betrachtung einer Pyramide führt zur Erfassung ihrer Bedeutung. Pyramiden laden zum Entschlüsseln ein.

Pythagoras verbrachte auch einige Zeit in Tyros, der Geburtsstadt seines Vaters, und wurde dort in der Lehre des berühmten griechischen Denkers Pherekydes von Syros unterwiesen. Auch besuchte er die Schule des bekannten Astronomen Anaximenes.

Der damalige Unterricht hatte nichts mit der Art und Weise zu tun, in der Sokrates und Plato ihre Schüler einige Jahrhunderte später mittels Dialogen und Ironie zum Denken anregten. Der Schüler hatte gehorsam anzunehmen, was der allwissende Lehrmeister ihn lehrte. Auch Pythagoras leitete seine Schule auf diese Weise. Die pythagoreische Bruderschaft verlangte unbedingten Gehorsam gegenüber dem Lehrmeister und seinem Wissen. Der Kommentar „Der Meister hat es gesagt"

sollte jede weitere Diskussion überflüssig machen. Die obige Abbildung zeigt ein Relief eines Meisters und seines Schülers, das in einer unterirdischen Basilika bei der römischen Porta Maggiore gefunden wurde (s. weiter in diesem Kapitel).

Die Bedeutung von Respekt vor Autorität und Tradition in einer Schule, die gerade für ihre gewagten Ideen bekannt wurde, erscheint uns vielleicht merkwürdig. Wie verträgt sich der fraglose Gehorsam gegenüber dem Wissen des Lehrmeisters mit der selbstständigen Entwicklung des Schülers? Aber dieser Widerspruch ist nur scheinbar. Pythagoras wollte seine Schüler nicht zum kreativen Denken erziehen, sondern lehrte die ordnenden Prinzipien und Gesetze, mit denen sich die Schöpfung erklären ließ. Die Pythagoreer waren von der universellen Gültigkeit natürlicher Zahlen und geometrischer Prinzipien überzeugt. Ordnung war für sie der wichtigste Leitfaden, in der Wissenschaft und im Leben.

Die Bruderschaft

Die von Pythagoras gegründete Schule und Bruderschaft befand sich in Crotone, einer ägäischen Kolonie an der Küste des heutigen Italien. Die Überlieferung erzählt

uns, dass Pythagoras als Lehrer bekannt wurde, weil er einen Schüler dafür bezahlte, sich von ihm unterrichten zu lassen. Dies stellte sich als erfolgreich heraus: Der Schüler wurde so neugierig, dass er die Fortsetzung des Unterrichts selbst bezahlen wollte. Daraufhin meldeten sich so viele Schüler für Pythagoras' Unterricht an, dass dieser strenge Regeln für die Aufnahme in seine Schule einführte.

Potentielle Schüler mussten sich zunächst einem physiognomischen Test unterziehen. Die Physiognomie geht davon aus, dass Gesicht, Körper und Haltung den Charakter widerspiegeln. Wenn dieser Test bestanden war, folgte eine Frist von drei Jahren, in der der Schüler für sein soziales Verhalten und moralische Standfestigkeit beurteilt wurde. Bei einer günstigen Beurteilung erreichte er den Rang des Novizen und durfte während der nächsten fünf Jahre als *auditor* („Zuhörer") Vorlesungen hören, bei denen allerdings Schweigepflicht herrschte und nur zugehört werden durfte. Der Novize durfte keinen Kontakt mit Eingeweihten und schon gar nicht mit dem Lehrmeister aufnehmen, der die Novizen hinter einem Vorhang unterwies.

Nach diesen fünf Jahren wurden die Novizen als *esoterici* („Eingeweihte") volles Mitglied der Bruderschaft und durften dem Lehrmeister Fragen stellen und Gedanken mit ihm austauschen. Sie konnten sich, abhängig von Interesse und Begabung, in Geometrie, Musik, Astronomie oder Medizin weiterbilden.

Außer den Esoterikern, die als eingeweihte Mitglieder nach den Regeln der Bruderschaft lebten, gab es die *exoterici*, die zwar ebenfalls den pythagoreischen Idealen folgten, aber als Laien innerhalb ihrer eigenen Familie lebten. Unter den Exoterici befanden sich einflussreiche Personen, die die Bekanntheit der Bruderschaft weiter vergrößerten. Auch Frauen konnten als Esoterikerinnen oder Exoterinnen Mitglied der Bruderschaft werden. Unter den Exoterinnen befanden sich sogar verheiratete Frauen, deren Gatten der Bruderschaft nicht angehörten.

Auch die Eingeweihten lebten nicht in einer geschlossenen Gemeinschaft, sie konnten die Nacht auch andernorts verbringen. Im gegenseitigen Umgang und Gedankenaustausch gab es keine hierarchischen Unterschiede zwischen Eingeweihten und Laien, man hatte sich nur für eine andere Lebensart entschieden.

Eine der auffälligsten Eigenschaften der pythagoreischen Bruderschaft war das intensive Gefühl von Zusammengehörigkeit. Für Pythagoreer war die gegenseitige Freundschaft das soziale Äquivalent der mathematischen Harmonie. Wie die Logik der bindende Faktor für die Lehrsätze der Mathematik war, so war die Freundschaft dies für Mitglieder der Bruderschaft. Da beide Codes als gleich wichtig galten, war es selbstverständlich, dass das Leben in der Gemeinschaft an strenge Regeln gebunden war, wobei Zusammengehörigkeit die Grundlage sowohl der sozialen als auch der wissenschaftlichen Kommunikation war. Ein derartiges Gefühl der Verbundenheit bildete später auch eine der Grundlagen der Freimaurerei.

Für die Esoterici begann der Tag beim Aufgehen der Sonne mit einem Besin-nungsmoment über den vorherigen und kommenden Tag. Anschließend machten sie – in ihre typischen Gewänder aus weißem Leinen gehüllt – einen Spaziergang, um auf diese Weise Ruhe zu finden. Danach fand Unterricht in Gruppen statt, es folgten körperliche Übungen und Massage. Der Vormittag wurde mit einer leichten Mahlzeit abgeschlossen.

Nachmittags wurde über organisatorische Angelegenheiten diskutiert, anschließend fand in Gruppen ein informeller Gedankenaustausch statt. Danach folgte ein gemeinsames Bad zur Reinigung von Körper und Seele. Nach dem anschließenden Trankopfer am Altar fanden sich die Gruppen von maximal zehn Personen (die heilige Zahl des *Tetraktys*, s. S. 50) zur Abendmahlzeit ein.

Aus moralischen und philosophischen Gründen waren die Gerichte vegetarisch. Gemäß ihrem Prinzip der Einfachheit benutzten die Pythagoreer bei der Essenszubereitung kein Feuer. Sie aßen nur rohes Gemüse, Honig und Milch. Der Vegetarismus entsprach ihrem Glauben an die Seelenwanderung, nach dem die Seele den toten Körper verlässt, um frei zu sein oder in einem anderen Körper – Mensch oder Tier – auf die Erde zurückzukehren. Deswegen lehnten die Pythagoreer das Blutvergießen ab, sowohl bei Menschen als auch bei Tieren. Die einzige Ausnahme waren junge Schweine und Ziegen, die geopfert und gegessen wurden. Vielleicht glaubte man, dass derartige junge Tiere noch keine Seele besäßen.

Pythagoras' – aus Ägypten stammender – Glaube an die Seelenwanderung brachte ihm den Spott seiner Feinde, die witzelten, er höre noch im Hundegebell die Stimmen verstorbener Freunde. Pythagoras entgegnete aber: „Solange Menschen Tiere töten, werden sie auch einander abschlachten".

Die pythagoreische Bruderschaft war eine perfekte Kombination von Kirche, Schule, offenem Kloster und Forschungszentrum. Diese Gemeinschaft, die durch Harmonie, Freundschaft und das Gefühl der Zusammengehörigkeit zusammenhielt, wurde zum Vorbild für viele spätere Geheimgesellschaften, wie die Essener, die zu Jesu Lebzeiten lebten, die Klostergemeinschaften, Tempelritter und Freimaurer.

Menschen als Zahlen

In ihrer Faszination für Zahlen und Geometrie identifizierten die Pythagoreer Menschen mit Zahlen. Die von ihnen so bewunderte Mathematik sollte das menschliche Zusammenleben, und damit den Menschen selbst, nach mathematischen Strukturen perfektionieren.

Auf diese Weise wollte die Bruderschaft Leben und Wissenschaft miteinander vereinen. Mittels ihrer Lebensregeln gestalteten die Pythagoreer die Gemeinschaft nach mathematischer Logik, damit sich die Mitglieder als Teil des von Harmonie geprägten Universums entfalten. Die jahrelange Schweigepflicht sollte den Novizen helfen, die Banalität und Oberflächlichkeit ihres Alltagslebens abzustreifen und einen auf Logik basierten Lebensstil anzunehmen. Die einheitliche, weiße Leinenkleidung drückte die Gleichwertigkeit innerhalb der Bruderschaft aus.

Das Ziel war letztlich eine Symbiose aus Mensch und Mathematik. Je perfekter das Leben nach mathematischen Prinzipien verlief, umso tiefer würde sich das mathematische Wissen und das nach mathematischen Prinzipien codierte Universum gestalten.

Die Pythagoreer betrachteten die traditionellen griechischen Götter auf dem Berg Olymp als eine Ansammlung unnützer, gewalttätiger, von Leidenschaften getriebener und nach menschlichem Vorbild modellierter Wesen. Pythagoras stellte dem ein geordnetes himmlisches Universum gegenüber, das aus reinen, durch pure Logik geleiteten und nach Perfektion strebenden Elementen bestehe.

Das pythagoreische Streben nach einer idealen Struktur ist auch im Christentum erkennbar. Mönche und Nonnen entsagen der Welt zwar nicht, um sich den reinen Strukturen mathematischer Lebensprinzipien zu widmen, aber sie erhoffen sich mystische Offenbarungen. Auch die Freimaurer und damit verwandte Bruderschaften mit pythagoreischer Symbolik glauben an die Möglichkeit, die sozialen Strukturen nach mathematischer Perfektion zu gestalten und auf diese Weise mit der Ordnung des Universums in Einklang zu bringen.

Eine auf detaillierte Regeln basierte Lebensweise befreit den Geist von alltäglichen Belastungen und nimmt den Menschen viele kleinere Entscheidungen ab, damit er sich völlig seinen Studien und der Besinnung widmen kann. Die Orientierung des alltäglichen Handelns an gemeinsame Codes spart Energie, die zum Erforschen von wissenschaftlichen und philosophischen Codes freikommt.

Die Welt der Zahlen

Die Pythagoreer studierten Zahlen, um ihre spezifischen Eigenschaften zu entdecken. Zahlen waren für sie keine Reihe von Punkten entlang einer unendlichen Linie, oder eine Stapelung der Zahl 1, sondern Einheiten mit bestimmten Eigenschaften, mit denen sie sich von anderen Zahlen unterscheiden. Die Pythagoreer betrachteten die „numerischen Persönlichkeiten" als den Code des Universums, mit dem die Götter die Welt schufen.

Im Folgenden werden die Zahlen von eins bis zehn in ihrer mathematischen und symbolischen Bedeutung dargestellt. Die Pythagoreer kannten das dezimale Zahlensystem nicht. Sie repräsentierten Zahlen mit Buchstaben oder einem den römischen Zahlen verwandten System, in dem die jeweilige Zahl visualisiert wurde. In mancher Hinsicht war dies vielleicht unpraktisch, aber dieses System machte den Schritt zu geometrischen Figuren viel einsichtiger. Interessant ist außerdem, dass Pythagoras weder die 0 noch negative Zahlen kannte – deren Existenz wurde erst ungefähr 1000 Jahre später in Indien bewiesen.

EINS (1)

Die Eins ist die fundamentale Zahl, das Bindemittel des ganzen Systems und zugleich ein Werkzeug, mit dem die anderen Zahlen gebildet werden. Addiert man die 1 immer wieder mit sich selbst, entsteht eine unendliche Reihe natürlicher Zahlen.
Symbolische Bedeutung: Die Zahl 1 ist das Prinzip der Identität, Gleichheit, Einheit und Gemeinsamkeit.

ZWEI (2)

Sowohl für die Pythagoreer als auch für die Chinesen symbolisiert die Zahl Zwei, die sich als erste gerade Zahl in zwei gleiche Teile aufteilen lässt, das weibliche Prinzip. Pythagoras konnte dabei nicht vorhersehen, welche allumfassende Rolle die Zwei für die Entwicklung der Logik, des binären Zahlensystems und der Computertechnologie spielen sollte. Im berühmten Roman *Der Da Vinci Code* wird diese Entwicklung als Rache des weiblichen Prinzips thematisiert.
Symbolische Bedeutung: Die Zwei symbolisiert Dualitäten wie wahr und falsch, Freund und Feind oder Individuum und Universum.

DREI (3)

Als erste „dreiseitige" Zahl ist die Drei an Dreiecke, die das Rückgrat der geometrischen Logik bilden, gekoppelt.
Symbolische Bedeutung: Die Drei ist die erste männliche Zahl nach der Eins. Die drei Eckpunkte und das Dreieck spielen eine zentrale Rolle in der Symbolik der Freimaurer.

VIER (4)

Die Vier ist eine gerade Zahl und das erste echte Quadrat (1 ist lediglich sein eigenes Quadrat).
Symbolische Bedeutung: Die Vier ist weiblich und symbolisiert die vier Windrichtungen, die den Schlüssel zu unserer Umwelt bilden.

FÜNF (5)

Die Fünf ist eine Primzahl und die Summe der beiden Primzahlen 2 und 3.

Symbolische Bedeutung: Die Fünf verschmilzt die weibliche Zwei und die männliche Drei und ist deshalb auch die Zahl der Liebe. Die Fünf ist die Zahl der Ecken eines Fünfecks und mit seinen 2 × 5 Fingern und Zehen unterscheidet sich der Mensch von den meisten anderen Tieren.

SECHS (6)

Die Sechs ist die erste vollkommene Zahl und entspricht der Summe seiner möglichen Teiler: 6 = 1 + 2 + 3 = 1 x 2 x 3.

Symbolische Bedeutung: Die Sechs symbolisiert Harmonie und die Perfektion der Ganzheit.

SIEBEN (7)

Die Sieben ist eine Primzahl und die Summe der Seiten eines Dreiecks und eines Vierecks.

Symbolische Bedeutung: Dass ein Kreis sich mittels Zirkel oder Lineal nicht in sieben gleiche Segmente aufteilen lässt, war für die Pythagoreer Beweis für die Jungfräulichkeit als Symbol der Sieben.

ACHT (8)

Acht ist die erste Kubikwurzel und entspricht 2 x 2 x 2 (2^3).

Symbolische Bedeutung: Die Zahl 8 ist mehrfach weiblich, da sie sich dreimal halbieren lässt, auf 4, 2 und 1.

NEUN (9)

Die Neun ist das Quadrat von drei und umfasst drei Dreiecke.

Symbolische Bedeutung: Die Neun symbolisiert alle Wissenschaften zusammen und die neun Musen der Künste der griechischen Mythologie.

ZEHN (10)

Die Zehn ist die Summe der ersten vier Zahlen.

Symbolische Bedeutung: Die Zahl 10 bildet den *Tetraktys*, das heilige Dreieck, das aus zehn über vier Zeilen verteilten Punkten besteht und damit die Kraft der Zahlen 1, 2, 3 und 4 in sich vereinigt. Für die Pythagoreer war die Zahl Zehn so heilig, dass sie nicht ausgesprochen werden durfte. Weil sich über die Zehn ein Leben lang meditieren lasse, war sie den Göttern vorbehalten und durfte nicht überschritten werden. Deshalb nahmen in der Bruderschaft auch niemals mehr als zehn Personen an einem Tisch Platz.

Zahlenfamilien

Der Zusammenhang zwischen Zahlen und geometrischen Figuren wird am deutlichsten, wenn Zahlen als Punkte in Gruppen zu regelmäßigen Polygonen angeordnet werden.

Die Abbildung auf der nächsten Seite zeigt, dass innerhalb der Reihe von Dreieckszahlen die erste Zahl immer mit einer ganzen Zahl aus einer aufsteigenden Reihe addiert wird. Dreieckszahlen bilden damit die Bausteine für eine vollständige Zahlenreihe. Der Mathematiker Carl Friedrich Gauß bewies im Jahre 1796, dass sich jede positive ganze Zahl als Summe von maximal drei Dreieckszahlen schreiben lässt.

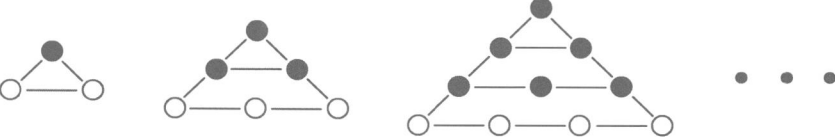

Die „Zahl des Tieres" 666 ist eine Drei-
eckszahl.

Wie die folgende Abbildung zeigt, ist der
Unterschied zwischen zwei aufeinanderfolgenden Quadratzahlen immer eine
ungerade Zahl in einer ansteigenden Reihe.

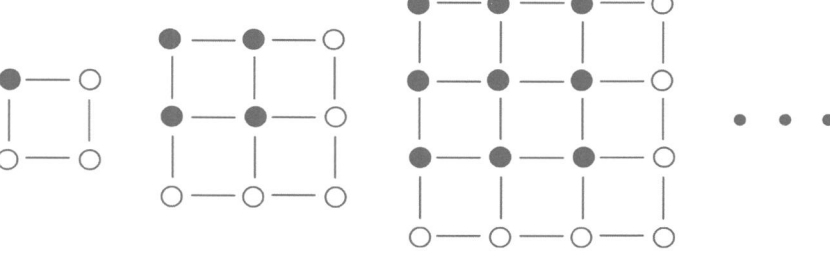

Auch bei Fünfeckzahlen und Sechseck-
zahlen nimmt aufgrund der immer größeren
Anzahl Punkte pro Seite die vorherige Zahl
in einer ansteigenden Reihe zu.

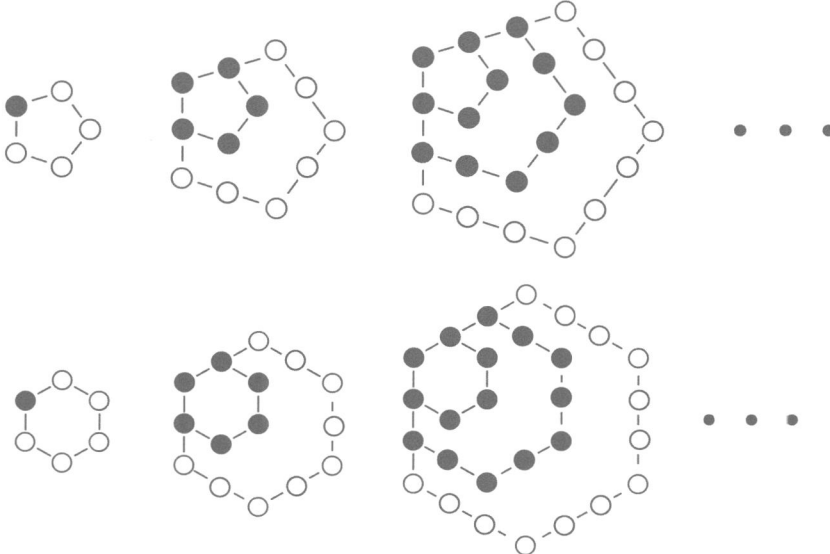

Dreidimensionale Perfektion

Die Pythagoreer waren nicht nur an zweidimensionalen geometrischen Figuren interessiert, sondern auch an räumlichen Körpern. Sie kannten die sogenannten platonischen Körper oder regelmäßigen Polyeder, räumliche Figuren, deren gleiche Seiten regelmäßige Vielflächner sind, bei denen auch die Winkel zwischen den Flächen gleich sind. Im Ashmolean Museum in Oxford sind aus Stein gehauene regelmäßige Polyeder zu sehen, die lange vor dem 6. Jahrhundert v. Chr. entstanden. Pythagoras kannte auf jeden Fall das Tetraeder (Vierflächner), den Kubus und das Dodekaeder (Zwölfflächner). Auch die Entdeckung, dass es nicht mehr als fünf regelmäßige Polyeder gibt (außer den bereits genannten das Oktaeder und das Ikosaeder) schreiben manche Forscher Pythagoras zu.

erforschen, wären Pythagoras und seine Schüler nicht zu solchen aufsehenerregenden Erkenntnissen gekommen. Da sie sich aber Zahlen in einem geometrischen Zusammenhang darstellten, wurden sie mit unerwarteten Ergebnissen konfrontiert, für die innerhalb ihres logisch geordneten Universums zunächst kein Platz war.

Da für die Pythagoreer das ganze Universum aus natürlichen Zahlen, führte die Aufteilung eines Vierecks in zwei gleiche Dreiecke für sie zu einem zunächst unlösbaren Problem, denn die Länge der schrägen Seite ist nicht in einer rationalen Zahl darstellbar (also durch einen Bruch mit zwei natürlichen Zahlen). Ihr Ausgangspunkt war ja gerade, dass es außerhalb der natürlichen und rationalen Zahlen keine anderen Zahlen gebe und dass dies innerhalb der Mathematik auch nicht erforderlich sei.

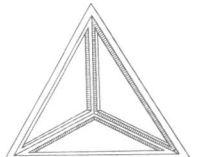 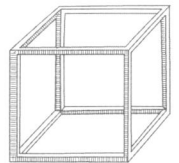   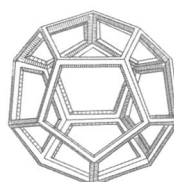

Später in diesem Kapitel stellen wir die Bedeutung dieser regelmäßigen Polyeder in den Werken von Leonardo da Vinci und Salvador Dalí dar.

Ein irrationales Codebuch

Die Kombination von Zahlen und geometrischen Verhältnissen durch die Pythagoreer ist von besonderer Bedeutung. Hätten sie sich nur auf die Zahlenlehre beschränkt, um die Eigenschaften der natürlichen Zahlen und ihrer Brüche zu

Wie wir inzwischen wissen, ist die Länge der Diagonale eines Vierecks mit seinen Seiten der Länge 1, Wurzel aus 2, eine irrationale Zahl. Pythagoras bewies, dass die Länge dieser Diagonale sich nicht als Bruch von zwei natürlichen Zahlen darstellen lässt. Diese Entdeckung war eine schwere Enttäuschung für die Bruderschaft und wurde deshalb streng geheim gehalten. Laut Überlieferung wurde ein Eingeweihter, der dieses Wissen an die Öffentlichkeit bringen wollte, sogar ermordet.

Die Bedeutung dieser Entdeckung ließ sich aber nicht lange negieren. Als Pythagoras das zentrale Prinzip seiner Zahlenlehre – alles lässt sich in Zahlen ausdrücken – formulierte, waren damit nur natürliche und rationale Zahlen gemeint.

Den Beweis für seine Überzeugung, dass ganzzahlige Verhältnisse Harmonie ergeben, fand er in der Musik. Die spätere Entdeckung der irrationalen Zahlen jedoch zeigte, dass die Welt der Mathematik größer war als die Pythagoreer zunächst glaubten. Deshalb galt es zu untersuchen, welche mathematischen Gesetze für eine neu zu entwickelnde Zahlenfamilie gelten, um so die Harmonie innerhalb des Ganzen wiederherzustellen.

$$\frac{\text{Phi}}{1}$$

Dass die Zahl Pi, die das Verhältnis zwischen Umkreis und Durchmesser eines Kreises angibt, eine irrationale Zahl ist, ist für uns heute selbstverständlich. Für Pythagoras war das jedoch nicht der Fall, weil es hierfür noch keinen mathematischen Beweis gab. Die Pythagoreer verwendeten Pi unter der Annahme, dass es eine letztlich berechenbare, als Bruch auszudrückende Zahl sei.

Letztendlich stellte sich die Entdeckung der irrationalen Zahlen aber als Gewinn für das ästhetische Codebuch der Pythagoreer heraus. Die pythagoreische Geometrie sah sich mit der Herausforderung konfrontiert, andere als einfache und regelmäßige Flächen und Verhältnisse zu erforschen. Gerade in Verhältnissen, die nicht sofort verständlich sind, verbirgt sich für den Betrachter aber oft die Schönheit.

DER GOLDENE SCHNITT

Eine der wichtigsten irrationalen Zahlen ist das Phi, das die Verteilung einer Strecke in zwei Teile ausdrückt. Dabei verhält sich das größere Teil zum kleineren wie die gesamte Strecke zum größeren Teil: der sogenannte „Goldene Schnitt". Außer seiner mathematischen Bedeutung ist die „Goldene Zahl" Phi vor allem als ästhetisches Prinzip von Bedeutung. Auch belegt sie den Zusammenhang zwischen dem pythagoreisch mathematischen Denken und östlichen Philosophien, die davon ausgehen, dass in jedem Teil das Ganze anwesend ist.

Eine ästhetische Anwendung des Goldenen Schnitts sehen wir zum Beispiel in den geometrischen Verhältnissen von

$$\frac{}{\text{Phi}} \quad \frac{}{1}$$

Bauwerken. Architekten berücksichtigen meist geometrische und ästhetische Prinzipien und idealerweise geht das eine aus dem anderen hervor: Formen mit mathematisch begründeten Verhältnissen besitzen eine mathematische Schönheit, die jeder denkende Mensch intuitiv erfasst. Beim Goldenen Schnitt erfüllen die harmonischen Verhältnisse das menschliche Bedürfnis nach Symmetrie.

Mit Lineal und Zirkel lässt sich ein Goldener Schnitt auf einfache Weise konstruieren (s. die oberste Abbildung auf S. 54). Man zeichnet ein Viereck und bestimmt die Mitte einer der Seitenlinien. Man verlängert die Linie dieser Seite um ungefähr das Doppelte. Dann zeichnet man mit dem Zirkel einen Kreis von dem Punkt auf der Hälfte der Seite bis zu einer der gegenüberliegenden Ecken des Vierecks. Die Stelle, an der der Kreis die verlängerte Linie kreuzt, markiert den Goldenen Schnitt. Die Entfernung vom äußersten Eckpunkt der verlängerten Seite bis zum Kreuzpunkt der verlängerten Seite mit dem Kreis beträgt 1,616 mal die ursprüngliche Länge.

Auch für spätere Geheimgesellschaften, wie die Tempelritter, Freimaurer, Rosenkreuzer und verschiedene Hexenkulte spielte das Pentagramm eine wichtige Rolle, denn es vereinigt einen großen Reichtum an Eigenschaften in sich. Es ähnelt einem Stern und verkörpert dessen Energie,

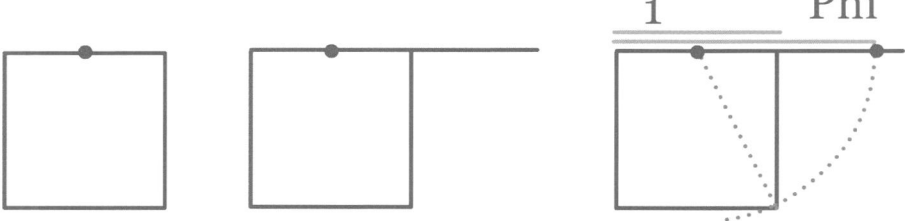

Der Goldene Schnitt ist schon im Pentagramm, dem fünfeckigen Stern, und dem konvexen Fünfeck enthalten.

Mysterium und Unerreichbarkeit. Als Symbol der Einheit des menschlichen Körpers und seiner fünffachen Natur (mit seinen

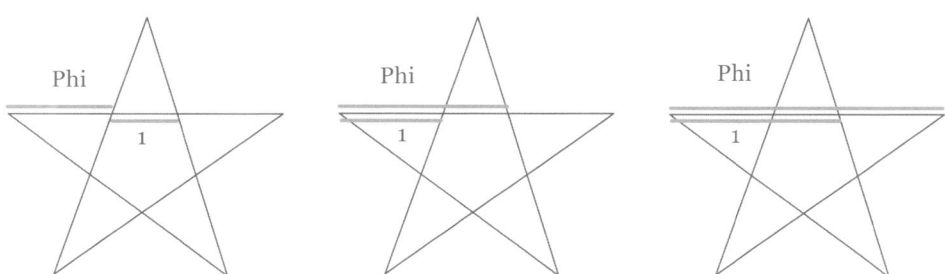

Diese geometrischen Figuren waren wichtige Symbole für die pythagoreische Bruderschaft. Das Pentagramm symbolisierte die harmonischen Verhältnisse des menschlichen Körpers und war das Symbol für Gesundheit. Das Pentagramm war auch der Code, mit dem sich die Pythagoreer aus verschiedenen Städten aneinander vorstellten.

2 x 5 Fingern und 5 Zehen unterscheidet sich der Mensch von den meisten anderen Tierarten) enthält es die menschliche Lebensenergie. Als geometrische Figur mit seinen besonderen Eigenschaften enthält es auch die als Form realisierte

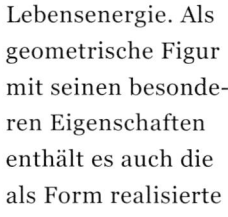
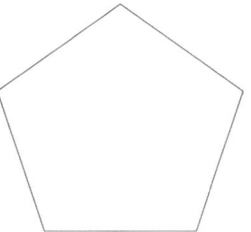

wissenschaftliche Energie, also die Macht der Logik. Das Pentagramm bildet also eine Brücke vom irdischen menschlichen Leben zu den Sternen.

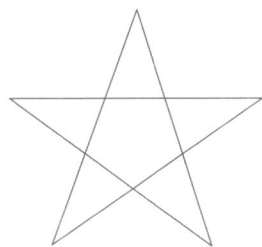

Ein interessanter Rivale des Pentagramms ist das Heptagramm. Wie das Pentagramm lässt sich auch dieses sternförmige Vieleck in einer ununterbrochenen Linie zeichnen, allerdings mit sieben anstatt fünf Ecken. Auch das Heptagramm verweist auf die Sterne. Es entspricht der Zahl 7, die Zahl der im Mittelalter bekannten Planeten. Wegen seiner größeren Komplexität wurde das Heptagramm damals von esoterischen Gemeinschaften dem Pentagramm gegenüber bevorzugt. So wird es im codierten Voynich-Manuskript (s. Kapitel 10) zur Markierung von Kapiteln verwendet.

Dem Heptagramm fehlt jedoch die lebende und logische Symbolik des Pentagramms, da die Zahl 7 sich nicht, wie die Zahl 5, auf irdische Wesen bezieht. Deshalb blieb die Bedeutung des Pentagramms als symbolische Brücke zwischen Sternen, menschlichem Körper und Geist erhalten: eine virtuelle Rakete,

die schon Jahrtausende vor der Raumfahrt im Raum unterwegs war. Der Mensch musste erst in seiner Fantasie durch den Weltraum reisen, bevor er dies tatsächlich realisieren konnte.

Für Leser, die sich mehr in Formeln als in geometrischen Figuren zuhause fühlen, folgt hier die Formel für die Goldene Zahl. Der größte Teil der Strecke ist A, der kleinere B:

$$A : B = (A + B) : A$$

Oder, wenn die Strecke AB am Punkt C nach dem Goldenen Schnitt aufgeteilt wird, wobei BC = 1 und AC = x, dann ist AB = x + 1. Aus AB : AC = AC : BC folgt: (x + 1) : x = x : 1, sodass:

$$x^2 - x - 1 = 0$$

Die positive Wurzel daraus beträgt:

$$x = (1 + \sqrt{5}) : 2.$$

Damit ist Phi gleich 1,6180339 plus eine unendliche Reihe von Dezimalen in einem sich nicht wiederholenden Muster.

Das Verhältnis des Goldenen Schnitts ist auch im verlängerten Pentagramm sichtbar. Erst werden die fünf Eckpunkte mittels Linien zu einem konvexen Fünfeck verbunden. Jede Seite wird dann als Grundlage von Dreiecken verwendet, die zusammen ein neues Pentagramm bilden usw., wie in der Abbildung. Die markierten Teile sind fünf Goldene Schnitte.

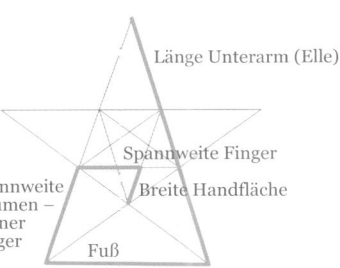

Länge Unterarm (Elle)

Spannweite Finger

Spannweite Daumen – kleiner Finger

Breite Handfläche

Fuß

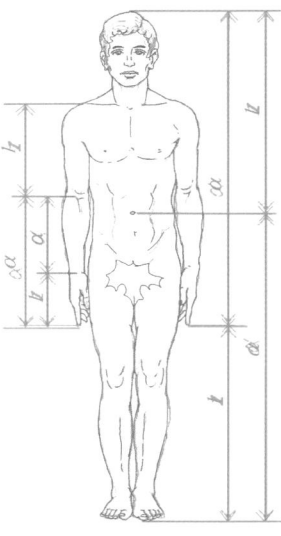

Die traditionellen Freimaurer sehen dieselben Verhältnisse auch im menschlichen Körper. Sie verwendeten die Breite der Handfläche, die Spannweite zwischen Daumen und kleinem Finger und zwischen den ausgestreckten Fingern, den Fuß und die alte Elle (Länge des Unterarms) als Messeinheiten in einem ästhetischen Codebuch. Obwohl diese Maße nicht exakt und bei jeder Person unterschiedlich sind, verwendet man sie bis heute. Handwerker wissen genau, wieviel Zentimeter ihre Handspanne beträgt und haben damit jederzeit buchstäblich ein Messinstrument zur Hand. Die Verwendung dieser fünf Körpermaße gewährleistet den ästhetischen Wert jedes Entwurfs, vom Möbel über Blumenbeet bis zum Tempeldach.

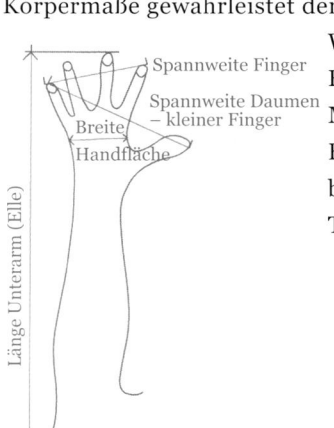

Der Winkel von 108° als Handschrift

Kommen in einem Bauwerk Winkel von 108° vor, so ist dies die Handschrift eines Maurers oder Architekten, der nach pythagoreischen Prinzipien arbeitete. Wir sehen diesen für das regelmäßige Fünfeck typischen Winkel häufig in Dächern von Tempeln oder Häusern. Das geübte Auge sieht von diesem Winkel aus auch die weitere Symbolik, die ein solcher Entwurf bezweckt. Auch ein Winkel von 36° weist auf einen

pythagoreischen Entwurf hin. Er ist aber so scharf, dass er wenig vorkommt, außer bei Kirchtürmen.

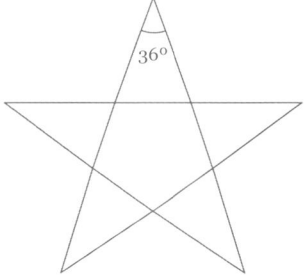

Als wichtiges Element des pythagoreischen Erbes ist der Winkel von 108° ein zentrales Element der Freimaurer-Symbolik. In Kapitel 7 wird gezeigt, welche entscheidende Rolle sie in vielen Freimaurer-Projekten spielte, besonders im Entwurf der Stadt Washington D.C. Winkel von 108° geben auch modernen Gebäuden diese ebenso diskrete wie anregende symbolische Ladung.

Musik

Das harmonische Universum von Pythagoras umfasst auch die musikalische Harmonie, in der die Ästhetik durch die Anwendung rationaler Zahlen quasi hörbar wird. Eine schwingende Saite bringt harmonische Töne hervor, wenn die Verhältnisse der Saitenlängen ganze Zahlen sind, was auch für (Orgel)pfeifen gilt. Die Entdeckung der pythagoreischen Stimmung (Tonleiter) hat wohl zu weiterer Forschung nach Verhältnissen und Ästhetik angeregt.

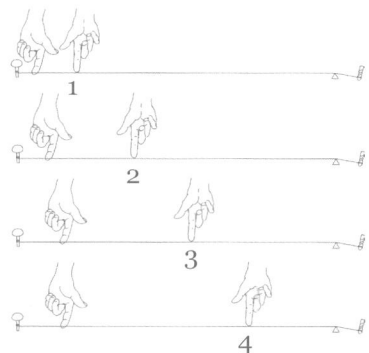

Der Goldwert des Goldenen Schnitts

Eine Änderung der Längenverhältnisse bei Saiten und Pfeifen ist direkt hörbar, aber in ästhetischer Hinsicht keine sichtbare Veränderung, wie bei geometrischen Figuren und Formen. Damit stellt sich die Frage, ob der Goldene Schnitt ein intrinsisches, für das menschliche Auge angenehmes Verhältnis ist, oder ob seine positiven Eigenschaften kulturell bedingt

sind und uns von Künstlern und Kritikern vermittelt wurden.

Die Ergebnisse vieler psychologischer Tests zeigen eindeutig, dass das Goldene Rechteck – im Gegensatz zur gängigen Auffassung – von Versuchspersonen nicht positiver bewertet wird als andere Rechtecke. In den Tests wurden Testpersonen ohne jeglichen Kontext verschiedene Rechtecke gezeigt. Dabei ergab sich, dass Rechtecke, deren Seiten das Verhältnis der Goldenen Zahl berücksichtigen, nicht als schöner empfunden werden als andere Rechtecke. Der Goldene Schnitt hat also keinen festen Goldwert.

Auch wenn eine *intuitiv* erkennbare Schönheit nicht nachgewiesen werden konnte, appelliert der Goldene Schnitt an unser intuitives Gefühl für Schönheit, was wohl auf ein logisch-mathematisch begründetes Symmetriebedürfnis zurückzuführen ist.

Ein tragisches Ende

Der Schatz an Wissen und Weisheit, den die Pythagoreer gesammelt hatten, konnte ihren tragischen Untergang nicht verhindern. Nachdem Pythagoras ca. 500 v. Chr. starb, beherrschte die pythagoreische Bruderschaft den größten Teil Siziliens und Süditaliens. Sie konnte ihre politische Herrschaft noch ein halbes Jahrhundert aufrechterhalten, danach wurde die Kluft zwischen den der Wissenschaft und Philosophie gewidmeten Pythagoreern und dem Volk zu groß. Es brachen Aufstände aus und die Pythagoreer wurden nach und nach aus sämtlichen Städten vertrieben. Die übrig gebliebenen Mitglieder flohen schließlich nach Metapont, bis auch diese Stadt belagert und in Brand gesteckt wurde, wobei fast alle Pythagoreer ums Leben kamen.

Zu den wenigen Überlebenden zählte Philolaos. Er soll mit den heiligen Büchern der Bruderschaft aus Metapont geflohen sein und sie dem tyrannischen Herrscher Dionysios I. von Syrakus verkauft haben. Schließlich gelangten die Bücher zu Platon, der das pythagoreische Gedankengut in seiner Philosophie verarbeitete.

Im 2. Jahrhundert n. Chr. erlebte die Lehre von Pythagoras noch eine kurze Blütezeit, erst in Alexandria, danach in Rom.

DIE STERNE ALS GÖTTER

Die religiösen Vorstellungen der Pythagoreer unterschieden sich grundsätzlich von den herkömmlichen griechischen und römischen Religionen. Schon vor Pythagoras war es Astronomen aufgefallen, dass Sterne – die den Großteil der Himmelskörper ausmachen – sich entlang einer festen, konstanten Bahn am Himmel bewegen. Jene Himmelskörper, die sich im Gegensatz dazu scheinbar willkürlich bewegen, nannten sie Planeten („Landstreicher"). Im Deutschen nennt man sie auch Wandelsterne. Davon ausgehend, dass alles im Universum einem Zweck dient, meinten die Pythagoreer, dass es einen direkten Zusammenhang zwischen den unvorhersehbaren Bewegungen der Planeten — wie beim Würfeln — und dem Schicksal der Welt und den individuellen Menschen gebe. Dies ist der Grundgedanke der Astrologie. Sie geht davon aus, dass sich zukünftige Lebensereignisse aus dem Stand der Sterne zum Zeitpunkt der Geburt

Das Sonnensystem mit Saturn und Sonne.

ableiten lassen. Mit anderen Worten: die Planeten sind der Code, in dem das Schicksal des Menschen geschrieben steht.

Pythagoras jedoch kehrte diese These um: Das Leben des Menschen könne unmöglich im Stand der Planeten festliegen, weil der Planetenstand selbst schon determiniert sei. Er war davon überzeugt, dass die Planetenbahnen nicht willkürlich seien, sondern genauso konstant wie die Bewegungen der Sterne, nur viel komplexer, indem sich die Kreise überlappen. Mit dieser These war Pythagoras der erste, der den Lauf der Sterne deutete, anstatt sich von den Sternen deuten zu lassen.

Pythagoras befand sich hiermit auf dem richtigen Weg. Er konnte sich jedoch nicht vorstellen, dass Himmelskörper sich anders als in perfekten Kreisen bewegen. Erst 2000 Jahre später widerlegte Kepler diesen Gedanken und kam mit der von ihm beschriebenen Ellipsenbahn der Wahrheit viel näher.

Pythagoras' These, dass Planetenbewegungen nicht willkürlich seien, bedeutete, dass er auch nicht an einer Beziehung zwischen Himmelskörpern und menschlichen Schicksalen glaubte. Pythagoras' Ziel war es, die perfekte Ordnung und die zugrunde liegende Logik des Universums zu studieren und zu entdecken.

Aus religiöser Perspektive bedeutete dies für ihn, dass die Sterne und Planeten, die sich in ihrer vollkommenen Intelligenz selbstständig und nach einer perfekten Gesetzmäßigkeit am Himmel bewegen, die wahren Götter seien. Pythagoras glaubte nicht an Homers mystische Götter auf dem Berg Olymp. Die paradiesischen elysischen Felder befänden sich weder in der Unterwelt noch am Ende der Welt, sondern im Himmel — um genau zu sein in unserer Milchstraße. Menschen mit vollkommen reiner Seele bräuchten nicht in einem neuen Körper wiedergeboren zu werden, sondern stiegen nach dem physischen Tod zum Himmel auf und würden zu Sternen.

Der Mond, der über die nahen Himmelskörper herrsche, sei zugleich die Tür zum Paradies mit ihrer Sonne, ihren Planeten und Sternen. Pythagoreische Dichter bezeichneten die Erde, die zum Mondsystem gehöre, im Kontrast zum „Übermondischen" als das „Untermondische". Die Seele, die an den Körper, und damit an das Chaos des Irdischen gebunden sei, strebe danach sich selbst zu befreien, um die unveränderliche Ewigkeit des Übermondischen zu erreichen.

Ein wichtiger Unterschied zwischen den beiden Welten würde darin liegen, dass das Leben auf der Erde unter dem Mond einer geraden Linie folge, während sich die Sterne über dem Mond mühelos in Kreisen bewegten. Aus diesem Grund bevorzugten die Pythagoreer die Kombination aus Viereck und Kreis. Der Vitruviusmann (s. Kapitel 4) ist zwischen den irdischen geraden Linien und den himmlischen Kreisformen eingeschlossen.

Eine positive Folge dieses sich aus geometrischer und astronomischer Forschung ergebenden Sternenkultes war, dass eine Verbindung zwischen Wissenschaft und Religion entstand. Das Studium der Sterne war zugleich Götterverehrung und je mehr Ehre den Göttern gezollt wurde, umso mehr astronomisches und mathematisches Wissen die Pythagoreer erwarben.

Die Porta Maggiore als fehlendes Glied

Im Jahre 1920 gab der Archäologe C. Densburg Curtis in der zweiten Ausgabe der Quartalzeitschrift *American Journal of Archeology* die Entdeckung „einer unterirdischen Basilika außerhalb der Porta Maggiore in Rom" bekannt. Im April 1917 wurde beim Bau der Eisenbahnlinie Rom-Neapel in 15 Metern Tiefe ein Raum in Form einer frühchristlichen Basilika mit einem Kirchenschiff und Nebenschiffen entdeckt. Das Bauwerk wurde auf das erste Jahrhundert nach Christus datiert, hat jedoch nicht den traditionellen Bauplan eines griechischen oder römischen Tempels – trotz der Tatsache, dass das Christentum sich erst einige Jahrhunderte später in Rom durchsetzte.

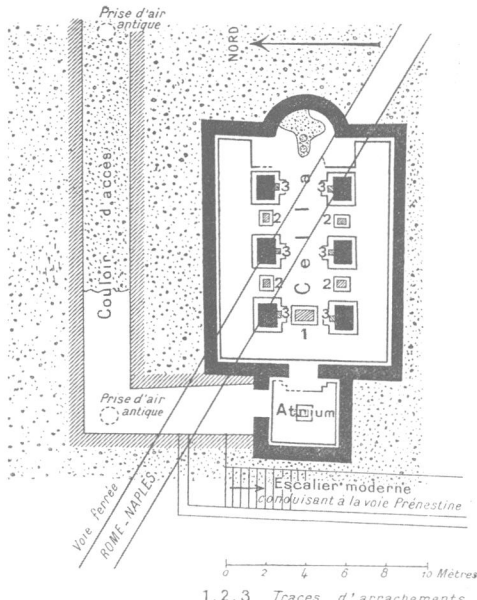

Der Bau des Heiligtums muss unter strenger Geheimhaltung stattgefunden haben und die Erbauer wollten wohl unentdeckt bleiben. Sie gruben zunächst Schächte für die Mauern und Decke, die sie mit einer Betonmischung auffüllten. Die Erde selbst fungierte dabei als stützende Gegenform. Der Raum wurde nach dem Aushärten weiter ausgegraben und mit weißem Pflasterkalk gestrichen.

Die Medusa-Tür zum Paradies

Das pythagoreische Gottesbild hatte sich in der römischen Welt zu Anfang unserer Zeitrechnung nicht durchgesetzt. Die Römer verehrten – unter ihren eigenen

römischen Namen – die Olympischen Götter der alten Griechen. Sterne waren für sie keine Götter. Als zum Beispiel nach dem Tod Julius Cäsars ein Komet am Himmel erschien (s. Kapitel 7), wurde dieser nicht als befreite Seele Cäsars gedeutet, sondern als Bestätigung von Cäsars Göttlichkeit.

In seinem 400 Seiten zählenden Werk *La Basilique Pythagoricienne de la Porte Majeure* (erschienen 1927, Neudruck 1947) stellt Jérôme Carcopino die vielen Parallelen zwischen den in der Basilika gefundenen

Fresken und dem pythagoreischen Gottesbild dar.

Einer der wichtigsten Hinweise bilden die Medusa-Häupter, von denen sich eines über dem Eingang befindet und andere die Wände zieren. Medusa war eine der drei Gorgonen, weibliche Figuren aus der griechischen Mythologie, deren abschreckendes Aussehen die Menschen versteinern ließ. Hier fungieren diese Häupter jedoch eher als unheilabwehrende Symbole, als Begleiter der Seele auf dem unbekannten Weg in den Tod. Mit ihren mondähnlichen Gesichtern sind sie die Wächter der mythischen Tür zum himmlischen Paradies. Die Elysischen Felder, in der griechischen Mythologie der Aufenthaltsort der Glückseligen, siedelten manche Dichter in der Unterwelt an, während andere von Inseln am Ende der Welt, oder – unter pythagoreischem Einfluss – an der äußersten Grenze des die Erde umgebenden mythischen Ozeans, sprachen. Bei Sonnenuntergang könne man sie sich als mythische Stufen zu Sonne, Mond und Milchstraße vorstellen.

Die zahlreichen, der pythagoreischen Mythologie entsprechenden, Abbildungen deuten darauf, dass die Basilika als Einweihungsort diente, wo den Gläubigen die Mysterien aus dem pythagoreischen Paradies enthüllt wurden. Manche Forscher halten das unterirdische Heiligtum deswegen für das fehlende Glied zwischen Pythagorismus und Christentum. Wir aber betrachten die Basilika als tastbaren Beweis dafür, dass das pythagoreische Gedankengut als geteilte Glaubensüberzeugung weiterlebte und sogar für so wichtig

gehalten wurde, dass es den Bau einer geheimen Kirche rechtfertigte. Die Basilika beweist uns, dass der Pythagorismus mehr als schriftlich fixiertes und nur den Gelehrten bekanntes theoretisches Wissen war.

Architektur, Stuckarbeiten, Motive und auch die Betonmischung für Mauern und Decke weisen darauf hin, dass die Basilika ungefähr fünfzig Jahre vor unserer Zeitrechnung gebaut wurde. Die Betonmischung ist zum Beispiel aus reinem Sand, während die Römer den Sand später mit Stein- oder Marmorkies mischten.

Es gibt keine Hinweise dafür, dass der Raum geplündert wurde. Wahrscheinlich wurde das anwesende Mobiliar sorgfältig und systematisch entfernt und hat man das Heiligtum irgendwann, wahrscheinlich während der Regierungszeit von Kaiser Claudius, durch Zuschütten endgültig verschlossen.

Dieser Schutt hat den Raum gleichsam versiegelt. Die unterirdische Basilika ist weltweit das am besten erhaltene pythagoreische Bauwerk aus dem Altertum. Der Schutt hat die Vergangenheit konserviert, wie die vulkanische Asche Pompeji.

Es lässt sich jedoch auch nicht ausschließen, dass die Erbauer selbst beschlossen hatten, das Heiligtum nicht in Gebrauch zu nehmen, alle Einrichtungsgegenstände zu entfernen und die unterirdisch ausgehöhlte Basilika wieder sorgfältig zuzuschütten, als hätte es sie nie gegeben. Vielleicht weil der Ort zu unsicher war, oder um zukünftigen Generationen ein Zeichen zu hinterlassen. Dies könnte auch den gut erhaltenen Zustand erklären, in dem sich das so schön verzierte Bauwerk befindet, wie auch die Tatsache, dass es in der klassischen Literatur keinerlei Hinweise auf die Existenz dieser unterirdischen Basilika gibt.

Nähere Untersuchungen haben außerdem ergeben, dass der Schutt nicht ausschließlich aus dem 1. Jahrhundert datiert, sondern zum Teil jünger ist und aus dem 16. oder 17. Jahrhundert stammt. Dies wirft ein neues Rätsel auf. Wer hat die Basilika damals ausgegraben und sie durch erneutes Zuschütten wieder unsichtbar gemacht? Das Ausgraben eines solchen Bauwerks verlangt viel Zeit und Anstrengung, das Zuschütten noch mehr. Wohlhabende Westeuropäer interessierten sich zwar für alte römische Ruinen, aber sie hätten sie wahrscheinlich ausgraben lassen, die gefundenen Objekte untersucht und die Interessantesten selbst behalten. Sie hätten sich nicht die Mühe gegeben, die Ausgrabungen wieder zuzudecken, während die Basilika in diesem Fall sorgfältig versiegelt wurde, um wiederum einige Jahrhunderte lang verborgen zu bleiben.

Für begründete Erkenntnisse reichen diese Tatsachen nicht aus, aber es gibt zahlreiche Vermutungen. Im 17. Jahrhundert verbreitete sich die Freimaurerei in der westlichen Welt, sie verstand sich als Erbe der pythagoreischen Bruderschaft. Verfügten die Freimaurer vielleicht über alte Texte, in denen von einer unterirdischen Basilika und ihrer Bedeutung die Rede war? Haben die Freimaurer die Basilika etwa ausgegraben, die Fresken bewundert, Kopien angefertigt und heilige Gegenstände aus dem Raum mitgenommen, um ihn daraufhin wieder zuzuschütten, damit er wieder versiegelt ist? Wenn ja, dann wäre

die Basilika eine Botschaft der Pythagoreer an die Freimaurer, und damit nicht nur das fehlende Glied zwischen Pythagorismus und Christentum, sondern auch zwischen Pythagorismus und Freimaurerei. Leider fehlen für diese Theorie nähere Beweise, zum Beispiel eine eindeutige auf die Basilika hinweisende Symbolik bei den Freimaurern oder andere übereinstimmende dekorative Elemente.

In der westlichen Welt haben sich in den vergangenen zweitausend Jahren parallel zueinander zwei Glaubenslehren entwickelt: eine öffentliche und eine geheime. Der Pythagorismus scheint vor allem in Kulten, Bruderschaften, Zünften und Geheimgenossenschaften zu gedeihen, während das Christentum sich vor allem durch Evangelisierung und öffentliche

Verkündung verbreitet. Woher kommt dieser Unterschied? Beide Glaubenslehren scheinen unterschiedliche – manchmal entgegengesetzte, manchmal sich ergänzende – Aspekte des menschlichen Geistes anzusprechen. Der Pythagorismus spricht eher unsere linke Gehirnhälfte an, in der sich unsere logischen und analytischen Fähigkeiten befinden, während das Christentum unsere für Emotionen und Intuition zuständige rechte Gehirnhälfte anspricht. Christen fühlen sich mit ihren Glaubensbrüdern gefühlsmäßig stark verbunden, während Wissenserwerb und Lehre der Pythagoreer sehr distanziert wirken. Je nach Umständen empfindet man diesen grundsätzlichen Unterschied gegenseitig als Bedrohung oder als notwendige Ergänzung.

Eine klassische Kathedrale bildet gleichsam ein Vorbild für pythagoreisch-christliche Zusammenarbeit: ein von einem pythagoreischen Baumeister nach pythagoreischen Codes entworfenes und erstelltes Bauwerk, das von Christen als Ort für Zusammensein und Gebet benutzt wird.

In Reiseführern wird die unterirdische Basilika nur selten erwähnt und sie lässt sich nur nach Absprache und mit einiger Mühe besichtigen.

DAS ERBE VON PYTHAGORAS

Der Pythagorismus hat den Tod seines Gründers und den Untergang der Bruderschaft überlebt. Bis auf den heutigen Tag finden die pythagoreischen ästhetischen Prinzipien auf vielerlei Gebieten Anwen-

dung. Im Folgenden werden einige Höhepunkte dargestellt.

VITRUVIUS

Die einzig erhaltenen Schriften über Architektur aus dem römischen Altertum stammen von Vitruvius. Seine Beschreibungen und Zeichnungen zeugen vom Denken und Wirken der Architekten und Baumeister aus dem 1. Jahrhundert v. Chr. Dass gerade seine Schriften erhalten blieben, ist kein Zufall – viele Generationen nach ihm interessierten sich dafür und kopierten sie. 1414 wurden die Schriften gleichsam wiederentdeckt und zirkulierten unter Florentiner Künstlern. Nachdem sie 1486 in Rom auf Papier gedruckt wurden, haben sie die Renaissancearchitektur (s. Kapitel 4) stark geprägt.

Vitruvius war, in der Nachfolge des von ihm bewunderten Pythagoras, vor allem an der Beziehung zwischen Ästhetik und mathematischen Verhältnissen interessiert. Er erwähnte aber nicht explizit den Goldenen Schnitt. Diesen Terminus gab es damals noch nicht und er wurde auch nicht, wie oft behauptet, von Vitruvius geprägt. Vitruvius' Schriften bilden eine Anleitung zum Bau von Wohnhäusern und öffentlichen und religiösen Gebäuden. Städte wurden von ihm als zusammenhängende Einheiten aus Gebäuden, Straßen, Gärten und Einwohnern betrachtet. Außerdem beschrieb er die damaligen Technologien für Uhrwerke, Sonnenuhren und Militärfahrzeuge.

Vitruvius äußerte sich nicht zu den anderen Theorien der Pythagoreer und war sehr zurückhaltend in der Verwendung irrationaler Zahlen. Sogar bei goldenen

Verhältnissen wagte er sich nicht über die Kubikwurzel von 2 hinaus. Seine Architektur ist eher konservativ und basiert auf Rechtecken, halben Rechtecken und Kreisen.

Die Fibonacci-Folge

Pythogoras hätte Fibonacci bewundert, denn die Fibonacci-Zahlenfamilie passt in das pythagoreische Universum.

Leonardo von Pisa, vielmehr bekannt als Fibonacci, lebte zwischen 1170 und 1250. Er war Franziskanermönch, aber vor allem ein bedeutender Mathematiker. Sein wichtigster Beitrag zur modernen Mathematik war das heute nicht mehr wegzudenkende dezimale System. Davor benutzten die Europäer das alte, umständliche System der römischen Zahlen. Für alle rechnerischen Handlungen brauchte man die Basissymbole I, V, X, L, D und M. Es ist kaum vorstellbar, wie die Römer ihr enormes Reich verwalteten, während das von ihnen benutzte Zahlensystem so kompliziert war, das nur Gelehrte multiplizieren oder teilen konnten. Für die Einführung des lateinischen Alphabets sind wir den Römern zurecht dankbar, aber ein entsprechendes Zahlensystem haben sie uns nicht hinterlassen.

Fibonacci begleitete seinen Vater, einen Kaufmann, auf dessen Reisen nach Algerien, Marokko und Tunesien und lernte dort die arabische Kultur und das von den Arabern entwickelte Zahlensystem mit den Zahlen 0, 1, 2, 3, 4, 5, 6, 7, 8 und 9 kennen. Die Grundlagen dieses Systems, das wir noch immer unverändert verwenden, stammen aus Indien, wo unter anderem die Zahl 0 entdeckt wurde. Die Europäer und Araber übernahmen das kulturelle und wissenschaftliche Erbe der Griechen und Römer. Nach dem Untergang das Römischen Reichs begann in Europa allerdings das dunkle Mittelalter, während die Araber das antike Erbe nach dem 9. Jahrhundert weiter entwickelten. Fibonacci beschrieb das arabische dezimale Zahlensystem und dessen Benutzung in seinem 1212 erschienenen *Liber abaci* („Das Buch der Berechnungen"). In erster Instanz reagierten die Mathematiker ziemlich zurückhaltend, aber wer das neue System einmal ausprobiert hatte, griff nie mehr auf das alte zurück, außer für Serienbezeichnungen oder Seitennummerierung.

Fibonacci züchtete auch Kaninchen und wollte wissen, wie viele Kaninchen er wohl innerhalb eines Jahres züchten konnte, wenn er mit einem Paar beginnt, und jedes fruchtbare Paar jeden Monat ein neues Paar wirft, wobei jedes neue Paar nach zwei Monaten wieder fruchtbar ist. Diesen zusätzlichen Monat zur Ermittlung der Fruchtbarkeit ergab die sogenannte Kaninchen- oder Fibonacci-Folge. In dieser Zahlenfolge ist jede Zahl die Summe der beiden vorherigen Zahlen:

1 1 2 3 5 8 13 21 44 65 109 …

Entschlüsselns Sie den folgenden Text:

Zu Ehren des römischen Zahlensystems ist der folgende Satz in römischen Zahlen verschlüsselt.

Entdecken Sie, wie die Zahlen mit dem Alphabet korrespondieren.

XXI XII IX XXIV XXII XIII VII VI IX XVIII XXII VIII

VII XIX XXII V XXVI VIII VII IX XII XIV XXVI XIII

XXII XIV XI XVIII IX XXII IV XXVI VIII IX VI XIII

XXVI XXIV XXIV VI IX XXVI VII XXII XV II XXV II

XX XII V XXII IX XIII XIV XXII XIII VII VIII

XXVI XIII XXIII XIV XXVI XIII XXVI XX XXII IX VIII

VI VIII XVIII XIII XX IX XII XIV XXVI XIII

XIII VI XIV XXII IX XXVI XV VIII

Es hat sich herausgestellt, dass sich die Fibonacci-Folge auf viele natürliche Vorgänge, wie Zellteilung oder Blätterwachstum, anwenden lässt.

Als Code schließt die Fibonacci-Folge nahtlos an die pythagoreische Zahlenlehre an. Die Fibonnacci-Zahlen lassen sich auf pythagoreische Weise als eine Spirale aus einer Reihe senkrecht aufeinander gestellter Quadrate darstellen. Dazu zeichnet man zunächst zwei Quadrate von je 1 zu 1 nebeneinander. Die doppelte Seitenlänge wird dann als Basis für ein Quadrat von 2 zu 2 benutzt, die ganze Länge von 3 wieder für ein Quadrat von 3 zu 3, sich erweiternd auf ein Quadrat von 5 zu 5, 8 zu 8 usw. Im Diagramm (s. S. 67) sind die Seiten der aufeinanderfolgenden Fibonacci-Quadrate mit der verbindenden Spirale gezeichnet. Sowohl die Fibonacci-Spiralen als auch die goldenen Spiralen (die nicht aus Quadraten, sondern aus goldenen Rechtecken aufgebaut sind) kommen überall in der Natur vor. Dies zeigt sich zum Beispiel, wenn man das Diagramm und die Abbildung einer Nautilusmuschel (auf der Seite nebenan) miteinander vergleicht.

Innerhalb dieser sogenannten dynamischen Symmetrie gibt es keine spiegelnde Gleichförmigkeit, sondern Harmonie innerhalb der Figur oder Form als Ganzes. Der Goldene Schnitt ist ein Symmetrie bewirkendes Verhältnis. Die Dynamik entsteht innerhalb einer sich selbst bis in die Unendlichkeit fortsetzenden Reihe. Ein solcher ästhetischer Code scheint sich selbst fortzupflanzen, als Motiv verleiht er einem Entwurf Rhythmus und Vitalität. Diese Entdeckung dynamischer Symmetrie war ein erster Hinweis darauf, dass sich Codes unabhängig entwickeln können, wie die Computercodes und Fraktale im 20. Jahrhundert (s. S. 74).

Der Zusammenhang zwischen den Fibonacci-Zahlen und dem Goldenen Schnitt ergibt sich nicht nur aus der Ähnlichkeit zwischen den Spiralen von Fibonacci und den Goldenen Schnitt-Spiralen. Wenn wir von zwei aufeinanderfolgenden Zahlen die

Die Goldene Spirale lässt sich im Querschnitt einer Muschel erkennen.

höchste Zahl durch die niedrigste Zahl teilen, nähert sich das Ergebnis, je weiter wir in der Fibonacci-Folge fortschreiten, immer mehr der Zahl Phi.

$$1/1 = 1$$
$$2/1 = 2$$
$$3/2 = 1{,}5$$
$$5/3 = 1{,}666\ldots$$
$$8/5 = 1{,}6$$
$$13/8 = 1{,}625$$
$$21/13 = 1{,}615\ldots$$
$$34/21 = 1{,}619\ldots$$
$$55/34 = 1{,}617\ldots$$
$$89/55 = 1{,}618181\ldots$$

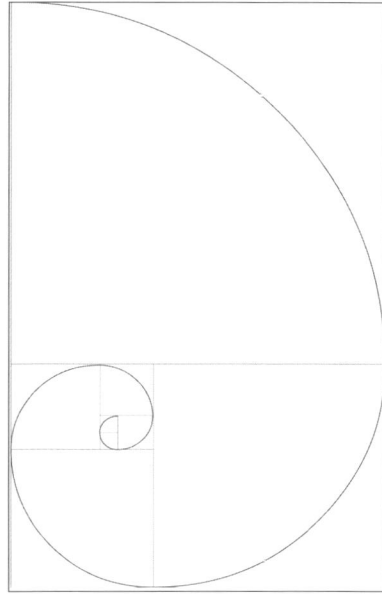

$$\alpha = \sqrt{1+\sqrt{1+\sqrt{1+\sqrt{1+\ldots}}}}$$

Die zweite besteht aus einer „überdehnten" kontinuierlichen Reihe von Brüchen:

$$\alpha = 1 + \cfrac{1}{1 + \cfrac{1}{1 + \cfrac{1}{1 + \ldots}}}$$

Das „Goldene Fieber" von Adolf Zeising

Viele moderne Kunstkritiker scheinen den Goldenen Schnitt als absolutes Schönheitskriterium für Kunstwerke aus der Renaissance und dem klassischen Altertum zu verwenden. Damit zwängen sie die Kunst wieder in die ästhetische Zwangsjacke zurück, aus der sie sich nach langem Kampf befreit hatte. Wie kam der Goldene Schnitt zu diesem Status? Wichtig in diesem Zusammenhang ist das 1854 erschienene Werk *Neue Lehre von den Proportionen des menschlichen Körpers* des Philosophen und Kunstkritikers Adolf Zeising.

Zeising vertrat die Auffassung, dass der menschliche Körper, wie die Natur überhaupt, bis ins Detail dem Goldenen Schnitt entspricht und dass die Qualität eines Kunstwerks daran gemessen werden sollte, inwieweit der Künstler diese Norm einhält. Für zahllose Kritiker von der Mitte des 19. bis zum Ende des 20. Jahrhunderts war der Goldene Schnitt der absolute Maßstab. Ohne jeglichen Respekt vor dem Kunstwerk

Schon rasch konnte Phi ziemlich exakt berechnet werden. 1843 bewies der französische Mathematiker Jacques Binet, dass dies kein Zufall ist, sondern eine mathematische Tatsache. Wenn Fibonacci-Zahlen als u (n) geschrieben werden, lautet die Formel von Binet:

$$F_n = \frac{(1 + \sqrt{5})^n - (1 - \sqrt{5})^n}{2^n \sqrt{5}}.$$

Je größer die Zahl (n), umso mehr nähert sich u(n) : u (n-1) dem Grenzwert 1,6180339...

Auch für zwei andere Formeln gilt, dass der Grenzwert Phi immer näher kommt. Die erste besteht aus einer kontinuierlichen Reihe von Kubikwurzeln:

oder den Absichten des Künstlers und sogar ohne sich um eine bestimmte elementare Logik zu kümmern, maßen die Zeising-Adepten Meisterwerke nur am Goldenen Schnitt. Sie maßen und kritisierten, bis alles ihrem Maßstab entsprach.

Obwohl sich seit Villard de Honnecourt (s. Kapitel 4) kein Künstler in seiner schöpferischen Arbeit ausschließlich von geometrischen Ausgangspunkten hat leiten lassen, bewerteten diese Kritiker alle Kunstwerke unterschiedslos nach geometrischen Codes. Der Einfluss dieser „goldenen Fundamentalisten" war so groß, dass auch zeitgenössische Künstler wie Georges Seurat sich der „wissenschaftlichen" Kunst verschrieben, indem sie den Goldenen Schnitt bewusst in ihren Werken verwendeten und diesen Kritikern damit indirekt Recht zu geben schienen.

Mit Schönheit oder mit der Bedeutung des Goldenen Schnitts hat dies alles jedoch wenig zu tun. Der Goldene Schnitt ist eine mathematische Erkenntnis bezüglich natürlicher Zahlenverhältnisse, ohne dass diesen Verhältnissen (ursprünglich) eine besondere Bedeutung zugeschrieben wurde. Weder von Pythagoras noch von Renaissance-Künstlern, die gerade eine liberale Perspektive hinsichtlich Verhältnissen vertraten.

Wie groß ist die Unendlichkeit?

Der in Russland geborene deutsche Mathematiker Georg Cantor (1845–1918) gilt als Grundleger der modernen Mengenlehre. Bekannt ist sein Satz „für jede Eigenschaft A gibt es eine Menge aller Dinge mit der

Eigenschaft A". So ließen sich auch Zahlenfamilien – Zahlen mit gleichen Eigenschaften – in Mengen unterbringen.

Georg Cantor beschäftigte sich mit Unendlichkeit, einem für damalige Mathematiker noch weitgehend unbekannten Gebiet. Dies rief so viel Widerstand bei Fachkollegen hervor, dass sogar versucht wurde, die Veröffentlichung seiner Artikel zu verhindern. Bis dahin hatte man angenommen, dass alle unendlichen Mengen die gleiche Mächtigkeit besitzen (das heißt der gleichen Größe oder Kardinalität), aber Cantor konnte beweisen, dass es mehr als eine Form von Unendlichkeit gibt. Dabei unterschied er zwischen abzählbaren und nicht abzählbaren Mengen. Er definierte die Kardinalität unendlicher Mengen folgendermaßen: Zwei Mengen haben die gleiche Kardinalität, wenn eine Eins-zu-Eins Korrespondenz zwischen den Mengen existiert. Anders ausgedrückt: Die Menge „Stühle" und die Menge „Gäste" haben dieselbe Kardinalität, wenn einerseits jeder Gast einen Stuhl hat und andererseits jeder Stuhl von einem Gast besetzt wird — was ziemlich logisch klingt.

Wendet man jedoch dasselbe Prinzip auf unendliche Mengen an, ist die Logik weniger selbstverständlich. So sagt uns unser Gefühl, dass es mehr natürliche als gerade Zahlen gibt. Es lässt sich jedoch eine Eins-zu-Eins-Korrespondenz herstellen. Das heißt: beide Mengen sind (obwohl unendlich) abzählbar, und damit ist ihre Kardinalität gleich.

1 2 3 4 5 6 7 8 ...

2 4 6 8 10 12 14 16 ...

Dies gilt auch für natürliche Zahlen und ihre Quadratwurzeln, da jede natürliche Zahl zu einer eigenen Quadratwurzel korrespondiert und umgekehrt jede Quadratwurzel mit einer eigenen natürlichen Zahl als ihrer Wurzel.

1 2 3 4 5 6 7 ...

1 4 9 16 25 36 49 ...

Betrachtet man die Menge rationaler Zahlen (wobei die Menge rationaler Zahlen als Bruch größer als abzählbar und damit größer als die Menge natürlicher Zahlen sei). Geht man jedoch diagonal vor und beginnt mit den Brüchen, deren Zähler und Nenner zusammen 2 ergeben, und lässt diese mit einer natürlichen Zahl korrespondieren, danach die Brüche mit 3 etc., entsteht eine abzählbare Folge rationaler Zahlen.

Obwohl unser gesunder Menschenverstand uns sagt, dass es letztlich mehr Brüche geben muss als natürliche Zahlen, hat Cantor hiermit bewiesen, dass beide Mengen dieselbe Kardinalität (Unendlichkeit) aufweisen, denn beide Zahlenmengen sind unendlich und vergleichbar (weil abzählbar). Diese Unendlichkeit wird mit der sogenannten Aleph-Zahl „Aleph-Null" bezeichnet.

Cantor ging jedoch noch weiter. Während Pythagoras innerhalb des ihm bekannten Systems natürlicher und

rationaler Zahlen mit der Kubikwurzel von 2 konfrontiert wurde, widmete Cantor sich der Menge irrationaler Zahlen. Eine irrationale Zahl ist eine reelle Zahl, die sich nicht als Bruch schreiben lässt. Cantor bewies mit seinem Diagonalargument, dass die Menge reeller Zahlen zwischen 1 und 2 größer ist als die Menge natürlicher Zahlen. Eine Erläuterung des Diagonalarguments würde den Rahmen dieses Buches sprengen, aber letztendlich, wie bei den Beweisen für die gleiche Kardinalität von Mengen, basiert das Diagonalargument auf der eins-zu-eins-Korrespondenz und werden alle irrationalen Zahlen zwischen 1 und 2 an eine natürliche Zahl gekoppelt. Indem eine neue irrationale Zahl aus den diagonal zu lesenden Dezimalen der irrationalen Zahlen aus der Liste zusammengesetzt wird, entsteht eine Zahl, die nicht in der Zahlenfolgeliste vorkommt und also auch keine korrespondierende natürliche Zahl hat. Dies zeigt, dass die Menge reeller Zahlen zwischen 1 und 2 größer ist als die Menge natürlicher Zahlen. Hiermit ist die Existenz einer Unendlichkeit bewiesen, die größer ist als Aleph-Null, nämlich eine Unendlichkeit mit der Zahl Aleph-Eins.

Aber Cantors Theorien führten noch zu einer anderen interessanten Erkenntnis. Die wissenschaftliche Arbeit von Mathematikern wie Phytagoras und Euklid basierte auf einem felsenfesten Code: Eine Hypothese ist wahr oder nicht, sie wird bewiesen oder widerlegt. Als Cantor jedoch seine sogenannte Kontinuitätshypothese – Es gibt keine Menge, deren Kardinalität zwischen der Kardinalität der ganzen Zahlen und der der reellen Zahlen liegt –

formuliert hatte, stellte sich heraus, dass er diese These nicht beweisen konnte. 1963 gelang es Paul Cohen aber zu beweisen, dass sich die Kontinuitätsthese weder beweisen noch widerlegen lässt.

Die Codierung von Gödel

Das Codierungssystem Gödelnummerierung wurde von Kurt Gödel ausgedacht, und zwar nicht mit der Absicht, eine Geheimschrift zu entwickeln, sondern als Beweismittel für seinen Unvollständigkeitssatz. Mit diesem Satz zeigte Gödel, dass es in jeder ausreichend komplexen Theorie Hypothesen gibt, bei denen sich nicht beweisen lässt, ob sie richtig sind oder nicht. Solche Sätze bezeichnete er als unentscheidbar. Später sollte Alan Turing (s. Kapitel 8) mit der Turingmaschine, mit der er – in der Verlängerung von Gödels Theorie – die Entscheidbarkeit oder Berechenbarkeit mathematischer Probleme einsichtig machte, weltberühmt werden.

Gödels Codierung, nach der jede Aussage einer einmaligen natürlichen Zahl entspricht und umgekehrt jede natürliche Zahl einer einmaligen Aussage, basiert auf der Zerlegung der Primfaktoren und erfolgt in drei Schritten.

Schritt 1: Jedes Symbol innerhalb der Formel wird durch eine einmalige natürliche Zahl ersetzt. Zum Beispiel:

a Z 2 b n = + …
1 2 3 4 5 6 7 …

Schritt 2: Die Formel oder Aussage wird als eine einmalige Folge natürlicher Zahlen geschrieben. Zum Beispiel:

'n = a + 2' …würde man schreiben als….
5, 6, 1, 7, 3

Schritt 3: Diese einmalige Zahlenfolge wird durch eine einzige einmalige natürliche Zahl N ersetzt, die Multipliziersumme einer aufeinanderfolgenden Liste von Primzahlen, die bis zur Potenz der korrespondierenden natürlichen Zahl erhoben sind. In diesem Beispiel:

$$N = 2^5 \times 3^6 \times 5^1 \times 7^7 \times 11^3$$

Jede Zahl N, die man auf diese Weise erhält, kann auf die ursprüngliche Formel oder Aussage zurückgeführt werden, indem die Zahl in Primfaktoren zerlegt wird.

Wir können die Codierung noch einen Schritt weiter führen und Folgen von Formeln oder Aussagen oder sogar ganze Bücher als eine einmalige natürliche Zahl wiedergeben. Jede Aussage korrespondiert dabei einer eigenen einmaligen Gödelzahl: N_1, N_2, N_3 usw. Diese Zahlen werden als Potenzen aufeinanderfolgender Primzahlen aufgeschrieben, deren Multipliziersumme eine neue einmalige Zahl ergibt, die die Gödelzahl der Aussagenfolge ist.

Im Prinzip ist es sogar möglich, alle Bücher, die je geschrieben wurden, auf diese Weise zu codieren und dann zu einer einmaligen natürlichen Zahl zusammenzufügen, obwohl dies eine unfassbare und wahrscheinlich unanwendbar große Zahl sein wird.

Als Beispiel lassen wir die Buchstaben des Alphabets zu ungeraden natürlichen Zahlen korrespondieren:

a	b	c	d	e	f	g	h	i	j	k	l	m
3	5	7	9	11	13	15	17	19	21	23	25	27

n	o	p	q	r	s	t	u	v	w	x	y	z
29	31	33	35	37	39	41	43	45	47	49	51	53

Entschlüsseln Sie:
Welcher Spruch oder welches Wort korrespondiert mit der folgenden Zahl?

152.339.935.002.624

Mondrians Darstellung des Goldenen Schnitts

In seiner abstrakten Periode malte Piet Mondrian Tableau 1: *Raute mit vier Linien und grau* (1926, MoMa, NY), ein Gemälde, an dem sich die Beziehung zwischen Mondrians Werken und dem Goldenen Schnitt gut erläutern lässt. Zuerst kann man feststellen, dass die dicken schwarzen Linien sich zueinander verhalten wie 3 : 4 : 5, ein Verhältnis, das unwillkürlich an die Seiten des rechtwinkligen Dreiecks von Pythagoras erinnert. Die vier schwarz gemalten Linien lassen sich außerhalb des Bildes weiter ziehen, sodass sie ein Quadrat bilden, das sich mit dem Bild selbst vergleichen lässt, das auch quadratisch ist. Charles Bouleau zeigt in seinem Werk *Charpentes, la géometrie secrète des peintres* (1963), dass die Diagonale des gemalten Quadrats die Diagonale des quadratischen Bildes auf dem Punkt des Goldenen Schnitts schneidet, und dass umgekehrt die Diagonale des quadratischen Bildes die Diagonale des gemalten Quadrats auch auf dem Punkt des Goldenen Schnitts schneidet.

Bouleaus Interpretation ist und bleibt jedoch eine Konstruktion. Mondrian selbst bezeichnete seine Gemälde nämlich nachdrücklich als Kompositionen, nicht als Konstruktionen, und dies wird durch die Korrespondenz zwischen dem Autor und den Verwaltern von Mondrians Nachlass bestätigt. „Die Suggestion, dass Mondrian mathematische Berechnungen anwandte und von einem Goldenen Schnitt/Viereck/Dreieck aus arbeitete, lehnen wir nachdrücklich ab. Mondrian arbeitete intuitiv und auf experimentelle Weise an seinen Kompositionen. Die Verhältnisse in seinen Werken kamen dadurch zustande, dass er Linien und Flächen so lange experimentell verschob, bis er das Bild befriedigend fand, bis er um die Leere herum eine Harmonie aufgebaut hatte. Unter Mathematikern mag die Goldene-Schnitt-Interpretation seiner Werke populär sein, wir können die Abbildung seiner Werke jedoch nicht billigen, wenn sie mit der Suggestion einhergeht, Mondrian habe seine Werke so konstruiert". Wenn Sie sich als Leser ein eigenes Urteil bilden möchten, empfehlen wir Ihnen die Besichtigung des Gemäldes im Museum of Modern Art in New York oder einen Besuch der Website www.moma.org.

Harmonie in Beton

Charles-Édouard Jeanneret-Gris, oder vielmehr Le Corbusier, wie sein selbstgewählter Name lautete, war in der Mitte des zwanzigsten Jahrhunderts einer der einflussreichsten Architekten. Er ließ seine Entwürfe vorzugsweise in Beton ausführen, einem Baumaterial, das er in seiner späteren Periode für genau so wertvoll hielt wie Stein, Holz oder Lehm. Corbusier benutzte meistens Holzformen als Schablone für den Betonguss. Nach dem Aushärten bleibt dann die Holzstruktur im Beton sichtbar, was dem kahlen Beton eine natürliche Ausstrahlung gibt.

Außerdem machte Le Corbusier die Ausstrahlung des strengen Baumaterials etwas freundlicher, indem er ein auf menschliche und mathematische Verhältnisse basiertes Proportionssystem entwickelte, den *Modulor*. Corbusier ging davon aus, dass ein richtig angewandter ästhetischer Code Komfort gewährleiste.

Diese Abbildung entstammt Le Corbusiers Werk *Le Modulor*, in dem er seine architektonischen und städtebaulichen

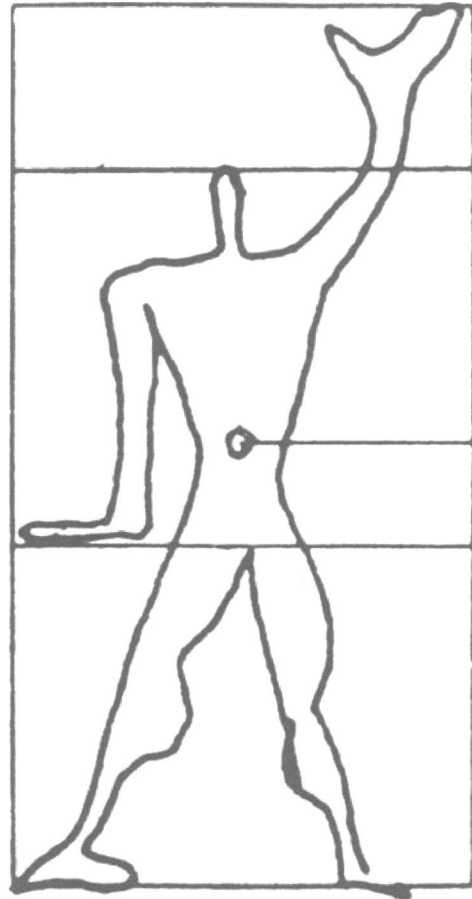

Theorien darstellte. Le Corbusiers Fassung des Vitruviusmannes (s. Kapitel 4) ruft eine Reihe von Assoziationen hervor, die er auf alle möglichen Entwürfe anwandte, von Möbeln, über Städteplanungen bis zum Weltfrieden. Der gerade nicht in den Rahmen passende linke Fuß verleitet aber zur Spekulation, dass Le Corbusier davon ausging, dass der schaffende Künstler immer ein gewisses Maß ein Freiheit innerhalb eines Systems behält.

Eine transzendentes Glaubensbekenntnis

Ein Künstler aus dem 20. Jahrhundert, der den Goldenen Schnitt wohl bewusst anwandte, war Salvador Dalí. Er bezieht sich mit einem Fünfeck und fünfeckigem Polyeder in zwei Gemälden auf Pythagoras. In seinem *Letzten Abendmahl* verarbeitete

Dalí zwei Dodekafone mit zwölf Fünfecken. Außerdem bilden die schützenden Arme des zum Himmel aufgestiegenen Christus einen Winkel von 108°.

In seiner *Kreuzigung* (1954) geht Dalí mit der Darstellung des *Tesserakts* oder Hyperwürfels, das Äquivalent eines Kubus in der imaginären vierdimensionalen Welt, noch einen Schritt weiter als Pythagoras oder Leonardo da Vinci. Sein Kubus besteht aus miteinander gekoppelten Kuben, wie ein Kubus auf Papier als miteinander gekoppelte Vierecke vorgestellt wird. Christus am Kreuz versinnbildlicht den Übergang zwischen unserer Welt und dem Reich Gottes, sowie der Hyperwürfel einen Schalter zwischen unserer Welt und einer für uns nicht wahrnehmbaren Raumzeit bildet.

Dalí: Das Sakrament des Letzten Abendmahls, *1955 (National Gallery of Art, Washington)*

Dalí: Kreuzigung *(Corpus Hypercubus), 1954*
(Metropolitan Museum of Art, New York)

Fraktale als aktiver Code

Die Entdeckung fraktaler Eigenschaften bestimmter mathematischer Objekte führte zu einer grundlegenden Veränderung der bisherigen ästhetischen Codes, weil sie den Schritt von statistischen zu dynamischen Codes ermöglichte. Dank der Entwicklungen in der Computertechnik konnte die spezifische, unvorhersehbare und selbstähnelnde Struktur von Fraktalen veranschaulicht werden.

Die Entwicklung der fraktalen Mathematik ist vor allem den Theorien Benoît

Mandelbrots, der sich auf den Erkenntnissen Gaston Julias basierte, zu verdanken.

Julia war ein genialer Mathematiker. Während des Ersten Weltkriegs zog er sich als Soldat so schwere Verletzungen im Gesicht zu, dass er trotz mehrerer Operationen sein restliches Leben ein kleines Ledertuch an Stelle seiner Nase tragen musste.

Während der Rekonvaleszenz im Krankenhaus untersuchte Julia rationale Funktionen und entdeckte dabei eine nicht vermutete Unvorhersagbarkeit bei der wiederholten Anwendung einer scheinbar einfachen Formel. 1918 veröffentlichte er die Ergebnisse seiner Untersuchungen in einem Artikel, der großes Aufsehen erregte. Ende des 19. Jahrhunderts hatte bereits Giuseppe Peano unendliche Wiederholungen erforscht. Die sogenannte Peano-Kurve ist eine raumfüllende Kurve, die sich endlos weiter vergrößern lässt.

Die Bedeutung von Julias Werk wurde sofort erkannt und einige von ihm benutzte mathematische Formeln mit fraktalen

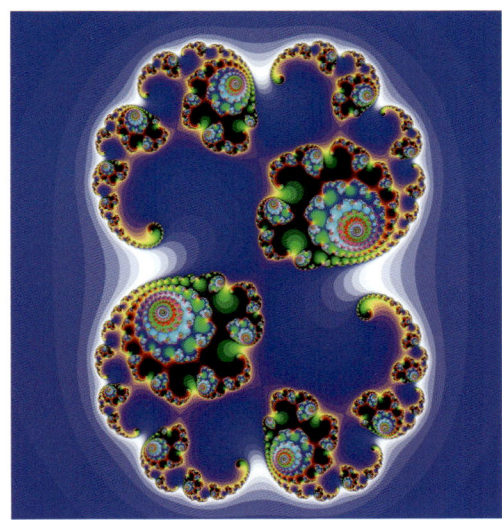

Fraktal

Eigenschaften wurden damals auch gezeichnet. Ohne Computerprogramme war dies allerdings eine fast unmögliche Aufgabe. Weil sich außerdem nur Mathematiker die Darstellung eines fraktalen Vergleivchs vorstellen konnten, gerieten Julias Arbeiten bald in Vergessenheit.

Der 1924 in Polen geborene Benoît Mandelbrot zog 1936 nach Paris. Während des Zweiten Weltkriegs hatte die Familie Unterschlupf in der französischen Provinz gefunden, aber 1944 kehrte sie nach Paris zurück, wo Mandelbrot 1947 sein Studium an der École Polytechnique abschloss. Sein Interesse für angewandte Mathematik und die damals noch ganz neuen Computertechnologien führte ihn schließlich in die USA.

Mandelbrots Onkel, der Mathematiker Szolem Mandelbrojt, hatte seinen Neffen bereits 1945 auf die Arbeiten Julias hinge-

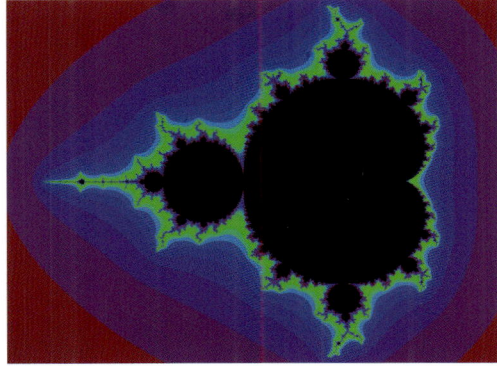

Fraktal

wiesen, aber dieser hatte damals andere Prioritäten. Retrospektiv betrachtet ist dies wahrscheinlich von Vorteil, weil die Computertechnologie sich damals noch in der Phase bloßen Auf- und Abzählens befand. Niemand dachte an die Möglichkeit von

Computergrafiken, geschweige denn an das Visualisieren fraktaler Formeln.

In den siebziger Jahren des 20. Jahrhunderts wurden die Leistungen von Computerprogrammen immer größer. Mandelbrot arbeitete als IBM-Fellow, war dabei völlig frei in seiner Forschungstätigkeit und konnte über die modernsten Technologien und Geräte verfügen. Bei IBM forschte er über eine Theorie rekursiver Strukturen und formulierte in dem Rahmen den Begriff „fraktal". So wurde er zum Grundleger der fraktalen Mathematik.

In Fraktalen lassen sich einige pythagoreische Prinzipien erkennen. Für Plato und Pythagoras ähnelte der menschliche Körper als Mikrokosmos der Welt als Makrokosmos, entsprechend dem Satz, dass jedes Teil dem Ganzen gleich sei, worauf auch der Goldene Schnitt basiert ist. Deshalb ist auch jedes Teil eines Fraktals, egal wie klein, der Gesamtdarstellung des Fraktals gleich. Diese Eigenschaft ist Fraktalen inhärent. Wird eine Formel einmal in den Computer eingegeben und jedem Bildpunkt ein eigener Zahlenwert zugeordnet, werden diese Werte durchkalkuliert und visualisiert. Dies wiederholt sich für jeden Bildpunkt immer wieder und diese Wiederholungen (Iterationen) machen das Gesamtbild immer detaillierter.

Fraktale erschaffen eine neue Wirklichkeit. So ist die Dimension eines Fraktals objektiv keine ganze Zahl. Die Dimension eines Punkts ist 0, die Dimension einer durch Punkte begrenzten Gerade oder Linie ist 1 und die Dimension einer durch Geraden begrenzten Fläche ist 2.

Ein Fraktal besteht allerdings aus einer unendlichen Menge von Punkten entlang einer Linie, es füllt den Raum mehr als eine Linie, aber weniger als eine Fläche und hat denn auch eine Dimension zwischen 1 und 2.

Pythagoras und Fibonacci machten die ersten Schritte bei der Entwicklung der Mathematik als Instrument zur Beschreibung der Wirklichkeit. Julia und Mandelbrot machten den ersten Schritt zur fraktalen Mathematik, einer „Chaosmathematik", mit der man bis dahin unerklärlich komplexe Figuren in der Natur beschreiben kann. Dem pythagoreischen Mathematiker geht es um klassische Schönheit und der fraktalen

Mathematik um die ungebändigte Schönheit der Natur. Pythagoras erklärte Kristalle, Fraktale erklären Sonnenuntergänge. Der pythagoreische Code bildete die Grundlage für den Bau von Tempeln und Kathedralen, die Fraktale bilden die Basis von Kompositionslandschaften, die sich nicht von Wirklichkeit unterscheiden lassen. Der pythagoreische Code entspricht unserem Empfinden für formale Perfektion, in den Fraktalen erkennen wir das, was uns an den unvorhersehbaren Strukturen der lebenden Natur und der Welt der Minerale fasziniert.

Computererzeugte Fraktal-Landschaft.

KAPITEL 3

DER TEMPLERORDEN

Bruderschaften sind ein zeitloses Phänomen. Die menschlichen Beziehungen innerhalb Bruderschaften beruhen auf gemeinsamen philosophischen oder religiösen Überzeugungen oder, wie zum Beispiel bei Zimmerleuten und Maurern, einem gemeinsamen Handwerk. In der Geschichte der Geheimgesellschaften nimmt der dem Frieden gewidmete Templerorden, der pythagoreische und christliche Prinzipien kombiniert, eine besondere Stellung ein.

EIN BINDEGLIED MIT DER HEILIGEN STADT

Der Templerorden wurde zu Beginn des 14. Jahrhunderts in einer gemeinsamen Machtdemonstration des Papstes und des französischen Königs quasi über Nacht aufgelöst und alle Ordensmitglieder wurden verhaftet. Der Templerorden war gegründet worden, um die Wege zu den heiligen Stätten in dem von den Kreuzrittern eroberten Jerusalem für die christlichen Pilger zu sichern.

Während des ersten Jahrtausends unserer Zeitrechnung gelang es den europäischen Christen noch, die Verbindung mit dem Geburtsland von Jesus Christus aufrechtzuerhalten. Jerusalem und andere biblische Stätten erregten tiefe Ehrfurcht und waren sowohl Thema christlicher Kunst als auch Ziel zahlreicher Pilgerfahrten. Palästina war jedoch weit entfernt, und die Reise dorthin voller Gefahren. Manche Reisenden zogen nach Osten, um Handel zu treiben, aber die meisten waren Pilger.

Die Reise nach Jerusalem war ein wichtiges Ereignis im Leben der Christen, vergleichbar der Reise nach Mekka für Muslime. Die Heilige Stadt war viel wichtiger als das vielbesuchte Santiago de Compostella. Bereits im vierten Jahrhundert n. Chr., unter dem ersten christlichen Kaiser Konstantin, entstand der Brauch, dass wohlhabende Christen eine Pilgerfahrt nach Jerusalem machten, damit ihnen ihre Sünden vergeben würden. Die Abbildung auf Seite 80 zeigt eine aus dem 6. Jahrhundert stammende in Mabada (Jordanien) gefundene Karte in Mosaik mit den heiligen Stätten.

Templerkreuz in den Straßen von Tomar, Portugal, dem Sitz des früheren Hauptquartiers des Templerordens.

In der Geschichte des Templerordens lassen sich Tatsachen und Fiktion oft nicht unterscheiden, aber sie regt die Fantasie an. Sicher ist auf jeden Fall, dass der Templerorden in der Geschichte der westlichen Zivilisation eine wichtige Rolle gespielt hat. Als Hüter der Ursprünge des Christentums waren die Templer ein Bindeglied zum islamitischen Osten. Wie die pythagoreische Bruderschaft vor ihnen und die Freimaurer nach ihnen präsentierte sich der Orden in der Öffentlichkeit explizit als Geheimgesellschaft. Als bewaffnete Macht der katholischen Kirche sollte der Orden den Frieden sichern. Wie die Mönche legten auch die Tempelritter die Gehorsamsgelübde ab, und zwar in einem Rahmen, der später den Freimaurern als Vorbild dienen sollte. In den zahlreichen Bauwerken des Ordens in Europa und im Nahen Osten lassen sich die ästhetischen Codes der Pythagoreer erkennen. Außerdem entwickelte der Orden einen eigenen kryptografischen Code für die Kommunikation innerhalb ihres eigenen großen internationalen Netzwerkes, das an Umfang dem Römischen Reich gleichkam.

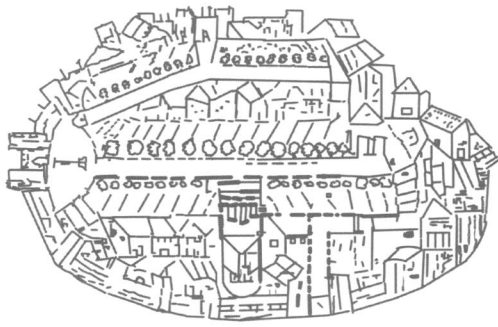

Die Pilger waren aber nicht, wie häufig angenommen wird, vollkommen hilflos. Es waren Manuskripte im Umlauf, die – wie die Reiseführer heute – als Wegweiser zu den heiligen Stätten in Jerusalem und zu anderen wichtigen Städten während der langen Reise dienten, zum Beispiel nach Rom und Konstantinopel. Höhepunkt und Ziel der Reise war die Heilige Grabeskirche, die an dem Ort steht, wo laut Überlieferung Christus gekreuzigt und begraben wurde.

Der Glaube an die wunderbare Kraft der sterblichen Reste der Heiligen war abso-

lut. Bereits die kleinsten Reste von Körpern von Heiligen wurden als Reliquie verehrt und zogen die Gläubigen in Massen an. Wer als Pilger eine solche Reliquie berührt hatte, fühlte sich sein ganzes Leben lang von ihren Kräften beseelt

und gab diese Kraft in Form von Segnungen, Genesungen oder Ratschlägen weiter.

Durch den massenhaften Zustrom wurden Pilger mancherorts zu Tode gedrückt, wie in Santiago de Compostella. Schließlich wurden die Reliquien dann außerhalb der Reichweite der Pilger aufgestellt und mussten diese sich mit deren Spiegelbild in einem mitgebrachten Glasstück begnügen. Dieses galt dann allerdings gleichermaßen geheiligt.

Die Pilgerfahrten waren das unentbehrliche Glied zwischen dem sichtbaren und dem geistigen Aspekt und dem Ursprung des Christentums. Dies erklärt, warum es so wichtig war, dass die heiligen Stätten erhalten bleiben sollten. Am wichtigsten war das „Heilige Kreuz", an dem Jesus gestorben, und das von Helena (der Mutter des bekehrten Kaisers Konstantin) im Jahre 325 entdeckt worden sein soll. Weil diese besonders heilige Reliquie ihre Kraft angeblich noch in den kleinsten Splittern besaß, versuchten zahllose Kirchen und Klöster, sich eines solchen Splitters zu bemächtigen. Die Bedeutung des Kreuzes als Symbol hing also unmittelbar mit seiner vermeinten tatsächlichen Präsenz zusammen. In dieser Tradition ist auch das Kreuz auf der Kleidung der Templer zu sehen.

Das Tausendjährige Reich

Im zehnten Jahrhundert, gegen Ende des ersten Millenniums im Jahre 1000, bereitete sich die christliche Welt auf das Ende der Zeiten vor. Heute schreiben wir den Vorhersagen aus dem Bibelbuch „Offenbarungen" vor allem metaphorische Bedeutung zu, aber die Christen im

Die Heilige Grabeskirche, Jerusalem

10. Jahrhundert nahmen diese Hinweise wörtlich: Sie befürchteten im Jahre 1000 den Tag des Urteils, an dem die Guten in den Himmel und die Schlechten in die Hölle fahren würden. Auf das Schlimmste vorbereitet, schenkten Wohlhabende ihren Reichtum der Kirche und lebten die Armen ihr gottesfürchtiges Leben. Das Jahr 1000 ging jedoch vorüber, ohne dass irgendetwas geschah.

Der Übergang vom alten zum neuen Millennium konnte damals noch nicht auf den Tag oder sogar das Jahr genau ermittelt werden. Dafür war die Zeitrechnung noch nicht exakt genug, außerdem war man sich nicht einig, ob man bei der Zählung vom Geburtsdatum oder vom Sterbedatum Jesu ausgehen sollte. Aber auch unter Berücksichtigung aller möglichen Berechnungen mussten die Menschen am Ende des 11.

Jahrhunderts jedoch erkennen, dass der Weltuntergang weder heute, noch morgen noch in naher Zukunft stattfinden würde. Diese Einsicht führte jedoch nicht zu Glaubenszweifeln, stattdessen kompensierte man das Fehlen des Urteilstages durch ehrgeizige Bauprojekte für Kathedralen und Klöster. Außerdem wuchs das Bedürfnis nach einer sicht- und tastbaren Beziehung zum Heiligen Grab.

Nach Jahrhunderten der Entfremdung zwischen der westlich katholischen und der östlich orthodoxen Kirche vollzog sich im 11. Jahrhundert in Konstantinopel (dem heutigen Istanbul) der definitive Bruch im Christentum. Obwohl die heilige Grabeskirche beiden Kirchen heilig war, lagen die Akzente wesentlich unterschiedlich. Der Name Heilige Grabeskirche ist westlichen Ursprungs und unterstreicht deren Bedeutung als Ort, an dem Christus starb und begraben wurde. Die östliche, orthodoxe Kirche dagegen spricht von der Auferstehungskirche und betont die Auferstehung aus dem Grab. Die symbolischen Riten in vielen Bruderschaften und Geheimgesellschaften im Rahmen von Tod und Auferstehung sind vielen westlichen Christen daher etwas unheimlich.

Das orthodoxe Doppelkreuz (unten), das der Patriarch von Jerusalem den Kreuzrittern verlieh. Es wurde später als „Lothringer Kreuz" bekannt. Darüber drei Varianten des Tatzenkreuzes, das bekannteste Templersymbol.

Die Kreuzzüge

Zu Beginn des zweiten Jahrtausends verschlechterten sich die Beziehungen zwischen den christlichen Pilgern und dem islamischen Palästina. Drei Jahrhunderte vorher waren die Mauren über Spanien bis zur Mitte Frankreichs vorgedrungen und lebten Muslime und Christen, trotz aller religiösen und kulturellen Unterschiede, jahrhundertelang friedlich und zum gegenseitigen Nutzen zusammen. Die Mauren verehrten das Erbe der Griechen und Römer, womit sie auch zur Wiederbelebung der klassischen Kultur in Europa beitrugen (s. Kapitel 4).

Diese lange Zeit der Toleranz wurde im Jahre 1009 jäh beendet. Auf Befehl von Kairos fatimidischem Kalifen al-Hakim wurde die Heilige Grabeskirche und das von den Hospitalrittern gegründete Spital für kranke Pilger zerstört. Al-Hakim war berüchtigt für die Grausamkeit und den Fanatismus, mit dem er seinen Untertanen die reine islamitische Lehre auferlegen wollte. Jesus war für ihn nicht der Sohn Gottes, sondern nur einer von vielen Propheten, während Mohammed als letzter Prophet die eigentliche göttliche Offenbarung empfing. Al-Hakims Interpretation der Worte Mohammeds, nach deren Gesetz er zu handeln meinte, brachten ihn dazu, die Christen zu verfolgen und das Heilige Land unter seine Herrschaft zu bringen.

In Westeuropa reagierte man mit Entsetzen auf diese Ereignisse. Das Problem löste sich allerdings rasch von selbst, als al-Hakim 1021 auf ungeklärte Weise verschwand. Sein Nachfolger schloss Frieden mit dem byzantinischen Kaiser und der östlich-orthodoxen Kirche. Die Heilige Grabeskirche wurde wieder aufgebaut und die Pilgerfahrten wieder aufgenommen.

Es blieb aber die Furcht, dass andere Herrscher den Christen erneut den Zugang zu den Heiligen Stätten verwehren könnten. Eine christliche Herrschaft über die Heilige Stadt sollte dies verhindern. Dennoch dauerte es bis zum Ende des 11. Jahrhunderts, bis zum ersten Kreuzzug aufgerufen wurde. Der von der katholischen Kirche gepredigte Kampf gegen den Islam fand aber nicht nur in Palästina statt, er zerstörte auch die Toleranz zwischen Mauren und Christen. Weder unter den christlichen Königen noch unter den muslimischen Herrschern herrschte Einigkeit, wodurch beide Seiten Eroberungen und

Verluste erlebten, ohne dass eine Seite den entscheidenden Sieg davontrug.

Im 11. Jahrhundert waren religiöse Angelegenheiten und politische Machtkämpfe so stark miteinander verwoben, dass eine historische Darstellung dieses Jahrhunderts nicht einfach ist. Abhängig von der jeweiligen Perspektive der Historiker wird die chaotische Geschichte der Kreuzzüge meist einseitig aus politischer, religiöser, militärischer oder wirtschaftlicher Perspektive dargestellt, während gerade diese verschiedenen Faktoren gemeinsam den Lauf der Geschichte bestimmen. Auch die Geschichte von Geheimcodes und Symbolik, in der die Templer als Bindeglied zwischen dem Christentum und östlichen Kulturen eine

Kreuzfahrer aus ganz Europa nahmen am ersten Kreuzzug teil.

wichtige Rolle spielten, lässt sich ohne diese Kontexte nicht verstehen.

Es gelang der christlichen Kirche weder, den Osten zu negieren, noch definitiv mit ihm abzurechnen, noch eine stabile Beziehung mit ihm aufzubauen. Warum haben die Christen das Heilige Land und die dort lebenden Muslime nicht in Frieden gelassen und sich um ihren eigenen Glauben in ihrem eigenen Land gekümmert? Warum haben die christlichen Könige nicht gemeinsam eine riesige Armee aufgestellt, die die Muslime endgültig vom Erdboden verjagt hätte, sodass sie das Christentum im Nahen Osten hätten predigen können? Warum hat man sich nicht bemüht, einen dauerhaften Frieden – zum gegenseitigen wirtschaftlichen und kulturellen Nutzen – herbeizuführen? Warum standen und stehen sich beide Parteien so kompromisslos gegenüber?

Die Gründung des Ordens

1095 rief Papst Urban II. auf dem Konzil von Clermont zum ersten Mal zur Bildung einer Armee zur Befreiung des Heiligen Grabes auf. Der direkte Anlass war ein Hilfeersuchen des byzantinischen Kaisers, der gegen die türkischen Seldschuken Krieg führte. Mittels einer gemeinsamen christlichen Armee hoffte der Papst die Einheit innerhalb der Kirche wiederherzustellen und seine Macht über die christlichen weltlichen Herrscher zu bekräftigen. Wer als Kreuzfahrer in den Osten reiste, erhielt den vollen Ablass, das heißt, die völlige Befreiung von der Buße begangener Sünden. Noch vor dem ersten Kreuzzug hatte der päpstliche Aufruf den charismatischen „Peter der Einsiedler" (Pierre l'Ermite) zu Predigten

inspiriert, mit denen letzter bereits 1096 eine riesige Volksarmee auf die Beine brachte. Der größte Teil dieser Armee fiel jedoch den Seldschuken zum Opfer und die Überlebenden bekehrten sich zum Islam. Erst der Ritterkreuzzug von 1099 führte zur Wiedereroberung Jerusalems.

Die enorme Wirkung der Predigten von Petrus von Amiens (auch Peter der Einsiedler genannt) lässt sich durch die kämpferische Hoffnung auf ein neues Jerusalem erklären, sowie sein Namensgenosse Petrus der Apostel tausend Jahre früher die christliche Kirche gegründet hatte. Das lateinische *Petrus* und das französische *Pierre* bedeuten „Fels". Das Matthäus-Evangelium verzeichnet die für die katholische Kirche entscheidenden Worte Jesu: „Du bist Petrus und auf diesen Felsen werde ich meine Kirche bauen und die Pforten der Unterwelt werden sie nicht überwältigen. Ich werde dir die Schlüssel des Himmelreichs geben; was du auf Erden binden wirst, das wird im Himmel gebunden sein, und was du auf Erden lösen wirst, das wird im Himmel gelöst sein" (Matthäus 16, 18-19). Peter der Einsiedler hielt seine erste Predigt in der Nähe der Kathedrale von Vézelay, jenem Ort, in dem er als Klausner (Einsiedler) gelebt hatte. Als Bernhard von Clairvaux den zweiten Kreuzzug predigte, berief er sich auf die Kraft von Peter dem Einsiedler, indem er seine erste Predigt an genau dem gleichen Ort stattfinden ließ.

Von Kreuzrittern zu Tempelrittern

Das erste Kreuzritterheer war eine bunt gemischte Gesellschaft aus Adligen,

Der Apostel Petrus mit dem Schlüssel zur Himmelspforte, vor dem Petersdom in Rom.

Handwerkern und Hörigen, die sich hungernd, plündernd oder siegreich ihren Weg durch Europa und Kleinasien erkämpften. Schließlich wurde die Heilige Stadt 1099 nach einer hart umkämpften Belagerung erobert. Die Mehrheit der Kreuzritter sah damit das Ziel ihrer Reise erreicht und machte sich auf den Heimweg. Manche sahen jedoch ein, dass die Heiligen Stätten und die Pilger auch in Zukunft geschützt werden mussten. Dies führte zur Gründung des Johanniterordens, deren Mitglieder – die Hospitalritter – sich der Unterbringung und Verpflegung der Pilger annahmen. 1118 gründeten Hugo von Payns und acht andere Kreuzritter die ,Arme Ritterschaft Christi und des Tempel des Salomo zu Jerusalem", deren Mitglieder (die Tempelritter) sich der Verteidigung des Königreichs Jerusalem und der Sicherheit der Pilger auf ihrer Reise zu den heiligen Stätten widmeten.

König Balduin II. von Jerusalem versicherte sich ihres Schutzes, indem er ihnen einen Teil seines Palastes auf dem Tempelberg zur Verfügung stellte. Weil dieser Palast in der Nähe, oder sogar an dem Ort stand, an dem früher der Tempel von Salomo gestanden hatte (s. die schematische Wiedergabe auf S. 86) nannte sich der Orden seitdem „Orden der Tempelritter".

Warum diese Namensveränderung? Warum entschied man sich, die Verweisung auf Christus durch eine Verweisung auf eine viel ältere biblische Erzählung und Symbolik zu ersetzen? Eine hypothetische Antwort wäre, dass dieses Zurückgreifen auf eine viel weitere Vergangenheit dazu dienen sollte, sich den Muslimen anzunähern. Sowohl im Matthäus- als auch im Lukas-Evangelium gilt Jesus ja als direkter

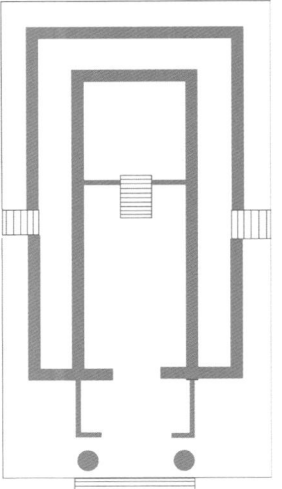

Nachkomme von König David, und damit auch von Salomo, Davids Sohn: eine religiöse Vergangenheit, die Christen und Muslime miteinander verbindet.

Die Hospitalritter oder Johanniter behielten ihren ursprünglichen Namen bei und widmeten sich mit der für sie charakteristischen Bescheidenheit ihren Aufgaben. Die Johanniter trugen auf ihren Mänteln ein weißes Kreuz, die Tempelritter ein rotes. Ihr Name verwies nicht, wie bei den Tempelrittern, auf die weit entfernte Vergangenheit des Alten Testaments, sondern bezog sich auf das Johannes dem Täufer gewidmete Spital, in dem der Orden gegründet wurde.

Die feindliche Umgebung veranlasste aber auch die Hospitalritter dazu, das Schwert in die Hand zu nehmen. Seite an Seite kämpften sie mit den Tempelrittern, aber sie erwarben nie den Ruhm oder die Privilegien des Templerordens. Dies stellte sich langfristig als ihre Rettung heraus, denn als die Tempelritter zwei Jahrhunderte später verfolgt wurden, blieben die Johanniter verschont.

Der dritte wichtige geistliche Ritterorden war der 1190 gegründete „Orden der Brüder vom Deutschen Haus St. Mariens in Jerusalem", kurz Deutschritterorden

genannt. Dieser von Geistlichen und Kaufleuten aus den Hansestädten Lübeck und Bremen unterstützte pflegende Orden wurde in der strategisch wichtigen palästinensischen Hafenstadt Acca gegründet. Die Mitglieder waren am schwarzen Kreuz auf einem weißen Waffenschild erkennbar. Weil dieser Orden dem Kaiser des Heiligen Römischen Reichs unterstand, beteiligte der Orden sich auch in Konflikten in Europa.

Das tragische Schicksal des Templerordens scheint seiner alttestamentarischen Symbolik und seinem Zurückgreifen auf eher jüdische als christliche Traditionen zu entsprechen. Die Grausamkeiten und Gewalt des Alten Testaments sind wohl ein geeigneterer Nährboden für Glaubenssoldaten. Wo war Christus geblieben, nachdem sich die Tempelritter so stark mit Salomo verbunden hatten? Wie christlich war der Orden noch, nachdem man – in einer Zeit, in der Symbolik so vielsagend war – den Heiligen Gral gegen den Tempel von Salomo eingetauscht hatte? Wurde hiermit nicht das Wesen des Christentums, nämlich dass Jesus als Gottes Sohn mehr ist als eine nur historische Gestalt und Nachkomme Davids, verkannt und mit Füßen getreten?

Am Ende des zwanzigsten Jahrhunderts besuchte Ariel Sharon, der damalige politische Führer Israels, nach mehrjährigen Friedensverhandlungen den Tempelberg, was den Konflikt zwischen Israeliten und Palästinensern wieder aufflammen ließ. Die Regierungsleiter hatten sich zwar im Voraus beraten, aber die symbolische Bedeutung dieses Besuchs trotzdem nicht ausreichend erkannt und nicht vorhergesehen, wie provozierend das palästinensische Volk diesen Besuch erfahren würde. Jerusalem ist eine mehrfach heilige Stadt: Auf dem Tempelberg befinden sich die Reste des für die Juden heiligen Tempels von Salomo, in dem sich die Bundeslade befand, die für die Christen heilige Grabeskirche und die für Muslime heilige al-Aqsa-Moschee. Am Anfang des dritten Jahrtausends nach Christus ist die Stadt leider immer noch eine Quelle von Konflikten und Kriegen anstatt eines Orts von Zusammensein und Versöhnung.

Die Grundregel

Tempelritter legten das übliche Mönchsgelübde von Armut, Keuschheit und Gehorsam ab. Dazu kam das Gelübde der Kreuzritter, den Pilgern den Zugang zu den heiligen Stätten zu sichern.

Außerdem hatten sich die Tempelritter an strenge, aus dem Klosterleben stammende Regeln, zu halten. Die Ritter trugen ein rotes Kreuz auf weißem Mantel, wie er auch in pythagoreischen Bruderschaften und bei den Zisterziensern getragen wurde. Bernhard von Clairvaux, der Abt, der auf dem Konzil von Troyes die Regeln des Ordens festlegte, war Zisterzienser.

Das Ablegen eines Gelübdes war damals viel verbreiteter als heute, wo diese Tradition nur noch in Klostergemeinschaften und Geheimgesellschaften weiterlebt. Wer einem geistlichen Ritterorden beitrat, legte deren Gelübde öffentlich ab. Die Anwesenden gaben dem Ereignis seine heilige Bedeutung und schenkten dem neuen Mitglied das Vertrauen, dass er sie schütze.

Für Templer, die als Christen keine Gewalt gegen ihre Mitmenschen benutzen durften, funktionierte das Gelübde außerdem als eine Art moralisches Schutzschild, das sie vor Sünden und Schuld im Kampf gegen die „Ungläubigen" schützte. Das Gehorsamsgelübde war eines der wichtigsten Prinzipien des Templerordens. Der Tempelritter verpflichtete sich, „die Tugend des Gehorsams unter allen Umständen zu erfüllen" oder – wie es in einer anderen Version heißt – „die Rüstung des Gehorsams nie abzulegen." Der Gehorsam gegenüber den Ordensregeln behütete den individuellen Tempelritter vor Schuld und gab ihm die Freiheit, als Kämpfer zu handeln.

Der Alltag

Dank der genauen und ausführlichen Festlegung der Lebensregeln der Tempelritter können wir uns ein genaues Bild ihres Alltags machen. Breiter Konsens über diese Regeln war deswegen so wichtig, weil der Templerorden der erste von der katholischen Kirche gegründete Orden war, der zum Blutvergießen aufrief: in kirchlichem Auftrag und im Widerspruch zur kirchlichen Lehre. 1128 fand in Troyes ein Konzil statt, auf dem die Lebensregeln und Befugtheiten des Ordens besprochen wurden. Hugo von Payns vertrat die Tempelritter und Bernhard von Clairvaux, als anerkannte Autorität auf dem Gebiet mönchischer Lebensregeln (er gründete ca. 70 Klöster), leitete die Versammlung. Schließlich wurden die Ordensregeln der Tempelritter in 486 Klauseln formuliert und schriftlich festgelegt. Diese Regeln bildeten einen festen Rahmen für einen Alltag nach mönchischem Vorbild und legten zugleich den Raum fest, innerhalb dessen die Ritter frei handeln konnten. Es wurde explizit festgelegt, dass ein geistlicher Ritter die „Feinde des Kreuzes" töten dürfe, ohne dass ihm dies als Sünde angerechnet werde. Das „Schild des Gehorsams" und die genaue Befolgung der Regeln sollten den Ritter vor Schuldgefühlen schützen.

Dieser paradoxale Grundsatz, der Gewalt für gerechtfertigt hält, wenn sie auf Gehorsam zurückzuführen ist, galt bis zur Mitte des 20. Jahrhunderts und wurde erst während der Nürnberger Prozesse in Frage gestellt. Damals wurde beschlossen, dass derjenige, der sich während des Naziregimes gewalttätiger Verbrechen schuldig gemacht hatte, sich nicht auf seinen Gehorsamseid berufen konnte.

Die Aufgaben der Tempelritter galten als so wichtig, dass dem Orden zahlreiche Privilegien verliehen wurden: Tempelritter schuldeten der Kirche keine Steuern, sie durften den „Zehnten" erheben, eigene Kirchen bauen und einweihen und selbst Priester ernennen. Sie durften außerdem mehr Wein trinken und Fleisch essen als andere Mönche. Diese privilegierte Position führte zu Neid und letztlich Feindschaft der anderen Mönchsorden.

Angesichts der außergewöhnlichen Aufgaben des Ordens waren Handlungsfreiheit und eine eigene Finanzierung allerdings eine Notwendigkeit, denn die Kirche führte außer in Jerusalem und im Mittleren Osten noch an zwei weiteren Fronten Krieg: in Spanien gegen die Mauren und in Südfrankreich gegen die Katharer, eine von der Kirche als ketzerisch betrachtete religiöse Gruppe.

Dank breiter Unterstützung und erfolgreicher Verwaltung von Spenden und Landbesitz vermehrten sich die Reichtümer des Ordens rasch. Er verbreitete sich von Frankreich aus über ganz Europa, mit sogenannten „Hauptquartieren" von Schottland bis Italien, Deutschland und Polen.

Immer weniger Mitglieder waren tatsächlich als Ritter aktiv, eine weitere, immer wichtigere Aufgabe wurden die Bankgeschäfte. Aus dem Schutz der Pilger während ihrer Reise nach Jerusalem ergab sich auch der Schutz ihrer Besitztümer. Vor seiner Abreise meldete sich der Pilger beim nächstgelegenen Hauptquartier, wo er sich – gegen Bezahlung – seiner Nahrung, Unterkunft und seines Schutzes versicherte.

Schon bald wandten sich auch diejenigen, die aus anderen Gründen lang verreisen oder in den Krieg ziehen wollten, ebenfalls an die Ritter, um ihnen ihr Geld anzuvertrauen. Die Hauptquartiere galten als sicher und die Kommandeure – Gottesdiener – als absolut zuverlässig. So entwickelten sich die Templer zum ersten internationalen Bankinstitut und waren so erfolgreich, dass sie sogar dem König von Frankreich Darlehen gewährten.

Die interne Organisation

Die Grundregeln wurden um eine hierarchische Satzung ergänzt. Die Leitung des Ordens wurde einem Meister (von anderen meist „Großmeister" genannt) anvertraut, aber die eigentliche Macht lag beim Generalkapitel. Die unterschiedlichen Länder hatten eigene Kommandeure, die als

Stellvertreter des Meisters eines jeweiligen Landes funktionierten, aber deren Entscheidungen – genauso wie die der Meister – vom jeweiligen Landeskapitel, in dem jeder Ritter eine Stimme hatte, abhängig waren. Die Kommandeure waren für die Besitztümer des Ordens in ihrem Land verantwortlich: Schlösser, Ordensgüter und Häuser. Die einzelnen Objekte wurden von Unter-Kommandeuren und einem eigenen Kapitel verwaltet.

Was sich innerhalb des Kapitels abspielte, unterlag strikter Geheimhaltung, damit die Ritter frei sprechen, aber der Orden nach außen hin als Einheit auftreten konnte. Diese Geheimhaltung wurde außerdem durch die päpstliche Genehmigung, selbst Priester ernennen zu dürfen, gewährleistet, denn so fand die Beichte innerhalb der eigenen Gemeinschaft statt.

Nur noch wenige Ritter trugen den charakteristischen weißen Mantel mit rotem Kreuz. Die meisten Ordensmitglieder, wie die „Sergeanten" und Brüder, trugen einen braunen oder schwarzen Mantel. Die Einhaltung dieser Kleidungsvorschriften wurde streng kontrolliert.

Neue Mitglieder konnten nur durch das Kapitel aufgenommen und installiert werden. Für das Ablegen der Gelübde war von entscheidender Bedeutung, dass der Ritter „frei" war. Nur Ritter, die frei von Schulden, Dienstbarkeit oder Verpflichtungen – welcher Art auch immer – waren, durften als Ordensmitglied aufgenommen werden. Diese Freiheit gewährleistete die Unabhängigkeit der Templer.

In dieser Hinsicht ähneln die Freimaurer („freie" Templer) den Templern.

Andere gemeinsame Eigenschaften sind die gegenseitige Verbundenheit und Treue und die Befreiung des jeweiligen Mitglieds von Schuld, solang er die Ordensregeln in absolutem Gehorsam befolgt.

Pythagoreer zu Pferd

Wären die Templer einfache Soldaten geblieben, die sich um die Sicherheit der Pilger während ihrer Reise ins Heilige Land kümmern, hätten sie in Baracken gelebt und hätte es die Notwendigkeit von so ausgeklügelten Systemen von „Quartieren" nicht gegeben.

Als geistlicher Orden unterschied sich der Templerorden in drei Punkten von anderen Mönchsorden. Erstens weil er die päpstliche Erlaubnis hatte, über eigene Mittel zu verfügen, zweitens weil seine Mitglieder von moralischer Schuld befreit waren und drittens weil der Orden nur dem Papst Verantwortung schuldete. Sein Reichtum und seine Freiheit erlaubten es ihm, zu handeln wie kein anderer Mönchsorden. Die ursprünglichen Kampfmönche entwickelten sich jedoch immer mehr zu Bankiers. Man kann sie mit Recht die „goldenen Mönche" des 13. Jahrhunderts nennen.

Das Leben von Mönchen unterschied sich stark von der normalen mittelalterlichen Bevölkerung und ähnelte eher dem pythagoreischen Alltag. Die strengen Regeln hatten unter anderem die Funktion, dass sich die Mönche ohne Ablenkung auf geistige Tätigkeiten konzentrieren konnten. Eine wichtige Beschäftigung war das Kopieren und Verbreiten von Wissen, wie auch in der pythagoreischen Bruderschaft.

Die Templer gehörten zwar einem geistigen Orden an, aber sie genossen viel mehr Freiheiten, verfügten über viel mehr Reichtümer und hatten andere Verantwortlichkeiten als ihre in Abgeschiedenheit lebenden Mitbrüder. Sie nutzten ihr mathematisches Wissen zum Beispiel für die Koordination von Kampftruppen und die Verwaltung der ihnen anvertrauten Gelder. Sie entwickelten sich zu solchen unübertroffenen Spezialisten auf vielerlei Gebieten, dass kein Papst oder König mehr mitkam.

Das Siegel des Salomo

Wie die Pythagoreer verwendeten auch die Templer einen eigenen besonderen ästhetischen Code, den man noch in ihren Kirchen und Entwürfen erkennen kann. Seine Symbolik verweist sowohl auf das Alte wie auf das Neue Testament und steht in der christlichen Tradition der Verbindung des Geistigen mit dem Materiellen.

Nicht nur der Name des Ordens verwies auf den Tempel des Salomo, als Symbol wurde außerdem das Siegel des Salomo verwendet: eine Kombination aus zwei gleichseitigen Dreiecken in der Form eines Sechsecks von einem Kreis eingefasst. Durch die gerade Anzahl Seiten lässt sich das Sechseck nicht, wie das Fünf- oder Siebeneck, in einer Linie zeichnen. Rechnet man das Herz des Sechsecks jedoch als extra Eckpunkt, was im Judaismus üblich ist, lässt sich der Davidstern, wie diese Figur auch genannt wird, wohl mit der Zahl 7 assoziieren.

Das Siegel mit den beiden sich kreuzenden Dreiecken wird unterschiedlich interpretiert. Manche betrachten das nach

oben weisende Dreieck als ein männliches und das nach unten weisende als weibliches Symbol, wie Dan Brown in seinem *Der Da Vinci Code*. In der kabbalistischen Tradition strebt das Element Feuer nach oben und das Element Wasser nach unten, was

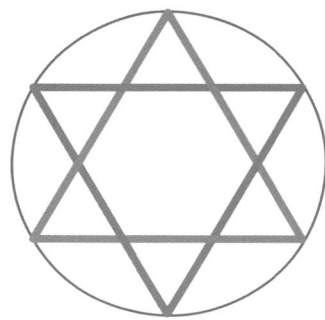

bedeutet, dass das Siegel ein Schutzschild gegen Dämonen bildet. Der sechseckige Davidstern kam schon früher in der jüdischen Kunst vor, wurde aber erst seit dem 16. oder 17. Jahrhundert als spezifisch jüdisches Emblem verwendet.

Die Abbildung auf S. 91 zeigt eine sogenannte Teppichseite aus einem dekorierten Manuskript, das auf 1010 n. Chr. datiert wird. In der geometrischen Verzierung lassen sich zwei sternförmige Vielecke unterscheiden, ein sechseckiges und ein achteckiges, eingefasst in einen Kreis. Im Herzen des 6-punktigen Sterns steht geschrieben, dass das Manuskript einem Priester gewidmet wird. Die Worte an den Seiten der beiden Dreiecke und Vierecke sind Bibelzitate aus Psalmen und dem Bibelbuch Deuteronomium. Den Punkten im 8-punktigen Stern werden wir später auch in der Templersymbolik begegnen.

Was heute als das Ordenssiegel gilt, zwei Ritter zu Pferd, eingefasst in einem Kreis, ein Kreuz oben und im Kreis die Worte „MILITIAE XRISTI SIGILLVM" (s. die Abbildung links unten), war in Wirklichkeit nur eins der vielen von den Templern benutzten Siegel. Alle Meister und Kommandeure verfügten über persönliche Siegel, die als Unterschrift fungierten.

Auf einem zu beglaubigenden Dokument wurde das Siegel in etwas geschmolzenes Wachs gedrückt. Die verschiedenen

Siegel waren so gestaltet, dass man sie sofort erkennen und kaum kopieren konnte. Außerdem wurden sie sorgfältig, meistens hinter Schloss und Riegel, aufbewahrt. Die Abbildungen konnten auf bestimmte Orte, Ereignisse oder Kampfeshandlungen verweisen oder enthielten religiöse Symbole, wie das Kreuz oder den Heiligen Gral. Auch nicht-christliche Symbole, wie Sonne und Mond, kamen vor.

Obwohl in den Ordensregeln vom „Hause Christi und des Tempel des Salomo" die Rede ist, die Ritter „Tempelbrüder" und Ordensobere „Tempelmeister" genannt wurden, ist kein Dokument erhalten geblieben, in dem die Templer das Siegel des Salomo als Dokumentensiegel benutzten. Die typische Form dieses Siegels lässt sich aber wohl in der Entwurfs-

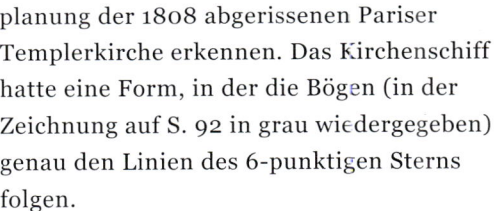

planung der 1808 abgerissenen Pariser Templerkirche erkennen. Das Kirchenschiff hatte eine Form, in der die Bögen (in der Zeichnung auf S. 92 in grau wiedergegeben) genau den Linien des 6-punktigen Sterns folgen.

Die Zahl 3 ist eine für Christen heilige Zahl. Sie symbolisiert außer der Heiligen Dreieinigkeit von Gott als Vater, Sohn und Heiligem Geist auch Geburt, Tod und Auferstehung von Jesus Christus. Die heilige Dreieinigkeit lässt sich außerdem als Zwischenglied zwischen der „heidnischen"

Vielgötterei und dem Monotheismus betrachten. Das Siegel des Salomo mit den beiden sich kreuzenden Dreiecken ist denn auch ein kräftiges Symbol und niemand hatte wohl Bedenken dagegen, dass es im Entwurf der Kirche verwendet wurde. Außer den sechs Eckpunkten sind auch die sechs Säulen von Bedeutung. Diese wurden an den äußersten Enden der drei an den Dreiecksseiten parallel laufenden Mittellinien aufgestellt und scheinen also auch die Beziehung zur heiligen Zahl 3 zu betonen.

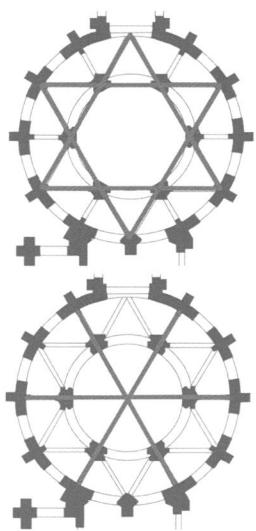

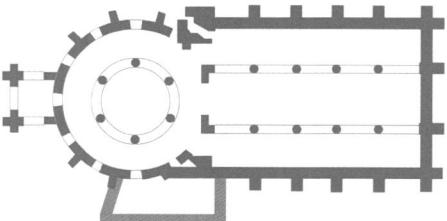

Die wohl erhaltene Templerkirche in London (s. oben) wurde nach dem gleichen Entwurf wie die Pariser Templerkirche gebaut, was den Schluss rechtfertigt, dass die Symbolik des Siegel des Salomo innerhalb der Architektur der Templer kein Zufall ist. Neben der sechspunktigen Sternform mit sechs Säulen, die vielleicht exklusiv für die wichtigen Templer-Kirchen verwendet wurde, ist auch der achtpunktige Stern in einem Kreis typisch für die Bauwerke der Templer.

Geheime Kommunikation

Nicht nur die Authentizität von Dokumenten musste gesichert werden, sondern auch ihr Inhalt.

Obwohl direkte Beweisstücke fehlen, wissen wir aus den Aussagen des Meisters vom Tempel Nemours, die er während der wegen Ketzereiverdacht gegen den Orden geführten Prozesse machte, dass die Templer sich eines eigenen Systems von Geheimschrift bedienten. Vor allem bei Bankgeschäften, wobei Informationen über große Entfernungen verschickt werden sollten, war von größter Bedeutung, dass diese geheim blieben. Durch ihre Kontakte mit der arabischen Kultur hatten die Templer umfangreiche Kenntnisse der Kryptografie erworben, woraus sich allerdings die Herausforderung ergab, die Informationen so zu verschlüsseln, dass sie auch für Araber nicht zu entschlüsseln waren.

In den 200 Jahren seines Bestehens hat der Orden wahrscheinlich mehrere Modelle für Geheimschriften entwickelt und verwendet. Da jedoch keine Spuren erhalten sind, wissen wir nichts Genaues über die Geheimschriften der Templer.

Die Temple Church in London

Man nimmt an, dass in ihrer Verschlüsselung die Buchstaben des Alphabets systematisch durch Symbole ersetzt wurden. Ein Beispiel für eine derartige Struktur ist das hier abgebildete geometrische Kreuz. Ein Kreuz ist für einen christlichen Orden zwar eine sehr passende Figur, der Code ist jedoch recht einfach zu entschlüsseln, wenn man weiß, dass der Buchstabe E am häufigsten vorkommt (s. Kapitel 6). Dennoch ist dieses Modell interessant, denn es ist der erste auf einer logischen Struktur basierte Ersetzungscode. Die auf Symbolen basierten Verschlüsselungsmethoden haben den Nachteil, dass sowohl Absender als auch Empfänger ein sogenanntes „Codealphabet" brauchen, das verloren gehen oder gestohlen werden kann. Eine Struktur, wie die hier skizzierte, braucht jedoch nicht in materieller Form mitgeführt zu werden, sondern lässt sich durch logisches Nachdenken jederzeit rekonstruieren. Auf ihren Reisen durch Europa und Kleinasien brauchten die Templer sie nur für sich selbst zu zeichnen, um eine Nachricht zu verschlüsseln oder zu entschlüsseln.

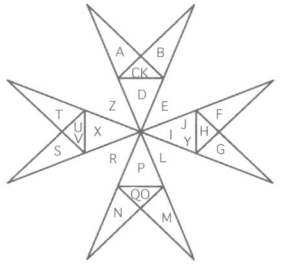

Die beiden hier abgebildeten Kreuzformen mit je neun Fächern zeigen die wichtigsten im Mittelalter verwendeten Buchstaben des Alphabets. Dabei gibt es – wie in der Geheimschrift der Römer – nur ein Symbol für I und J sowie U und V. Die Symbole bestehen aus den Linien der Fächer der jeweiligen Buchstaben. Ein leeres Symbol steht für die Buchstaben im ersten Kreuz, ein Symbol mit Punkt für die im zweiten Kreuz.

A	B	C
D	E	F
G	H	IJ

L	M	N
O	P	R
S	T	UV

Entschlüsseln Sie:

den ersten Satz aus der Ordensregel der Tempelritter, in dem sich die Ritter zum absoluten Gehorsam gegenüber dem König von Jerusalem verpflichten.

Entschlüsseln Sie:

Ein auf einer Kreuzform aufgebauter Code ist schwierig zu entschlüsseln, wenn die verwendete Kreuzform unbekannt ist. Versuchen Sie herausfinden, welche Kreuzform für die Codierung der Klausel über den zeremoniellen Empfang eines neuen Ritters verwendet wurde.

Entschlüsseln Sie:

die Klausel, in der die Ritter darauf hingewiesen werden, dass übertriebenes, geheimes Fasten die Kraft zum Kampf untergräbt. Welche Kreuzform wird hier verwendet?

Entschlüsseln Sie:

Welche Kreuzform mit Symbolen für alle 26 Buchstaben des Alphabets wurde hier verwendet, um diese Klausel über das Privatleben der Tempelritter zu verschlüsseln?

Entschlüsseln Sie:

Welche Kreuzform mit Symbolen für Buchstaben und Zahlen wurde hier zur Verschlüsselung eines Berichts über einen militärische Konflikt verwendet?

Verhaftung der Tempelritter auf Befehl von König Philipp IV.

Das Ruf-Signalsystem

Zur taktischen Kommunikation bei
Truppenbewegungen oder Kämpfen verwendeten die Templer ein System von
„Rufsignalen", das in den Ordensregeln
festgelegt war. Solche Rufe wurden von
den höchsten zu den niedrigsten Rängen
weitergeleitet, bis die gesamte Armee informiert war und den Befehl wie ein Mann
ausführen konnte.

Aus disziplinarischen Gründen war es
den Templern strengstens untersagt, ohne
entsprechenden Ruf zu handeln. In ihren
Streitmächten fand keine Handlung ohne
ein vorheriges Rufsignal statt, vom Aufstehen über Holzsammeln bis zum Pferde-
pflegen und Kochen. Im Kampf wurden
diese Befehle durch ein sichtbares Signal
der Fahne oder *Gonfanon* unterstützt, von
der stets ein zweites, um die Lanze gewickel-
tes Exemplar mitgeführt wurde.

DER UNTERGANG DER TEMPLER

Am Freitag, dem 13. Oktober 1307 wurden
auf Befehl Philipps des Schönen, König
von Frankreich, innerhalb weniger Stunden alle Tempelritter verhaftet, sodass
der Orden von einem Tag auf den anderen
aufgelöst wurde. Im Rahmen der christlichen Tradition steht die 13 vor allem für
die Zahl der Gäste am letzten Abendmahl
und der Freitag ist der Tag der Kreuzigung.
Wahrscheinlich gilt Freitag der dreizehnte
aber erst seit den Ereignissen des Jahres
1307 als Unglückstag.

Die Gründe für Philipps Handeln
sind nicht so eindeutig, wie oft gemeint
wird. Zwar soll der König große Schulden

Papst Clemens V. löst den Templerorden auf.

bei dem erfolgreichen Orden gehabt
haben, aber darüber brauchte er sich
als König wohl keine Sorgen zu machen.
Die Macht des Ordens, der direkt dem
Papst unterstellt war, lag auf einer
anderen Ebene. War es vielleicht diese
eher ungreifbare Macht der Templer,
die Philipp Sorgen bereitete? Fest steht
auf jeden Fall, dass er den Orden nur
mit Mitwirkung des Papstes vernichten
konnte. Zu Zeiten der Inquisition war
das einzige Verteidigungsmittel gegen
Ketzereiverdacht ein Geständnis. Die
Anklage lautete, Baphomet verehrt zu
haben, ein von den Anklägern erfundener
Gott, dessen Name möglicherweise vom
französischen „Mahomet" (Mohammed)
abgeleitet wurde. Aus diesem Anklagegrund
spricht außerdem das Missfallen über die
Kontakte zwischen den Templern und der

muslimischen Kultur. Aus einem kürzlich aufgefundenen Dokument geht jedoch hervor, dass der Papst – der unter Druck des französischen Königs gehandelt haben soll – die Tempelritter im Jahre 1314 von Gotteslästerung freisprach.

Der Verlust Jerusalems

Die Aufgaben, die zur Gründung des Ordens geführt hatten, waren nach dem Verlust Jerusalems nicht mehr aktuell. Das Königreich Jerusalem hatte 88 Jahre existiert – unter dem Schutz der Templer, die gelegentlich von Kreuzheeren unter Führung europäischer Könige und Prinzen unterstützt wurden. Außerdem war Ägypten ein wichtiger Verbündeter gegen das nordöstlich gelegene Syrien gewesen.

Die christlichen Streitmächte bildeten keine Einheit und waren schlecht organisiert. Außer Soldaten brachten sie auch ihre gegenseitigen Konflikte nach Palästina. Der so wichtige Frieden mit Ägypten wurde immer wieder aufs Spiel gesetzt, indem Karawanen beraubt wurden. Manchmal verrieten Christen sich gegenseitig an Muslime und kämpften die Tempelritter nicht gemeinsam mit den Johannitern. Der Deutsche Orden war ein weiterer unsicherer Faktor.

All diese Ereignisse fanden in einem mittelalterlichen Kontext statt, in dem der Rittermut dazu führte, dass als uneinnehmbar geltende Festungen belagert und erobert wurden und heroische Kämpfe stattfanden. Ein Beispiel ist der Ordensmeister Gérard de Ridefort, der mit ca. 100 Rittern ein Heer von 7000 muslimischen Kämpfern angriff, alle Männer verlor und

selbst gefangengenommen wurde. Das Heilige Land war zu einem Mekka kampflustiger Europäer geworden, fast eine mittelalterliche Variante virtueller Welten, wie *Second Life* und *World of Warcraft* (s. Kapitel 9), eine Welt, in der die Wirklichkeit in einem für Europa vermeintlich konsequenzlosen Kampf keine Rolle mehr zu spielen schien.

Der Frieden mit Ägypten wurde durch die Unzuverlässigkeit der Christen und den im Irak geborenen Saladin gebrochen, der vom Wesir zum Kalifen und Sultan von Ägypten aufstieg, und der am 4. Juli 1187 mit seinem Sieg über die Kreuritter Jerusalem eroberte. 1229 kam die Heilige Stadt durch einen Vertrag mit dem damaligen Sultan wieder in christliche Hand (bis 1244) und setzte Kaiser Friedrich II. sich die Krone des Königs von Jerusalem wieder aufs Haupt. Das Königreich Jerusalem bestand in den Zwischenzeit aus nicht viel mehr als einigen Hafenstädten, deren Hauptstadt Akkon – trotz Verteidigung durch Tempelritter, Johanniter und deutsche Ordensritter – 1291 in muslimische Hände fiel. Zwar blieb der Titel „König von Jerusalem" auch nach dem Fall Akkons bestehen, aber der Sitz des Königs wurde nach Zypern verlegt und sollte nie mehr ins Heilige Land zurückkehren.

Das Erbe der Tempelritter

Die Tempelritter haben gezeigt, dass eine Bruderschaft zwei Jahrhunderte lang existieren kann, ohne den Verführungen von Macht oder Reichtum zu erliegen. Kein Tempelritter hat sich persönlich bereichert, obwohl der Orden im Gegensatz zu anderen

Mönchsorden mitten im Leben stand und über Waffen und Geld verfügte. Der Gehorsam galt als höchstes Gut, auch mit dem Untergang vor Augen.

Als Bruderschaft waren die Tempelritter ein leuchtendes Vorbild für andere Geheimgesellschaften. Sie zeigten, wozu eine streitbare Allianz imstande ist, die auf reinen Motiven beruht. Noch im Untergang zeigten die Tempelritter ihre Bedeutung für die Lebenden. Ihre symbolische Bedeutung ist so groß, dass es nicht verwunderlich ist, dass Gesellschaften, wie die Freimaurer und Rosenkreuzer, sich als ihre Erben verstehen.

Die Massenverhaftungen und Beschuldigungen von 1307 hatten zwar den gewünschten Effekt, aber im zusammenbrechenden Netzwerk der Tempelritter hielten zwei Außenposten stand. Dies hat wohl den Science-Fiction Schriftsteller Isaac Asimov zu seiner *Foundation*-Trilogie inspiriert, der den Untergang des Galaktischen Imperiums und die Stiftung zweier „Foundations" auf abgelegenen Planeten beschreibt.

In Schottland, außerhalb des Machtbereichs von Philipp dem Schönen, existierte der Orden weiter und behielt er seine Kommandeure. Obwohl Beweise für einen direkten Zusammenhang fehlen, deutet die gemeinsame Symbolik darauf hin, dass die Logen der Freimaurer aus diesem Zweig des Ordens entstanden sind (s. Kapitel 5).

Nach dem Verlust von Akkon als letztem christlichem Bollwerk im Heiligen Land zogen sich die Johanniter und auch ehemalige Tempelritter, die sich ihnen angeschlossen hatten, zunächst auf

Zypern, dann auf Rhodos und schließlich auf Malta zurück. Dem verdankt sich der heutige Name „Malteser Orden", der allerdings schon 1798 von Napoleon, der damals im Dienst der französischen Republik als General Bonaparte unterwegs nach Ägypten war, von der Insel vertrieben wurde. Der Malteser Orden verfügt zwar nicht über ein eigenes Territorium, wird aber allgemein als ein souveränes Organ anerkannt. Obwohl im heutigen Orden nicht mehr viel vom ursprünglich militärischen Hospitalorden erhalten geblieben ist, besteht eine deutliche Verwandtschaft in der Symbolik.

Die Pariser Templerkirche

Im Jahre 1808, einige Jahre nachdem er Papst Pius VII. die Krone aus der Hand genommen und sich selbst zum Kaiser gekrönt hatte, gab Napoleon den Auftrag zum Abriss der Pariser Templerkirche. Damit entfernte er nicht nur die letzte Spur der Tempelritter aus dem Pariser Zentrum, sondern auch eine für Royalisten wichtige Pilgerstätte. Hier

Karte aus dem Jahre 1552 von Truschet und Hoyau, bekannt als „Karte von Bâle", nach ihrem Fundort Basel (Schweiz).

hatten Ludwig XVI. und seine Frau Marie-
Antoinette ihre letzten Tage verbracht,
bevor sie öffentlich enthauptet wurden.
Die Symbolik und der Name des Ortes
blieben jedoch erhalten, denn bis heute
heißt dieser Ort „le Temple".

*Le Temple ist ein öffentlicher Platz im Zentrum von Paris zwischen der Rue du Temple
und der Rue de Bretagne (Abbildung von Google Earth).*

KAPITEL 4

DER VITRUVIUSMANN

Im 15. und 16. Jahrhundert lösten fortschrittliche Künstler und Architekten eine Revolution in der schöpferischen Kunst aus. Inspiriert durch den pythagoreischen ästhetischen Code und die Entdeckung der Werke von Marcus Vitruvius entwickelten sie neue Modelle für Harmonie und künstlerische Vorstellungskraft.

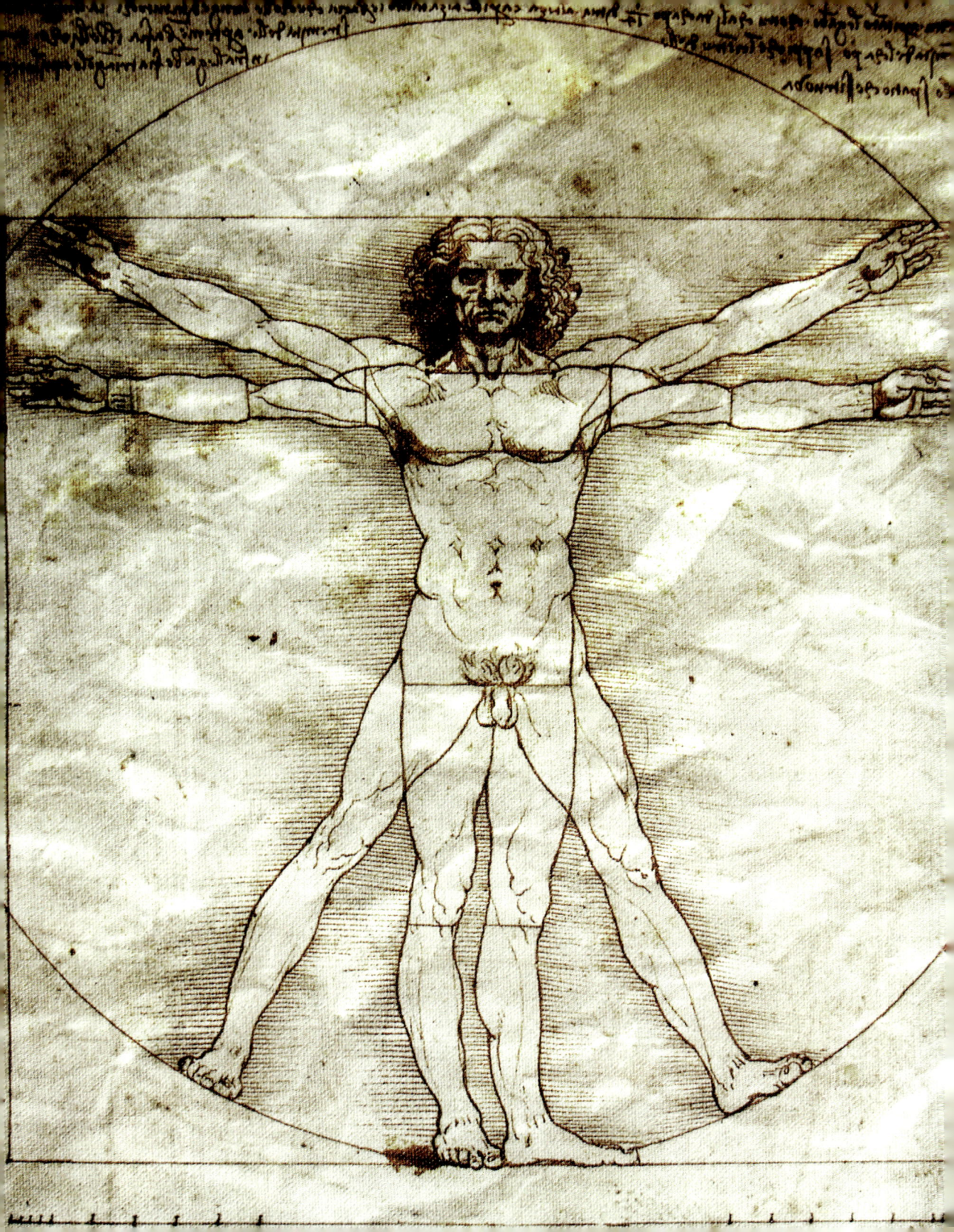

LEONARDO DA VINCIS „GÖTTLICHER MENSCH"

Leonardos Zeichnung des Vitruviusmannes, sein *uomo vitruviano* stellt den Menschen in *De divina proportione* (göttlichen Proportionen) dar. Diese Zeichnung ist die berühmteste Zeichnung von Leonardo – vielleicht sogar die berühmteste Zeichnung überhaupt. Sie wurde in zahllosen Büchern abgebildet, dient in der Kunst als angewandte Geometrie und spielt, als Symbol der Harmonie, sogar in der Werbung eine Rolle. Als „Mann im Kreis", dessen Nabel sich genau in der Mitte der Zeichnung befindet, wird der Vitruviusmann oft – zu Unrecht – als der Inbegriff eines „Goldenen-Schnitt-Menschen" gesehen. Seit dem Erscheinen von Dan Browns Bestseller

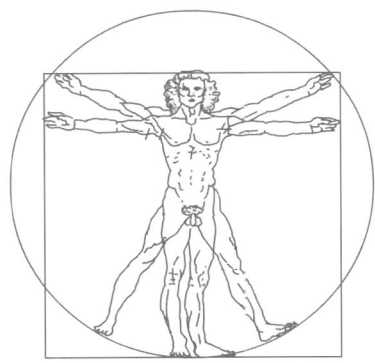

Der Da Vinci Code wird er auch mit Geheimwissen und anderen geheimnisvollen Kräften identifiziert.

Im Gegensatz zur allgemeinen Auffassung war Leonardo da Vinci jedoch nicht der Einzige, der den Menschen auf diese Weise darstellte. Im 15. und 16. Jahrhundert ließen sich zahlreiche andere Künstler durch die Theorien von Marcus Vitruvius

Pollio inspirieren. Sein *De Architectura* ist die einzig erhalten gebliebene antike Quelle über Architektur und Proportionen. Die einmalige Begabung von Leonardo da Vinci sollte uns nicht dazu verführen, die Werke anderer Künstler aus dieser Zeit als weniger originell zu betrachten. Jeder setzte eigene Akzente: Die genaue Befolgung pythagoreischer Prinzipien oder gerade die Vervollkommnung der Wiedergabe des Schönen. Alle strebten jedoch nach Freiheit in der Kunst und bahnten damit den Weg für den modernen Menschen.

MENSCH, VIERECK UND KREIS

Vitruvius' Werk enthält keine Illustrationen und ist nicht immer eindeutig, aber die folgende Passage ist vollkommen klar und führte zu einem wahren „Vitruviusstil".

„Die verschiedenen Teile des Tempels sollen in Harmonie zueinander stehen, wobei die Vollkommenheit des Ganzen aus den symmetrischen Beziehungen zwischen den einzelnen Teilen entsteht. Der natürliche Mittelpunkt des menschlichen Körpers ist der Nabel. Liegt ein Mensch mit ausgestreckten Armen und Beinen gerade auf dem Boden und wird ein Zirkel auf seinen Nabel gestellt, dann lässt sich über die Fingerspitzen der einen hin zur anderen Hand und von dort aus zu den Zehen des einen und des anderen Fußes ein Kreis ziehen. Entsprechend bildet der menschliche Körper auch die Basis eines Vierecks, denn der Abstand zwischen Fußsohlen und Stirn entspricht dem zwischen den Fingerspitzen der unterschiedlichen Hände bei seitlich gestreckten Armen".

In der westlichen Kultur wurde seit dem 12. Jahrhundert der Kombination von Kreis und Viereck immer mehr Bedeutung geschenkt. Zunächst unauffällig, als eine von vielen mathematischen Figuren, aber allmählich trat die Figur immer stärker in den Vordergrund, bis sie im 15. Jahrhundert alle anderen Figuren an Bedeutung übertraf – sogar das für Pythagoras heilige Fünfeck, das allerdings im Okkultismus seine Bedeutung behielt.

Auch im Nahen Osten, dessen Kultur ebenfalls von der griechischen und römischen Zivilisation geprägt wurde, war das Interesse an Geometrie groß. Da der Islam die Darstellung des menschlichen Körpers verbietet, entwickelten arabische Künstler andere geometrische Ausdrucksformen. In ihnen sind Kreis und Viereck verblüffenden Kombinationen von faszinierenden geometrischen Linien untergeordnet. Die Muster und Motive auf orientalischen Teppichen und Fresken scheinen sich in alle Richtungen bis ins Unendliche zu wiederholen. Während in der westlichen Kunst der menschliche Körper im Mittelpunkt steht, geht es in der islamischen Kunst um die Darstellung des Universums.

Im Westen führte die Dominanz der Kombination Kreis und Viereck zu neuen Entwicklungen in der Kunst. Trotz ihrer inhärenten Simplizität inspirierten diese Figuren zwei Jahrhunderte lang die Kunst, da sie sich auf viele Weisen mit dem menschlichen Körper kombinieren lassen. Auch im 20. Jahrhundert wurden diese Figuren wieder aktuell, was sich zum Beispiel im Werk Mondrians zeigt (s. Kap. 2).

Im Gegensatz zu ihren arabischen Kollegen befassten sich die westlichen Künstler nicht mit repetitiven, raumfüllenden Mustern. Sie erreichten aber eine vergleichbare Wirkung mit der „Strahlungstechnik" der modernen Naturwissenschaft. Sie füllten den Raum mit der Energie, die der menschliche Körper aus seiner strategischen Position als Vereinigung zweier einfacher Figuren heraus ausstrahlt. Im weiteren Verlauf des Kapitels werden wir sehen, dass der menschliche Körper nicht eingeschlossen ist, sondern sich dank der Kombination der Rationalität des Vierecks und der (von den Pythagoreern entdeckten) Irrationalität des Kreises bis in die Unendlichkeit ausdehnt.

Hildegard von Bingen: Freiheit in einer Klosterzelle

Der früheste bekannte Vitruviusmann stammt von Hildegard von Bingen (1098–1179). Diese außergewöhnliche Frau wurde vor allem durch ihre Visionen bekannt, die sie in mehreren Büchern beschrieb. Bereits als Vierjährige sah Hildegard von Bingen Gegenstände aufleuchten. Als intelligentes Kind wusste sie aber, dass niemand ihr glauben würde, und verschwieg deshalb ihre Visionen. Als 10. Kind einer adligen Familie war Hildegard für das Klosterleben bestimmt, was sich für sie als ein Glücksfall herausstellte. Aus dem kirchlichen Recht auf das „Zehntel" hatte sich der Brauch ergeben, das zehnte Kind als „Zehntopfer" der Kirche zu geben.

Hildegard war eine vielseitig begabte Frau, die als Komponistin, Kräuterheilerin

„Liber Divinorum Operum" *von Hildegard von Bingen*

und Schriftstellerin hervortrat. Mit 38 Jahren wurde sie zur Äbtissin eines kleinen Nonnenklosters gewählt, das zu einem Benediktinerkloster gehörte. Vier Jahre später, „42 Jahre und 7 Monate alt", hatte sie eine überwältigende Vision, in der Gott ihr befahl, ihre Visionen aufzuschreiben. Hildegard von Bingens Berichte machten tiefen Eindruck, auch auf Bischöfe, Könige und den Papst, mit denen sie als vollwertige Partnerin korrespondierte.

Als Achtjährige wurde Hildegard bei Jutta von Spornheim, einer Eremitin oder Inkluse, in religiöse Erziehung gegeben. Eremiten lebten in asketischer Abgeschiedenheit, um sich völlig dem spirituellen Leben widmen zu können. Im Mittelalter wurde die sogenannte „Inklusion" gefeiert, indem der Eremit sich während einer Totenmesse auf einer Leichenbahre in seinen Raum tragen ließ, um sich auf diese Weise symbolisch von der säkularen Welt zu verabschieden.

Jutta teilte ihre Abgeschiedenheit mit Hildegard und einigen anderen jungen Frauen, die von ihrer vorbildlichen Lebensweise lernten. Sie betete mit ihnen, teilte ihre mystischen Erfahrungen und zeigte, wie ein Leben in Inklusion es dem Geist ermöglicht, die äußersten Grenzen des Universums zu erreichen.

Hildegard kritisierte später ihre mangelhafte Ausbildung. Ihre grammatischen Kenntnisse seien nicht ausreichend gewesen, um ihre Visionen aufzuschreiben, sodass sie die Hilfe eines Sekretärs brauchte. Diese Rolle erfüllte der treue Benediktinermönch Volmar. Da das Nonnenkloster zu einem Benediktiner-

kloster gehörte, verfügte Hildegard wahrscheinlich über eine gut bestückte Bibliothek, die außer religiösen Werken auch Traktate über Wissenschaft und Kunst enthielt, wahrscheinlich auch von Pythagoras und Vitruvius.

In von Bingens späteren Visionen scheinen Einflüsse ihrer ersten Lehrmeisterin Jutta und das Wissen der Benediktiner zu verschmelzen. Die Zeichnungen in ihren Schriften reichen in die Welt hinaus. Von einer runden „Klause", zu der die Winde freien Zugang haben, führen Linien in die Pflanzen- und Tierwelt. Links unten stellt Hildegard sich selbst dar, als diejenige, die die Vision beobachtet und aufzeichnet (s. Abbildung auf S. 109). Ihr Vitruviusmann steht als freier Mensch im Zentrum einer Welt, die zugleich Teil des Menschen ist und über der allein Gott steht. Das Kreuzsymbol fehlt.

Es gibt Gemeinsamkeiten zwischen diesem visionären Bild und dem Flachrelief auf einem Pfeiler von 250 n. Chr. im Städtchen Igel auf der alten römischen Straße zwischen Trier und dem französischen Reims. In pythagoreischer Tradition wird hier der triumphierende Herkules in einem von Pferden gezogenen Streitwagen dargestellt, umrundet von einem Kreis mit den 12 Sternbildern und vier Windrichtungen in den Ecken.

Eine andere Illustration zeigt die sogenannte blaue Vision. Es ist die einzige Abbildung einer Frau in der Vitruvius-Tradition, wobei auffällt, dass die Figur – außer den Füßen – bekleidet ist. Die von keinen anderen Linien unterbrochenen Kreisformen sollen möglicherweise das rein mystische Universum der Eremiten darstellen.

Die Abbildungen der Visionen von Hildegard von Bingen weichen in einem wichtigen Punkt von den späteren Vitruviusmännern aus der Renaissancezeit ab. Die geometrische Figur, in der Hildegard

Hildegard von Bingen

ihre Kreisform darstellte, ist kein Viereck, sondern ein Rechteck, und der Kreis wird nicht eingeschlossen, sondern durchbricht die Linien des Rechtecks. Mit anderen Worten: Auch wenn Hildegard sich von Vitruvius' Ideen und Theorien beeinflussen ließ, hat sie sich bei der Wiedergabe ihrer Visionen nicht von ihnen einschränken lassen. Sie wandte Vitruvius' geometrischen Code mit einer Freiheit an, die sich selbst die fortschrittlichsten Renaissancekünstler nicht erlaubten.

Die mystische Dimension von Hildegard von Bingen fehlt den Renaissancekünstlern. Erst Cornelius Agrippa (s. S.130) mit seinem Interesse für Okkultismus gab hier wieder neue Impulse. Agrippa verdanken wir außerdem die erneute Thematisierung der Frau, wenn auch nicht in seinen wissenschaftlichen, sondern in seinen literarischen Werken.

Villard de Honnecourt

Erst ein Jahrhundert später – aber immer noch zwei Jahrhunderte vor Leonardo – tauchte der Vitruviusmann wieder auf. Er findet sich in einem Skizzenbuch mit 33 Pergamentseiten, die insgesamt ca. 250 Zeichnungen und einige Bemerkungen enthalten. Dieses Skizzenbuch, gleichsam ein Logbuch aus Bildern, ist der Nachlass von Villard de Honnecourt. Wir kennen seinen Namen, weil er den Leser darum bittet, für sein Seelenheil zu beten.

Das Manuskript enthält eine Fülle von Zeichnungen: Porträts, Szenen, Baupläne, Tiere, Statuen und Maschinen, auch ein Perpetuum Mobile. Typisch für Honnecourts Zeichnungen sind ihre Präzision und auch ihr Humor. Villard

wird wohl als „der gotische Leonardo da Vinci" bezeichnet.

Aus dem Mittelalter sind nur zwei Dokumente erhalten, die sich direkt mit Architektur befassen: außer

Villards Skizzenbuch ist dies der bereits aus dem 9. Jahrhundert stammende „Klosterplan von Sankt Gallen", der in der Benediktinerabtei Sankt Gallen gefunden wurde, in der man später auch Vitruvius' Portfolio fand.

Wegen der Bauzeichnungen und Skizzen von mindestens acht verschiedenen gotischen Kathedralen hielten Historiker Villard zunächst für einen Architekten oder Baumeister. Andere Zeichnungen deuten jedoch eher auf einen Maurer oder Steinmetz hin. So beschreibt Villard, wie man Bogensteine aushackt, und illustriert die Konstruktion eines Hängebogens. Ein solches überhängendes Gewölbe ohne vertikale Stütze war in der gotischen Baukunst ein gewagtes Meisterstück des Maurerhandwerks und galt als das höchst Erreichbare. Als provisorische mittlere Säule diente ein Baumstamm, der nach der Fertigstellung des Bogens an seinem Halteseil wieder entfernt wird. Auch wenn Villard diese Kunst vielleicht nicht selbst beherrschte, kannte er sich auf jeden Fall sehr gut in den Techniken aus.

Das Etikett „Architekt" ist verständlich, denn im 13. Jahrhundert war es üblich, dass der Architekt eines Bauwerks auch die Bauarbeiten leitet. Wenn Vitruvius also tatsächlich Architekt war, ist es logisch, dass er an Ort und Stelle die praktische Ausführung seiner Baupläne beaufsichtigte.

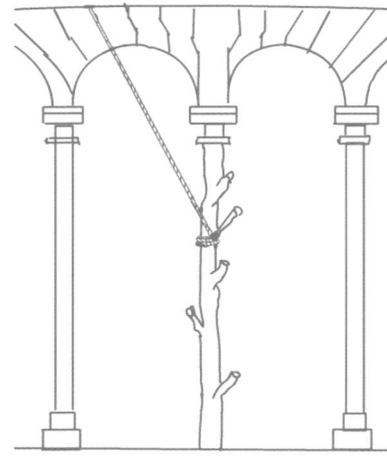

Nach eingehender Lektüre bekommt man allerdings nicht den Eindruck, Vitruvius' Portfolio sei von einem Architekten oder Baumeister angefertigt worden. Die Analyse des gesamten Portfolios durch moderne Historiker, auch die seiner Bauzeichnungen, haben zu einer beeindruckenden Reihe von Artikeln und Büchern geführt. Man geht jetzt davon aus, dass Villard ein begabter, interessierter Laie gewesen ist, der über seine Reisen berichtete.

Ob Zeichner oder Architekt, Villard war auf jeden Fall ein begeisterter Anhänger des pythagoreischen geometrischen Codes. Er argumentiert, dass die Kraft der gezeichneten Linie seinen Ursprung in der Geometrie habe. Die schöpferische Kunst entspringe der Geometrie und geometrische Linien brächten Energie hervor. Ohne

Geometrie seien Kunst und Handwerk unmöglich.

Für Villard hatte die Geometrie als ästhetischer Code und als handwerkliches Hilfsmittel eine doppelte Bedeutung. Der Architekt kann im Entwurf einer Kathedrale unterschiedliche geometrische Figuren miteinander kombinieren: Zum Beispiel das Hauptgebäude als Rechteck, der Chor als Achteck, das Querschiff als ein kleineres Rechteck und so weiter. Ein solcher Entwurf beruht auf den persönlichen ästhetischen Vorlieben des Architekten, in diesem Fall denen eines Architekten, der perfekte geometrische Figuren bevorzugt. Für die Realisation eines Bauwerks sind solche wohlüberlegten Linien und Figuren jedoch nicht notwendig. Verschlungene Linien und willkürliche Ecken machen einen Entwurf nicht weniger stabil. Beim Bau selbst, wenn die Steine passen müssen, damit die Mauern tragen und das Bogengewölbe das Dach hält, hat man jedoch keine andere Wahl als die strikte Befolgung der geometrischen Gesetzmäßigkeiten.

Die Gesamtansicht besagt also nichts über die Stabilität eines Bauwerks. Warum sollte man dann geometrische Figuren vor willkürlichen Formen bevorzugen? Oder wollen Architekten lediglich mit ihrem geometrischen Wissen glänzen, indem sie jedes Detail aus geometrischen Verhältnissen ableiten?

Villards Portfolio suggeriert eine befriedigendere Antwort: Ästhetik und Ausführung sind unlöslich miteinander verknüpft. Der Architekt bezieht sich mit seinem Entwurf auf die Welt um ihn

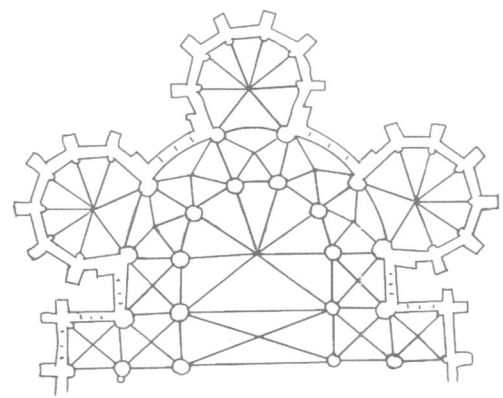

herum, auf das Universum, das – gemäß Pythagoras – auf perfekten geometrischen Prinzipien basiert. Mit dem Bau perfekter geometrischer Figuren strebt der Baumeister also eine harmonische Beziehung zur inneren Struktur des Universums an.

Die von Villard gezeichneten Köpfe, Körper, Tiere und Szenen sind nach exakten geometrischen Figuren, vor allem dem Dreieck, Viereck und Fünfeck, modelliert.

Obwohl sowohl Villard als auch Leonardo da Vinci Pythagoreer waren, unterscheiden sie sich in einem wichtigen Punkt. Bei Villard ist die Geometrie die Basisstruktur seiner Zeichnungen. Die

Linien des Dreiecks, Vierecks und Fünfecks durchqueren die Körper und fungieren gleichsam als Skelett, um das herum der fleischliche Körper gezeichnet wird. Leonardo da Vincis Vitruviusmann ist jedoch eher der Bewohner einer geometrisch strukturierten Welt, als ein Teil von ihr. Viereck und Kreis befinden sich außerhalb seines Körpers. Die Vitruviusmänner von da Vinci und der meisten anderen Renaissancekünstler leben als freie Menschen in einem inneren Raum, der von zwei miteinander kombinierten geometrischen Figuren begrenzt wird. Villards Geschöpfe sind jedoch nicht innerhalb eines Raums begrenzt, sondern in sich selbst, durch ihre innere Geometrie. In der Evolution finden wir Beispiele für beides: Das innere oder Endoskelett bei Wirbeltieren, wie Fischen und Säugetieren, und das Exoskelett mit einer stabilen äußeren Hülle bei wirbellosen Tieren, wie Krebsen und Insekten. Dank moderner Techniken können heutige Architekten beide Systeme anwenden.

Es sollte noch zwei Jahrhunderte dauern, bis die Buchdruckkunst erfunden wurde, aber zu Villards Zeiten waren Manuskripte bereits weit verbreitet und wurden häufig abgeschrieben und ausgeliehen. Geometrische Abhandlungen und Bücher wurden aus dem Arabischen ins Lateinische und sogar ins Mittelfranzösische übersetzt. Ein gebildeter Mann wie Villard wird in Klosterbibliotheken zweifellos Kopien von Vitruvius' Werken gefunden haben.

Die hier unten abgebildete Zeichnung ist eine bemerkenswerte Vorwegnahme der Zukunft. Dieser Adler ist eins der vielen Tiere, die Villard zeichnete. Die zugrunde liegende Struktur ist ein Fünfeck. Sowohl der Adler als auch das Fünfeck sollten in dem Land, in dem Kolumbus zwei Jahrhunderte später den Fuß an Land setzte, zu einem wichtigen Symbol werden, und weitere vier Jahrhunderte später wurde eine Fahne entworfen, auf der fünfeckige Sterne prangen (s. Kap. 7).

Eine andere auffällige Zeichnung in Villards Skizzenbuch heißt „Die unendlichen Steinmetze" (s. obere Abbildung). In einem Spiel mit Wirklichkeit und Unmöglichkeit zeigt diese Zeichnung aus dem 13. Jahrhundert bemerkenswerte Ähnlichkeiten mit dem Werk des niederländischen Künstlers M. C. Escher aus dem 20. Jahrhundert (s. untere Abbildung).

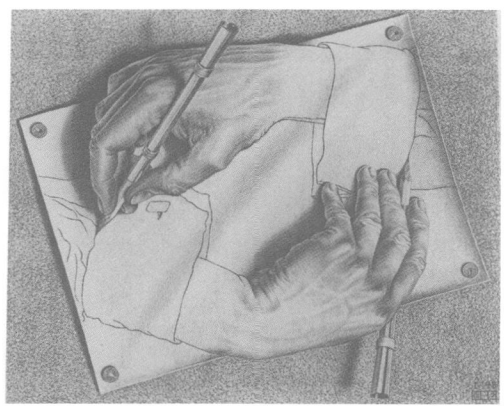

Dass diese Zeichnung für Villard mehr als ein bloßes Spiel mit Illusionen war, ergibt sich aus seinen Skizzen eines Perpe-

tuum Mobiles auf anderen Pergamentseiten seines Skizzenbuchs. Darin werden sieben Gewichte über ein drehendes Rad verteilt, sodass die nach unten fallenden Gewichte das Rad in Bewegung halten (s. Abbildung). Aus dem Begleittext zur Zeichnung ergibt sich jedoch, dass Villard selbst am Funktionieren eines solchen Geräts zweifelte. Die Gesetze der Natur und Zeit waren Villards Leidenschaft.

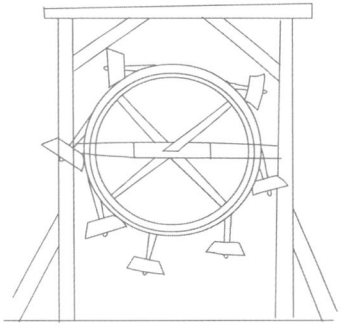

Auf einer anderen Seite (s. S. 116) zeichnet Villard ein „Glücksrad", ein im Mittelalter sehr beliebtes Thema, das Villard geometrisch darstellt. Die Männchen sind geometrische Püppchen. Das Rad dreht sich, wie auch die Zeit, wodurch sich die Püppchen unabwendbar ihrem Schicksal nähern.

Die Unendlichkeitssymbolik in diesen Zeichnungen lässt sich auf mehr als nur eine Weise interpretieren. Eine mögliche Interpretation ist, dass die unendlichen Bildhauer die ewige Geburt der Freiheit versinnbildlichen, weil der sich selbst gestaltende Mensch innerhalb seines Zeitkreises damit die Möglichkeit zur Freiheit offenhält. Der sich selbst

schaffende Mensch wäre also gleichsam ein gotisches Äquivalent des modernen „Selfmade Man".

In einer anderen Interpretation versinnbildlichen die Zeichnungen das pythagoreische Prinzip der ewigen Wiederkehr. In einer ewigen Wiederkehr des Gleichen wiederholt sich mit dem Verstreichen der Zeit letztendlich und unwiderruflich alles, was schon einmal stattgefunden hat. Pythagoras' Theorie der universellen Harmonie wurde von der griechischen Philosophie, aber auch stark von den ägyptischen Vorstellungen über Wiedergeburt beeinflusst: Die geometrische Symmetrie des Universums gilt hier nicht nur für die drei Dimensionen, sondern auch für die Zeit.

Die beiden Interpretationen schließen sich nicht aus, sondern ergänzen sich. Die Menschheit ist Teil einer sich ewig wiederholenden Welt, verfügt aber auch über die Möglichkeit, die eigene Freiheit im Rahmen des unendlichen Zeitrads zu verwirklichen, indem sie immer wieder ein neues Selbst schafft.

Auch wenn wir nie wissen werden, welche Absichten Villards Werken zugrunde liegen, auf jeden Fall sind in ihnen die pythagoreischen Prinzipien deutlich erkennbar. Sie charakterisieren Villard als einen Mann mit einer durch geometrische Prinzipien beseelten Tatkraft.

VITRUVIUS WIEDERENTDECKT

Am Anfang des 15. Jahrhunderts war Vitruvius fast völlig vergessen. Seine jetzige Bekanntheit verdankt er dem Büchersammler und päpstlichen Sekretär Poggiocciolini, der amtsbedingt in ganz Europa die gut bestückten Klosterbibliotheken durchforstete. Während dieser Reisen entdeckte er viele als verloren geltende lateinische Manuskripte.

1414 reiste Poggiocciolini in die Schweiz, wo er am Konstanzer Konzil teilnahm, das der deutsche König Sigismund einberufen hatte. Der wichtigste Anlass für dieses Konzil war die Papstkrise: Im ersten Konziljahr gab es drei Päpste. Es gelang der Versammlung, diese drei Päpste – freiwillig oder erzwungen – zum Rücktritt zu bewegen und einen für alle Parteien akzeptablen Papst zu ernennen. Das Konzil dauerte insgesamt vier Jahre, mit einigen mehrmonatigen Unterbrechungen, in denen Poggiocciolini die umliegenden Bibliotheken besuchte.

So entdeckte er in der Abtei Sankt Gallen ein Exemplar von Vitruvius' *De architectura libri decem*. Er fertigte eine Kopie an, die er nach Florenz schickte, wo der Text von Wissenschaftlern redigiert wurde. Das Werk zirkulierte in Manuskriptform unter Künstlern wie Taccola (s. S. 118)

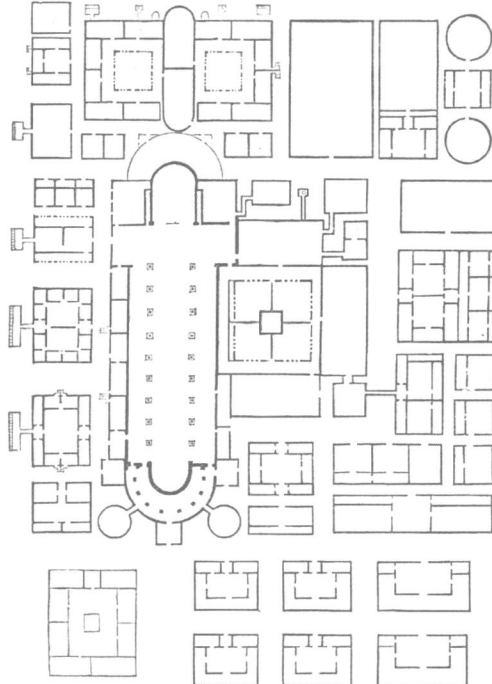

und Leonardo da Vinci, bis es 1486, kurz nachdem Gutenberg die Druckpresse entwickelte hatte, von Sulpitius Veralanus in Rom gedruckt wurde.

Marcus Vitruvius Pollio lebte im ersten Jahrhundert v. Chr. und war ein Zeitgenosse Julius Cäsars. Er war Architekt, Ingenieur und Autor von *De architectura*, ein zehnbändiges Werk, in dem er unter anderem über Städteplanung und Maschinenbau schrieb. Es ist das einzig erhaltene klassische Werk über Architektur. Vitruvius beansprucht nirgendwo, dass der Inhalt seiner Schriften von ihm selbst stammt, sondern erwähnte gewissenhaft, wer seine Vorbilder und Inspirationsquellen waren: die großen griechischen Mathematiker Pythagoras, Ctesibius und Archimedes.

In Werken anderer Autoren finden sich Hinweise auf von Vitruvius gezeichnete Bauwerke, aber da nähere Angaben fehlen, ist es unmöglich, sie zu identifizieren. Dies ist umso bedauerlicher, da Vitruvius' Schrift keine Illustrationen enthält und der Text durch seinen Sprachgebrauch nicht immer eindeutig ist. Leon Battista Alberti schreibt: „Die Lateinsprechenden meinten, der Text wäre in griechischer Sprache, die Griechen meinten, der Text wäre in lateinischer Sprache geschrieben."

Der Text war oft so schwierig zu verstehen, dass jeder Leser ihn in eigener Weise interpretierte. Auf diese Weise inspirierte Vitruvius' Werk unterschiedliche Maler, Bildhauer oder Architekten, die sich zu pythagoreischen Prinzipien bekannten.

Dass Vitruvius Schriften und die anderer griechischer und römischer Autoren erhalten blieben, ist sowohl den Europäern als auch den Arabern zu verdanken. In Europa wurden vor allem während der Regierungszeit Karl des Großen, der „karolingischen Renaissance", viele alte Handschriften im Skriptorium der Aachener Pfalz sorgfältig kopiert. Im Mittleren Osten verwalteten die Araber die berühmte Bibliothek von Alexandrien. Auch sie kopierten und übersetzten Handschriften. Vor allem im 9. und 10. Jahrhundert war hier das Interesse an klassischen Texten sehr groß.

Nicht alle Kopisten waren gleich textgetreu. Vitruvius' Texte wurden regelmäßig „ergänzt" oder so frei interpretiert, dass sich Original und Zusätze oft nicht mehr unterscheiden lassen.

Der verschwundene Schnitt

Laut Überlieferung stammt der Begriff „Goldener Schnitt" von Vitruvius. Dies findet sich immer wieder in Büchern, und heute auch im Internet, aber für diese Behauptung gibt es keinerlei Beweise. Vitruvius erwähnt nirgendwo in seinen Schriften das „goldene Verhältnis", wahrscheinlich wusste er nicht einmal von dessen Existenz. Vitruvius war zwar ein begeisterter Befürworter von Kreis und Rechteck als architektonische Prinzipien, aber andere geometrische Figuren, wie das Fünfeck, erwähnt er überhaupt nicht. In der gotischen Kunst kommt das Rechteck zwar vor, in der Renaissance jedoch nicht. Das Fünfeck wurde erst von Cornelius Agrippa wiederentdeckt.

Vitruvius beschäftigte sich nicht mit irrationalen Zahlen. Die einzige Ausnahme bildet die Quadratwurzel aus 2, als Länge der Diagonalen eines Vierecks mit Seite 1. Von einem Goldenen Schnitt war also auch hier nicht die Rede.

Trotzdem wird oft behauptet, dass den Werken von Renaissancekünstlern, die sich als Redakteure oder Übersetzer mit den Schriften Vitruvius' beschäftigten und sich von seinen Theorien inspirieren ließen, der „Goldene Schnitt" zugrunde liegt. Um dies zu beweisen durchzieht man ihre Kunstwerke mit Linien, Linienverhältnissen und geometrischen Figuren. Leonardo da Vinci soll zum Beispiel der Meister des Goldenen Schnitts sein, aber in Wirklichkeit hat er nie ein reines goldenes Verhältnis gezeichnet. Es stimmt, dass der Goldene Schnitt als mathematisches Phänomen seit Euklids' Zeiten bekannt ist, aber als ästhetischer Code wurde er erst ab ungefähr der Mitte des 19. Jahrhunderts verwendet (s. Kap. 2).

Taccolas wiedergeborener Freimaurer

Mariano di Jacopo (1382–ca. 1458), genannt Taccola („die Dohle"), war ein begabter Künstler, Architekt und Erfinder. In seinen Schriften beschrieb und zeichnete er innovative Maschinen, wie eine Windmühle und eine Wassermühle mit vertikalen Achsen, Kettenantrieb und einem Kurbelwellensystem. Vor allem diese Konstruktion soll für die technischen Entwicklungen in der Zeit zwischen Mittelalter und Renaissance von großer Bedeutung gewesen sein.

In einer seiner technischen Aufsätze zeichnete Taccola den ersten Renaissance-Vitruviusmann. Seine Maße wurden durch Zirkel, Lot und Quadrat bestimmt und sollten allen späteren Vitruviusmännern als Vorbild dienen. Alle Linien sind mathematisch bestimmt. Der menschliche Körper wird von Kopf bis Fuß umkreist, mit einem genau passenden Rechteck im Kreis. Für die Linien und Kurven benutzte Taccola Zirkel und Quadrat. Dass einige gerade Linien nicht parallel zueinander verlaufen, lässt sich aus der Benutzung von Perspektive erklären.

Taccola vollendete seine Abhandlung *De Ingeneis* ungefähr 1449, als Vitruvis' Werk nur als Manuskript zur Verfügung stand. Er war vermutlich der erste Renaissancekünstler, der versuchte Vitruvius' Auffassungen in Zeichnungen zu wiederzugeben. Taccolas Vitruviusmann ist noch eingerastet, aber bezieht sich, in einer neuen Interpretation des pythagoreischen Codes, als freier Mensch auch auf mathematische Prinzipien.

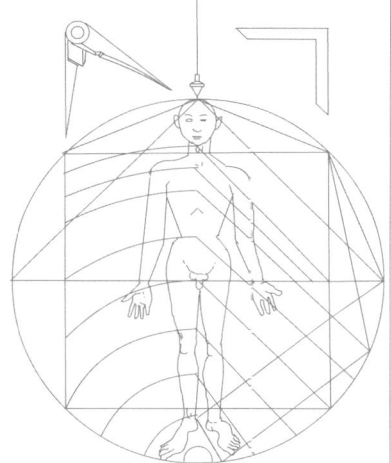

Auffällig ist die Abbildung von Winkelmaß und Zirkel, die typischen Werkzeuge und Symbole der Freimaurer. Soll diese Zeichnung etwa das stark christlich geprägte Initiationsritual der Freimaurer darstellen? Wird hier ein Taufbecken in der Form eines Kreises-mit-Rechteck dargestellt? Die mathematischen Linien würden dann das Wasser symbolisieren, mit dem der Vitruviusmann geweiht wird, um als Wiedergeborener zu erscheinen, gesegnet mit Zirkel, Winkelmaß und Lot (eine Schnur mit Bleigewicht, mit der sich eine senkrechte vertikale Linie ziehen lässt).

Stellt diese Zeichnung eine traditionelle, spätmittelalterliche Freimaurerinitiation dar? Hat es womöglich altrömische freimaurerische Bruderschaften gegeben, die bis ins Mittelalter existierten? Können wir aus dieser Zeichnung ableiten, dass die Freimaurerei im Italien des vierzehnten Jahrhunderts, als sie in Schottland und England erst aufkam, eine gut organisierte geheime Genossenschaft bildete? Wenn das stimmt, gäbe uns diese Zeichnung einen Einblick in geheime Freimaurerrituale. Das Erbe von Pythagoras und Vitruvius wurde in solchen Bruderschaften sicherlich aktiv bewahrt und verwaltet. Vielleicht hat Taccola mit seinem ersten echten Vitruviusmann aus der Renaissancezeit sogar einen Freimaurer dargestellt?

Francesco di Giorgio Martini

Francesco di Giorgio Martini (1439–1501) ist der Schöpfer des verspielten Vitruviusmannes. In seinem 1484 in Manuskriptform erschienenen *Trattato di architettura, ingegneria e arte militare* zeichnete er den Menschen als freies Wesen, ohne sich aber von dem pythagoreischen, harmoniebasierten Code zu lösen. Di Giorgio gibt dem noch immer in Kreis-und-Rechteck gefangenen Menschen Bewegungsfreiheit, freien Kontakt mit den Elementen und eine freie Körperhaltung. Das pythagoreische Universum ist für ihn ein Spielfeld, auf dem der Zeichner seine Kreativität ausleben kann.

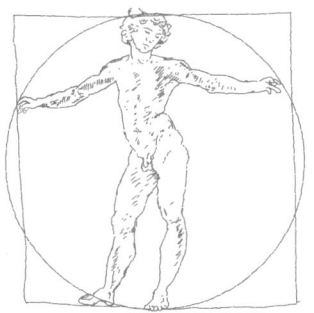

Di Giorgio war ein *homo universalis*: Er war ein hervorragender Maler und Bildhauer und außerdem Architekt, technischer und militärischer Baumeister und Diplomat. Er baute Festungen und schuf die Baupläne für Paläste, Kirchen und Städte. Dabei ist er das Musterbeispiel eines Humanisten: bei ihm steht immer der Mensch im Mittelpunkt.

Vor allem in seinen Skizzen ließ Di Giorgio seiner Fantasie freien Lauf. Für seine Vitruviusmänner zeichnete er Bauwerke als Kleidungsstücke. Einer von ihnen stellt sich als Hut einen Turm auf den Kopf. Andere umhüllen sich mit den Steinen aus Kathedralen oder Palästen, als wären sie seidene Gewänder. Was ursprünglich eine mathematische Zwangsjacke war, entwickelt sich zu einem Kostüm.

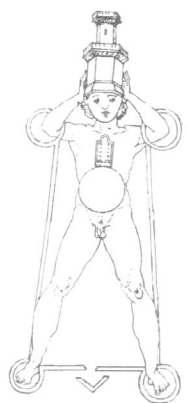

Die besondere Begabung von Di Giorgio – als Architekt von Kirchen und Palästen, als Baumeister militärischer Festungen, als Erfinder und als Künstler – liegt in seinem fantasiereichen und verspielten Geist. Nur wenige schaffen es, eine solche Fantasie mit der für Ingenieure und Baumeister erfor-

derlichen Effizienz zu kombinieren. Die Freude, die aus di Giorgios Werken spricht, macht ihn unter Renaissance-Künstlern einzigartig.

Leon Battista Alberti

Leon Battista Alberti (1404–1472) war der wichtigste Theoretiker seiner Zeit. Wie keinem anderen gelang es ihm, praktisches Wissen in wissenschaftliche Theorien zu übersetzen. Dank seiner handwerklichen und künstlerischen Fähigkeiten fand er mathematische und wissenschaftliche Gesetzmäßigkeiten. Diese Begabung wandte er auf vielerlei Gebieten an. Sein architektonisches Wissen über Symmetrie übersetzte er in eine Theorie über Harmonie, die tonangebend wurde. Als einer der Ersten beschrieb er die Zentralperspektive. Als Kryptograf entwickelte er eine neue Substitutionsverschlüsselung, die sogenannte homofone Substitution (s. Kap. 6) und stellte damit einen Zusammenhang zwischen ästhetischen Codes und Codes als Mittel zum geheimen Austausch von Informationen her. Außerdem war Leon Battista Alberti Kartograf. In Zusammenarbeit mit Paolo dal Pozzo Toscanelli zeichnete er Karten, die Columbus für seine Amerikareisen benutzte.

Als *homo universalis* der Frührenaissance sollte Alberti die Künstler nach ihm stark beeinflussen. In seinen Theorien über Verhältnisse entwickelte er Vitruvius' Arbeit weiter. Das 1452 vollendete, mit vielen Beispielen über die Erforschung von klassischen Ruinen und Bauwerken versehene *De re aedificatoria* war ein lehrreiches Werk. Es ersetzte schon bald das

Leon Battista Alberti

ebenfalls zehnbändige *De architectura*, wurde zum tonangebenden Handbuch für Architekten und sollte dies bis ins 18. Jahrhundert bleiben. Architekten rühmten ihre Baupläne als „Entwurf nach Alberti", um ihre Auftraggeber von ihren ästhetischen und bautechnischen Qualitäten zu überzeugen.

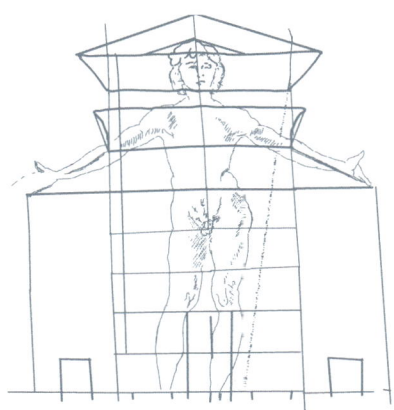

Albertis erster Vitruviusmann war eine einfache Messlatte. Die menschlichen Körperverhältnisse dienten ihm als Basis für seine Entwürfe. Sein anderer

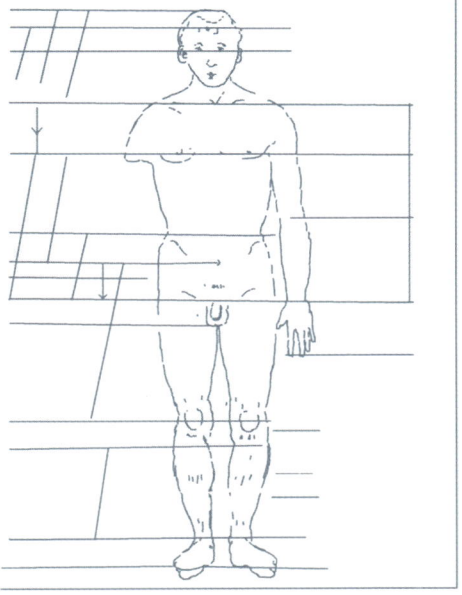

Vitruviusmann war bekleidet, was damals neu war. Für Alberti trug das Äußere eines Menschen, seine Kleidung, wohl genauso zu einem harmonischen Stadtbild bei wie das Äußere von Bauwerken. Vielleicht wollte er auch zum Ausdruck bringen, dass der Winkelmaß eingeschränkt wird, sondern durch seine Kleidung.

Auf der Zeichnung (S. 122) sehen wir, wie eine menschliche Figur ein besonderes Phänomen beobachtet: die Zentralperspektive. In seinem Traktat *De pictura* geht es Alberti vor allem um die Darstellung von dreidimensionalen

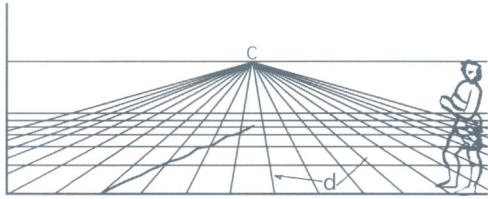

Räumen auf Papier oder Leinwand.
Die Zentralperspektive ermöglicht sehr
effektiv die Vermittlung von Tiefe auf
zweidimensionalen Flächen.

Luca Paciolis göttliches Verhältnis

Der Franziskaner Bruder Luca Pacioli
(1445–1517) studierte Mathematik an der
Universität von Bologna und entwickelte
das bis heute verwendete System der doppelten Buchführung. Hierbei werden für
jede finanzielle Transaktion die Folgen
sowohl für das Vermögen (Aktiva) als auch
die Schulden (Passiva) aufgezeichnet.
Die doppelte Buchführung sollte armen
Menschen helfen, das wenige ihnen zur
Verfügung stehende Geld effektiv zu
verwalten.

Luca Pacioli

Pacioli interessierte sich für die praktischen Aspekte der Mathematik, aber auch für die Beziehungen zwischen mathematischen und ästhetischen Verhältnissen. Er wurden von Vitrivius' Arbeiten inspiriert. Sein *De divina proportione* (Über das göttliche Verhältnis) verdankt seinen Erfolg vor allem den Illustrationen von Leonardo da Vinci: außer seinem Vitriviusmann finden sich dreidimensionale Zeichnungen der fünf regelmäßigen Vielflächner oder platonischen Körper (s. Kap. 2).

Da Vinci stellte hier – wahrscheinlich zum ersten Mal – die Dreidimensionalität regelmäßiger Vielflächner dar. Er beherrschte also die Linearperspektive. Dass er diese Technik kannte, ergibt sich auch aus seinen Aufzeichnungen. Er schreibt: „Die Kunst der Perspektive verleiht der Fläche Perspektive und erregt einen Eindruck von Tiefe auf der ebenen Fläche". Anschließend folgt eine Beschreibung, wie sich Perspektive benutzen lässt. In der Frührenaissance entstand das Bedürfnis, das Gemalte in richtiger Perspektive darzustellen. Unter anderem Piero

Selbstporträt von Leonardo da Vinci

della Francesca führte Albertis Untersuchungen weiter. Leonardo da Vincis Beschäftigung mit Perspektive erfolgte eher aus ästhetischem als aus mathematischem Interesse. Er ließ seine regelmäßigen Vielflächner von einem Zimmermann anfertigen, damit er sie als Modell nachzeichnen konnte, so wie er auch Gesichter oder Insekten nach der Wirklichkeit zeichnete. Diese Holzmodelle wurden später von der Stadt Florenz gekauft und ausgestellt.

Im 1509 erschien in Venedig *De divina proportione*. Außer Zeichnungen von regelmäßigen Vielflächnern findet sich dort der Vitruviusmann, den da Vinci bereits einige Jahre vorher gezeichnet hatte. Es sollte zum Modell für seine Fachkollegen werden. Da Vincis Vitruviusmann ist ein „aktiver Mann". Er wird – in einem Quadrat und in einem Kreis – in zwei unterschiedlichen Haltungen gezeichnet. Hiermit wollte da Vinci zwei Gedanken zum Ausdruck bringen: Seine Zeichnung ist an erster Stelle die Verbildlichung des vitruvianischen Codes und an zweiter Stelle die Darstellung seiner Suche nach der Quadratur des Kreises.

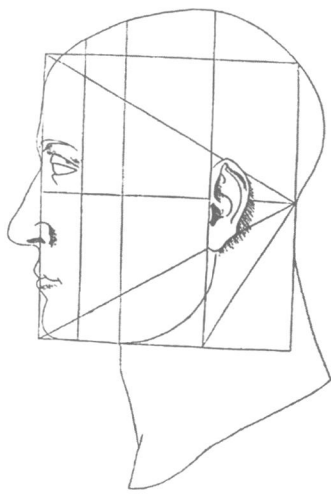

Das mathematische Problem der Quadratur des Kreises stammt aus den Anfängen der Mathematik. Es geht um die Frage, ob es auf Basis der euklidischen Geometrie, also nur mit Zirkel und Lineal, möglich ist, ein Viereck mit dem gleichen Flächeninhalt zu konstruieren wie der gegebene Kreis. Dass dies unmöglich ist, hatten bereits Pythagoras und Euklid erfahren, aber bewiesen wurde es erst im 19. Jahrhundert. Für das Berechnen der Quadratur des Kreises muss der Radius eines Kreises nämlich um Pi multipliziert werden, und Pi ist eine irrationale Zahl.

Leonardo erwähnt dieses Problem mehrere Male in seinen Aufzeichnungen. So schrieb er 1475:

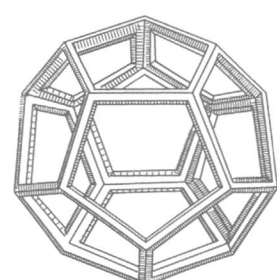

„Archimedes ermittelte die Quadratur einer fünfeckigen Figur, aber nicht die eines Kreises, überhaupt nicht die von gekrümmten Körpern." 1504 scheint er sich zu widersprechen, wenn er schreibt: „Dies untersuchte zum ersten Mal Archimedes von Syrakus, als er aus der Länge des Radius und des Umfangs eines gegebenen Kreises ein rechteckiges Dreieck konstruierte und bewies, dass der Flächeninhalt dieses Dreiecks dem Flächeninhalt des Kreises, aus dem es abgeleitet wurde, gleich ist." Archimedes' These und sein Beweis sind richtig, aber der Kreisumfang lässt sich ohne Benutzung der Zahl Pi nicht berechnen. Wie er in seiner ersten Aufzeichnung zu Recht schrieb, ist das Problem in der euklidischen Geometrie unlösbar.

In da Vincis Aufzeichnungen kommen irrationale Zahlen, und also auch der Goldene Schnitt, nicht vor. So schreibt er: „Die Elle ist ein Viertel der männlichen Körperlänge und die maximale Breite der Schultern. Die Länge zwischen beiden Schultergelenken ist gleich zweimal der Länge des Kopfes und ebenfalls gleich dem Abstand zwischen der Oberseite des Brustkorbs und dem Nabel." Auch wenn da Vinci

Vitruvius' Richtlinien detailliert beschreibt, nennt er den Goldenen Schnitt nicht, sondern spricht er von den natürlichen Verhältnissen des menschlichen Körpers, wobei „die Handfläche vier Finger breit ist und ein Fuß vier Handflächen breit; eine Elle sechs Handflächen breit ist und ein Mann vier Ellen oder sechs Handflächen groß. Auch ein Schritt hat die Länge von vier Ellen." Nichts deutet also darauf hin, dass da Vinci das Goldene Schnitt-Verhältnis angewendet hat.

Kunsthistoriker, die nach wie vor behaupten, Leonardo da Vinci haben den Goldenen Schnitt benutzt, sind offensichtlich blind für die vom Künstler selbst gezeichneten Linien, mit denen er die natürlichen Verhältnisse verdeutlicht. Während die Fundamentalisten des Goldenen Schnitts eine Linie durch den Nabel, den Mittelpunkt des Kreises, ziehen, zeichnete da Vinci eine Linie oberhalb des Penis, dem Mittelpunkt des Quadrats.

Giovanni Giocondo

Der Franziskanermönch Giovanni Giocondo (ca. 1433–ca. 1515) redigierte und illustrierte die erste Ausgabe der *De architectura*, die 1511 in Venedig erschien. Giocondo war Architekt und Baumeister und entwickelte ein System, das die Verlandung der Lagunen in Venedig verhindern sollte. Wie da Vinci befand sich Giocondo im Dienst des französischen Königs und trug zur Verbreitung der Renaissancekunst in Frankreich bei. Er entwarf die Pont Notre-Dame, die noch

Entschlüsseln Sie:
Um seine Notizen vor unbefugten Augen zu schützen, bediente sich Leonardo da Vinci einer Geheimschrift.

I cannot forbear to mention among these precepts a new device for study which although it may seem but trivial and almost ludicrous, is nevertheless extremely useful in arousing the mind to various inventions. And this is, when you look at a wall spotted with stains, or with a mixture of stones, if you have to devise some scene, you may discover a resemblance to various landscapes, beautified with mountains, rivers, rocks, trees, plains, wide valleys and hills in varied arrange-ment; or again you may see battles and figures in action; or strange faces and costumes, and an endless variety of objects, which you could reduce to complete and well drawn forms. And these appear on such walls confusedly, like the sound of bells in whose jangle you may find any name or word you choose to imagine.

Entschlüsseln Sie:

Da Vincis Methode war Ihnen vielleicht schon bekannt, sie ist übrigens recht einfach zu durchschauen.
Im Folgenden sehen Sie eine Variante zu dieser Methode.

thgin yb nerdlihc sih dna ,yad yb serutcip sih edam eh taht deilper retniap eht

-lufituj legroes ,mohw ot tub thgüps ,sih nerdlihc siy erew os ylgü ;of mohw

dad hcus ot a qainter yhw ,ecnis eh madam fo a dekse saw ti

immer über die Seine zur Notre-Dame führt.

Giocondos Ausgabe von *De architectura* enthält auch seine eigene Version des Vitruviusmannes. Er malte zwei: einen im Quadrat und einen im Kreis. Damit entzog er sich der mathematischen Diskussion und konzentrierte sich völlig auf die menschlichen Figuren, die weniger komplex und verfeinert dargestellt sind als da Vincis Vitruviusmann.

Die geraden Linien des Quadrats begrenzen einen kahlen Raum, der die Größe des Mannes bestimmt. Der Kreis, der sich innerhalb eines mit Blumenmotiven geschmückten Quadrats befindet, bietet dem Mann etwas mehr Spielraum. Durch seinen schiefhängenden Kopf ruft die Körperhaltung des Mannes im Quadrat Assoziationen mit Kreuzigungsszenen hervor. Beim Mann im Kreis ist dies weniger der Fall.

Sowohl der Kreis als auch das Quadrat sind von doppelten Linien umrahmt und damit ausdrücklich geschlossen. Sogar die Blumen, die (wie im Garten Eden) den Kreis umgeben, befinden sich innerhalb des Quadrats. Die Bedeutung scheint offensichtlich: Die Freiheit des Menschen beschränkt sich auf den Raum, in den er gestellt wird. Hat diese Perspektive wohl mit der Tatsache zu tun, dass Giocondo Franziskanermönch war? Leonardo benutzte, immer noch innerhalb des strikten Codes, dünne Linien, die seinem Vitruviusmann eine Art Leichtigkeit geben,

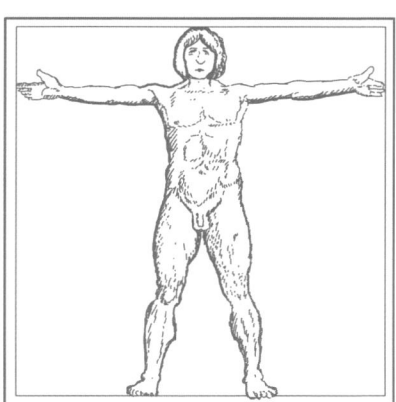

als ob er ohne Mühe aus der Zeichnung heraustreten könnte. Bei Giocondo gibt es keine Details über Verhältnisse, er beschränkt sich auf die überdeutliche Symbolik des Kreises und des Quadrats.

Cesare Cesariano

1521 illustrierte Cesare Cesariano das Werk von Vitruvius. Seine beiden Vitruvius-männer sind durch eine Fülle geometrischer Linien völlig eingeschlossen. Die eine Figur ist zwischen zwei gewebeartigen Struktu-ren fixiert. Der Hintergrund mit Rauten-muster bietet keine Fluchtmöglichkeit, die sich kreuzenden, parallelen und diagonalen Linien vor ihm gleichen einem Zaun. Kopf und Hände sind eingekreist und die pers-pektivischen Linien führen zu einem Flucht-punkt über dem Kopf. Es fehlen regelmäßige Vielflächner, die dreidimensionalen Raum darstellen. Der menschliche Körper ist flie-ßend gezeichnet wie polierter Marmor, im Gegensatz zum muskulösen Körper durch da Vinci. Man könnte die Linien aber auch als leuchtende Strahlen aus dem Heiligenschein rund um den Kopf sehen, dann wäre der Vitruviusmann

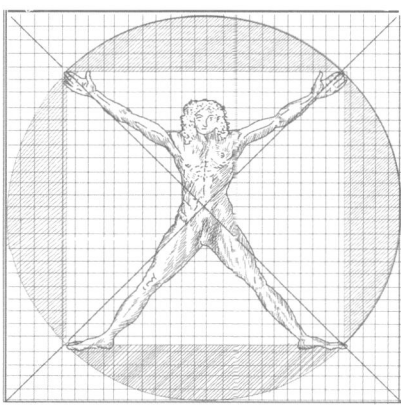

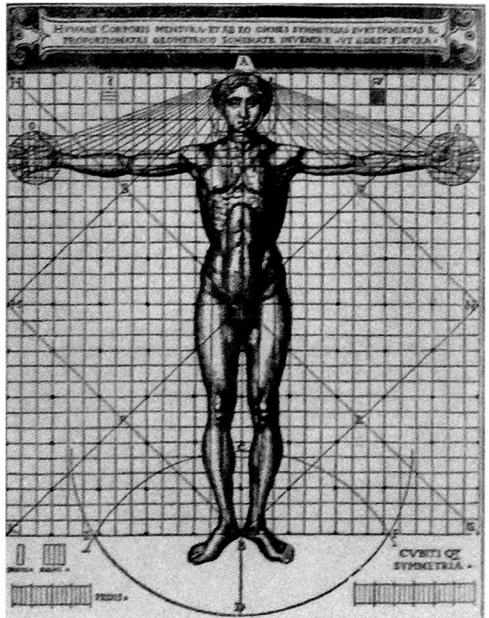

Vitruviusmann, Illustration in der Ausgabe von Vitruvius' „De architectura" von Cesare Cesariano (1521)

ein Heiliger. Zwei Kurven bilden einen magischen Raum rund um seine Füße.

Der zweite von Cesariano gezeichnete Vitruviusmann wird buchstäblich gevier-teilt. Anders als bei da Vinci passen die geometrischen Figuren jedoch perfekt ineinander und sind aus mathematischer Perspektive unproblematisch.

Francesco Giorgi

Die einfachste Abbildung des Vitruvius-mannes finden wir in Francesco Giorgis *De harmonia mundi totius*, das 1525 in Venedig erschien. Sie zeigt eine nackte menschliche Figur in einem Kreis. Die Haltung ist ungewöhnlich, denn es gibt fünf Kontaktpunkte zwischen Körper und Kreis: Kopf, Hände und Füße. Deshalb erinnert die Abbildung an ein Fünfeck, ohne dass tatsächlich ein Fünfeck vorliegt. Diese mathematische Figur hatte man seit Villard de Honnecourts Zeiten aus den Augen verloren und in dieser Hinsicht ist Giorgis Vitruviusmann sicherlich von Bedeutung.

Giorgi (1466-1540) war eng mit Heinrich Cornelius Agrippa befreundet, mit dem er an einer christlichen Kabbala arbeitete.

Aufgrund ihres Interesses am Okkultismus interessierten Giorgi und Agrippa sich vor allem für den mystischen und weniger den rein ästhetischen Aspekt des pythagoreischen Codes.

Giorgi lebte in England. Der katholische König Heinrich VIII., der sich in Scheidung befand, hoffte seinen Konflikt mit dem Papst mithilfe eines italienischen Mönchs lösen zu können. Es heißt jedoch auch, dass Giorgi ein Geheimagent gewesen sei, der im Dienst Venedigs nach England geschickt wurde, um die Londoner wissenschaftlichen Kreise mit dem „Gift des Okkultismus" zu unterwandern.

Geoffroy Tori

Geoffroy Tori (1480–1533) war ein Typograf und berühmter Drucker im Paris der Renaissance. Er entwarf Lettern und führte die Akzent-Zeichen, den Apostroph und die Cedille ein. Damit konnte auch das Französische mit Gutenbergs Drucktechnik wiedergegeben werden. Auch entwickelte er Großbuchstaben, die nicht von den handgeschriebenen, meistens reich verzierten Großbuchstaben in Manuskripten abgeleitet waren. Dabei war der Vitruviusmann sein ästhetischer Maßstab und dessen manchmal etwas gekünstelte Haltungen prägten seine Buchstaben. Diese erfüllten damit die Anforderungen des damaligen ästhetischen Codes, obwohl Tory den Vitruviusmann auf diese Weise auf ein Skelett für Lettern reduzierte und von seiner allgemein menschlichen Symbolik wenig übrig blieb. Ist Torys Vitruviusmann also ein ästhetischer Tyrann oder gerade ein Gefangener?

Einer seiner Schüler war Claude Garamond, dessen Name in seinem – im Auftrag von König Franz I. entwickelten – Lettertyp weiterlebt. Der Garamond wird seiner guten Lesbarkeit wegen noch immer fast unverändert verwendet.

Entschlüsseln Sie:
Blättern Sie einmal in diesem Buch und achten Sie dabei auf die unterschiedlichen Buchstabentypen. Die Namen kennt wahrscheinlich nur ein Experte, es geht hier in erster Instanz darum, die Unterschiede zu sehen.

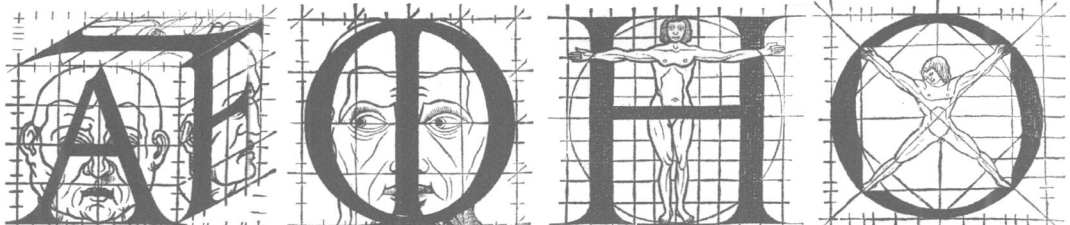

Der Entwurf von Lettern ist eine Kunst. Vor dem Computerzeitalter wurden alle Lettern aus Stahl geschnitten. Diese sogenannten Patrizen wurden als spiegelbildliche Stempel in eine Matrize gedrückt, damit eine hohle Gussform für die Bleilettern entstand. Diese Bleilettern nutzten sich jedoch schnell ab und mussten häufig ersetzt werden. Deshalb wurden auch die Matrizen oft benutzt. Die Patrizen wurden sorgfältig aufbewahrt und so wenig wie möglich benutzt. Patrizen aus der Anfangszeit der Druckkunst sind noch heute in Museen zu sehen.

Buchstaben sind eine Art Code innerhalb eines Codes. Die Sprache stellt eine Codierung von Gedanken dar. Auch für die schriftliche Fixierung von Sprache ist ein Code erforderlich, der vom Leser einfach zu entziffern ist. Aus geschriebener Sprache können Bücher werden. Die Wahl von Papiersorte, Format, Umschlag und Lettertyp sind entscheidend für die Attraktivität des Buches.

Jean Goujon

Jean Goujon war ein bekannter Bildhauer und Architekt. Er wurde um 1510 geboren. Lange dachte man, er sei, wie viele andere Hugenotten, in der Bartholomäusnacht ermordet worden. Heute geht man aller-dings davon aus, dass er schon vorher nach Bologna floh, wo er 1566 starb.

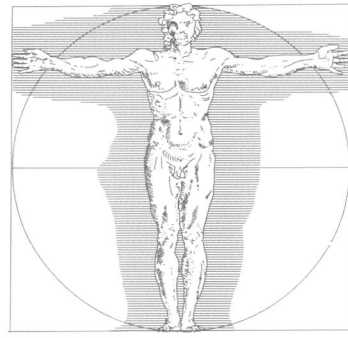

Goujons Begabung beruht nicht nur auf seinen Flachreliefs, sondern auch aus seinen Illustrationen für die französische Vitruvius-Ausgabe. Sein Vitruviusmann ist ein Geometriker. Die nackte Gestalt hat einen Zirkel in der rechten Hand, die linke ruht auf einem Rechteck, dessen schraffierte Seite auf die Verwendung von Perspektive hinzuweisen scheint. Davon ist in der Abbildung jedoch wenig zu sehen. Aus geometrischer Perspektive weisen die Horizontlinien und Fluchtpunkte auf den dekorativen Paneelen unter und über der Figur sogar einige Unstimmigkeiten auf. Der menschliche Körper zieht die Auf-merksamkeit auf sich. Das geometrische Netz ist rund um seine Geschlechtsteile konstruiert und besteht fast völlig aus Vierecken und Diagonalen, ausgenommen einige Rechtecke, die möglicherweise im goldenen Schnitt-Verhältnis gezeichnet sind. Auffällig ist der Kreis rund um den Kopf. Die Haltung dieses Vitruviusmannes ähnelt in nichts dem Gekreuzigten. Mit dem Kreis als Heiligenschein um den Kopf hat Goujon hier wohl einen geometrischen Evangelisten dargestellt.

Außer Latein beherrschte er unter anderem auch Arabisch und Hebräisch.

Agrippa war fasziniert von der Kabbala, einer mystischen jüdischen Lehre, und von der *Picatrix* (Der Weg der Weisen), einem ursprünglich arabischen Text und widmete sich dem Studium und der Verbreitung des magischen Denkens. Sein Hauptwerk *De occulta philosophia* über Magie, Okkultismus und Astrologie zirkulierte seit seiner Vollendung 1510 als Manuskript, erschien aber erst 1533 in gedruckter Form.

Agrippa betrachtete die Welt aus einer völlig anderen Perspektive und griff dafür auf das für Pythagoras heilige Fünfeck zurück. Es hatte schon Francesco Giorgi fasziniert, findet sich aber erst bei Agrippa eindeutig dargestellt. Agrippa vollzog den Schritt von der pythagoreischen Ästhetik der Renaissancekünstler zum Okkulten, wo das Fünfeck wieder an Bedeutung gewann. Agrippa ergänzte den menschlichen Körper, den Kreis, das Viereck und die geometrischen Linien um eine neue Symbolik. Dabei ging es ihm nicht um neue Theorien innerhalb Malerei oder Architektur, sondern um das Herstellen von Beziehungen zu anderen Welten, die von mysteriösen Wesen wie Engeln und Dämonen bevölkert werden.

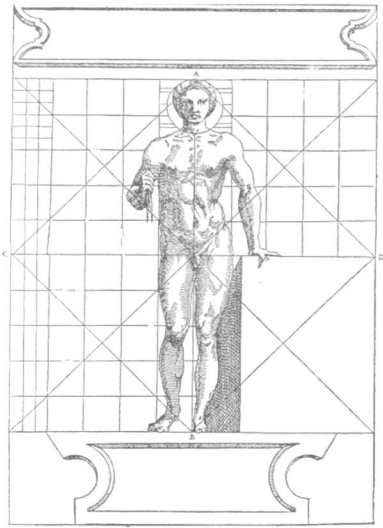

Heinrich Cornelius Agrippa

Heinrich Cornelius Agrippa von Nettesheim (1486–1535) schuf einen Vitruviusmann aus einer anderen Welt. Im Gegensatz zu seinen Vorgängern war er nicht Maler, Architekt oder Ingenieur, sondern Arzt, Jurist, Astronom und Alchemist und lehrte er an Universitäten. Der belesene Agrippa entschloss sich schon in seiner Jugend, sich nur klassischer Sprachen zu bedienen.

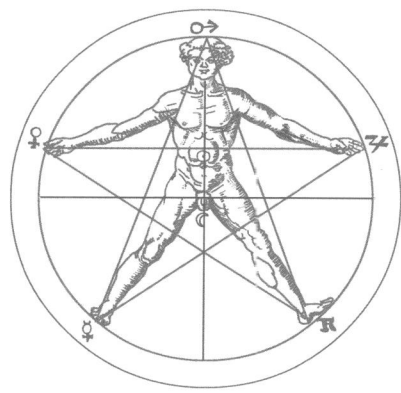

befindet sich in einer Welt aus Zahlen und nimmt eine auffällige Haltung ein. Mit seinen nach oben gestreckten Armen fungiert er als eine Art Pfeiler und Maßstab für die Zahlenwelt. Er stützt das Viereck, damit neue Zahlen zugelassen werden können.

Das Fünfeck symbolisiert einen Stern, wie auf der amerikanischen Fahne. Der erste hier abgebildete Vitruviusmann streckt seine Arme und Beine aus, sodass die Figur in die fünfeckige Sternform passt. Der äußere Ring enthält astrologische Symbole. Die zweite Figur streckt ihre Arme nach den Sternen aus. Der Kreis über dem Kopf gleicht einem Heiligenschein, der sie – auch wegen des Fehlens magischer Symbole – zur Heiligen zu erheben scheint.

Der nächste in dieser Reihe ist der Vitruviusmann der Astrologie. Seine Arme und Beine folgen den Diagonalen des Vierecks, das in die 12 astrologischen Symbole unterteilt ist.

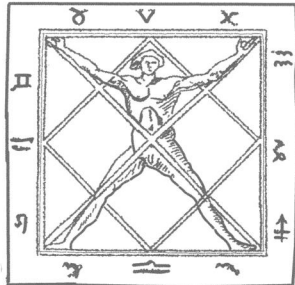

Innerhalb der Kabbala spielt die Zahlensymbolik eine große Rolle. Der dritte Mann

Die fünfte Figur ist unter dem allwissenden Auge abgebildet, mit der Schlange als Symbol der intellektuellen Verführung an der einen und dem Schwert als Drohung an der anderen Seite. Agrippa wird manchmal als „Protofeminist" bezeichnet. In seiner Schrift *Declamatio nobilitate*

A B C D E F G H I J K L M N

O P Q R S T U V W X Y Z

Entschlüsseln Sie:

Dieser Satz aus Agrippas *De occulta philosophia* ist im „himmlischen Alphabet" verschlüsselt.

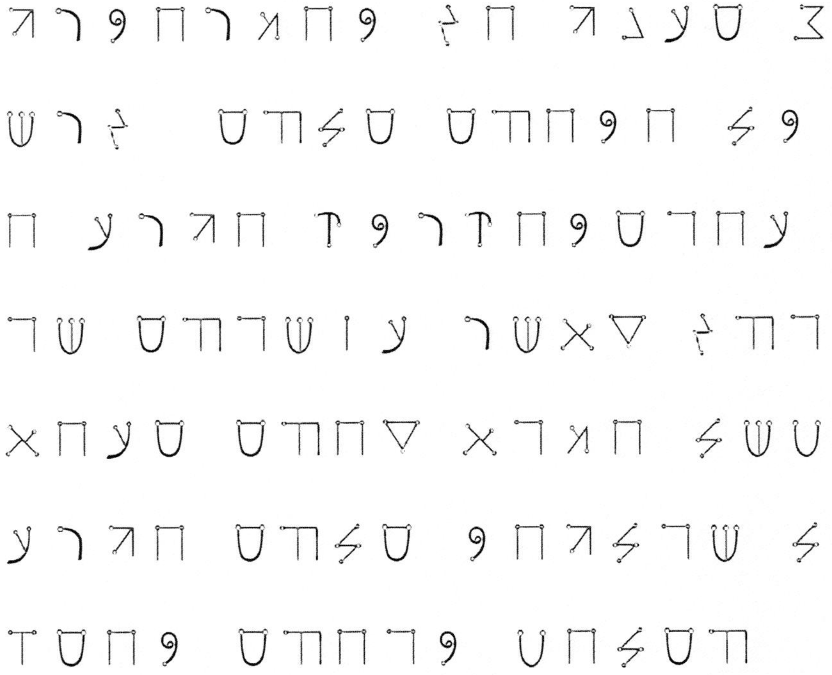

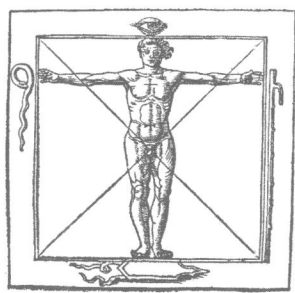

et praecellentia foeminei sexus setzt
er sich für die Gleichberechtigung
der Geschlechter ein und rühmt die
überlegenen Qualitäten der Frauen.
Dennoch zeichnete auch er keine
Vitruviusfrauen, all seine Figuren sind
unmissverständlich männlich.

Agrippa war mehr an alternativen
Welten und mysteriösen Wesen als an
irdischen Angelegenheiten interessiert. Er
entwickelte sogar Sprachen und Alphabeten
um mit ihnen kommunizieren zu können.
Die „göttlichen Buchstaben" dienten der
Kommunikation mit der Sonne, dem
Mond und den Sternen. Sein „himmlisches
Alphabet" war auf Sternenmustern basiert
und findet sich mit einigen dazu passenden
Symbolen und den 26 Buchstaben des
modernen Alphabets auf S. 126.

Die verschiedenen von Agrippa entwickelten Alphabete werden in Kapitel 10
ausführlich behandelt.

John Dee

Im England des 16. Jahrhunderts, weit entfernt von Italien, dem Brennpunkt der europäischen Renaissance, findet man die letzten
Reste der vitruvianischen Symbolik: ohne
menschliche Figuren und ohne einfache
Vierecke. Das Fünfeck und andere Vielecke

dominieren, die wenigen Leerstellen werden
von magischen Symbolen und Verweisungen
gefüllt. Das „Siegel Gottes" (s. Abbildung
auf S. 134) bildet den Abschluss der Entde-
ckungsreise durch die vitruvianische Ideen-
welt. Wie Cornelius Agrippa und Francesco
Georgi war sein Schöpfer, John Dee, mehr
an Magie als an Ästhetik interessiert.

Im magischen Universum von Dee ist
der Mensch nicht Held oder freier Mittelpunkt der Welt, sondern den verborgenen
Gesetzen von Natur, Sternen und Geister-
welt unterworfen.

John Dee (1527–1608) war nicht nur
ein vielseitiger und respektierter Wissenschaftler, sondern auch persönlicher Berater
von Königin Elisabeth I. Für einen Renais-
sance-Humanisten war es kein Widerspruch, sich gleichzeitig mit Wissenschaft
und Magie zu beschäftigen. Als Kartograf
im Dienst der Königin zeichnete er Karten für die britische Marine, die damalige
Herrscherin der Meere, wollte aber auch
das magische Universum kartografieren. Er
arbeitete an einer Theorie für die Magie aus
Thesen und Beweisen, wie die Griechen mit
ihren Theorien die Grundlage der Mathematik gelegt hatten. Seine Forschung zu Magie
brachten jedoch nicht die von ihm erhofften
Ergebnisse und schadeten seinem Ruf als
Wissenschaftler. Das einheitliche Weltbild,
an das er glaubte, zerfiel immer mehr.

Die gefesselte Schöpfung

Vitruviusmänner sind ein Paradox. Zwar
machen sie einen Schritt nach vorn in ihrer
anti-mittelalterlich selbstbewussten Haltung, aber zugleich machen sie einen Schritt
zurück in die noch engere Zwangsjacke der

Die Vitruviusmänner stehen nackt in einer netzartigen Struktur, wie Neugeborene in einer Welt, in der Leiden keine Bedeutung hat. Letztendlich stellt sich die Frage, ob wir die geometrischen Linien als Gefängnis und Kreuz oder als Geburtskrippe interpretieren sollen.

Geometrie. Einerseits wollen sie sich aus traditionellen Einschränkungen befreien, andererseits haben sie absoluten Respekt vor der Autorität geometrischer Figuren und Gesetze.

Dieser Widerspruch ergibt sich aus der traditionellen Haltung des Vitruviusmannes, der mit seinen entlang geometrischen Linien ausgestreckten Armen einem Gekreuzigten gleicht: gekreuzigt auf dem Altar der Geometrie. Die meisten Figuren scheinen sich gerne zu opfern. Freiwillig erdulden sie das pythagoreische Ritual und verkünden das Evangelium nach Pythagoras, Euklid und Vitruvius.

Diese Ähnlichkeit mit Kreuzigungsszenen kann kein Zufall sein. Die Schöpfer der Vitruviusmänner sind zum größten Teil Maler und hatten Kreuzigungsszenen gezeichnet oder gemalt: auf Leinwand oder als Fresko in Kirchen oder Klöstern. Die Renaissancekunst bot ihren Schöpfern also keine Freiheit, sondern lediglich ein anderes Codebuch mit noch strengeren logischen Regeln und noch reineren Richtlinien.

KAPITEL 5

DIE FREIMAURER

Wer im alten Europa sein Denken in Freiheit entwickeln wollte, dem drohte die Gefahr, von der Inquisition der Ketzerei beschuldigt oder als Hexe verfolgt zu werden. Wer von den kirchlichen Dogmen abwich, landete auf dem Scheiterhaufen. Trotzdem entstand die unabhängige Bruderschaft der Freimaurer. Ihre Struktur war durch den Templerorden inspiriert, ihr Symbol waren die Handwerkzeuge. Die Bruderschaft existiert bis heute.

Die Freimaurerei entstand in mittelalterlichen Werkstätten und Zünften, in denen Lehrlinge von Gesellen zu Handwerkern ausgebildet wurden, und in denen die Gesellen sich durch Erfahrung und Wissen zu Meistern qualifizieren konnten. In der Bruderschaft ging es vor allem um Freiheit: die Freiheit, sich durch freies Denken innerhalb einer Gemeinschaft als Mensch zu entwickeln, geschützt durch Zusammengehörigkeit und Gleichgestimmtheit.

ZÜNFTE

Handwerker, die bei großen Bauprojekten, wie Kirchen, Schlössern und Kathedralen arbeiteten, waren meist in Zünften organisiert. Handwerker, die noch nicht den Status des Meisters erreicht hatten, nannte man „Gesellen". Die ursprüngliche Bedeutung von Geselle ist „jemand, mit dem man das Haus teilt". Das französische Äquivalent ist „Compagnon" und bedeutet „jemand, mit dem man das Brot teilt". In den Niederlanden hießen sie „gezellen" und in Großbritannien „journeymen". Die Zünfte waren

Symbol der Freimaurer

im Gegensatz zu den Bruderschaften keine geschlossenen Gemeinschaften, sondern eine Art Fachverband von Fachleuten, die sich gegenseitig unterstützten und Lehrschulen, die ihr Fachwissen von Generation zu Generation weitergaben. Außerdem schützten sie die Interessen ihrer Mitglieder, die oft mit den widersprüchlichen Anforderungen und Erwartungen der Auftraggeber und der Meister konfrontiert wurden, denen sie zu gehorchen hatten. Die Zünfte förderten nicht nur das allgemeine Wohlbefinden ihrer Mitglieder und deren Familien, sondern gewährleisteten auch qualitativ hochwertige Arbeit, indem sie berufliches Können an Moral koppelten. Innerhalb der Zünfte wurde mit den modernsten Techniken gearbeitet, die Handwerker erhielten einen ehrlichen Lohn und ihre Lebensumstände waren gesichert.

Natürlich entsprach die Wirklichkeit nicht immer diesem Idealbild. Zwischen den unterschiedlichen Zünften entstanden immer wieder Konflikte, beispielsweise über religiöse Fragen oder über das Recht, ein Handwerk in einem bestimmten Stadtviertel oder Gebiet ausüben zu dürfen. Es ging jedoch nie um die Qualität der Arbeit.

Die Zünfte sollten nicht mit den Gilden verwechselt werden. Die mittelalterlichen Gilden waren ursprünglich Zusammenschlüsse von Kaufleuten, die sich mit einer Handelsorganisation vor der Konkurrenz schützen wollten. Auch die Fachgilden, denen nur Meister mit eigener Werkstatt beitreten durften, waren in erster Linie ein Schutz gegen Konkurrenz.

Den Gilden ging es mehr um Profit als um die Qualität des Handwerks oder das Wohlbefinden der Handwerker. Sie verfügten über eine erhebliche wirtschaftliche Macht, die rasch auch zu politischer Macht wurde. Vor allem in Ländern mit starken Regierungen führte dies häufig zu Konflikten. Aus den Gilden haben sich die modernen Handelskammern entwickelt. Allerdings erlauben die heutigen Gesetze zwar die Werbung für eigene Aktivitäten und Produkte, aber sie verbieten Handelsbeschränkungen. Die Zünfte waren Vereinigungen von Handwerkern, die höchste Qualität anstreben, was sie auch heute als Fachverbände tun. Und Qualitätsstandards sind weniger anfällig für wirtschaftlichen oder politischen Wandel.

Die Unterschiede zwischen Zünften und Gilden sind aber nicht immer eindeutig und unterscheiden sich nach Zeit und Ort. Ein Beispiel für Vereine mit Merkmalen beider Vereinigungen sind die britischen *livery companies*, denen sowohl Kaufleute als auch Handwerker angehörten. Von den 107 noch existierenden Londoner *livery companies* sind nur noch wenige, wie die *Scriveners*, als Gewerkschaft aktiv. Die anderen haben sich zu Wohlfahrtsverbänden entwickelt. Die älteste *livery company* ist die „Carpenter's Company", die 1271 gegründet wurde. In Kapitel 7 wird die 1724 in Philadelphia gegründete Carpenters Company besprochen. Ihr Begegnungsort „Carpenters Hal" sollte eine wichtige Rolle in der Amerikanischen Revolution spielen.

Die Gesellen der Ritter

Maurer und Zimmerleute im Dienst der Templer waren die Gesellen der Ordensbrüder. Sie lebten in der gleichen Gemeinschaft, reisten zusammen, bauten Templerkirchen und Kommenden, Schiffe und Waffen. Zusammen mit den Templern schlossen sie sich nach der Auflösung des Ordens den Johannitern an.

Selbstverständlich verfügten diese Gesellen auch über das Wissen und die Symbole der Templer. Sie entwarfen und bauten nicht nur die Templerkirchen und Kapellen, sondern auch die steinernen Symbole. Die Ritter vertraten den Orden nach außen hin und fungierten als Meister, die Gesellen stellten ihre Kenntnisse und Werkzeuge in den Dienst des Ordens. Die Verbundenheit der Gesellen mit den Templern war sehr groß, was sich zum Beispiel aus einem Lied ergibt, das bis heute gesungen wird und in dem vom Tempel und Salomo die Rede ist (der Text folgt später in diesem Kapitel). Laut Überlieferung rebellierten die Gesellen, als Philipp der Schöne die Tempelritter verhaften ließ. Bewaffnet mit ihren Werkzeugen stürzten sie sich auf die Soldaten und versuchten verzweifelt, ihre Meister zu befreien. Aber warum wehrten sich die Gesellen und nicht die Fußsoldaten des Ordens? In ganz Frankreich sollen die Gesellen die Arbeit niedergelegt und ihre Bauplätze verlassen haben, die Situation ähnelte einem Generalstreik. Im 14. Jahrhundert wurden auffällig wenig neue Kathedralen gebaut, aber ob es diesen Ereignissen zuzuschreiben ist, oder – wie Marie Delcol und Jean-Luc Caradeau in

Zeremonielle Feierlichkeit im Jahre 1480 im Hafen von Rhodos.

ihrem *L'ordre du temple* schreiben – die Folge einer europäischen Wirtschaftskrise, lässt sich schwer sagen.

Auf Seite 139 ist eine Miniatur aus dem 15. Jahrhundert abgebildet, die eine Zeremonie im Jahre 1480 im Hafen der Insel Rhodos darstellt, auf der sich die Johanniter niedergelassen hatten. Die an ihren Werkzeugen erkennbaren Gesellen bezeugen ihrem Meister die Ehre. Im Hintergrund bauen Gesellen an Schiffen und Befestigungen.

Vom Gesellen zum Meister

Die Entwicklung vom Gesellen zum Meister hatte praktische und symbolische Aspekte und war gleichsam ein Initiationsprozess. Zunächst wanderte der Geselle von Baustelle zu Baustelle, um Erfahrungen zu sammeln. Von daher kommt die englische Bezeichnung „Journeyman". Die Zünfte verwalteten ein Netzwerk von Herbergen, in denen die „reisenden Gesellen" unterkamen und in denen eine strenge Etikette herrschte. Ein Geselle ließ sich nicht bedienen, sondern holte sich sein Essen selbst. Am Tisch rückte er an, sodass kein Platz zwischen ihm und seinen Mitgesellen blieb. Gespräche über Politik, Religion oder Arbeit waren verboten. Die Herbergen sollten der Entspannung dienen, sie sollten ein Ort sein, wo man Gedanken austauschen und Freundschaften schließen konnte. Deshalb waren sie ausdrücklich nicht als Fortsetzung der Werkstatt gedacht.

So sammelten die Gesellen an unterschiedlichen Orten neue Erfahrungen, erwarben neues Wissen und lernten die Kniffe ihres Fachs. Außerdem erhielten sie

abends theoretischen Unterricht, der auch Allgemeinbildung vermittelte. Die lernenden Gesellen vermittelten ihr Wissen später weiter.

Der reisende Geselle vollbrachte gleichsam eine Pilgerreise und wurde nach seiner Rückkehr in einem Initiationsritus als vollwertiger Geselle in seine Zunft aufgenommen. Zu diesem Ritual gehörte ein symbolischer „Tod", manchmal sogar mit einer Art Sarg, wonach der Initiierte als neugeborener Fachgeselle willkommen geheißen wurde. In einem Taufritual erhielt er einen neuen Namen, der seine fachlichen und moralischen Qualitäten symbolisierte. Der Geselle gelobte feierlich, dem Meister zu gehorchen und seine Mitgesellen zu unterstützen. Als Bestätigung seiner Einweihung erhielt er eine farbige Schärpe an seinem Hut, aus der sich ergab, welchem Verband er angehörte und welchen Status er hatte. Dazu gehörte ein reich verzierter

Stab (s. Abbildung auf Seite 140), der ihn während seines Wegs zur Meisterschaft begleiten sollte. Er wurde in die Geheimnisse seiner Zunft eingeweiht und lernte zum Beispiel die Zeichen kennen, an denen andere Gesellen sich unter allen Umständen erkennen ließen.

Der auferstandene Handwerker

Diese Initiationszeremonie ähnelte stark dem christlichen Taufritual und der Feier der Wiederauferstehung Jesu, was die Zünfte in Konflikt mit der Kirche brachte. Im 18. Jahrhundert verurteilte die Kirche die Zünfte als Sekte, weil sie die kirchlichen Gebräuche verspotteten. Nichts war weniger wahr, denn die meisten Gesellen waren fromme Christen. Die heiligen Riten verspotteten nicht die Kirche, sondern symbolisierten den Respekt vor dem Fach. Nach dem kirchlichen Verbot existierten die Zünfte im Verborgenen weiter. Erst nach den sozialen Umwälzungen im 19. Jahrhundert wurden sie wieder Teil der Gesellschaft.

Der neu initiierte Geselle sollte ein „Meisterstück" anfertigen, um seine Fähigkeiten und Talente zu beweisen. Anschließend wurde er auf rituelle Weise als Meister eingeweiht. Die Meisterprobe lässt sich als Transformationsprozess verstehen, in dessen Verlauf sich der Handwerker durch die Schaffung eines Meisterstücks als Mensch weiterentwickelt. Bei wahren Handwerkern ist der Mensch selbst also letztlich das Meisterstück. Dies lässt sich mit den Alchimisten vergleichen, denen es in der Suche nach dem Stein

der Weisen, der unedle Metalle in Gold verwandelt, vor allem um die eigene innerliche Umwandlung geht. In diesem Sinne erhielten die Werkzeuge mit denen das Meisterwerk geschaffen wurde und die für die Entwicklung des Gesellen zum Meister von so großer Bedeutung waren, einen fast heiligen Status. Im Transformationsprozess bildeten der Handwerker und seine Werkzeuge ein Bündnis. Nur gemeinsam verfügten sie über die mythischen Kräfte, etwas Vollkommenes zu schaffen: nicht nur ein vollkommenes Meisterstück, sondern einen vollkommenen Schöpfungsprozess. Die Hand perfektioniert das Werkzeug und das Werkzeug die Hand – und damit den Menschen.

Winkelmaß und Zirkel waren die Embleme und Zeichen der Zünfte. Ihr Status war so hoch, dass sogar Bäcker und Konditoren sie im Wappen trugen.

Zirkel und Winkelmaß lassen sich bei näherem Hinschauen auch heute noch auf vielen Dächern entdecken. Auf dem Foto ist die Windfahne auf meinem eigenen Haus zu sehen. Die Bedeutung dieses vertrauten Zeichens wurde mir erst bei der Arbeit an diesem Buch klar. Zwar wusste ich, dass das Haus von einem meiner Vorfahren gebaut wurde, dessen Name sich nicht mehr ermitteln lässt, aber erst jetzt erzählt mir seine „Unterschrift", dass er als Maurer oder Zimmermann einer Zunft angehörte. Der Engel auf dem Dach mit den Zunftemblemen in der einen und der Trompete in der anderen Hand ist nur einer von vielen Engeln auf den Dächern. Aber er erzählt die Mysterien, die diesem

Haus zugrunde liegen. Ist der Wind, der ihn bewegen lässt, wohl der gleiche, wie bei der Igeler Säule oder Hildegard von Bingens mystischer Wind?

Geheimnisse ohne Schriften

Die Zünfte brauchten keine Geheimschrift. Gesellen waren und sind an erster Stelle praktische Handwerker und kommunizieren durch ihre Arbeit. Außerdem hatten die Verfolgungen gelehrt, dass Dokumente in falsche Hände geraten können. Laut Überlieferung wurden (und werden) einmal im Jahr alle schriftlichen Dokumente gesammelt, verbrannt, ihre Asche in Wein gemischt und getrunken. Mit diesem Brauch entziehen sich die Zünfte zwar nicht ihrer Geschichtsschreibung, aber wohl einer genauen zeitlichen Datierung.

Dass es keine schriftlichen Dokumente gibt, bedeutet aber nicht, dass es keine

Archivierung gibt. Die Geschichte und Geheimnisse der Zünfte wurden wahrscheinlich durch mündliche Tradition weitergegeben, was sie vor externen Bedrohungen, sowohl kirchlichen als auch weltlichen, und anderen Zünften oder allzu neugierigen Interessenten schützte.

Das Gesellenlied „Das Lied Salomos" spricht von „sublimen Mysterien", die bis König Salomo zurückreichen. Die Gemeinsamkeiten in der Symbolik scheinen einen Zusammenhang zwischen den Gesellenvereinigungen und dem Templerorden zu bestätigen.

Mittelalterliche Abbildung vom Tempel des Salomo in Jerusalem.

DER TEMPEL SALOMOS

Erste Strophe:
Für Salomo bauten wir einen Tempel
Der die Erbauer zu Ehren gereichte.
In seiner Weisheit teilte sie ein guter König ein
In Lehrlinge, Gesellen und Meister
Damit sie gemeinsam Wissen ermitteln
Und Schönheit erschaffen.

Refrain:
Als Märtyrer und wahre Apostel zu sterben
Ist uns lieber als das Geheimnis zu enthüllen.
(Wiederholung)

Zweite Strophe:
Südlich von Libanon
Schuftet der Arbeiter mutig weiter
Lehrlinge fällen die Zedernbäume
Die von Gesellen bearbeitet werden
Um einen großen Säulengang zu bauen
Aufgerichtet zu Ehren der Weisheit,
Kraft und Schönheit.

Dritte Strophe:
Der König von Tyrus schickte
seinen Architekten
Um die Arbeit an diesem erhabenen
Werk zu überwachen.
Aber sein Eifer kannte keine Grenzen
Und er entwarf neue Pläne für den Bau.

Eines Nachts verschwand er in die Schatten.
Als die Gesellen ihn suchen gingen
Sahen sie unter einem Berg Schutt
Eine Akazie und entdeckten auch ihn.

Vierte Strophe:
Wer diese Verse schrieb, Brüder,
Ist ein Kind des großen Königs Salomo
Eingeweiht in die geheimen Mysterien.
Er war ein Geselle aus Burgund.
Der sich dazu verpflichtete
Seine Bruder zu schützen und zu lieben.
Mit einem Herzen, das der Menschheit treu ist.

Merkzeichen der Maurer

Die ältesten erhalten gebliebenen Merkzeichen stammen aus dem Mittelalter, aber Merkzeichen wurden wahrscheinlich schon seit Jahrtausenden angebracht. Nicht alle Merkzeichen auf Steinen stammen von Maurern. Da die Steinhauer je Stück bezahlt wurden, erhielt jeder in einem Steinbruch ausgehauene Stein ein persönliches Merkzeichen. Auch die Metze, die den Stein weiter bearbeiteten, brachten Zeichen an. Diese Merkzeichen bestanden meistens aus einfachen geometrischen Linien und Figuren, die schnell und präzise in den Stein geritzt wurden. Merkzeichen wurden auch angebracht, um den Ort zu markieren, an dem die Steine anzubringen waren. Solche Zeichen finden sich noch überall auf der Welt, zum Beispiel in Schottland in Melrose Abbey, Glasgow Cathedral, Rosslyn Chapel und Dunkeld Cathedral.

Aus dem gleichen Grund wurden wohl die Markierungen in den Steinen der ca. 1650 v. Chr. auf Kreta erbauten minoischen Paläste angebracht. Auch hier sehen wir einfache, schnell eingekerbte Linien, aber der Stil ist völlig anders als im mittelalterlichen Europa. Die Merkzeichen in der minoischen Zivilisation sind weniger abstrakt und neigen zu natürlichen Formen, wie Baumwurzeln, Zweigen, Werkzeugen (Dreizahn), Sternformen und menschlichen Silhouetten mit erhobenen Armen. Die auf Seite 145 abgebildeten minoischen Merkzeichen wurde von Insup und Martin Taylor gesammelt und aus ihrer Website mmtaylor.net/. übernommen.

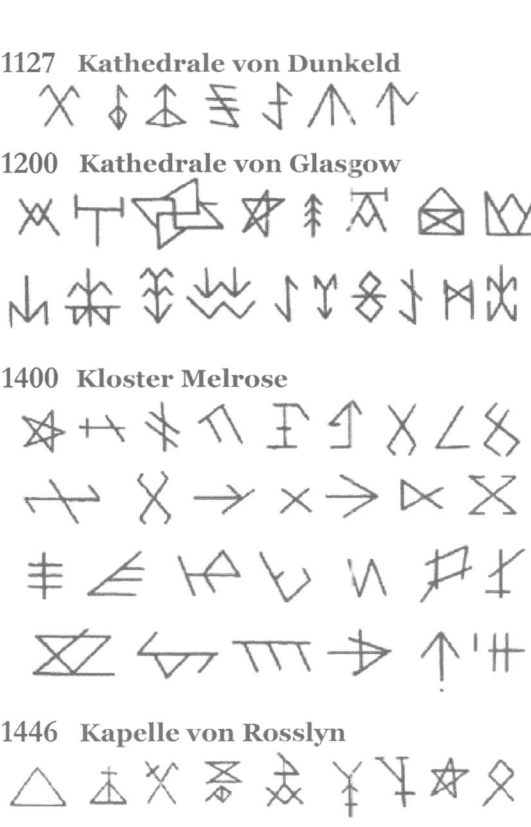

1127 **Kathedrale von Dunkeld**

1200 **Kathedrale von Glasgow**

1400 **Kloster Melrose**

1446 **Kapelle von Rosslyn**

Kloster Melrose in Schottland

Das Zimmermannsalphabet

Auch die Zimmerleute hinterließen Merkzeichen in den Balken, denn das Holz wurde meist noch als Baumstamm angeliefert, aus denen vor Ort Balken gesägt wurden. Dass diese pro Stück bezahlt wurden, machte Merkzeichen notwendig. Die noch immer sichtbaren Einkerbungen in alten Gebäuden dienten jedoch einem anderen Zweck, sie sollten die genaue Lage der Balken anzeigen. Der Zimmermann, der die Balken zusägte, setzte das Gebälk zur Kontrolle zusammen und brachte Merkzeichen an, bevor er es wieder auseinandernahm. Die Zimmergesellen, die beim Bau von Kathedralen oft weit entfernt und in großer Höhe an der Arbeit waren, wussten dann genau, an welcher Stelle welcher Balken anzubringen war.

Zu diesem Zweck hatten sie ein „Zimmermannsalphabet" entwickelt. Es ähnelt einem Runen-Alphabet – oder Tolkiens Sprache der Mittelerde – und besteht aus Symbolen, die alle möglichen Konstruktionen darstellen. Das unten abgebildete Zimmermannsalphabet lässt sich im „Musée du Compagnonnage" im französischen Tours bewundern. Die Zimmerleute verwendeten Zeichen für Zahlen, die auf den römischen Zahlen basieren.

Sprache, in der sie mit dem Holz und mit ihren Kollegen kommunizieren konnten. Die Symbole erzählten ihnen, welche Funktion Balken innerhalb der Konstruktion zu erfüllen hatten, und sie waren davon überzeugt, dass das Holz sie „verstand".

Maurer und Zimmerleute waren stolz auf die Dreidimensionalität ihrer Arbeit. Die Ausbildung zum Gesellen begann mit praktischer Geometrie und dem Zeichnen von Konstruktionen. Um Baumeister zu werden, brauchte man zwar nur wenig mathematische Kenntnisse, jedoch eine perfekte Beherrschung geometrischer Formeln und Berechnungen für die Praxis. Der Geselle erwarb sich ein gründliches Wissen über das Bauen im Raum. Nur damit konnten Konstruktionen wie die komplizierten gotischen Bogengewölbe, realisiert werden, die viele Kriege überstanden haben und uns bis heute in Erstaunen versetzen. Viele mittelalterliche Techniken werden sichtbar oder verborgen bis heute verwendet. Bei komplexen Projekten lassen sich viele moderne Architekten gerne von ihren handwerklich gut ausgebildeten Fachbrüdern beraten. So lag die Bauleitung beim Bau des Eifelturms bei einigen Dutzenden Meistergesellen, die Hunderte von Arbeitern instruierten.

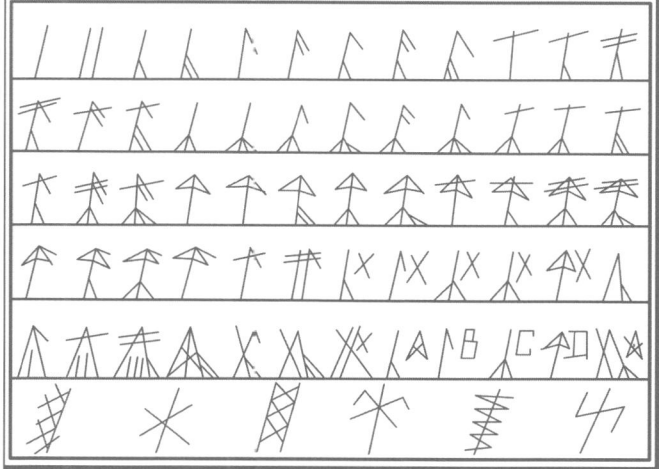

Ein anderes von Maurern und Zimmerleuten verwendetes Alphabet hieß „Uhr von Salomo", weil die Merkzeichen in einem Kreis rund um eine Kreuzform angebracht waren. Diese Uhr diente als Referenz für die wichtigsten Symbole. *La pendule à Salomon* ist auch der Titel eines Buches von Raoul Vergez über das Leben der Zimmergesellen.

Die Zimmerleute bezeichneten ihre Symbolreihe explizit als „Alphabet", denn für sie waren die Zeichen eine

Die Sprache der Balken

Die Zünfte scheuten sich, ihre Geheimnisse schriftlich festzulegen, aber die Erbauer verfügten über andere, subtilere Kommunikationsmöglichkeiten in der Konstruktion selbst. Die Ausführung des Entwurfs eines Architekten lag ja in Händen der Erbauer und dies bot ihnen ausreichend Möglichkeiten für das Anbringen verschlüsselter Botschaften.

Das obige Foto wurde in einem Pariser Gebäude aufgenommen, unweit von der Notre-Dame. Die sichtbare Balkenkonstruktion weicht von dem ab, was fachtechnisch notwendig gewesen wäre. Außer der geometrischen Basisstruktur, also dem tragenden Gerüst, wurden einige Balken in ungebräuchlichen Winkeln und unerklärlichen Stellen angebracht. Warum? War es ein Mangel an Wissen über die geometrischen Basisprinzipien, oder wollte man dem Gebäude einen geheimen Stempel aufdrücken? Hat man die Möglichkeit genutzt, nicht nur ein Haus zu bauen, sondern auch eine Botschaft zu hinterlassen?

Bis zum 16. Jahrhundert waren die gut organisierten Zünfte sehr einflussreich. Große mittelalterliche Gebäude hatten Mauern und Giebel mit komplexen Balkenkonstruktionen, deren verborgene Botschaften ein Laie nicht entdecken kann. Als aber der Einfluss der Zünfte nachließ und Regierungen und Verwaltungsorgane Bauobjekte beaufsichtigten, wurden die Giebelmuster einfacher und der Raum für Botschaften verschwand innerhalb der rein geometrischen Linien – als ob die Mauern zum Schweigen gebracht worden wären.

Für eine „Sprache der Balken" gibt es zwar keine direkten Beweise, aber es wäre denkbar, dass die Stellung der Balken zueinander eine Nachricht für die Erbauer enthielt. In einer Fachwerkkonstruktion werden die Fächer von Balkenverbindungen in Rechtecken und Dreiecken begrenzt. Wenn wir davon ausgehen, dass das Rechteck als Grundform diente, könnte jedes rechteckige Fach anhand seiner jeweiligen Linien und Dreiecke „gelesen" werden. Bei einer ausreichenden Zahl verschiedener Rechtecke ließe sich im Prinzip ein Alphabet zusammenstellen, wie hier abgebildet.

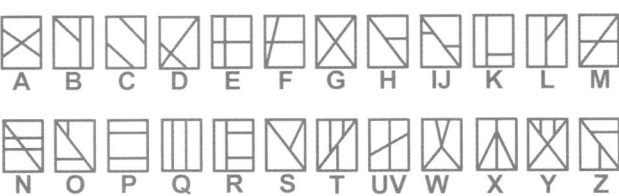

Entschlüsseln Sie:

Ein Haus könnte einen codierten Spruch in der Sprache der Balken enthalten, wie in der folgenden Abbildung. Was steht hier geschrieben?

Die Sprache der Steine

Auch die Steinmetze haben mittels einer „Giebelsprache", wie auf Seite 150 abgebildet, möglicherweise geheime Botschaften hinterlassen. Auch hier vom Gebälk begrenzten Fächer die Basis. Es sind jetzt aber nicht die Balken, sondern die Steine, die sprechen. In den Mustern, die durch ihre unterschiedliche Anordnung entstehen, kann sich eine Bedeutung verbergen. Jedes Muster könnte einen Buchstaben symbolisieren. Das hier abgebildete Alphabet ist ein Beispiel dafür, wie Steine in wechselnden Mustern angeordnet werden und so ein komplettes „Giebelalphabet" bilden.

Entschlüsseln Sie:

Der hier verborgene Giebelspruch ist weniger erhaben.

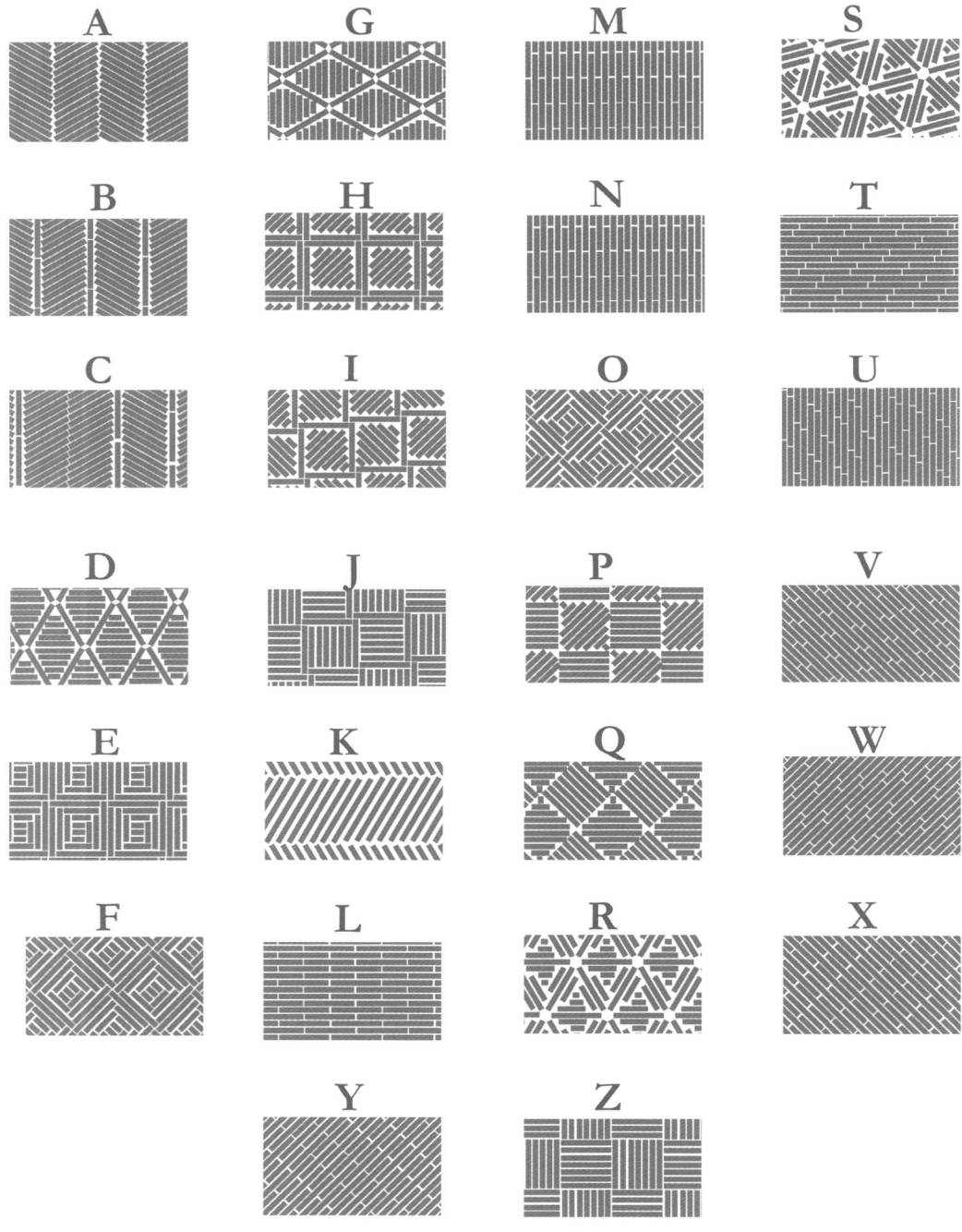

Entschlüsseln Sie:

diesen Spruch von König Salomo.

Für die Steinmetze gab es eine dritte, noch subtilere Art, Botschaften zu hinterlassen: Steine mit verschiedenen Oberflächen in bestimmten Mustern anbringen, wie in der Abbildung unten.

DIE FREIMAURER

Trotz ihres Namens sind die Freimaurer weder Maurer noch frei. Freimaurer haben meistens noch nie einen Stein gemauert und ihre Freiheit haben sie beim Eintritt in den Orden abgelegt, denn sie gelobten der Loge absoluten Gehorsam.

Die Erklärung des Begriffs „Freimaurer" ergibt sich aus der Geschichte der Bruderschaft. Die heutige Organisationsform der Freimaurer geht auf die erste Großloge in London im Jahre 1717 zurück. Ihre Entstehungsgeschichte ist jedoch noch älter: Die „Loge Nummer 1" wurde am 30. Juli 1599 in Edinburgh gegründet. Bei der Gründung dieser – soweit bekannt – ältesten Loge wurde ein freimaurerisches Gesetzbuch verabschiedet, das „Alte Pflichten", „sittliche Pflichten" und Rituale enthielt, die auf der Organisation und den Satzungen der Zünfte basiert waren. Die Zünfte waren gleichsam die operativ-handwerklichen Abteilungen der Freimaurer. Im 17. Jahrhundert nahm die Mitgliederzahl der Zünfte stark zu, aber nicht durch den Eintritt vieler Maurer oder anderer Handwerker, sondern vieler Bürger, die die moralischen Ausgangspunkte der Zünfte teilten und ihr Leben nach deren Prinzipien einrichten wollten. Die Mitglieder der Londoner Großloge waren die ersten philosophischen Freimaurer, für die Steine und Mörtel nur noch rein symbolische Funktion hatten.

Zur gleichen Zeit wurde in Philadelphia die erste Großloge gegründet, ihr Großmeister war Daniel Coxe. Sie zählte viele prominente Amerikaner unter ihren Mitgliedern. Am 18. September 1793 legte George Washington den ersten Stein für das Kapitol in Washington, den Sitz des amerikanischen Parlaments. Die operative Loge der Steinmetze unterstützte ihn hierbei und Washington trug als Freimaurer die Maurerschürze, die ihm der Marquis De Lafayette geschenkt hatte.

Die Kämpfe der Freimaurer

Die handwerklichen Zünfte hatten der philosophischen Freimaurerei den Boden bereitet. Die Freidenker aus dem achtzehnten Jahrhundert sind gleichsam die intellektuellen Äquivalenten für den Vitruviusmann. Die Renaissancekünstler hatten sich aus der mittelalterlichen religiösen Kunst befreit, die Freidenker befreiten sich von der intellektuellen Tyrannei der Kirche. Sie schmückten sich dabei mit den Symbolen Winkelmaß und Zirkel, den Werkzeugen, mit denen der Vitruviusmann gezeichnet wurde. Aber die Verwirklichung

George Washington mit Regalia der Freimaurer

der Ziele einer Organisation, deren Mitglieder in Freiheit ihre moralische und
intellektuelle Entwicklung anstreben, war
nicht problemlos.

Das größte Obstakel kam von innen
und hieß „Schuldgefühl". Es war die Angst,
sich vom Halt des Gewissens und der
überlieferten Moral zu lösen, die Angst sich
außerhalb der Gebräuche und moralischen
Werte der Gesellschaft zu stellen und
dafür die geistige oder sogar körperliche
Last zu tragen. Moral und Gewissen sind
mehrdeutige Begriffe. Unter normalen
Umständen bilden sie die Garantie für
eine stabile und soziale Gesellschaft, aber
gleichzeitig bremsen sie Veränderung und

evolutionäre Entwicklung. Sie bilden sogar
ein ausgesprochenes Hemmnis, wenn eine
Gesellschaft mit extremen Situationen wie
Kriegen oder Revolutionen konfrontiert
wird.

Der Gefühlswert des Begriffs „frei"
hat sich im Laufe der Zeit geändert. Bis
ins neunzehnte Jahrhundert betrachtete
sich ein Mensch als frei, wenn er nicht als
Höriger an einen Herrn oder als Sklave
an einen Meister gebunden war. Wer
aber als Lehrling einer Freimaurerloge
beitrat, erklärte sich in gesetzlichem und
moralischem Sinne als frei.

Gehorsam als Waffe

Während der blutigen Kämpfe der Templer
gegen die „Ungläubigen" war absoluter
Gehorsam gegenüber dem christlichen
Ritterorden die Antwort auf die Schuldfrage
(s. Kap. 3). Der Dienst am Orden befreite
die Templer von vornherein von persönlicher Schuld, ohne dass ihre besondere
Position sie außerhalb der christlichen
Gemeinschaft stellte.

Die Freimaurer haben das gleiche
System. In ihrem Streben nach freier Entwicklung des Individuums geloben die
Logenmitglieder dem Orden absoluten
Gehorsam. In diesem Kontext bedeutet
„gehorsamen" aber nicht die Aufgabe
persönlicher Freiheit, sondern die Zuge-
hörigkeit zu einer Gemeinschaft, die
nur durch absolute Hingabe ihre Ziele
realisieren kann.

Ob es eine Beziehung zwischen den
Templern und Freimaurern gibt, ist
umstritten, denn es fehlen eindeutige
Beweise. Auf jeden Fall ist belegt, dass
die ersten Freimaurerlogen in Schottland
gegründet wurden, dem Land in dem die
letzten Tempelritter überlebten, nachdem der Orden 1307 aufgelöst wurde.
Auch innerhalb der Freimaurerei spielen

der Tempel und König Salomo eine
Rolle, aber dies lässt sich wohl durch die
Beziehung zwischen den Zünften und
den Freimaurern erklären. Allein aus der
Tatsache, dass die moralischen Werte
beider Orden auf absolutem Gehorsam des
Individuums beruhen, lassen sich keine
Schlussfolgerungen ziehen.

Eine symbolische Werkstatt

Das Erbe der Zünfte verschaffte den
Freimaurern die symbolischen Werkzeuge,
um ihre intellektuelle Arbeit in der täg-
lichen Wirklichkeit zu verankern. Das
konkrete Bauen als Metapher für die
Entwicklung einer eng verbundenen
Bruderschaft lenkte die Aufmerksamkeit
auf die Bedeutung eines stabilen Funda-
ments, logischer Analyse und praktischer
Fähigkeiten. Dies unterschied die Freimaurer von weniger erfolgreichen Bewegungen, wie den Rosenkreuzern und den
Illuminati.

Als virtuelle Erbauer einer zukünftigen Welt schmückten sie sich mit den
Werkzeugen der Maurer. Winkelmaß
und Zirkel bildeten das Emblem, die
Maurerschürze die zeremonielle Kleidung
und bautechnische Begriffe gehörten in
ihre Sprache. Gott ist der „Allmächtige
Baumeister", der Architekt des Universums.
Mittels ihrer Symbolik verbanden sich
die Freimaurer mit einer Tausende Jahre
alten Tradition, die bis König Salomo
und seinen Tempel zurückreicht. Salomo
wurde zum gemeinsamen mythologischen
Ahnen, zum absoluten Meistermaurer und
Architekten, dessen Weisheit gerühmt
wurde und dessen Tempel in seinen

mythischen Proportionen seinesgleichen nicht kannte.

Dieser Schatz an Kenntnissen und Weisheit bildete die Grundlage dafür, dass die Entwicklung freier Gedanken in einem organisierten Zusammenhang sich durchsetzen konnte. In vielen westlichen Ländern fungierten die Freimaurerlogen als politische Werkstatt, in der amerikanischen Regierung waren die Freimaurer zahlreich vertreten. Aber auch in Ländern, in denen dies nicht der Fall war, wurden auffällig viele Gesetze verabschiedet, die demokratische Entwicklungen und den gesellschaftlichen Fortschritt förderten. Die Vorbereitungen dazu fanden in den Logen statt.

Für die Öffentlichkeit geschlossen

Den Freimaurern gelang es, eine besondere soziale Position zu erwerben. Dank der Doppeldeutigkeit ihrer geschickt gewählten Symbolik operierten sie in aller Öffentlichkeit als geheime Gesellschaft. Ein Symbol ist der Gegensatz zu einer klar formulierten Behauptung. Für den Eingeweihten enthält es eine wichtige Botschaft, aber es ist ein Rätsel für den, der seine Bedeutung nicht kennt und es lässt sich dadurch unterschiedlich deuten. In der Sicherheit, dass Uneingeweihte die Bedeutung ihrer Symbole nicht kannten, trugen die Freimaurer ihre zeremoniellen mit Symbolen überladenen Schürzen freimütig in der Öffentlichkeit.

Ein Beispiel für den praktischen Nutzen ihrer Symbole ist der Buchstabe „G" im Emblem. Freimaurer haben lange suggeriert, dass das „G" für Gott stehe, was

ihrer Beziehung zur Kirche zugutekam. Aber in anderen Sprachen beginnt der Name für Gott natürlich nicht mit „G" und das „G" kann genauso gut „Geometrie" bedeuten.

Der Orden hatte sich in der Gesellschaft eine Position zwischen völliger Offenheit, die die Freiheit und Kreativität ihrer Ideen eingeschränkt hätte, und absoluter Geheimhaltung erworben. Völlige Geheimhaltung hätte die Gesellschaft nicht akzeptiert.

Diese Semi-Geschlossenheit lässt sich als Ehrbezeugung an die Erbschuld der Freimaurer betrachten. Wie die Christen, weil sie vom Baum der Erkenntnis kosteten, von der Erbsünde gedrückt aus dem Garten Eden vertrieben wurden, wurden die Freimaurer ebenfalls von Schuld gedrückt aus der Öffentlichkeit vertrieben. Nur in der Geschlossenheit ihrer Logen können sie ihre Kenntnissen teilen.

Macht bei Vollmacht

Dass die Logen für die Öffentlichkeit geschlossen sind, ist zu einem wichtigen Teil eine Folge des traurigen Untergangs ihrer fernen Vorläufer, der pythagoreischen Bruderschaft. Die Pythagoreer hatten einen Weg beschritten, der ihnen zum Schicksal wurde. Sie hatten ihre Philosophie zur Politik erhoben und waren selbst mächtig geworden. Dies führte in Metapont zu Unruhen und Aufständen und schließlich zur fast völligen Auflösung der Bruderschaft. Dies hatten sich die Freimaurer zu Herzen genommen. Sie fassten den expliziten Beschluss, nie wieder direkt politische Macht ausüben zu wollen. Das politische Meisterstück der Freimaurer war ihre Rolle in der Amerikanischen Revolution. Freimaurer wie George Washington, Benjamin Franklin und Thomas Jefferson führten die Revolution herbei, kämpften für Unabhängigkeit und gründeten einen neuen Staat, den sie auch kurzzeitig leiteten. Danach zogen sie sich wieder in die, für die Öffentlichkeit geschlossenen, Logen zurück.

Die Sprache der Schürze

Jeder Freimaurer besitzt seine traditionelle Maurerschürze mit den Symbolen des Ordens. Die berühmteste Schürze gehörte George Washington. Sie wurde ihm von seinem Mitbruder, dem Marquis de Lafayette geschenkt und wahrscheinlich von Madame de Lafayette bestickt.

Diese Schürze liest sich wie eine Enzyklopädie freimaurerischer Symbolik. Meist werden 43 Symbole darauf erkannt, aber Eingeweihte werden ohne weiteres noch mehrere erkennen:

- Der Bienenkorb, im Kreis oben, als Symbol der Betriebsamkeit;
- Das Allsehende Auge als Symbol Gottes oder des Allmächtigen Baumeisters, ohne dass eine bestimmte Religion gemeint ist;
- Die Farben Rot, Weiß und Blau als Symbole für Mut, Reinheit und Treue, und außerdem als Farben der französischen und amerikanischen Fahne;
- Der Regenbogen, getragen durch die Pfeiler der Weisheit und Kraft, der das neunte Bogengewölbe aus dem Tempel Salomos symbolisiert;
- Die beiden vorderen Pfeiler symbolisieren die Pfeiler, die Enoch zur Förderung der Wissenschaften und Künste errichtete;
- Die von Noah freigelassene Taube mit Olivenzweig als Zeichen dafür, dass die Sintflut vorbei ist;
- Jakobsleiter, als Symbol für Wissenserwerb;
- Schießblei, Spatel, Winkelmaß und Zirkel, die Werkzeuge der praktischen und die symbolischen Werkzeuge der philosophischen Freimaurer;
- Der fünfzackige Stern, der auf die pythagoreische Bruderschaft hinweist;
- Der wie ein Damenbrett gefliese Tempelboden, der die Verflechtung von Gut und Böse im menschlichen Leben symbolisiert.

Tod und Auferstehung

In den Beschreibungen der Schürze George Washingtons, ob in Büchern oder im Internet, findet das prominente Symbol im Vordergrund wenig Beachtung. An seiner Form lässt sich erkennen, dass es sich um einen Sarg handelt, was durch den Totenkopf und die gekreuzten Knochen auf dem Deckel betont wird. Die simple Erklärung, dass es sich also um ein „Symbol für den Tod" handelt, reicht jedoch nicht aus.

Zur Erklärung dieses Symbols muss man auf die früher in diesem Kapitel beschriebenen Initiationsriten der Gesellen und Meister in den Zünften zurückgreifen. Die Freimaurer kennen eine ähnliche Hierarchie. Der Beitritt als Lehrling, die Beförderung zum Gesellen und die Weihe zum Meister gingen ebenfalls mit spezifischen Ritualen einher. Um als vollwertiger Geselle in einer Zunft zugelassen zu werden, musste der Geselle einen symbolischen Tod sterben. Auch der Freimaurer lässt bei seinem Beitritt sein altes Leben zurück, damit er seine alltägliche Existenz übersteigen, sich über die Erbschuld erheben und seine Kenntnisse auf vernünftige Weise anwenden kann.

Gläubige Christen lehnen dieses der Passionsgeschichte ähnelnde Ritual ab. Der Beitritt zur christlichen Kirche wird symbolisiert durch die Taufe, während der der Gläubige wiedergeboren wird und einen Taufnamen erhält. Andere Taufrituale sind für die Kirche nicht akzeptabel.

Die für die Christen wichtige Zahl Drei spielt auch in der Freimaurerei eine bedeutende Rolle. In den Schriften der Freimaurer kommt das durch drei Punkte symbolisierte gleichseitige Dreieck häufig vor. Drei Punkte in einer Reihe werden auch als Ersatz wichtiger Worte oder Wortteile benutzt. So lässt sich das Wort „Freimaurer" auch als „F...m..." schreiben. Diese schriftliche Codierung entspricht der Geschlossenheit nach außen hin. Auch die Zünfte benutzten das Symbol mit den drei Punkten. Manche Wissenschaftler meinen, dass die drei Punkte auf die frühe Organisation der Logen mit drei Meistern zurückzuführen sind.

Eine bestimmte Strömung innerhalb der Freimaurerei führt die Symbolik von Tod und Auferstehung so weit durch, dass sie den Orden selbst als Auferstehung betrachtet: als auferstandenen Templerorden. Sollte es die Aufgabe der Freimaurer – als auferstandene Templer – sein, frühere Fehler wiedergutzumachen, wie die blutigen Kämpfe gegen die „Ungläubigen" und die misslungene Befreiung des Heiligen Landes?

Die mythische Erfahrung von Tod und Auferstehung reicht viel weiter als die Freimaurerei. 2006 wurde bekannt, dass einige prominente Amerikaner, wie George Bush und John Kerry, einer mit der Yale Universität verbundenen geheimen Genossenschaft angehörten, die „Skull and Bones". Die Mitglieder nannten sich „Bonesmen" und verpflichteten sich zu absoluter Geheimhaltung. Die Satzung ist nur den Mitgliedern bekannt und die Genossenschaft ist geheimer und von mehr Mysterien umgeben als es je die Freimaurer waren. Man kennt nur ihren Namen, der auf eine Todessymbolik hinzuweisen scheint. Der mythische Zyklus von Leben, Tod und Auferstehung kann Menschenleben, wie im Folgenden dargestellt wird, allerdings auch auf andere Weise beeinflussen.

DIE MYTHISCHE REISE

Um die Bedeutung und Kraft geheimer Genossenschaften – insbesondere der Freimaurer – besser zu verstehen, müssen wir uns einem universellen Aspekt des menschlichen Geistes zuwenden, der in der Geschichte in allen Kulturen eine Rolle spielt. Diese „mythische Reise" ist auch das verbindende Element zwischen den vielen, auf den ersten Blick unterschiedlichen, Themen dieses Buches. Die wesentliche Funktion der mythischen Reise ist, dass sie den Menschen Mensch sein lässt: sowohl geistig, emotional, moralisch als auch praktisch. Wer sich mit der richtigen Einstellung und Hingabe auf eine mythische Reise begibt, wird unterwegs Antworten auf seine Probleme finden. Eine mythische Reise ist wie ein durchlebter Code.

Wer eine mythische Reise unternimmt, entscheidet sich dafür, den üblichen, traditionellen Alltag zurückzulassen und sich in eine echte oder geistige Wirklichkeit zurückzuziehen, damit der Geist angebahnte Wege beschreiten kann. Wer meint, eine mythische Reise sei bloß eine gehobene Ausrede dafür, von den eigenen Problemen wegzulaufen, übersieht, dass gerade der Abstand klare Einsichten ermöglicht.

Die Reise kann sowohl körperlich als auch geistig sein. Ein typisches Beispiel für eine körperliche mythische Reise ist die Pilgerfahrt. Wer keine Perspektive mehr sieht, für einen Fehltritt büßen will oder vor einer schwierigen moralischen

Entscheidung steht, kann sich zu einer Pilgerfahrt zu einem weit entfernten heiligen Ort entschließen, und so wochen- oder sogar monatelang Abstand vom alltäglichen Leben nehmen. Unterwegs wird gebetet, es gibt Begegnungen und Gespräche mit anderen Pilgern, und man lernt andere Länder und Kulturen kennen. So öffnet man sich der Veränderung, auch der persönlichen. Einmal in das alte vertraute Leben zurückgekehrt, bleibt einem die neue Energie erhalten und man ist dadurch von der Last befreit, die zur Pilgerfahrt führte.

Eine mythische Reise kann auch kollektiv unternommen werden. Zum Beispiel, wenn in traditionellen Religionen Mythen wiedererlebt und auf diese Weise von der ganzen Glaubensgemeinschaft bestätigt wurden. Ein Beispiel ist auch das alljährliche Ragnarök-Ritual der Germanen, das der Religionshistoriker Mircea Eliade in seinem Buch *Mythes, rêves et mystères* darstellt. Oder der norwegische Mythos, bei dem die Götter von einer Horde von Dämonen herausgefordert und besiegt werden, wonach die Welt in Chaos zerfällt und schließlich untergeht, um danach neu aufzuerstehen. Das Wiedererleben dieses Mythos fand gleichzeitig auf kollektiver und individueller Ebene statt, denn die Gläubigen erlebten ganz individuell den Kampf zwischen ihren persönlichen Göttern und Dämonen, den Untergang der Götter, das Chaos, den Weltuntergang und schließlich ihre eigene Auferstehung als Neugeborene. Ein anderes Beispiel für die mythische Reise als innere Erfahrung ist das „bewusste Träumen" der Senoi, einer in den Regenwäldern

Malaysias lebenden einheimischen Bevölkerungsgruppe. Bewusstes träumen, das etwas anderes ist als waches träumen, kommt in unterschiedlichen Kulturen vor, aber die Senoi hatten es zum Lebensstil erhoben. Als Jäger und Sammler verwendeten sie nur einen kleinen Teil des Tages mit dem Sammeln von Nahrung. Da das Traumleben für die Senoi mindestens so wichtig war wie das wache Leben, widmeten sie den größten Teil des Tages dem Erzählen ihrer Träume, oder übten sich darin, die feindlichen Traumgestalten und ihre üblen Einflüsse zu bekämpfen.

Anthropologen, die sich in den dreißiger Jahren des vorigen Jahrhunderts bei den Senoi aufhielten, beschrieben sie als das glücklichste und – aus sozialer Perspektive – harmonischste Volk, das sie kennen. Für die Senoi waren mythische Zeit und histo- rische Zeit völlig in Balance. Der Zweite Weltkrieg beendete ihre Lebensweise.

Ein Spiel kann auch eine mythische Reise sein. Spiele gelten oft als sinnloser Zeitvertreib, aber wer sich in die in man- chen Computerspielen zugrunde liegenden Ideen vertieft – wie in das Spiel mit dem treffenden Namen *Myth* – wird seine Mei- nung ändern müssen.

Ob es sich um Schach, Poker, Compu- terspiele, Geschichte oder die Alltagsmoral handelt, die üblichen Codes sind für das Spiel irrelevant. Die Spielregeln bilden den Code, bestimmen den Spielverlauf, die Rolle der Spieler, die Verhaltensregeln und sorgen für Spannung. Wer wird gewinnen und wie? Die Spieler sind durch eine gleiche psychische Erfahrung miteinander ver- bunden: Die normale Zeit des Alltags wird überlagert durch die Spielzeit. Dabei ist es gleichgültig, ob das Spielfeld ein Spielbrett, Computerbildschirm oder Netzwerk ist – wer sich in ein Spiel begibt, begibt sich auf eine mythische Reise in eine fremde Welt, in der eine andere Zeit, eine andere Logik und ein anderer Referenzrahmen gelten.

Alle traditionellen Spiele, auch abstrakte Spiele wie Dame oder Schach, sind mythische Reisen. Zwar fehlt häufig ein religiöser oder ritueller Aspekt, aber der psychologische Aspekt ist überall vorhanden. Das Wort „Zeitvertreib" erhält hier eine alternative Bedeutung: das Vertreiben der normalen Zeit durch eine parallele Welt und Zeit, in der andere Codes gelten. Derartige Reisen schaffen dem menschlichen Geist Vergnügen.

Dass Spiel aber mehr ist als nur Vergnügen, zeigt auch die Haltung der christlichen Kirche. Schon im dritten Jahrhundert versuchte Cyprian, der Bischof von Karthago, Spiele zu verbieten, vor allem das Würfelspiel. Auch in den mittelalterlichen Klöstern waren Spiele verboten. Als Savonarola 1494 eine religiöse Diktatur in Florenz errichtete, bestand eine seiner ersten Maßnahmen darin, sämtliche Spielbretter und Spielutensilien in Beschlag zu nehmen und zu verbrennen. Es sollte nur eine Art mythische Reise geben ...

Auch die früher in diesem Kapitel beschriebenen Reisen der Gesellen sind ein typisches Beispiel für mythische Reisen. Es sind Reisen durch die Welt des Handwerks, die mit einer Zeremonie, bei der der Geselle einen rituellen Tod erlebt, um als vollwertiger Geselle wiedergeboren zu werden, gekrönt werden.

Viele östliche Religionen – und auch die pythagoreische Philosophie – glauben an die Reinkarnation, also daran, dass die Seele nach dem körperlichen Tod in einem anderen Lebewesen wiedergeboren wird. Diese ultimative Reise diente vielen Geheimgesellschaften als Inspiration für ihr Einweihungsritual. Wird der symbolische Übergang vom Leben zum Tod und zur Wiedergeburt symbolisch und freiwillig in der eigenen Kultur erlebt, können Menschen hierdurch ihr Leben und Denken erneuern.

Seit der zweiten Hälfte des 20. Jahrhunderts gibt es auch sehr praktische mythische Reisen. Kreative „Denktanks" oder Forschungsteams ziehen sich in eine Parallelwelt zurück, um dort mithilfe alternativer Techniken zu neuen Ideen oder Ansichten zu kommen. An einem ruhigen Ort, wo nur in beschränktem Maß Kontakt zur Außenwelt besteht, entwickelt ein Forschungsteam zum Beispiel ein neues Bremssystem für elektrische Autos. Diese alternative parallele Welt kann auch die Prähistorie sein. „Stellt euch vor, wir lebten in der Steinzeit und werden mit diesem Problem konfrontiert. Wie würden wir es dann mit den uns zur Verfügung stehenden Mitteln angehen?" Die parallele Welt lässt sich auch als Ameisenhaufen vorstellen. „Was würden wir tun, wenn wir Arbeiter in einer Ameisenkolonie wären und wir müssten dieses Problem lösen?" Der menschliche Geist kann sich in einer anderen, ihm fremden Umgebung einfacher von den zahllosen, fast automatischen Einschränkungen seines Denkens befreien und dadurch zu neuen Denkweisen und Einsichten gelangen. Dieser Prozess ist vergleichbar mit Edward de Bonos „Late-

ralem Denken". Die Verlegung von Denk-
prozessen in eine parallele Welt hat sich als
so erfolgreich herausgestellt, dass sie heut-
zutage in der Forschung fast zum Standard
geworden ist.

Die abstrakteste mythische Reise ist die
pythagoreische Reise. Sie ist eine Reise in
eine Welt, die der menschlichen Welt vollkommen fremd ist: die Welt der Mathematik. Nicht einmal Science-Fiction Romane
spielen sich in dieser Welt ab, obwohl es
eine Ausnahme gibt: Edwin Abbott Abbotts
Flächenland. In unserer Welt gibt es kein
Äquivalent für reine Zahlen und die von
uns benutzten Gegenstände sind höchstens
Annäherungen geometrischer Figuren. Aber
mathematische und geometrische Erkenntnisse helfen uns, praktische Problemen
zu lösen. Dazu unternimmt unser Geist
Erkundungsreisen und erkennt und selek-
tiert Zahlen und Figuren, die sich innerhalb
bestimmter Kontexte anwenden lassen.
Diese Kontexte werden in mathematische
Probleme übersetzt, deren Lösung dann in
der realen Welt brauchbar ist.

Die Bedeutung mythischer Reisen ist
eine Erklärung für das Entstehen von
Geheimgesellschaften: von der pythagoreischen Bruderschaft bis zu den Freimaurern. Eine Geheimgesellschaft bietet
einen Rahmen für eine mythische Reise,
denn sie ermöglicht die Entwicklung von
Ideen in einer parallelen Welt. Die Eingeweihten treffen sich an besonderen
Orten, wie Logen oder Tempeln, wo mittels
Symbolen eine parallele Welt aufgerufen
wird. Zur Einhaltung der hier geltenden
Codes und Regeln haben sich die Mitglieder
beim Eintritt feierlich verpflichtet. Eine

Zusammenkunft bildet den Rahmen für
eine mythische Reise. Die kulturellen Einschränkungen der Außenwelt sind während
der Zusammenkunft aufgehoben, sodass
Raum für freies und kreatives Denken entsteht. In dieser Situation entstehen neue
und oft sehr kreative (politische) Ideen,
die unter normalen Bedingungen nicht
zustande gekommen wären (s. Kap. 7).

KAPITEL 6

HOMOFONE UND VIGENÈRE

Homofone sind Worte, die gleich klingen, aber nicht gleich geschrieben werden. Die Verwendung homofoner Substitution als Verschlüsselungsmethode führte zu einem Durchbruch in der Geschichte der Geheimschrift. Durch homofone Substitution ließ sich verhindern, dass Codes anhand der am häufigsten verwendeten Symbole, vor allem des Buchstabens E, entschlüsselt wurden. Damit haben die Homofone die Basis für die moderne Kryptografie gelegt.

DAS E ALS BRECHEISEN

Im späten Mittelalter des 13. und 14. Jahrhunderts benutzten unter anderem Roger Bacon und Geoffrey Chaucer eine Codierungsmethode, die als vollkommen sicher galt. In der monoalphabetischen Verschlüsselung wird jeder Buchstabe durch ein bestimmtes Symbol ersetzt, was Texte auf den ersten Blick völlig unverständlich macht. Bei näherer Betrachtung sind die typischen Eigenschaften einer Sprache in dieser Verschlüsselung aber immer noch zu erkennen. Die Reihenfolge der Buchstaben ist weder in alten (Lateinisch, Mittelenglisch, Mittelhochdeutsch) noch in neuen Sprachen zufällig, sondern sehr regelmäßig und typisch. Manche Buchstaben kommen auch häufiger vor als andere. Sowohl im Englischen als auch im Deutschen wird zum Beispiel der Buchstabe E am häufigsten verwendet. Weil die in diesem Buch codierten Texte alle aus dem Englischen stammen, gehen wir hier von den typischen Eigenschaften des Englischen aus. Ein englischer Text von 1000 Wörtern enthält durchschnittlich 125-mal E, 7-mal T, 82-mal A, 77-mal L und keine oder nur wenige Q und Z. Um einen englischen Text zu entschlüsseln, der nach der monoalphabetischen Substitutionsmethode codiert ist, sucht man also zunächst das häufigste Symbol, denn dieses Symbol ersetzt den Buchstaben E, das Brecheisen für den Code.

Frequenzcharakteristiken gelten aber nicht nur für einzelne Buchstaben, sondern auch für Kombinationen von zwei oder drei Buchstaben (s. Textfeld).

Anhand solcher Statistiken kann ein Codebrecher codierte Texte in einfach und schwierig zu entschlüsselnde Teile gliedern und den ursprünglichen Text – wenn er ausreichend lang ist und genug Symbole hat – Schritt für Schritt hervorzaubern, indem er probiert, ergänzt und ausschließt.

Erst im 15. Jahrhundert wurden die Europäer sich dieser sprachlichen Systematik, und damit der Schwachstellen der Substitutionsverschlüsselung bewusst. Die arabische Wissenschaft hatte die systemati-

IN ENGLISCHER SPRACHE

Am häufigsten vorkommende Buchstaben	e t a o i n s h r d l u
Am häufigsten vorkommende Anfangsbuchstaben	t a s o i c p b s h m
Am häufigsten vorkommende Endbuchstaben	e t s d n r y o f l a g
Am häufigsten vorkommende Zweiergruppen	th er on an re he in ed nd ha at
Am häufigsten vorkommende Dreiergruppen	the and tha ent ion tio fort nde
Am häufigsten vorkommende Doppelbuchstaben	ss ee tt ff ll mm oo
Am häufigsten vorkommender Buchstabe nach E	r d s n a c t m e p w o
Am häufigsten vorkommende Wörter mit 2 Buchstaben	of to in it is be as at so we he
Am häufigsten vorkommende Wörter mit 3 Buchstaben	the and for are but not you all
Am häufigsten vorkommende Wörter mit 4 Buchstaben	that with have this will your from they

schen Eigenschaften von Sprache schon viel früher erkannt, denn Kryptografie wurde dort bereits seit Jahrhunderten benutzt und weiterentwickelt. Sie gilt im *Kamasutra*, dem indischen Lehrbuch für die Liebe, sogar als eine der 64 Techniken, die Liebe einer Frau zu gewinnen. Im neunten Jahrhundert untersuchte der Linguist al-Kindi die Buchstabenfrequenz im Arabischen. Seine *Abhandlung über die Entschlüsselung kryptografischer Botschaften* ist der älteste bekannte Text über das Entschlüsseln von Codes. Das Werk wurde oft kopiert und gelangte schließlich über Andalusien (Nordspanien), wo Christen, Muslime und Juden mehr oder weniger friedlich zusammenlebten, bis nach Rom und Florenz.

Mehr als vier Jahrhunderte nach der Veröffentlichung von al-Kindis Werk analysierten auch die Europäer die systematischen Eigenschaften von Sprachen. Vielleicht hatten die Tempelritter sie schon früher gekannt, denn sie unterhielten Kontakte mit Muslimen, und zuverlässige Codierungsmethoden waren von größter Bedeutung für eine sichere Kommunikation in ihrem großen Netzwerk. Auch wenn sie al-Kindis Werk tatsächlich gekannt haben, ist es jedoch nicht verwunderlich, dass sie dieses Wissen für sich behielten.

Der italienische Renaissance-Architekt Leon Battista Alberti war der erste Westeuropäer, der die Schwächen der monoalphabetischen Substitution analysierte und eine systematische Technik entwickelte, um bis dahin unangreifbare Codes zu entschlüsseln. Alberti war außer Mathematiker, Linguist und Kryptograf auch Künstler und Architekt.

Wie schon Simeone de Crema vor ihm (s. S. 171) ersetzte Alberti jeden Buchstaben durch mehrere Symbole. Wird das E nicht durch nur ein, sondern durch mehrere Symbole in willkürlicher Reihenfolge ersetzt, fällt die hohe Frequenz dieses Buchstabens nicht mehr auf und es kann nicht mehr als Brecheisen funktionieren. Diese Methode, die sich mehrerer Verschlüsselungsalphabete bedient, wird polyalphabetische Substitution genannt. Diese Tabelle zeigt die Buchstabenfrequenz aller 26 Buchstaben des Alphabets in englischen Texten. Die Reihenfolge ist am wichtigsten, weil sich die Prozentsätze je Text unterscheiden können. Fast immer ist das E der am häufigsten vorkommende Buchstabe. Zwar vermitteln Statistiken immer nur Hinweise, aber ein Vergleich zwischen Frequenzen von Codesymbolen und Buchstaben grenzt die Möglichkeiten erheblich ein.

E	12,41
T	9,69
A	8,20
I	7,68
N	7,64
O	7,14
S	7,06
R	6,68
L	4,48
D	3,63
H	3,50
C	3,44
U	2,87
M	2,81
F	2,35
P	2,03
Y	1,89
G	1,81
W	1,35
V	1,24
B	1,06
K	0,39
X	0,21
J	0,19
Q	0,09
Z	0,05

Auch in anderen westeuropäischen Sprachen, wie im Deutschen, Niederländischen oder Französischen, hat der Buchstabe E die höchste Frequenz, im Spanischen ist die Frequenz von E und A nahezu gleich.

Für das Entschlüsseln englischsprachiger Texte sind folgende Hinweise hilfreich:

- Nach einem Q folgt immer ein U, außer in Fremdwörtern wie *Iraqi* und *qat*.
- Der häufigste Konsonant direkt vor einem Vokal ist H.
- Der häufigste vorkommende Konsonant direkt hinter einem Vokal ist N.
- Die häufigsten zwei-Buchstaben-Kombinationen sind ED, ES und ER.

- Das durchschnittliche englische Wort zählt 5,5 Buchstaben.
- Beginnt und endet ein Wort mit demselben Buchstaben, ist dies wahrscheinlich ein S, T oder D.

Bei den zahlreichen Beispielen für Geheimschriften in Kapitel 10 werden Ihnen diese Tipps sicherlich helfen!

DIE AM HÄUFIGSTEN VORKOMMENDEN BUCHSTABEN IN DEN WESTEUROPÄISCHEN SPRACHEN

Englisch	E T A O I N S H R D L U
Spanisch	E A O S R I N L D C T U
Niederländisch	E N A T I R O D S L G V
Deutsch	E N R I S T U D A H G L
Französisch	E N A S R I U T O L D C

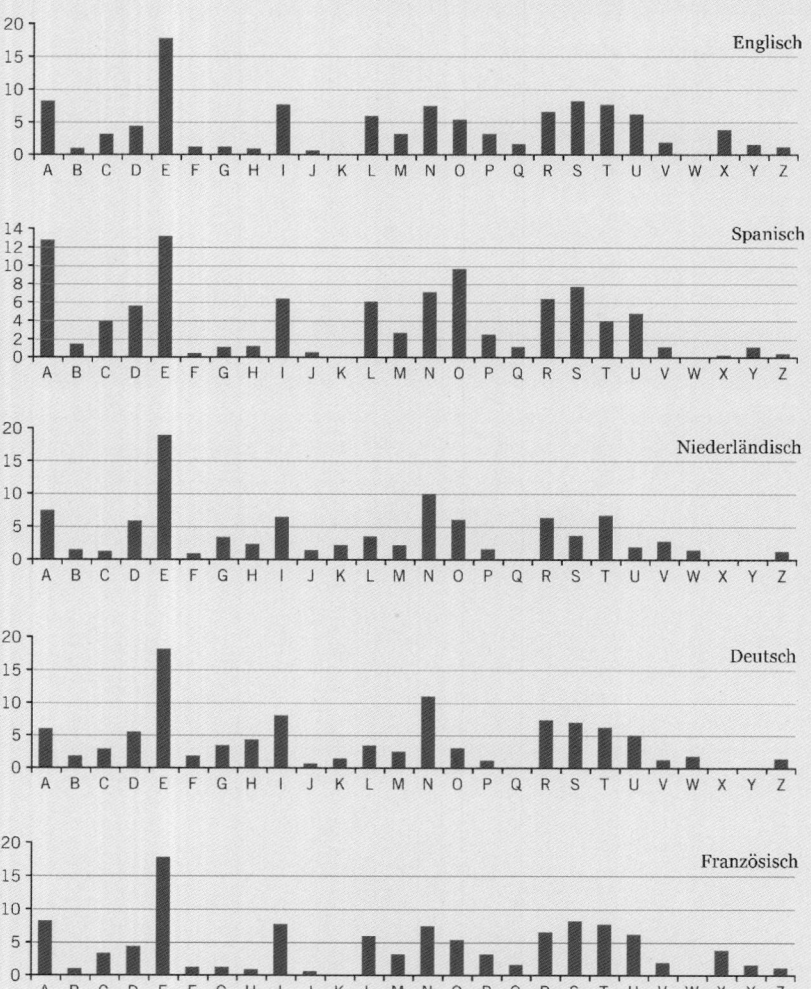

Entschlüsseln Sie:

Dieser Text von Leon Battista Alberti stammt aus seinem Buch *De pictura*. Zur Verschlüsselung wurde das Verschlüsselungsalphabet von 1540 verwendet. Da es sich um eine monoalphabetische Substitution handelt, lässt sich das E als Brecheisen für den Code verwenden. Außerdem wurden die ursprünglichen Zwischenräume beibehalten.

Entschlüsseln Sie:

In diesem Text beschreibt Alberti die Verwendung geometrischer Figuren in der Malerei. Für die Verschlüsselung wurde ein Verschlüsselungsalphabet von 1552 verwendet. Die ursprünglichen Wortlängen sind in dem verschlüsselten Text durch Gruppen von fünf Buchstaben ersetzt, wie professionelle Kryptografen es immer noch tun, um Transkriptionsfehler zu vermeiden.

DIE ERWACHSENE GEHEIM-SCHRIFT UND HOMOFONE

Man ist nie zu alt zum Lernen. Als die westeuropäischen Kryptografen sich der Buchstabenfrequenzen und damit der Schwäche der monoalphabetischen Substitution bewusst wurden, folgten sie rasch dem Vorbild von Simeone de Crema und Leon Battista Alberti und übernahmen die homofone Substitution.

Simeone de Crema

Die älteste bekannte Verwendung von Homofonen stammt von Simeone de Crema. Sein aus dem Jahre 1401 stammendes Codealphabet basierte auf der Umkehrung der Reihenfolge von Buchstaben, wobei das L und das M in der Mitte den Platz tauschten, da sonst das M seinen ursprünglichen Platz behalten hätte.

In praktischer Hinsicht wäre die Entschlüsselung des M zwar kein nützlicher Codebrecher gewesen, aber Simeone de Crema wollte jegliche Übereinstimmung zwischen Alphabet und Codealphabet vermeiden. Außerdem versah er das Alphabet mit 12 weiteren Symbolen: jeweils drei verschiedenen für die Vokale A, E, O und U.

Offensichtlich übersah de Crema die Tatsache, dass im Italienischen die Buchstaben C, D, I, L, N, P, R, S, und T häufiger vorkommen als das U und deshalb eher Homofone gebraucht hätten. Trotz dieser Mängel war de Cremas oben abgebildetes Codealphabet ein wichtiger Fortschritt in der Kryptografie und seine Codierungen waren für die meisten Zeitgenossen nicht zu entschlüsseln.

Entschlüsseln Sie:

Der folgende Satz über die Geschichte der Stadt Mantua wurde mit dem homofonen Alphabet von de Crema auf vier verschiedene Arten verschlüsselt.

[Drei Zeilen verschlüsselten Textes in einem homofonen Geheimalphabet]

Es fällt auf, dass das vierte Symbol für den Buchstaben O vom generellen grafischen Stil des Alphabets abweicht. Der rechte Winkel mit Punkt könnte aus einem Templer-Code übernommen worden sein. Als de Crema 1401 sein homofones Alphabet entwickelte, war es ja kaum ein Jahrhundert her, dass der Templerorden aufgelöst wurde. De Cremas Alphabet mag zwar das erste dokumentierte homofone Alphabet sein, es ist trotzdem durchaus möglich, dass die Tempelritter auch schon Homofone in ihren Geheimcodes verwendeten.

Den homofonen Code gebrochen

Der Philosoph François Viète (1540–1603) war einer der ersten Algebraisten. Er hätte zweifelsohne ein bedeutender Mathematiker werden können, aber die Entschlüsselung geheimer diplomatischer Botschaften für König Heinrich IV. ließ ihm wenig Zeit, die Grundlagen der Geometrie zu erforschen und darüber zu schreiben.

Viète schrieb kurz vor seinem Tod eine kurze Abhandlung über die Methoden, die er als Codebrecher benutzt hatte. Seine Methode basierte auf Sprachkenntnissen, analytischem Denken und Informationen, die er von Spionen, Geheimdiensten und aus anderen Quellen erhielt.

Homofone Substitution gilt theoretisch als nicht entschlüsselbar, ist dies in der Praxis aber trotzdem – Menschen machen Fehler. Auch im 16. und 17. Jahrhunderts profitierten Codebrecher davon, dass sich Kommunikationskanäle nun einmal nicht wasserdicht abschirmen lassen. Der Nachrichtenverkehr zwischen Königen, Botschaften und Armeeführung wurde regelmäßig abgefangen und kopiert, bevor er seinen Bestimmungsort erreichte, wie auch im 19. Jahrhundert telegrafische Nachrichten und Morsesignale gelesen und heute all unsere Telefongespräche abgehört und E-Mails gelesen werden können. Auch damals verfügten alle Länder über Spezialisten, die geheime Codes entschlüsseln sollten.

Wichtige Nachrichten wurden außerdem mehrere Male verschickt, damit der Absender sicher sein konnte, dass seine Nachricht ihre Bestimmung erreichte. Kurieren konnte auf ihren weiten Reisen ja leicht etwas zustoßen. Waren die Nachrichten in homofoner Substitution codiert, wurden sie bei Wiederholungen jedes Mal etwas anders codiert, da die homofonen Symbole willkürlich gewählt und keine Kopien früherer Nachrichten aufbewahrt wurden. So wurden dem gleichen Inhalt in verschiedenen Versionen unterschiedliche Symbole zugeordnet. Durch den Vergleich dieser verschiedenen Fassungen gelang es Viète immer wieder, homofone Codes zu brechen.

Eine andere Methode war die Suche nach Reizwörtern. Nachrichten enthielten häufig neue Informationen, wie Namen gerade eroberter Städte, noch nicht eher genannter Personen oder neue Namen oder Worte, für die es in einem Codebuch noch keine Symbole gab. Solche neuen Wörter kamen in einer Nachricht häufig vor, was für ein geübtes Auge leicht zu erkennen war. In Kombination mit zusätzlichen Informationen über Absender und Empfänger konnte ein Codebrecher dann Hypothesen aufstellen, was mit dem neuen Wort gemeint war. Anhand von Buchstabenmustern (zum Beispiel LONDON = abcdbc) überprüfte man, ob diese Hypothese stimmte und versuchte, den Code damit weiter aufzubrechen. Auch Zahlen, die auf Mengen von Personen, Geld oder Jahreszahlen hinwiesen, lieferten wichtige Hinweise.

Erst wenn ihn diese praktischen Techniken nicht weiterbrachten, griff Viète auf Statistiken rein sprachlicher Merkmale zurück. Jede Sprache ist im Prinzip durchsichtig, weil es in ihr typische Frequenzen von Buchstaben und Buchstabenkombinationen gibt. Eine solche Textanalyse kostet aber viel Zeit: Hypothesen müssen entwickelt, überprüft und wieder verworfen werden, so lange, bis der Code sein Geheimnis preisgab.

Zwei weitere Regelsysteme gaben Codebrechern wichtige Anknüpfungspunkte: Rechtschreibung, Grammatik und Titulatur. Obwohl die Verständlichkeit von Texten durch inkorrekte oder unvollständige Wörter oder zum Beispiel fehlende Artikel kaum beeinträchtigt wird, bemühten sich die meisten Codierer, eine Nachricht wörtlich und korrekt zu übertragen, auch wenn sie damit versteckte Hinweise auf ihren Inhalt gaben.

Zum zweiten verlangte die soziale Etikette, dass auch in codierten Nachrichten
die richtigen Ansprechformen beachtet
wurden. Dies war nicht nur vor 500 Jahren
der Fall – noch im Zweiten Weltkrieg
ergaben sich aus diesen formalen Vorschriften wichtige Hinweise zum Entschlüsseln von Codes!

Viètes Talent wurde ihm beinahe zum
Verhängnis, als er stolz bekanntgab, er
habe den aus 500 Symbolen bestehenden
Code des spanischen Königs Filip II. entschlüsselt. Der beleidigte König beschul-
digte Viète der Zauberei und zitierte ihn vor
die Inquisition. Der Papst, der selbst auch
Codebrecher im Dienst hatte, rettete ihn,
indem er Viète von dieser Beschuldigung
freisprach.

Michele Steno

Michele Steno, zwischen 1400 und 1413
Doge von Venedig, verfasste ein wichtiges
Dokument über homofone Substitution.
Durch den intensiven diplomatischen
Verkehr mit anderen Städten und Ländern
waren sichere und zuverlässige Codes für
eine blühende Handelsstadt wie Venedig
von großer Bedeutung.

Das Dokument enthält ein Substi-
tutionsalphabet. Steno versah die fünf
Vokale mit Homofonen mit maximal drei
Wahlmöglichkeiten. Sein wichtigster
Beitrag bestand jedoch in der Erfindung
einer Reihe von „Nullzahlen", also von
Symbolen ohne Bedeutung, die an will-
kürlichen Stellen in den Text eingefügt
wurden. Für häufig vorkommende
Wörter verwendete er außerdem eine
Liste spezieller Symbole, damit der

Codierer solche Wörter nicht Buchstabe
für Buchstabe zu codieren brauchte und
der Codebrecher über weniger Hinweise
verfügte. Das Symbol für den Papst zeigt
uns, dass das Kirchenoberhaupt in den
Nachrichten des Dogen oft erwähnt wurde.

Die Tabelle mit Stenos homofonem
Substitutionsalphabet befindet sich unter
den Lösungen hinten im Buch, damit der
Leser – wie ein Codebrecher aus dem
15. Jahrhundert – den Text auf Seite 175
entschlüsseln kann. Derselbe Text ist
dreimal in Stenos Substitutionsschrift
codiert wiedergegeben, als hätte man ihn
dreimal verschickt. Die homofonen Symbole
wurden dabei willkürlich gewählt.

Entschlüsseln Sie:

diesen Text von Leonardo da Vinci über seine Beweisführung, dass die Erde ein Stern ist.

$;f \times \zeta \Xi \delta i \gamma f \ast d \Xi 7 d \zeta 3 \varphi 2 \delta e ' \ast 2 \times k 2 \delta ' f \ast \div \Xi ' \langle H ' \langle 5 \delta ; '$

$2 \delta H 3 h \div 7 \perp 3 d \div \xi \langle f \Theta \Xi ; \delta 1 \zeta h 3 \Xi \zeta 2 c \Theta \perp \perp 3 3 \div \delta ' 2 i 2 \times 2 i \Theta$

$\div \gamma H ' \times \langle \div 2 \Xi \delta 1 d \zeta \Xi ' 4 5 \perp \gamma \delta 5 \times \div 7 b \perp \ast b \omega 4 \zeta \ast \delta ' \Theta \div 1 \div \langle \delta '$

$2 \zeta 1 \div \gamma d ' 4 5 \delta f ' \ast \zeta \perp 3 a \Xi f \zeta \langle \omega \delta ' \ast \Xi \delta h \Theta d \zeta ; \Xi b \langle \zeta 3 \xi \times \div$

$1 \delta \ast b 3 \div \delta ' \ast \ast 3 \ast 1 \div b \gamma \Theta \gamma \gamma \delta ' 1 \delta \times f \delta ' 2 \delta H 3 \div 7 \perp 3 \div \xi a \langle f e \delta '$

$\ast h \Xi \delta 1 \zeta \Xi 5 \ast \zeta \ast \zeta 2 \Theta \perp \perp 3 \times \div \delta ' 2 \Xi \delta 1 \zeta i \Xi 1 d \Xi 3 a \delta \Xi d 2 \ast \omega$

$\Xi f \delta 4 \varphi 2 \delta ' \Theta \delta \delta ' i 3 \Xi \delta H a 3 \div 7 \perp \times b \div \xi \Theta 9 9 \ast 1 \zeta \Xi \delta \langle \varphi \ast \Theta \div$

$2 7 d \delta \ast \div \Xi 3 4 d \div \Theta \Xi \xi \ast \Theta \delta \Theta i \Xi \delta ' g 2 \gamma \times 1 c \omega 2 \delta 2 \zeta \langle f \delta ' \ast c$

$\varphi 4 \gamma 3 \langle f \delta ' 2 f \Xi \delta a \Theta \zeta \delta d ' \ast \zeta \ast f 4 \zeta \ast \delta d ' \ast b \Xi \delta 1 \zeta \varphi \ast \times \div \xi \perp \perp g$

$\zeta g \xi \ast \zeta \delta ' \Theta e \div \delta ' \ast c \ast \Theta \zeta \delta c ' \delta c ' 3 \Xi \omega \langle h \delta \times e 4 \div c 2 g f f \ast i$

$7 \delta \ast \gamma \times \div f \Theta a \div \times a \div \Xi \delta 1 \div \delta H 4 H d \perp \gamma \varphi \ast \Theta \zeta 1 9 3 \gamma \gamma \langle H \varphi \perp \times$

$\div d \xi e 4 f \delta ' \ast \Xi \times \Xi 2 4 f d \delta a ' 2 \Xi \delta \Theta \zeta \delta ' d 2 \div 9 \zeta i \langle 5 2 \delta ' 1 d \delta \delta$

$' \ast a \Xi 5 \zeta f \Theta 7 \ast 4 f \delta ' k 2 i 1 d \times d \zeta 5 ' \ast \zeta 2 \times d \delta 1 \times 2 \Xi 7 4 d \div \delta 3 \xi$

$5 \langle 5 \Xi \delta 4 f \times \zeta 2 d 1 \div e \gamma \delta ' i \ast \Xi H \zeta f d 1 7 d 2 4 f \delta ' 2 f d 3 \zeta \ast a H ' \ast$

$k \zeta 2 i \times \delta 2 \div c \gamma k \Xi 1 \zeta \ast k \delta ' \langle e \Xi 2 h \times \div \delta \langle 5 ' \times 7 ' \delta ' 2 \Xi \langle \perp 1 \zeta \zeta \Theta 3$

$\Xi 9 2 \div 2 \delta \zeta \Theta \delta a 2 1 c \div \gamma \delta \zeta 1 ; \div h \Xi \omega \times \delta \delta ' 2 3 \omega \Theta \xi g 2 \Xi k \langle f \delta '$

$2 ' \ast \Theta H c 2 \div f \perp a \times k \varphi k 4 \gamma d 3 \ast \Xi \perp \perp \zeta \xi \ast 5 a ' \ast \div \delta ' \ast \times \zeta 3 \Xi e$

Entschlüsseln Sie:
die zweite Version.

$f \times k \zeta \Xi \delta \gamma 2 \Xi 7 \zeta \times \varphi g * k \delta' * c 2 \times 2 \delta;' * \div d \Xi' k 4 H' \Diamond \delta \delta' * \delta \varsigma$

$k 3 \div 7 \bot 3 \div \xi 4 f \Theta c \Xi \delta \Theta \zeta 3 \Xi \zeta * 1 \bot \bot 3 3 \div \delta' * b * \times 2 \Theta \div g \gamma k H$

$' 3 4 \div e * \Xi \delta \Theta \zeta \Xi' 4 \varsigma \bot d \Upsilon \delta k H \times \div 7 \bot * \omega 4 \zeta 2 \delta'; \Theta \div 1 \div 4 \delta'$

$2 \zeta \Theta \div \Upsilon'; 4 H k \delta k' 2 g \zeta d 1 3 \Xi f \zeta 4 \omega a \delta' * \Xi \delta \Theta \zeta \Xi \ 3 \xi 3 \div 1 \delta$

$f 2 e 3 \div d \delta i' e 2 2 \times a 2 a 1 \div \Upsilon k \Theta \gamma \Upsilon \delta' 1 \delta \times f \delta' d *; \delta \varsigma; \times \div 7 \bot \times a$

$\div \xi \Diamond f \delta' * \Xi \delta f \Theta \zeta; \Xi \varsigma 2 \zeta * i \zeta 2 k 1 \bot \bot g 3 3 \div \delta' c 2 f \Xi \delta d 1 \zeta \Xi$

$\Theta \Xi g 3 \delta i \Xi * * \omega \Xi \delta \Diamond \varphi 2 \delta' 1 \delta \delta' \times \Xi \delta d H 3; \div 7 \bot \times \div; \xi 1 9 9 * \Theta$

$\zeta \Xi \delta 4 \varphi e 2 \Theta \div * 7 \delta 2 \div \Xi 3 d \Diamond \div 1 \Xi \xi k \zeta * 1 \delta f 1 \Xi \delta c' k 2 d \Upsilon 3 \Theta$

$\omega * \delta e 2 \zeta a \Diamond \delta f' d 2 \varphi \Diamond 3 h 4 f \delta' * \Xi \delta k \Theta \zeta \delta' 2 \zeta * d f, \ 2 \delta' *$

$\Xi \delta \Theta \zeta \varphi e * \times \div \xi f \bot 1 \zeta \xi 2 k \zeta \delta' b 1 c \div a \delta' i * 2 h \Theta \zeta \delta' \delta' \times \Xi \omega 4$

$g \delta 3 \Diamond \div * f f 2 7 \delta * \gamma 3 \div 1 \div k 3 k \div \Xi \delta 1 \div k \delta b H \Diamond H \bot b \gamma \varphi * 1 \zeta \Theta$

$f 9 3 \Upsilon \Upsilon 4 d \varsigma; \varphi \bot \times \div b \xi h \Diamond f i \delta' * \Xi 3 \Xi * d 4 f \delta' * e \Xi \delta 1 d \zeta \delta' *$

$\div 9 \zeta 4 \varsigma g 2 f \delta' d 1 \delta \delta' * d \Xi H \zeta f \Theta 7 f * \Diamond \delta' 2 \Theta 3 \zeta e \varsigma' 2 \zeta i 2 3 \delta$

$\bot \times * \Xi 7 4 \div \delta d 3 c \xi H 4 \varsigma \Xi \delta \Diamond f \times \zeta * c \Theta \div \gamma \delta' i 2; \Xi b \varsigma \zeta f \Theta 7 2 d 4$

$d f a \delta a' * c f 3 \zeta 2 f \varsigma' * \zeta 2 3 \delta 2 \div \gamma \Xi \Theta i \zeta * \delta' 4 \Xi g 2 3 \div \delta \Diamond H c' 3$

$k 7' \delta;' c 2 \Xi \Diamond 1 \zeta \zeta c \Theta \times \Xi 9 2 \div 2 \delta \zeta; 1 \delta c 2 g 1 \div \gamma \delta \zeta 1; \div \Xi h \omega 3 h$

$\delta \delta d' d 2 3 d \omega \Theta \xi * \Xi \Diamond d f \delta' * d' b 2 \Theta H a * \div \bot k \times \varphi 4 \Upsilon b \times 2 \Xi$

$\bot g 1 f \zeta \xi * d H b' * d \div a \delta' * 3 d \zeta d 3 \Xi f 2 \Theta \div \gamma \Xi \omega \Theta \bot \bot H' 2 \div$

$\delta' * \times \Theta i \zeta 2 i 4 \div \delta' h 2 \omega 2 \zeta \times \Upsilon \times c \Theta \div;$

Entschlüsseln Sie:

die dritte Version.

f 3ζΞδγ✳Ξ7ζ3φk✳δ'2b2h32δ'2k÷Ξ' ⧫H'45δ'2δ5зb÷7

;⊥х÷ξ◯f 1bΞδcΘdζk3Ξaζ✳f Θ⊥k⊥х3÷δ'✳2dх✳1÷γ5

'х⟡÷✳Ξδ1dζΞ'45⊥γgδd5хe÷7c⊥✳ω ⟡ζ✳δ'1÷Θ÷⟡b

δ'✳ζd1÷γ' ⧫Hδ'✳ζΘ3d Ξcf4ωδ'k2ΞδΘζΞ ⟡ζ3ξх÷d1δ

h✳3÷δd'✳23k2Θ÷γ1Υkγδ' Θδхf aδ'✳δH3÷7e⊥iх÷ξ4

hf⟡'✳Ξδ1ζΞ5✳ζ✳ζc2Θ⊥⊥3k3÷δ'2ΞbδΘdζΞh1Ξ3δΞ

k22ωΞδ ⟡Pg✳δ'1δδ'хΞδH3÷f7⊥3÷ξ1992ΘaζΞδf ⟡e

φ21÷✳7δ✳÷Ξх4÷1Ξξζd2kΘδΘΞδd'2γ31ω✳eδ2ζc4

f δ'✳φ4γbх4fδd'a✳Ξgδe1fζδ'2ζ✳f⟡ζh2δ'✳Ξδ1ζ

φ✳3g÷hξ⊥Θζhξa✳bζkδ'1÷δ'✳21ζδ'δ'хΞωf48х⟡÷

2ff27aδ✳γх÷1÷х÷fΞgδ1÷δHd45⊥Υφk2Θζe1b9хγΥ

d ⧫Hφ⊥dх÷ξ⟡δ'2gΞ3Ξ2 ⟡δ'2Ξδ1;ζδf'2÷9eζ45b2δ'

Θδδ'✳dΞ5hζf1724fδ'21хζHe'2ζi23δ132bΞi74÷δхa

ξ5d ⧫H;Ξδ ⟡$g$$f$хζ✳Θ÷Υ$i$δ'✳$k$Ξ5ζ;$f$Θ7✳ ⟡$f$δ'✳$f$3ζ2H'✳

ζ✳хδ✳÷aΥΞ1ζ2δ' ⟡Ξ2х÷cδ ⟡Hi'3d7'aδ'✳Ξd ⟡⊥⊥dζ

hζ1hхΞ9b2÷✳δdζΘδ2iΘ÷bγδζ1÷kΞω3aδδg'✳хωb

1ξ2Ξ ⟡δ'✳'2ΘHf2÷13φ4Υх2Ξd⊥Θζξ✳H'2c÷eδ'✳3ζ

3Ξ21c÷ΥdΞωd⊥⊥⊥a5h'2÷hδ'✳хdΘ;ζd✳4÷δ'✳ω2ζ

хγхΘ÷

A	B	C	D	E	F	G	H	I	K	L	M

Giambattista Palatino

Das Substitutionsalphabet in der Tabelle oben wurde 1540 von Giambattista Palatino entwickelt. Der Name dieses talentierten Kalligrafen lebt im populären Buchstabentyp Palatino weiter. Ein Beispiel für seine Schönschrift ist hier abgebildet.

Wie Leonardo da Vinci ging Palatino bei seiner Geheimschrift von der linkshändigen Spiegelschrift aus. Er versah nur wenige Buchstaben mit Homofonen und verließ sich für die Geheimhaltung seiner Nachrichten vor allem auf das Weglassen bestimmter Buchstaben, wie im Text auf Seite 179.

Entschlüsseln Sie:

diesen Text von Leonardo da Vinci über geheime Erfindungen und Archimedes.

A	B	C	D	E	F	G	H	I	J	L

M	N	O	P	Q	R	S	T	U	X	Y

Der Herzog von Montmorency

Das hier abgebildete homofone Substitutionsalphabet wurde Mitte des 16. Jahrhunderts im Nachrichtenwechsel zwischen den Herzogen von Montmorency und von Northumberland verwendet. Hier geht es um Dudleys Verrat. Das Alphabet ist weitaus komplexer als die bisher beschriebenen homofonen Alphabete, weil nicht nur die Vokale, sondern auch die meisten Konsonanten durch mehr als ein Symbol ersetzt wurden.

Die wichtigste Erneuerung war jedoch die Benutzung von Markierungszeichen. Sie spielen auch im Computerzeitalter für das Text-Layout eine wichtige Rolle: vor allem bei Druckern, die Systeme wie SGML (Standard Generalized Markup Language) verwenden und in späteren Textverarbeitungsprogrammen mit einer Auszeichnungssprache, wie HTML (Hypertext Markup Language), die eigentlich die Basis aller Texte im Worldwide Web bilden.

Wie in einer HTML-Datei das <a> den Anfang eines Textteils markiert, der auf eine bestimmte Weise wiedergegeben wird – zum Beispiel kursiv, fett, groß, klein oder als Tabelle – und </a>das Ende dieses Textteils, so wurde auch der Montmorency-Code mit Markierungszeichen versehen. Sie spezifizierten jedoch nicht das Layout, sondern die Bedeutung. Es brauchten zum Beispiel nur die Symbole zwischen einem Anfangs- und Endmarkierungszeichen entziffert zu werden, um die Nachricht lesen zu können, die übrigen Symbole waren willkürlich gewählt und bedeutungslos.

Dass die Zahl 33 eine doppelte Bedeutung hatte – sie war Anfangs- und Endmarkie-

Anfang der Nachricht: **25** oder **33**   Ende der Nachricht: **33** oder **23**

rungszeichen – machte es noch schwieriger, den Code zu knacken. Der Empfänger dagegen wusste, wonach er suchte und brauchte lediglich die Symbole nach 25 oder 33 zu entschlüsseln, konnte bei 33 oder 23 aufhören und brauchte erst bei den nächsten 33 oder 25 wieder zu beginnen.

Symbole und Zahlen erlebten damit einen tiefgreifenden Wandel: Sie waren für die inhaltliche Bedeutung der Nachricht nicht länger von entscheidender Bedeutung, denn diese wurde durch die Stellung der Markierungszeichen bestimmt, die außerdem selbst ein Symbol oder eine Zahl sein konnten. Es wundert nicht, dass dieses Codierungssystem erst mit der Wiederentdeckung der Algebra im 16. Jahrhundert entstand, als westliche Mathematiker erforschten, wie man bekannte und unbekannte Größen durch abstrakte Symbole ersetzt.

Außerdem enthielt der Montmorency-Code neun „Nullbuchstaben" und eine kleine Wörterliste.

Entschlüsseln Sie:

diese aus der englischen Wikipedia übernommene Beschreibung von Markierungszeichen, wie sie ursprünglich in der Buchdruckkunst verwendet wurden.

Heinrich II. von Frankreich

Mittels des auf Seite 185 wiedergegebenen Codealphabets aus 1558 kommunizierte König Heinrich II. von Frankreich mit Philibert Babou de la Bourdaisière, dem französischen Botschafter in Rom. Außer vielen Substitutionsmöglichkeiten für wichtige Buchstaben enthält dieser Code Symbole für häufig vorkommende Doppelbuchstaben, was allerdings eine Schwachstelle im Code bildete.

Das Codealphabet enthält auch eine Liste mit Symbolen als Ersatz für viel verwendete Personen oder Institutionen, sowie eine Liste häufig vorkommender Wörter und Buchstabenkombinationen.

Wie im Codealphabet von Herzog
von Montmorency erhalten nicht nur die
Vokale, sondern auch fast alle Konsonanten
und sogar die am häufigsten vorkommenden Buchstabenkombinationen mehrere
alternative Symbole. Die neun „Nullbuchstaben" komplettieren das Alphabet.

Markierungszeichen wurden nicht
verwendet.

Entschlüsseln Sie:

Viele Herrscher, wie König Heinrich II., ließen sich von den Theorien Machiavellis inspirieren. Im folgenden Text spricht der italienische Politiker und Philosoph über die Bedeutung des Glücks im menschlichen Leben.

Maria Stuart

Das Schicksal von Maria Stuart ist das eindrucksvollste Beispiel dafür, wie wichtig zuverlässige Verschlüsselungen sind. Maria Stuart (1542-1587) wurde bereits im Alter von 6 Tagen als rechtmäßige Königin von Schottland ernannt und gekrönt. Am französischen Hof erzogen, heiratete sie 1558 den französischen Kronprinzen, kehrte aber bereits 1560 als 18-jährige Witwe nach Schottland zurück. 1567 wurde die katholische Maria von protestantischen Adligen zum Rücktritt gezwungen. Sie suchte Zuflucht bei der englischen Königin Elisabeth I., ihrer Cousine. Da Maria als Enkelin Heinrichs VII. ebenfalls einen Anspruch auf den englischen Thron erheben konnte, war sie dort aber nicht willkommen und wurde in einem abgelegenen Schloss gefangen gehalten. Der Kontakt mit ihren Sympathisanten verlief über codierte Botschaften, die allerdings von Spionen im Dienst der Königin abgefangen und entziffert wurden. Als Maria im Geheimen – wie sie meinte – der sogenannten Babington-Verschwörung zustimmte, wobei Elisabeth getötet und sie selbst zur Königin gekrönt werden sollte, hatte sie ihr eigenes Todesurteil unterzeichnet. Somit lieferten die Codebrecher den Beweis für den Verrat Maria Stuarts. Nachdem man die Namen der anderen Verschwörer durch eine gefälschte Nachricht erfahren hatte, konnten alle verhaftet und verurteilt werden. Maria selbst wurde enthauptet.

Entschlüsseln Sie:
den möglicherweise von Maria Stuart geschriebenen Brief, der beweisen soll, dass sie am Tod ihres Ehegatten beteiligt war.

Marie-Antoinette wurde zum Tod durch die Guillotine verurteilt.

VON POLYBIUS BIS GUILLOTINE

Das Schicksal Maria Stuarts zeigt Ähnlichkeiten mit dem von Marie-Antoinette. Die österreichische Erzherzogin Marie-Antoinette wurde nach ihrer Heirat mit Ludwig XVI. zur Königin von Frankreich gekrönt. Nach der Revolution erklärte die Französische Republik Österreich 1792 den Krieg und Marie-Antoinettes Beziehungen zu Verwandten und Freunden in der Heimat galten als Hochverrat. Dieser Vorwurf war einer der Anklagepunkte, der zu ihrer Verurteilung und zu ihrem Tod unter der Guillotine führte.

Marie-Antoinette verwendete eine auf dem Polybiusviereck (s. Kap. 1) basierte Geheimschrift, die zusätzliche „Nullsymbole" enthielt. Die Matrix bietet lediglich Platz für die Zahlen 1 bis 5, die Zahlen 6 bis 9 konnten also als bedeutungslose Symbole dienen. Diese Veränderung war jedoch kein Erfolg. Talon und Mirabeau, Marie-Antoinettes Codierer, ersetzten die Buchstaben durch die jeweiligen Koordinaten des Polybius Vierecks, sodass eine Reihe von Zahlenpaaren entstand, die anschließend in eine Reihe mit allen ersten Zahlen und eine Reihe mit allen zweiten Zahlen aufgegliedert wurde. Die Schwäche dieser Methode lag darin, dass ein einziger Fehler die gesamte Nachricht unlesbar machte. Eine andere Anpassung des Polybius Vierecks im 19. Jahrhundert war erfolgreicher. Absender und Empfänger vereinbarten zunächst ein Codewort und gaben die Buchstaben dieses Codeworts (in diesem Beispiel KING) in der ersten Zeile ein. Danach wurde das Viereck in alphabetischer Reihenfolge mit den übrigen Buchstaben des Alphabets ausgefüllt. So konnte die Einteilung jeweils verändert werden. Auch dieser Code, eine Art 1-1 Substitutionsverschlüsselung, ließ sich von Experten durch Anwendung von Buchstabenfrequenzen relativ einfach entschlüsseln.

	1	2	3	4	5
1	K	I	N	G	A
2	B	C	D	E	F
3	H	J	L	M	O
4	P	Q	R	S	T
5	U	V	W	X	Y

Entschlüsseln Sie:

dieses Fragment aus dem letzten Brief von Marie-Antoinette.

```
2 2 8 1 5 0 1    1 7 9 1 1 3 4    1 3 6 1 9 3    1 1 1 4 8 8 3
1 1 1 9 0 4 2    4 7 3 1 2 6 5    2 5 5 9 4 8 4    5 4 7 5 5 0 4
3 9 5 4 6 5 5    4 7 5 1 5 7 3
```

Entschlüsseln Sie:

dieses Fragment aus einem Brief von Marie-Antoinette an einen schwedischen Freund, Fersen. Sie erwähnt darin den Namen des österreichischen Botschafters, Mercy-Argenteau, an den sie geheime militärische Informationen aus Frankreich weitergeleitet haben soll. Welches Codewort wurde verwendet, und welche Einteilung des Polybius-Vierecks?

31 15 35 44 14 41 23 31 41 25 15 35 14 44 44 14 41 25 14 43

45 12 23 14 35 14 43 22 55 31 11 15 52 14 51 43 25 14 23 11 31

35 35 12 44 45 14 35 13 11 15 45 31 22 15 34 34 55 45 12 31 41

44 31 44 45 45 11 15 45 53 12 43 23 44 21 14 44 15 31 23 15 41

23 15 22 45 31 12 41 45 15 33 14 41 15 45 34 12 41 25 34 15 44

45 53 11 31 22 11 53 31 34 34 35 15 33 14 44 12 35 14 31 35 13

43 14 44 44 31 12 41 11 14 43 14 45 31 35 14 31 44 43 51 41 41

31 41 25 44 11 12 43 45 31 45 31 44 31 35 13 12 44 44 31 21 34

14 45 12 53 15 31 45 35 51 22 11 34 12 41 25 14 43 31 15 35 44

14 41 23 31 41 25 45 11 14 21 34 15 41 33 44 31 25 41 14 23 13

15 13 14 43 44 53 11 31 22 11 55 12 51 43 14 42 51 14 44 45 14

23 15 23 31 14 51 53 11 14 41 44 11 15 34 34 53 14 35 14 14 45

15 25 15 31 41 31 41 13 14 15 22 14

Heinrich IV. von Frankreich

Die folgende Tabelle enthält das von König Heinrich IV. verwendete homofone Substitutionsalphabet und stammt wahrscheinlich vom königlichen Kryptografen, Codebrecher und Mathematiker François Viète. Es ist ein intelligentes und effizientes Alphabet, wobei die Zahl der Homofone je Buchstaben der durchschnittlichen Frequenz dieses Buchstabens entspricht. Der Code ver- wendet ein Markierungszeichen, ⊃⊂ in diesem Fall sowohl den Anfang als auch das Ende einer Reihe von Symbolen anzeigt, die für den Inhalt der Nachricht weiter bedeutungslos sind.

Die Codeliste enthält nur drei Wörter:

par = ⟨Symbol⟩ , that = ⟨Symbol⟩ , you = ⟨Symbol⟩

A	B	C	D	E	F	G	H	I	J	L
⟨Symbol⟩	⟨Symbol⟩	⟨Symbol⟩	⟨Symbol⟩	⟨Symbol⟩	⟨Symbol⟩	⟨Symbol⟩	⟨Symbol⟩	⟨Symbol⟩ ⟨Symbol⟩ ⟨Symbol⟩		⟨Symbol⟩
⟨Symbol⟩		⟨Symbol⟩	⟨Symbol⟩	⟨Symbol⟩	⟨Symbol⟩			⟨Symbol⟩	⟨Symbol⟩	⟨Symbol⟩
			⟨Symbol⟩	=				⟨Symbol⟩	⟨Symbol⟩	

M	N	O	P	Q	R	S	T	U	X	Y
⟨Symbol⟩	⟨Symbol⟩	⟨Symbol⟩	⟨Symbol⟩	⟨Symbol⟩	⟨Symbol⟩	⟨Symbol⟩	⟨Symbol⟩	⟨Symbol⟩	⟨Symbol⟩	⟨Symbol⟩
⟨Symbol⟩	⟨Symbol⟩	⟨Symbol⟩			⟨Symbol⟩	⟨Symbol⟩	⟨Symbol⟩	⟨Symbol⟩		
		⟨Symbol⟩			⟨Symbol⟩		⟨Symbol⟩			

Entschlüsseln Sie:

dieses Fragment aus der Biografie von François Viète von J. J. Connor und E. F. Robertson. Hierin ist von den algebraischen Prinzipien durch Viète die Rede.

Da die Codebrecher die Codealphabete immer schneller entschlüsselten, wurden die Listen mit Codewörtern immer länger, wie im hier abgebildeten Codebuch aus dem Amerikanischen Bürgerkrieg.

NICHT ZU ENTSCHLÜSSELN

Auch homofone Alphabete ließen sich aber nur kurze Zeit geheim halten und mussten jedes Mal ersetzt werden. Dieser Typ Geheimschrift war auf analytische Weise schwieriger zu entschlüsseln, da Buchstabenfrequenzen keinen Halt boten. Sein Schwachpunkt waren jedoch die vielen und komplexen Codewörter, die man sich merken musste. Absender und Empfänger mussten immer über eine Codetabelle verfügen (auch unterwegs), was das Risiko auf Kopieren oder Diebstahl mit sich brachte. Auch wenn alles gut ging, fanden Codebrecher früher oder später immer ausreichend Hinweise zum Knacken des Codes.

Albertis Buchstabenscheiben

Es wurde also ständig nach besseren und zuverlässigeren Codierungsmethoden geforscht. Schon 1470 veröffentlichte Leon Battista Alberti sein *De cifris*, in dem er eine variable Verschlüsselungsmethode mittels zwei ineinander greifender Kreise auf einer Drehscheibe beschribt.

Die Abbildung rechts zeigt eine solche Scheibe. Im äußeren Ring befinden sich die wichtigsten großgeschriebenen Buchstaben in der üblichen Reihenfolge des Alphabets, sowie die Zahlen 1 bis 4. Der innere Ring lässt sich gegenüber dem äußeren Ring drehen und zeigt ebenfalls die wichtigsten Buchstaben, aber dann klein und in willkürlicher Reihenfolge. Absender und Empfänger, die über die gleiche Drehscheibe verfügten, mussten vereinbaren, welcher Buchstabe als Indexbuchstabe im äußeren Ring einzustellen war, zum Beispiel das A. Der Codierer drehte den inneren Ring daraufhin in eine willkürliche Position und gab diese Stellung als Ausgangsposition an, indem er seine Nachricht mit dem kleinen Buchstaben unter dem vereinbarten Indexbuchstaben begann. Der restliche Text wurde dann dieser Einstellung entsprechend codiert.

Innerhalb einer Nachricht wurde die Stellung des inneren Rings regelmäßig

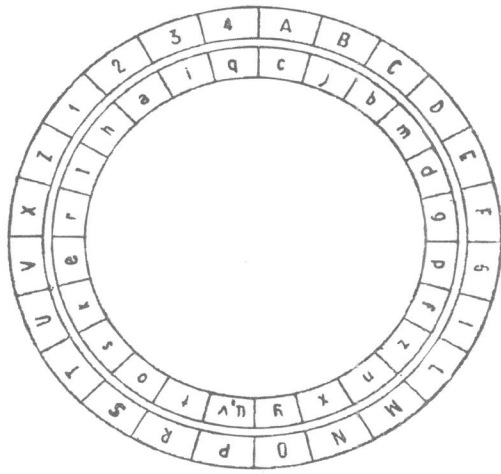

verändert. Der Codierer gab dies mit einem der vier kleinen Buchstaben an, der in dieser Einstellung mit einer der vier Zahlen korrespondierte. Der Empfänger wusste, dass er, wenn er beim Entschlüsseln auf eine Zahl stieß, den inneren Ring erneut bis zu dem kleinen Buchstaben drehen musste,

Entschlüsseln Sie:

diesen Text von Alberti über die Beziehung zwischen Mathematik und Malerei. Als Verschlüsselungsmethode wurde seine Buchstabenscheibe verwendet.

cxysf	xpuzd	codon	doynk	bconc
sdncs	fbczf	xedos	fpcsf	yxoii
zjjbf	nzuty	itgnz	ubuxb	cgipp
gsbzg	cizto	yztbf	tnunf	boubm
opxyi	ctgcb	rafry	jdcqf	gmmrn
imrnj	hznip	fjdhj	pbizg	qprjd
njdcp	ifzpi	hnjyi	rdazg	mieeb
eucmq	qpdgd	fczcd	mfdmz	abdxc
mqdix	acqzf			

der mit dem vereinbarten Indexbuchstaben korrespondierte.

Diese Methode war relativ sicher, vor allem, wenn der innere Ring regelmäßig verändert wurde. Ihre Schwachstellen bildeten der vereinbarte Indexbuchstabe und die Drehscheibe selbst.

Der Durchbruch von Bellaso

Trotz ihrer relativen Sicherheit wurde die von Alberti entwickelte Methode nur selten verwendet. Vielleicht deswegen, weil sich wissenschaftliche Erkenntnisse auf einen begrenzten Kreis beschränkten.

1553 entwickelte der italienische Kryptograf Giovan Battista Bellaso eine relativ einfache Verschlüsselungsmethode, die die bis dahin beste Garantie auf Geheimhaltung bot. Diese Methode wurde erst in breiten Kreisen bekannt, als sie 1585 von Blaise de Vigenère beschrieben wurde. De Vigenère galt daraufhin jahrhundertelang zu Unrecht

Bellasos Methode war auf der *Tabula recta* des Benediktinerabts Johannes Trithemius basiert, einer Tabelle, in der in der obersten Zeile und in der linken Spalte alle Buchstaben des Alphabets in üblicher Reihenfolge aufgeführt werden. Diese Matrix wurde mit den gleichen Buchstaben gefüllt, wobei der Anfangsbuchstabe in jeder Zeile einen Platz vorrückt. Das heutige Alphabet zählt 26 Buchstaben, sodass eine Tabelle 26 Alphabete enthält. Ein geheimes Codewort legte fest, welches Alphabet pro Buchstabe zu benutzen war. Dieses Codewort wurde vom Codierenden ständig unter dem zu codierenden Text wiederholt. Lautete die Nachricht zum Beispiel: „Eine Hochzeit zwischen Elisabeth und Heinrich wird erwogen" (was auch den Tatsachen entsprach), und das Codewort war HEIR (Erbe), so funktionierte die Methode folgendermaßen:

Der zu codierende Buchstabe aus der Nachricht wurde als Koordinate der

E L I Z A B E T H C O N S I D E R S M A R R Y I N G H E N R I

H E I R H E I R H E I R H E I R H E I R H E I R H E I R H E I

L P Q Q H F M K O G W E Z M L V Y W U R Y V G Z U K P V U V Q

als Erfinder des polyalphabetischen Substitutionsverfahrens, das immer noch unter dem Namen Vigenère-Chiffre bekannt ist.

Albertis Drehscheibe enthielt vier Alphabete, die abwechselnd benutzt werden konnten, Bellasos Methode verfügte jedoch über 26 Alphabete, wobei für jeden Buchstaben das Alphabet gewechselt wurde.

obersten Zeile, der korrespondierende Buchstabe aus dem Codewort als Koordinate der linken Spalte verwendet. Der Buchstabe auf dem Kreuzpunkt von Zeile und Spalte war der richtige Codebuchstabe. Da die Buchstaben in der Nachricht bereits bei einer kleinen Verschiebung nicht mehr mit den richtigen Buchstaben des Codewortes korrespondierten, was die Nachricht

	A	B	C	D	E	F	G	H	I	J	K	L	M	N	O	P	Q	R	S	T	U	V	W	X	Y	Z
A	A	B	C	D	E	F	G	H	I	J	K	L	M	N	O	P	Q	R	S	T	U	V	W	X	Y	Z
B	B	C	D	E	F	G	H	I	J	K	L	M	N	O	P	Q	R	S	T	U	V	W	X	Y	Z	A
C	C	D	E	F	G	H	I	J	K	L	M	N	O	P	Q	R	S	T	U	V	W	X	Y	Z	A	B
D	D	E	F	G	H	I	J	K	L	M	N	O	P	Q	R	S	T	U	V	W	X	Y	Z	A	B	C
E	E	F	G	H	I	J	K	L	M	N	O	P	Q	R	S	T	U	V	W	X	Y	Z	A	B	C	D
F	F	G	H	I	J	K	L	M	N	O	P	Q	R	S	T	U	V	W	X	Y	Z	A	E	C	D	E
G	G	H	I	J	K	L	M	N	O	P	Q	R	S	T	U	V	W	X	Y	Z	A	B	C	D	E	F
H	H	I	J	K	L	M	N	O	P	Q	R	S	T	U	V	W	X	Y	Z	A	B	C	D	E	F	G
I	I	J	K	L	M	N	O	P	Q	R	S	T	U	V	W	X	Y	Z	A	B	C	D	E	F	G	H
J	J	K	L	M	N	O	P	Q	R	S	T	U	V	W	X	Y	Z	A	B	C	D	E	F	G	H	I
K	K	L	M	N	O	P	Q	R	S	T	U	V	W	X	Y	Z	A	B	C	D	E	F	C	H	I	J
L	L	M	N	O	P	Q	R	S	T	U	V	W	X	Y	Z	A	B	C	D	E	F	G	H	I	J	K
M	M	N	O	P	Q	R	S	T	U	V	W	X	Y	Z	A	B	C	D	E	F	G	H	I	J	K	L
N	N	O	P	Q	R	S	T	U	V	W	X	Y	Z	A	B	C	D	E	F	G	H	I	J	K	L	M
O	O	P	Q	R	S	T	U	V	W	X	Y	Z	A	B	C	D	E	F	G	H	I	J	K	L	M	N
P	P	Q	R	S	–	U	V	W	X	Y	Z	A	B	C	D	E	F	G	H	I	J	K	L	M	N	O
Q	Q	R	S	T	U	V	W	X	Y	Z	A	B	C	D	E	F	G	H	I	J	K	L	M	N	O	P
R	R	S	T	U	V	W	X	Y	Z	A	B	C	D	E	F	G	H	I	J	K	L	M	N	O	P	Q
S	S	T	U	V	W	X	Y	Z	A	B	C	D	E	F	G	H	I	J	K	L	M	N	C	P	Q	R
T	T	U	V	W	X	Y	Z	A	B	C	D	E	F	G	H	I	J	K	L	M	N	O	P	Q	R	S
U	U	V	W	X	Y	Z	A	B	C	D	E	F	G	H	I	J	K	L	M	N	O	P	Q	R	S	T
V	V	W	X	Y	Z	A	B	C	D	E	F	G	H	I	J	K	L	M	N	O	P	Q	R	S	T	U
W	W	X	Y	Z	A	B	C	D	E	F	G	H	I	J	K	L	M	N	O	P	Q	R	S	T	U	V
X	X	Y	Z	A	B	C	D	E	F	G	H	I	J	K	L	M	N	O	P	Q	R	S	T	U	V	W
Y	Y	Z	A	B	C	D	E	F	G	H	I	J	K	L	M	N	O	P	Q	R	S	T	U	V	W	X
Z	Z	A	B	C	D	E	F	G	H	I	J	K	L	M	N	O	P	Q	R	S	T	U	V	W	X	Y

unverständlich machte, wurde der Text oft in Gruppen von fünf Buchstaben notiert.

LPQQH FMKOG WEZML

VYWUR YVGZU KPVUV Q

Auch bei der Festlegung des richtigen Codebuchstabens auf dem genauen Kreuzpunkt der zwei Koordinaten war äußerste Sorgfalt geboten. Die Verwendung einer Drehscheibe anstelle einer Matrix machte die Fehleranfälligkeit allerdings erheblich kleiner, sodass Albertis Methode mit Bellasos Methode kombiniert wurde. Beide Ringe sind in diesem Fall gleich und enthalten so viele Segmente, wie es Buchstaben im Alphabet gibt. Diese Buchstaben stehen auf beiden Ringen in der üblichen Reihenfolge, zusätzliche Zahlen sind nicht vorhanden. Die Nachricht wurde nach der Bellaso-Methode notiert, also in Kombination mit einem Codewort. Um einen Buchstaben zu codieren, wurde der korrespondierende Buchstabe des Codeworts (zum Beispiel das A) unter den vereinbarten Indexbuchstaben des äußeren Ringes gedreht. Der Codebuchstabe stand jetzt im inneren Ring unter dem zu codierenden Buchstaben. Im Amerikanischen Bürgerkrieg wurde diese Methode von der Konföderation verwendet und alle militärischen Einheiten verfügten über eine kupferne Buchstabenscheibe. Auch ohne diese Scheibe ließen sich die Nachrichten jederzeit codieren und decodieren, denn dazu brauchte man lediglich eine Bellaso-Matrix zu zeichnen.

Obwohl Bellasos Werk schon zu Zeiten von König Heinrich III. veröffentlicht wurde, verließ sich sein Nachfolger, König Heinrich

IV. von Frankreich, immer noch auf die homofone Substitutionsverschlüsselung. Die Bellaso-Verschlüsselung wurde erst im 17. Jahrhundert allgemein verwendet und galt 200 Jahre lang als die beste Verschlüsselungsmethode.

Der Code ist gebrochen!

Lewis Carroll, der Autor des weltberühmten *Alice im Wunderland* schrieb unter seinem eigenen Namen Charles Dodgson

Entschlüsseln Sie:

Testen Sie Ihr Verständnis der Bellaso-Methode und entschlüsseln Sie dieses Fragment aus der Antrittsrede Abraham Lincolns aus dem Jahr 1861. Kurz darauf brach der Amerikanische Bürgerkrieg aus. Das Codewort lautet WAR („Krieg").

EHRRE	EKPLN	PFOEU	ERVYT	CUOIE
NUERV	YTCUT	FENKA	RWARV	SIKDT
YAIEO	TZPUK	EOEKF	JHAMA	RPENK
DEJPA	KASND	EIAIK	AXZOT	JEBVH
IVREZ	DAMAN	FHANB	UCNIX	DTKKD
FOORJ	DZDAM	ANFEN	THIEW	TZKNK
KDFOO				

auch wissenschaftliche Artikel. In seinem 1868 veröffentlichten „The Alphabet Cipher" rühmt er die Bellaso-Methode als „unentschlüsselbar", aber er wusste damals nicht, dass es seinem Landsmann Charles Babbage bereits 1853 gelungen war, den Code zu entschlüsseln.

Babbage, der sich vor allem für die Entwicklung von Rechenmaschinen interessierte und für den Kryptografie nur ein Hobby war, hatte sich nicht die Mühe gegeben, seine Entdeckung zu veröffentlichen. Friedrich Kasiski, ein preußischer Offizier, dem es zehn Jahre später ebenfalls gelang den Code zu entschlüsseln, tat dies dagegen wohl.

Wiederholung des Codeworts in Kombination mit der Unvermeidlichkeit bestimmter Buchstabenfrequenzen zu Wiederholungen. Identische Buchstabenkombinationen aus der Nachricht entsprechen identischen Buchstaben aus dem Codewort und ergeben damit identische Codebuchstaben. Damit hat der Codebrecher einen ersten Ansatzpunkt. Er konnte jetzt die Zahl der Buchstaben zwischen diesen wiederholten identischen Codebuchstabenpaaren zählen. Diese Zahl ist eine Multiplikation der Zahl der Buchstaben des Codeworts. Das folgende Beispiel ist eine Aussage von George Bernhard Shaw, codiert nach der Bellaso-

IOFTENQUOTEMYSELFITGIVESSPICETOMYCONVERSAT**IO**N

DOGDOGDOGDOGDOGDOGDOGDOGDOGDOGDOGDOGDOGDOG**DO**G

LCLWSTTIUWSSBGKOTOWUOYSYVDOFSZRAEFCTYSXVOZ**LC**T

Babbage und Kasiski hatten unabhängig voneinander die algebraische Schwachstelle im Bellaso-Code gefunden. Ist der Text lang genug, so führt die systematische

Methode mit dem Codewort DOG (Hund).

Die Buchstabenkombinationen IO steht zweimal genau über dem DO des Codewortes und ergibt in beiden Fällen die Code-

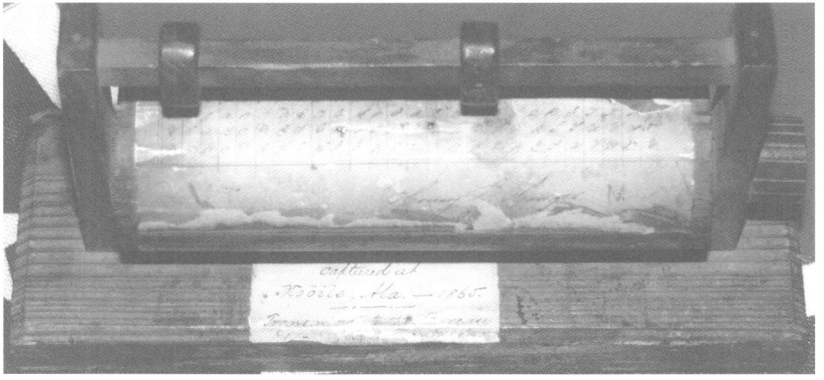

buchstaben L und C. Der Abstand zwischen dem ersten und dem zweiten LC beträgt 42 Buchstaben, ein Vielfaches von 3, der Anzahl Buchstaben von DOG.

Es lassen sich noch drei weitere identische Buchstabenkombinationen entdecken:

WS auf 4 und 10 = 6 Zwischenräume
YS auf 22 und 37 = 15 Zwischenräume
CT auf 35 und 44 = 9 Zwischenräume

In diesem Beispiel lässt sich die Zahl der Zwischenräume immer durch drei teilen. In der Praxis ist dies allerdings meist komplizierter, denn identische Buchstabenpaare können auch rein zufällig auftreten. Ein Codebrecher muss also immer mehrere Möglichkeiten ausprobieren.

Im vorliegenden Beispiel kann der Codebrecher annehmen, dass das Codewort drei Buchstaben hat. Ist die Länge des Codeworts einmal bekannt, so wird auch die codierte Nachricht ihre Geheimnisse eher preisgeben. In diesem Fall wird der Codebrecher die Codebuchstaben in Dreiergruppen anordnen, eine für jeden Buchstaben des Codeworts. Für jede Gruppe von drei Buchstaben wird anschließend eine Frequenzanalyse durchgeführt. Der am häufigsten vorkommende Buchstabe ist dann wahrscheinlich das E. Auf dieser Grundlage kann der betreffende Buchstabe im Codewort ermittelt werden. Auch wenn die ersten Versuche zunächst scheitern, lässt sich der Code auf diese Weise durch systematisches Ausprobieren entschlüsseln.

Entschlüsseln Sie:
Versuchen Sie, das folgende Zitat vom Mai 1861 von Robert E. Lee, dem General der Südstaaten, nach der von Babbage und Kasiski entdeckten Methode zu entschlüsseln.

ATCMJ	SAYMV	SQIGM	DWWMVV	XOLFZ
LVYPH	JKCES	DOMMH	LZYTZ	LTINY
QSUKZ	FCLMO	WFHIV	DWNBJ	AOHLD
AZFGV	LOJIY	WQCTA	WHBXK	WHYKT
ABUMP	GBUGK	HZOVR	GTNAL	KCOMO
SBXLV	MHBXY	FDIEP	LWWBH	FGXHU
GHUIW	JSWBH	LSNAL	FIGUL	JGLXZ
GILVL	KOHWW	SHCXU	LDYKZ	WJYKH
FQYHM	LVYGV	JHBUV	LVMBK	WGZHY
YSNMO	SHQXH	JSUES	SAYKP	UOHLP
XCLXZ	WSNAH	LCOKJ	GIHMY	QKCES
HOMLA	ZFINN	ZONXY	JWVEL	GFXXH
DOHXJ	WGMTY	QSRIP	SHCHU	HSLAH
HGZHY	GILGH	LWIGH	DGCGZ	

KAPITEL 7

WASHINGTON 108°

Als Matrix einer jungen Nation entstand die Hauptstadt Washington D.C. mithilfe des Einfallsreichtums eines geheimnisvollen „Kindes" und besitzt alle Zutaten eines mythischen Orts.

Die nachfolgende Betrachtung der Geschichte Washingtons ist sicherlich unkonventionell. Historische Orte werden kaum erwähnt oder gänzlich weggelassen, dafür werden überraschende Dinge ungewöhnlich ausführlich besprochen, manche werden sogar aus der Vergessenheit oder Nichtbeachtung ans Licht gebracht. Dieses Vorgehen erklärt sich aus der Logik eines Buchs über die Geschichte der Codes und ihren vielseitigen Erscheinungsformen in Symbolik, Sprache und Kunst. Wie ein Ökonom ein Geschichtsbuch unter den Aspekten Handel und Geldfluss verfassen oder ein Religionshistoriker sich auf die Ausbreitung des Glaubens konzentrieren würde, so folgt ein Code-Historiker allen Hinweisen auf Codes, wie wenig sie den üblichen Geschichtsbüchern auch entsprechen mögen. Die Militärgeschichte dient in diesem Kapitel lediglich der Hintergrundvermittlung und soll keinesfalls alle Ereignisse abdecken. Viele der zugrunde liegenden Verbindungen zwischen den erwähnten Orten sind eher poetisch als logisch, aber Poesie ist es, die Menschen in den Krieg treibt.

DIE STADT DES PENTAGRAMMS

Washington ist eine der wenigen Städte, in denen es Straßen gibt, die in einem Winkel von 108° verlaufen. Das ist ein auffälliger Hinweis auf Fünfecke und Pentagramme. Mit seinem Kumpel, dem 36°-Winkel, bildet er beide Figuren. Von Anfang an herrschte er über die Entwicklung der Hauptstadt, lange bevor es fünfeckige Gebäude oder selbst Pläne für die Stadt gab.

Die Geschichte des Pentagramms in Amerika hat mehrere Ursprünge: die Frei-

Luftaufnahme vom Pentagon

maurer-Kultur vieler Gründungsväter, das Leben eines seltsamen Architekten sowie eine Revolution in der Gartengestaltung. Wahr ist, dass auf dem Schurz, den George Washington vom Marquis de Lafayette (siehe Kapitel 5) erhielt, ein Pentagramm abgebildet war, aber es war nur eins von vielen Freimaurer-Symbolen und stach nicht hervor. Die geometrische Figur erfuhr viel Beistand, damit sie eine so zentrale Rolle in der Psyche der jungen Nation einnehmen konnte.

Schutzengel

Es bedarf des Spiels mit Wörtern, um kodierte Symbole zu entschlüsseln, denn das kurbelt die Kreativität des Gehirns an und aktiviert seine Vorstellungskraft. In den Mehrdeutigkeiten und Ähnlichkeiten von Wörtern steckt ein Sprachschatz. Wortspiele und Reime sind Treibmittel von Poesie und Mythen. Nimmt man etwa die englischen Wörter für *Engel* (angel) und *Winkel* (angle), fällt auf, dass L

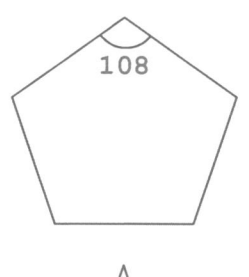

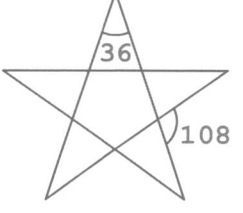

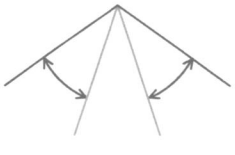

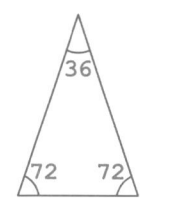

und E vertauschte Positionen einnehmen, ein Zeichen der Verbundenheit. Plötzlich ruft die Vorstellungskraft: „Ja, natürlich! Wie könnte man die zwei Flügel eines Engels besser darstellen als durch die Seiten eines Winkels? Ein Winkel (angle) ist ein stilisierter Engel (angel)! Sieh, wie der 108-36-Engel fliegt!" Die symbolische Animation der fliegenden Engel zeigt Parallelen zu Leonardos fliegendem Vitruvianischen Menschen (siehe Kapitel 4).

Der verwinkelte Engel, der symbolisch über die Geburt der Union wachte, war umso machtvoller, da er der Winkel des Pentagramms war, das zweitausend Jahre zuvor die Pythagoreer behütete. Die meisten Gründerväter waren ausreichend gebildet, um zu wissen, dass Pythagoras' Siegel ein Pentagramm war. Vielleicht sich nicht einmal dessen bewusst, beschlossen sie, dass die neue Nation ihre Existenz damit besiegeln sollte. Zwei Jahrhunderte später war die offenkundige Wahl für das Gebäude, in dem alles um den bewaffneten Schutz des Landes ging, das Pentagon.

Das gleichschenklige 108°-Dreieck wird auch „leuchtendes Delta" genannt, das 36°-Dreieck mit den 72°-Winkeln an der Grundseite „Goldenes Dreieck" (siehe Kapitel 2).

Aber setzen wir den Wortspielen und Reimen keine Grenzen, um zur Wahrheit zu gelangen. Denn: Symbole sind zum Spielen da. Gibt es einen poetisch passenderen Vogel, um mit Engeln und Winkeln zu fliegen, als den Adler?

Das Pentagon signalisiert der ganzen Welt symbolisch die Macht und Entschlossenheit der USA. Relativ unbekannt ist, dass auch Fort McHenry, eine wichtige Festung, die

Baltimore am 13. und 14. September 1814 gegen die britische Marine verteidigte, diese Form hatte, und so symbolisiert das Pentagon erneut die Unabhängigkeit des Landes.

Fort McHenry wurde 1776 auf der Halbinsel Whetstone an der Hafenein-fahrt von Baltimore erbaut, ein sternför-miger Lehmbau. Es spielte weiter keine Rolle im Unabhängigkeitskrieg, außer als Abschre-ckung. Der französische Ingenieur Jean Foncin baute es von 1799 bis 1802 zu einem Freimaurersitz um. Das Geld dafür beschaffte James McHenry, der als Sekretär bei George Washington arbeitete. Den Sieg von 1814 feierte Francis Scott Key in seinem Gedicht „The Defense of Fort McHenry", das 1931 zur Nationalhymne der USA erklärt wurde.

Das Pentagramm-gesprenkelte Banner

Die Zahl 5 erschien früh als Symbol im Unabhängigkeitskrieg. Die Flagge war ihr Geburtsort. 1776 fanden sich auf der Flagge, die Betsy Ross in ihrer Polsterei in Philadelphia zugeschnitten und genäht hatte, vor Washingtons Hauptquartier bei Valley Forge keine Pentagramme. Die 13 Unionsstaaten wurden durch Hexagramme dargestellt, die Symbolik der 5 war dennoch präsent: Die Sterne standen in einer Fünfpunktordnung, als Muster mit

verschlungenen fünfarmigen Sternen, wie die auf dem Schurz, den Washington von Lafayette erhielt (siehe Kapitel 5).

Nach der Unabhängigkeitserklärung am 4. Juli 1776 tauchten die 13 Streifen der Gründungsstaaten auf, aber es gab keine feste Regelung für die Darstellung. So umschlossen die 13 Streifen mal den Union Jack des bri-tischen Empires, mal waren die 13 Sterne in einem Kreis angeordnet. Letzteres wurde spä-ter von der Europäischen Union übernommen.

Am 14. Juni 1777 legte der Kongress ein einheitliches Design fest. Die offizielle Flagge der Vereinten Staaten sollte 13 abwechselnd weiße und rote Streifen zeigen und die Valley Forge-Anordnung der 13 Sterne. Damals wurden aus Sternen Penta-gramme und so ist es bis heute geblieben.

Es bleibt den Historikern überlassen, herauszufinden, woher die Pentagramme

stammen. Ein möglicher Urheber ist der Kongressabgeordnete Francis Hopkinson, dem das Design der ersten offiziellen Flagge zugesprochen wird, aber dessen favorisiertes Freimaurersymbol war das Hexagramm. Die Bücher seiner Bibliothek trugen ein Exlibris mit drei sechszackigen Sternen. Vielleicht war auch Betsy Ross verantwortlich. Eine

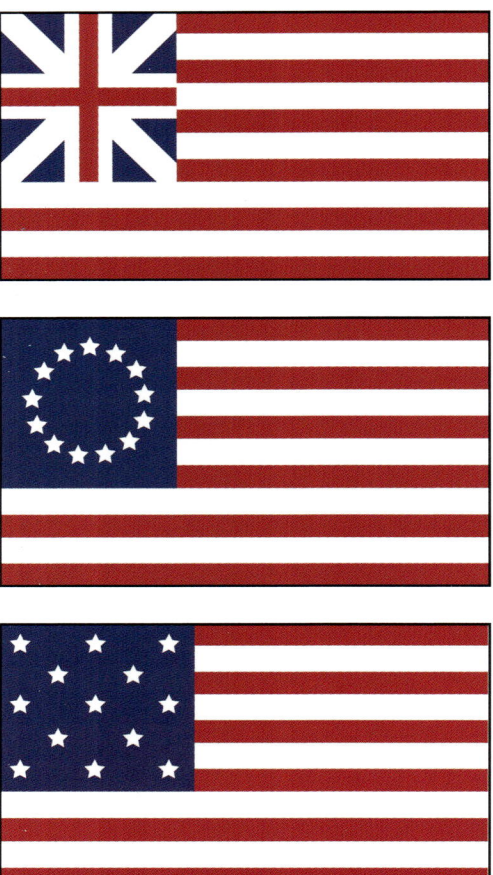

Eventuell stammt der Vorschlag dazu, zusammen mit dem amerikanischen Adler, von Pierre Charles l'Enfant (siehe nächste Seite). Und schließlich zeigt Washingtons Freimaurerschurz einen Quincunx aus Pentagramm-Sternen. Tatsächlich war die Wahl des Pentagramms, wie es häufig bei wichtigen historischen Vorgängen ist, überdeterminiert.

Als weitere Staaten der Union beitraten, erkannte der Kongress, dass durch das Hinzufügen von Streifen die Flagge zu groß oder die Streifen zu schmal würden. Am 4. Juli 1818 wurde die Zahl der Streifen auf 13 festgelegt, als Symbol für die Gründerstaaten. Für jedes neue Mitglied kam ein Stern auf die Flagge. Kurios ist, dass die Europäische Union Pentagramme als Repräsentanten ihrer Mitglieder gewählt hat – mit einer Zacke nach oben, wie die amerikanischen Sterne.

Das Aussehen einer Flagge hat sowohl symbolischen als auch praktischen Wert. Symbolisch erinnert sie an die Geschichte und Werte eines Landes, praktisch ist sie, um im Krieg Freund und Feind zu unterscheiden. Im Amerikanischen Bürgerkrieg hielten beide Seiten sentimental an den Farben und Pentagrammen auf ihren Flaggen fest. Von März 1861 bis Mai 1863 war die erste konföderierte Flagge die „Stars and Bars", ein Kreis von sieben Sternen und drei horizontalen roten und weißen Balken, ähnlich der „Stars and Stripes" der Unionstruppen. Bei der ersten Schlacht am Bull Run am 21. Juli 1861 verursachte die Ähnlichkeit der Flaggen für Verwirrung auf dem Schlachtfeld. Das führte schließlich zur neuen Flagge der Konföderierten, der „Battle Flag" oder Kreuz des Südens.

Website verlautet, dass Betsy, „eine Meisterin der Schere", George Washington und Robert Morris zeigte, wie sie einen fünfzackigen Stern in einem Zug ausschnitt, als sie die Valley Forge-Flagge bei ihr in Auftrag gaben. Das Hexagramm blieb auf der ersten Flagge, vielleicht, weil Washington und Morris durch den Kontinentalkongress genaue Anweisungen erhalten hatten. Aus praktischer Sicht machte es der Ein-Schnitt-Trick leichter, ein Pentagramm auszuschneiden als ein Hexagramm.

PIERRE CHARLES L'ENFANT

Pierre Charles L'Enfant gebührt aufgrund seiner Rolle bei der Gestaltung von Washington D. C. und in der amerikanischen Geschichte ein eigener Abschnitt. Wer ihn oder die L'Enfant Plaza als Haltestelle der Washingtoner U-Bahn nicht kennt, wird überrascht sein: Kein Dichter würde, wie inspiriert er auch wäre, eine Geschichte so romantisch und voller Symbole zusammentragen, wie es das Leben von Pierre L'Enfant war.

Armeeingenieur und Künstler

Pierre L'Enfant wurde 1754 in Frankreich als Sohn eines Hofmalers geboren. Er wurde Architekt und Ingenieur, später Leutnant in der französischen Kolonialarmee. 1777 ging er an Bord der *Le Comte de Vergennes* der vorgeblichen Handelslinie Hortalez und Co., die in Wirklichkeit Männer und

Militärgüter nach Amerika brachte. Er kam einen Monat vor Lafayette in La Victoire an und trat der Revolutionsarmee bei. Wie Lafayette kam er selbst für seine Ausgaben auf. Amerika war damals ein Schmelztiegel der Paradoxien, es war die kreativste Phase seiner Geschichte. Kurz gefasst, kämpften die Briten gegen das Unabhängigkeitsbegehren der amerikanischen Staaten an, obwohl sie an Freiheit und Demokratie glaubten. Dann kamen die Franzosen dazu, die gegen die Briten kämpften, obwohl alles Britische in Frankreich gerade sehr modern war, wo der König Shakespeares Stücke genoss und das Freiheitsideal der Philosophen größtenteils aus dem Gedankengut der britischen Freimaurerlogen stammte. Um noch zur Verwirrung beizutragen, kämpfte George Washington zu Beginn seiner Militärkarriere unter britischer Flagge im siebenjährigen, nordamerikanischen Krieg gegen die Franzosen. In der ersten Hälfte des 17. Jahrhunderts besaß Frankreich ein Territorium, das Louisiane hieß und 15 gegenwärtige amerikanische Staaten bedeckte, von der Mündung des Mississippi bis nach Kanada. Es gab Uneinigkeit über die Grenzen zu den britischen Kolonien. Die Differenzen wurden 1803 beigelegt, als Napoleon Louisiane an die Vereinigten Staaten verkaufte. Der südliche Teil wurde 1812 zum Staat Louisiana.

König Ludwig XVI. sandte unter dem Kommando von Admiral d'Estaing und General Rochambeau eine Flotte aus, die bei der Entwicklung einer amerikanischen Republik helfen sollte. Ironischerweise führte diese Staatsform zum Ende der französischen Monarchie und seinem

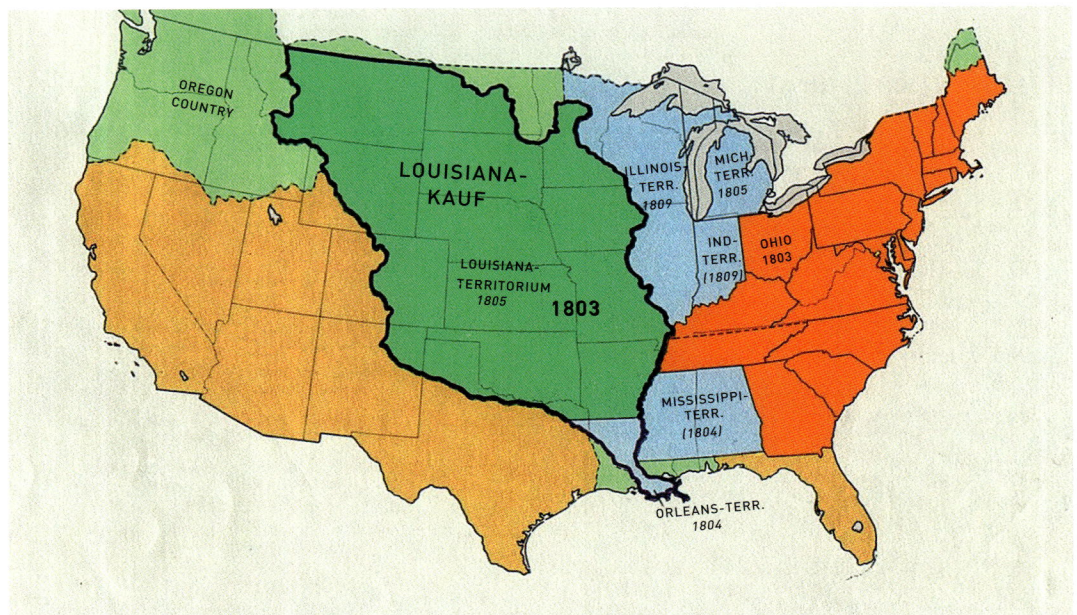

Durch den Kauf von Louisiana 1803 verdoppelte sich die Fläche der USA annähernd.

eigenen Tod. Die indianischen Häuptlinge, die mit den Franzosen gut zurechtkamen, waren über Rochambeau sehr erstaunt und fragten sich, ob der republikfreundliche König im Besitz seiner geistigen Kräfte war. In den 1770ern begeisterten sich viele jungen Franzosen für den Freiheitskrieg, sie wollten für ein Ideal kämpfen und nicht so sehr gegen einen speziellen Feind.

L'Enfant nahm an einigen Schlachten teil. Er wurde in Savannah verwundet und war Rekonvaleszent in Charleston, als der Feind dort eintraf. Auch in dieser Schlacht mischte er mit, geriet in Gefangenschaft und wurde ausgetauscht. George Washington, der kein Französisch sprach und ihn in Briefen häufig als „Lanfang" bezeichnete, ernannte ihn 1783 zum Chefingenieur.

L'Enfant verbrachte die nächsten Jahre in engem Kontakt zu Washington, eine

Freundschaft entspann sich. Er machte sich nützlich und wurde für seine Kenntnisse im Festungsbau und der Organisation der Militärdisziplin geschätzt. Er war immer bereit, seine Talente einzusetzen, zeichnete Porträts vom Washington und den anderen Offizieren. So wurde er zum Designer von Valley Forge. Er war an jedem künstlerischen Projekt beteiligt, ob es eine Auszeichnung, ein Juwel, eine Festung, ein Aufmarsch, ein Gebäude und die Ausrichtung eines

1783

Fests war. Er war für die Moral der Armee so wichtig wie Baron von Steuben für ihre Effizienz. Als ehemaliger preußischer General steuerte Steuben eine wirkungsvolle Ausbildung bei, mit der die amerikanischen Soldaten den harten Winter von 1778 ausgezeichnet überstanden.

Adler des Cincinnatus

Als der Unabhängigkeitskrieg vorüber war, kehrte 1783 L'Enfant nach Frankreich zu seinem Vater zurück. Der neu gegründete Cincinnatusorden hatte ihn mit einer geheimen Mission betraut.

Der Orden hatte die Aufgabe, Offiziere zu ehren, die am Krieg teilgenommen hatten, und denen zu helfen, die in Not waren. Alle Armeeoffiziere, auch die im Dienst verstorbenen, konnten Mitglieder werden. Lebende Offiziere, die dem Orden beitraten, zahlten eine Gebühr in Höhe eines Monatsgehalts.

Bedeutungsvoll war die Funktion des Ordens als Brücke zwischen der Vergangenheit und der Zukunft. Als weiteres amerikanisches Paradoxon fanden die Männer, die gegen die Macht der Könige gekämpft und eine Demokratie gegründet hatten, es nötig, eine erbliche Übertragung, wie in königlichen Familien üblich, einzuführen. Der jeweils älteste Sohn von Cincinnatusfamilien konnte Mitglied des Ordens werden und nach dem Tod seines Vaters an der Übertragung der Ideale beteiligt sein.

Der Gehalt der Übertragung war allerdings ein ganz anderer. Das lateinische Wort *Cincinnatus* bezieht sich auf Lucius Quintus Cincinnatus, einem römischen Bauern des 5. Jahrhunderts vor Christus. Cincinnatus war aufgerufen worden,

die römische Republik zu retten, was er erfolgreich erledigte, um hinterher alle Ehren abzulehnen und zu seiner Farm zurückzukehren. Cincinnatus war das zivile Beispiel im Gegensatz zum Militär, das häufig nach Siegen an der Macht festhielt und die Führung der Nation übernahm.

Obwohl das Problem nie offen zur Sprache kam, müssen General Henry Knox, der als Ordensgründer gilt, und seine Offizierskameraden, unter ihnen George Washington und Baron von Steuben, befürchtet haben, dass das Militär in den gerade befreiten Staaten die Macht übernehmen könnte. Amerika brauchte Bauern, keine Kriegsherren. Washington setzte ein Beispiel und legte seinen Dienst als Oberbefehlshaber nieder, sobald der Friedensvertrag unterschrieben war. Damit verdeutlichte er, dass die Republik und die demokratischen Ideale über persönlichen Interessen standen und es freie Wahlen anstatt militärischer Macht geben würde. Der Dichter Lord Byron nannte Washington den „Cincinnatus des Westens". Im Online-Vorwort der Kongressbibliothek zu den George Washington Papers heißt es: „Die bewusste Niederlegung seiner militärischen Macht und seine Rückkehr in das private Leben sind erstaunlich, denn demokratische Republiken gelten als besonders anfällig für militärische Diktatur."

Im Dezember 1783 wurde Washington zum ersten Präsidenten des Cincinnatusordens gewählt und behielt das Amt bis zu seinem Tod 1799.

Macht ist eine gefährliche Sucht. Die vererbbare Ehre der Mitgliedschaft im Orden könnte dazu führen, dass Militäroffiziere sich als Herrscher durch Erbfolge ansehen.

Washington war geschichtlich versiert. Er kannte seinen Cäsar und sein Wissen ließ ihn Erfahrungen wie mit Napoleon vorbeugen, der anfangs der Republik diente, sie später abschaffte und sich zum Kaiser ernannte.

Die Mitgliedschaft im Orden war nicht auf Amerikaner beschränkt: Pierre L'Enfant wurde beauftragt, einen französischen Verband aufzubauen. Die Franzosen trafen sich im Haus von Lafayette oder Rochambeau. Zum Präsidenten wählten sie Admiral

Fragment der ersten Seite des Codex Mendoza

d'Estaing und überredeten den König, den Orden als fremde Gesellschaft auf französischem Boden zuzulassen.

L'Enfant sollte das Adler-Abzeichen der Mitglieder des Cincinnatusordens bei einem guten Juwelier in Paris in Auftrag geben. Das war der erste Einsatz des Adlers als amerikanisches Emblem. L'Enfant hatte ihn bei der Gründung des Ordens vorgeschlagen: „Der kühne Adler, der charakteristisch für diesen Kontinent ist und sich von den anderen Arten durch seinen weißen Kopf und Schwanz unterscheidet, scheint mir beachtenswert." Der Orden wurde am 19. Juni 1783 akzeptiert. Ein Adler war schon Staatszeichen des Römischen Reiches gewesen und so war der Bogen zu Cincinnatus gespannt.

Ein knappes Jahr später wählte der Kongress den Adler zum Amtssiegel der Vereinigten Staaten. Auch hier, wie im Notizbuch des Villard de Honnecourt (siehe Kapitel 4), wurden Pentagramm und Adler symbolisch vereinigt.

Es gibt keine Aufzeichnungen darüber, ob L'Enfant Villard erwähnte, aber dessen Zeichnungen waren ihm sicherlich bekannt. Sie wurden 1666 wiederentdeckt und 1669 von André Félibien des Avaux veröffentlicht, einem Historiker am Hof von Ludwig XIV. und Sekretär der Académie Royale d'Architecture. Als Hofmaler muss L'Enfants Vater das Buch gekannt und seinem Sohn die ungewöhnlichen Bilder gezeigt haben. Beide Adler nehmen dieselbe Haltung ein, mit gespreizten Schwingen, den Kopf im Profil.

Villards Adler schaut nach Osten, L'Enfants nach Westen. Auf der amerikanischen Flagge und Villards Adler zeigen

Der Adler war schon einmal Symbol für den amerikanischen Kontinent. Einige Tausend

Meilen südlich von Washington D.C. und ein paar Jahrhunderte vor der Amerikanischen Revolution hatten die Azteken den Adler als ihr Wappentier geehrt. Der *Codex Mendoza* (siehe Bild S. 210), der von aztekischen Schriftgelehrten Mitte des 16. Jahrhunderts für Antonio de Mendoza, dem Vizekönig Neu-Spaniens, kurz nach der spanischen Eroberung geschrieben und gezeichnet wurde, zeigt auf dem Einband einen Adler auf einem Kaktus. Das diagonale Kreuz unter ihm könnte den konföderierten Süden zu seinem Kreuz mit Pentagramm-Sternen inspiriert haben. Bis heute sitzt mittig auf der mexikanischen Flagge ein Adler auf einer Kaktusfeige.

En Grand

Die hohen Ehren, mit denen L'Enfant ausgestattet wurde und sein herzlicher Empfang in Paris förderten eine Eigenschaft, die sowohl seine Stärke als auch seine Schwäche werden sollte: Er sah alles im Großformat. Alle seine Projekte nahmen ein sehr ehrgeiziges Format an. Das war den Amerikanern nur recht, die hohe Erwartungen an ihre Zukunft hatten, aber sie überstiegen die begrenzten Mittel der jungen Nation. L'Enfant überstrapazierte das Budget in Paris, das der Cincinnatusorden daraufhin erhöhte. Der erste Schatten des Zweifels hatte sich auf L'Enfants Managerqualitäten gelegt.

Zurück in Amerika, wurde L'Enfant erfolgreicher Architekt und Ingenieur in New York, wo die Sitzungen abgehalten wurden. Er hatte an zwei Ereignissen Anteil, die kennzeichnend für die ersten Jahre der jungen Nation waren.

Francis Hopkinson, Poet, Richter und Unterzeichner der Unabhängigkeitserklärung plante für den Juli 1788 eine große, gemeinschaftliche Prozession zur Feier der Annahme der Verfassung durch neun Staaten. Gleichzeitig sollten die anderen Staaten, insbesondere New York, überzeugt werden, es ihnen gleich zu tun, um die Union zu stärken. Handwerksbruderschaften waren die Hauptakteure der Show. 44 Organisationen, die ihre Werkzeuge präsentierten, waren vertreten, genau wie Farmer und Anhänger der intellektuellen Pläne. Die Handwerker traten in einer eindrucksvollen Schau auf, in der unter anderem Schmiede Schwerter in echten Schmieden zu Pflugscharen umarbeiten.

Staaten der Union. 13 korinthische Säulen, 10 von ihnen ganz, 3 unfertig, für die Staaten, deren Entscheidung über die Verfassung noch ausstand, stützten eine Kuppel, die Sockel zierten die Initialen der 13 Staaten.

Die Parade endete in einem großen Bankett, bei dem sich das Volk an gebratenen Ochsen gütlich tat. Der Präsident und viele Kongressmitglieder saßen unter einer eleganten Kuppel von L'Enfant, überragt von der Figur des Ruhms, die mit ihrer Trompete das neue Zeitalter verkündete.

Blick in die Federal Hall, New York

Zur Symbolik der Prozession gehörte das „Grand Federal Edifice", das die Zimmermannsgilde von Philadelphia errichtet hatte und das auf einer Kutsche von weißen Pferden gezogen wurde. Das Konzept beruhte einzig auf der symbolischen Nummer 13, der Anzahl

L'Enfant sollte das New Yorker Rathaus an der Ecke Broad und Wall Street in das erste Capitol der Vereinigten Staaten umwandeln. New York war die Interimshauptstadt der Union, seit der Kongress Philadelphia verlassen hatte. Andere Hauptstädte wetteiferten um die Ehre und New York setzte große Hoffnungen in L'Enfants Fähigkeit, ein Gebäude zu schaffen, das die Stadt zur

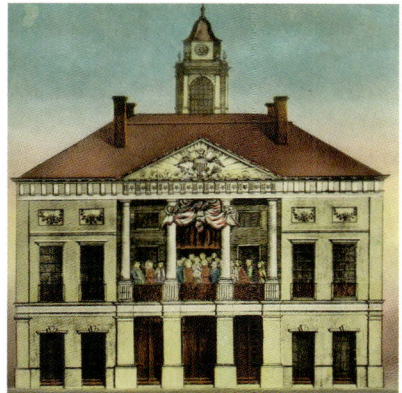

Blick in die Federal Hall, New York

ständigen föderierten Hauptstadt machen würde.

Und L'Enfant sah ein großartiges Projekt vor sich, an dem er wuchs. Er gab doppelt so viel aus wie ursprünglich geplant, aber er lieferte auch ein Gebäude, das von jedermann bewundert wurde. Der Innenausbau war aus wundervollem, amerikanischem Marmor. Die symbolische Zahl 13 hatte üppige Verwendung gefunden, ganz besonders in der Figur eines monumentalen Adlers, der 13 Pfeile in seiner linken Klaue hielt.

Leider wurde das Gebäude 1812 abgerissen, lange nachdem die Regierung New York 1789 verlassen hatte und erst nach Philadelphia und dann nach Washington D.C. gezogen war. Es existiert keine Spur mehr von dem „wahrhaft erhabenen" Adler, den Marmorschornsteinen der Senatorenkammer, den „fantastischen" Pilasterkapitellen und dem grandiosen Fries, in 13 Metope unterteilt als Symbol für die 13 Staaten.

George Washington wurde am 30. April 1789 als erster Präsident der Union in sein Amt eingeführt. Die Zeremonie fand auf dem Balkon des zweiten Obergeschosses statt. Übrig geblieben ist nur der Teil des Balkongeländers, an dem Washington gelehnt haben muss. Das Stück Schmiedeeisen ist ein Ausstellungsstück im New-York Historical Society Museum (siehe Illustrationen unten und links). Es verwundert, dass das Design nicht völlig symmetrisch ist. Vermied L'Enfant absichtlich die Perfektion und fügte wie Handwerker des Mittelalters kleine Fehler hinzu, um der Sünde des Stolzes zu entgehen? Können wir hier nach versteckten Codes suchen, obwohl wir nur einen Ausschnitt des Geländers dafür haben? Auch bemerkenswert sind die Ovale, auf denen alles ruht. Brachte L'Enfant als erster Ovale in die grafische Logik der Union?

Das Weiße Haus, Washington

DIE PLANUNG DER HAUPTSTADT

Als L'Enfant erfuhr, dass die neue Hauptstadt nicht aus einer bestehenden Stadt entstehen sollte, sondern auf einem unbebauten Fleck, bot er Washington in einem Brief vom 11. September 1789 seine Dienste als Architekt dieser Stadt an. In seinem etwas exzentrischen Stil legte er seine klare Vorstellung der gegenwärtigen und zukünftigen Situation dar: „Vermutlich hatte keine andere Nation in der Geschichte die Gelegenheit, sich bewusst für die Lage ihrer Hauptstadt zu entscheiden … Und obwohl die Mittel, über die das Land verfügt, momentan nicht so sind, dass man groß planen könnte, liegt es doch auf der Hand, dass der Entwurf eine Ausweitung und Verschönerung berücksichtigen muss, die der wachsende Wohlstand der Nation in späteren Zeiten erlauben wird, wann immer das sein wird. Unter Berücksichtigung dieser Umstände bin ich mir der Ausmaße des Unternehmens völlig bewusst."

Natürlich lag L'Enfant falsch. Hauptstädte wurde bereits früher auf freiem Gelände entworfen und gebaut, um das Neue daran zu unterstreichen. Kyoto etwa entstand 794 auf die Art, um Nara Heijo-kyo zu ersetzen, das 710 auf freiem Feld gebaut worden war. Beispiel für beide Städte waren chinesische Hauptstädte, die ebenfalls auf unbebautem Land errichtet wurden. Aber L'Enfant hatte insofern recht, dass zum ersten Mal eine freie Demokratie ihre Hauptstadt planen konnte.

Aufgrund seiner Hingabe an die Nation und seiner Leistungen stand L'Enfant der Auftrag zu und Washington war einverstanden. Ihm war bekannt, dass L'Enfant wild

und schwer zu kontrollieren war, dennoch zögerte er nicht, ihm das Projekt zu übertragen und schrieb am 20. November 1791 an David Stuart: „Seit meiner ersten Kenntnis über die Fähigkeiten dieses Gentlemans, habe ich ihn nicht nur als wissenschaftlichen Mann erlebt, vielmehr als jemanden, der seinem beruflichen Wissen erlesenen Geschmack beigefügt hat. Er ist für diese Aufgabe, öffentliche Arbeiten auszuführen und umzusetzen, besser qualifiziert als jeder andere Mann in diesem Land, von dem ich Kenntnis habe."

Die Hauptstadt-Aussage

L'Enfant war sich darüber bewusst, welche Bedeutung eine Hauptstadt für alle Zeit auf eine Nation hat. In einer Hauptstadt manifestiert sich das Wesen einer Nation. Symbolisch ist sie der zentrale Code, die Matrix, die die Nation formt. Sie ist keine passive Referenz, die man nachschlägt, wenn man Daten benötigt. Im Gegenteil, der Code einer Hauptstadt ist eine aktive Matrix, mächtig genug, um in den Köpfen der Bürger das alltägliche Leben und die Entwicklung des Staates entstehen zu lassen.

Ein Beispiel verdeutlicht, dass L'Enfant die symbolische Macht der Städteplanung verstand. Es wäre bequem gewesen, das Capitol zum Wohnsitz des Präsidenten zu machen, damit er durch die Versammlung bei Bedarf informiert werden oder an Sitzungen teilnehmen konnte. Informationen wurden in dieser Zeit ohne Telefone zu Fuß, zu Pferde oder durch ungelenke optische Signale übermittelt. Den Präsidenten in Entfernung vom Kongress anzusiedeln, mit einem Park und einer Promenade zwischen ihm und dem Capitol, war problematisch.

Optische Signale waren unzuverlässig. Trotzdem wollte L'Enfant die Distanz zwischen dem Weißen Haus und dem Capitol und Washington stimmte dieser Verkörperung einer Grundidee der Philosophen des 18. Jahrhunderts zu: der Teilung der Mächte, ein zentraler Aspekt moderner Republiken. Die Regierungsmatrix sah damit vor, dass der Kongress und der Präsident zusammen-, aber unabhängig voneinander arbeiteten und sich nach Vorgabe durch die Verfassung zusammenfanden.

Bei der Federal Hall in New York musste L'Enfant das meiste aus einem bestehenden Gebäude in einem gewerblichen Gebiet machen. In Washington D.C. konnte er den Platz und seine Umgebung gestalten und wandte ein anderes Prinzip an. Für eine offenkundige Transparenz stand die Ansiedlung der Regierung auf einem Hügel in einem Park, abgelegen von der geschäftigen Nachbarschaft, aber in voller Sicht der Öffentlichkeit an einer großen Kreuzung. Das Arrangement zeigte die Regierung als öffentliche Einheit.

DIE „WÜSTEN"-REVOLUTION

Um zu verstehen, was in den Stadtgründern, unter ihnen Washington, Jefferson, Franklin und L'Enfant, vor sich ging, müssen wir uns eine stille Revolution ansehen, die sich in einigen europäischen Gärten vollzog. Ein Umweg durch symbolträchtige Gärten wäre in einem konventionellen Geschichtsbuch völlig undenkbar, für uns aber unerlässlich,

Das Capitol von Südwesten mit Sicht auf die Gärten

Säulengang im Parc Monceau, Paris

um eine Verbindung zwischen zwei Orten
auf verschiedenen Erdteilen herzustellen.
Einer ist heute der Mittelpunkt der Welt,
der andere liegt in Ruinen, vergraben in
einer Wildnis. Dennoch ist die Verbindung
klar: dieselbe Zeit, eine gleiche kulturelle
Umgebung und entschlossene Menschen,
die beide Orte besuchten oder schufen. Und
die „Wüsten" hatten Bedeutung für die ästhetische Entwicklung von Parks und Gärten.

Revolutionäre Themenparks

L'Enfant versprach, die Hauptstadt zu
einem „Garten Eden" zu machen. Das war
nur angemessen, denn im 18. Jahrhundert
rollte eine kleine Revolutionswelle durch
die Gärten allerorten. Der erlesenen Geometrie der königlichen Paläste wie Versailles
im vergangenen Jahrhundert folgten
nun Themenparks, in denen Symbole in

Pyramide im Parc Monceau, Paris

Bauwerke, den sogenannten „Follies",
verarbeitet wurden.

Diese Gärten dienten einem anderen
Zweck als ihre Vorgänger. Die früheren
Parks waren Zeugnisse davon, wie die
menschliche Logik die Natur unterwarf.
Gartenplaner zwangen sowohl Pflanzen als
auch Topografien in unerbittliche Ebenen,
Reihen und Symmetrien, die jedermann
daran erinnerten, dass der König die Gewalt
über seine Untertanen hatte. Ludwig XIV.
baute Versailles als Demonstration dafür,
dass er und seine Regierung ein außergewöhnliches Kunstwerk seien. Er liebte
die Kunst, er förderte sie und er war ein
ausgezeichneter Tänzer, der selbst auf der
Ballettbühne stand. Aber er setzte Kunst
als Zeichen seiner absoluten Macht ein.
Seine Künstler hatten freie Hand – innerhalb eines festgesteckten Rahmens, der
bestimmte Strukturen für Theaterstücke,
Sprache und Dichtkunst vorgab.

Dahingegen führten die Planer der neuen
Gärten einen Dialog mit der Natur, ohne sie
bezwingen zu wollen. Die Grundidee war,
dass die Entwürfe der Menschen sich der
Natur anpassen sollen und dass diese die
menschliche Schöpfung beherrschen darf.
Einige Follies wurden als künstliche Ruinen konzipiert, teilweise überwuchert von
Pflanzen, Opfer der Natur und der Zeit. Im
Parc Monceau, damals ein privater Park bei
Paris, reihten sich die Säulen eines verfallenen griechischen Tempels um einen ver-
gessenen Schrein, versunken in einem See.
Ein anderes Thema war die bescheidene
Stellung der Gegenwart in der Unermess-
lichkeit der Ewigkeit, etwa durch die Höhle
des ersten Menschen dargestellt. Oder für

die Mahnung, dass die westliche Zivilisation
nur eine von vielen war, konnte symbolisch
ein chinesischer Pavillon stehen.

Weil Follies häufig in Form von Pyramiden, den Wahrzeichen der Wüstenstriche
im Niltal, vorkamen, hießen die Gärten auch
„Wüsten". Die westliche Kultur beschäftigte
sich mit Ägypten und seiner rätselhaften
Vergangenheit. Hieroglyphen, die erst im
nächsten Jahrhundert entschlüsselt werden
sollten, bewahrten noch ihre Geheimnisse.
Die Welt der Pharaonen stimulierte die Vorstellungskraft und deutete auf altes und ver-
lorenes Wissen hin. „Wüste" war auch spöt-
tische Kritik an den weiten, grünen Wüsten
auf dem Land, weit weg von den Städten.

Le Désert de Retz

Die berühmteste und erste Wüste war die
von François Racine de Monville, begonnen
1774 und 1799 fertiggestellt, zwei Jahre nach
seinem Tod. Die Gartenrevolution hatte

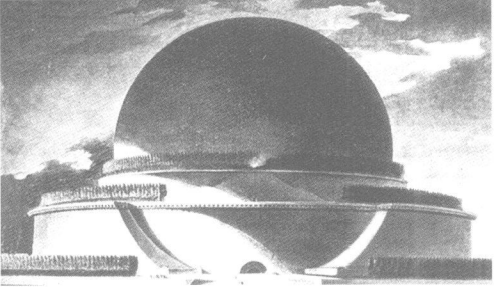

Monville im Geiste vollzogen, bevor er sie in
seinem Garten und anderen Parks umsetzte.

Monville war ausreichend begütert, um
der teuersten aller Künste, der Architektur,
leidenschaftlich zu frönen. Er arbeitete mit
dem Visionär Etienne-Louis Boullée, der
ihm zwei Häuser in Paris baute. Dessen

Arbeit war die Essenz des Klassizismus, er baute die Macht der Geometrie so weit aus, dass er als Utopist galt, der für die Zukunft plante und baute.

1774 war Monville in der Pariser Gesellschaft als Tänzer, Harfenist und Flötist bekannt. Dennoch verließ er Paris und seine Liebe zum Klassizismus, um in dem kleinen Ort Retz, weit im Westen von der Hauptstadt gelegen, sein eigenes Reich zu schaffen. 10 Jahre lang kaufte er Land auf, das er gestalten und mit philosophischen Follies ausstatten ließ. Damit hatte er solchen Erfolg, dass viele Berühmtheiten seiner Zeit, von Benjamin Franklin bis Marie-Antoinette und Gustav III. von Schweden, seine Wüste besuchten.

Leider – und möglicherweise beabsichtigt – hinterließ Monville keine Aufzeichnungen, sodass wir nicht nachvollziehen können, welche Gedanken er dabei hatte. Was veranlasste ihn, Boullées Diktat der geometrischen Maße für ein ökologisches Konzept der Symbiose von Mensch und Natur aufzugeben? In Paris hatte er in der vollkommenen Perfektion von Boullées Strukturen gelebt. In Retz stellte er eine zerbrochene Säule auf als Symbol für die nie perfekte und ewig unfertige Arbeit der Menschheit.

Nach einer kurzen und erfolglosen Episode mit einem örtlichen Planer beschloss Monville, sein eigener Architekt zu werden. Die „Säule" (siehe Illustrationen unten und auf Seite 219 links) war das Hauptfolly seiner Wüste. Entworfen als Wohnsitz, war dies eine riesige Säule, die in der vierten Etage in Ruinen endete. Wie ein demoliertes Werk

Turmruine im Le Désert de Retz

von Boullée wirkt diese gezielte Zerstörung, wie ein Code für die bevorstehende Revolution, die das Ende der absoluten Macht der Monarchie und des Adels bedeutete, dem er angehörte (anfangs brachten Adlige, die sich für die Ideen der Aufklärung begeisterten, die Revolution in Gang).

Monville machte sie zu seinem Zuhause: eine gemütliche, schicke Titanic, die auf

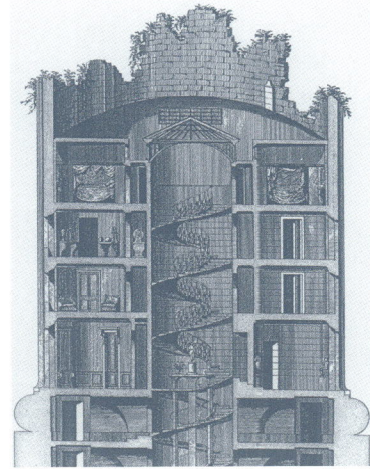

dem Fluss der Freiheit schwamm, die zu ihrem Untergang führte. Eine zentrale Wendeltreppe führt zu den Zimmern – einige oval – in den ersten beiden Etagen. In der dritten Etage blickten ovale Fenster über die „Wüste".

Am Ende umfasste die Wüste 17 Follies, darunter einen chinesischen Pavillon, ein Säulenhaus, ein Eishaus in Form einer Pyramide, einen Ruhetempel, einen Pan-Tempel, ein Tartarenzelt, ein Freilichttheater, einen botanischen Garten mit Pflanzen aus aller Welt, Treibhäuser, Kräuter- und Gemüsegärten.

Das Haupttor zur Wüste sollte Besucher

auf eine andere Welt vorbereiten. Besucher betraten sie durch den Wald und fanden es als halb versteckte Höhle zwischen den Bäumen. Sie gingen durch einen Steintunnel und kamen in einem neuen Universum heraus.

Der ovale Code: Die Drach-Erkenntnisse

Wir verdanken Michel Drach, einem hingebungsvollen Numerologen, eine ausführliche Beschreibung der Wüste unter geometrischem und numerologischen Gesichtspunkten. In seinem Buch wies Drach auf die üppige Verwendung des 108°-Winkels hin. Er fand:

- Fünfzehn 108°-Winkel
- Zwei sublime Dreiecke
- Ein leuchtendes Delta
- Zwei pythagoreische 3-4-5-Dreiecke

Drach behauptet, dass die Ursprünge der 108-Symbolik weiter zurück als im 18. Jahr-

Relief aus dem Tempel von Luxor

hundert liegen. Er legte den 108-Maßstab an zwei Basreliefs aus dem Tempel von Luxor in Ägypten (siehe Illustrationen unten und auf S. 219) an und fand dort acht Beispiele, weit

mehr, als Zufall sein können. Bei zwei Beispielen zeigt der 108°-Winkel bewusst auf das Schöpfungsinstrument des Gottes Min, der für Fruchtbarkeit und Macht steht.

Auch im Taoismus und Buddhismus hat die Zahl 108 eine tiefe Bedeutung. Zu Zeiten von Buddha und Pythagoras teilten Mathematiker den Kreis in 360 Grade. Die Zahl entsprach dem Jahr mit seinen 12 Monaten mit jeweils 30 Tagen (Korrekturen fanden alle vier Jahre statt). 12 Monate – oder Planetenhäuser – multipliziert mit 9 Planeten ergibt 108. Daher rührt die weit verbreitete, symbolische Verwendung: buddhistische Malas (Gebetsketten) haben 108 Perlen, japanische Buddhisten schlagen zu Beginn eines neuen Jahres eine Glocke 108 Male an, es gibt 108 buddhistische Heilige, die ihre Heiligkeit aufgaben, um auf der Erde zu reinkarnieren, wo sie das Leid der Menschen erleben wollten, viele buddhistische Tempel haben 108 Stufen. Die bemerkenswerte Äquivalenz die-

ser Zahl mit der Winkelgröße des Pentagons steigert die symbolische Signifikanz sowohl der Zahl als auch der geometrischen Figur.

Drachs bahnbrechende Idee war, dass der 108°-Winkel mehr ist als nur ein Winkel. Er nutzte die klassische Eigenschaft von Peripheriewinkeln, um Winkel und Bögen zusammenzubringen. Ein „arc capable" ist die Gesamtheit aller Punkte, von denen ein Segment aus einem bestimmten Winkel betrachtet werden kann. Durch diese Eigenschaft passt ein Bogen zu jedem Winkel und zu Ovalen, die aus zwei Bögen bestehen. Dadurch kann dasselbe Symbol in allen drei Formen erscheinen: als Winkel, als Zahl oder als Oval.

Erwähnenswert ist, dass solch ein Oval keine Ellipse ist, sondern aus zwei Kreisbögen besteht, und krummlinige Winkel an beiden Enden erzeugt, die künstlich gerundet werden müssen oder geöffnet. Im Gegensatz dazu ist eine Ellipse eine durchgehende Kurve ohne Winkel. Geometrisch gesehen hat eine Ellipse zwei Mittelpunkte. Je größer der Abstand zwischen den Mitten, um so flacher die Ellipse. Verschmelzen die Mitten, wird aus der Ellipse ein Kreis.

Drach erwähnt das 108°-Oval lediglich, überlässt es aber späteren Forschern, sich dieses Instruments zu bedienen und ordnet

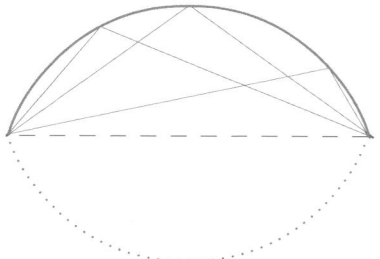

es keinen Beispielen zu. Da die 108° im Plan des Parks auftauchen, könnte man sie ebenfalls in Monvilles Architektur vermuten, aber keiner der ovalen Räume im Turm entspricht dieser Erwartung. Vielleicht aus Gründen der Behaglichkeit flachte und

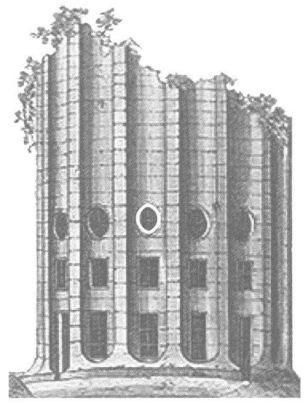

rundete Monville die Form. Die 16 Fenster im dritten Stock weisen diese symbolische Form auf, sodass Monvilles Wahl, ovale Fenster einzusetzen, Bedeutung erhält. Die 16 Fenster mit ihren eingearbeiteten Pentagrammen sind pythagoreische Augen, durch die man in die Welt blickt.

Besucher und Evangelisten

Monvilles philosophisches Wunderland versetzte seine Besucher in Erstaunen. Einige bauten anschließend ihre eigenen Wüsten und passten seine Prinzipien dem eigenen Geschmack an.

1784 genoss Gustav III., König von Schweden, Monvilles Gastfreundlichkeit so sehr, dass er sechs Wochen blieb. Zurück in Stockholm erweiterte er seinen Hagapark nördlich der Hauptstadt um einige Follies. Zur Unterstützung schickte Monville ihm Zeichnungen und Karten, die heute in Stockholms Nationalmuseum liegen und die einzigen architektonischen Dokumente

bezüglich der Wüste sind. Die Originale versanken in der Französischen Revolution.

L'Enfant hielt sich in dem Jahr in Frankreich auf. Es existieren zwar keine Beweise, aber vermutlich besuchte auch er die Wüste.

Königin Marie-Antoinette interessierte sich speziell für den naturnahen Aspekt der Wüste, für den botanischen Garten, die Gewächshäuser und die Bauernhöfe. Danach schuf sie ihren Weiler in Versailles. Allerdings wies ihr Park keine spezielle Symbolik, außer ihrer schicksalhaften Missachtung der Politik, auf.

Ein weiterer adliger Besucher war Philippe d'Orléans, ein Cousin des Königs und Vater des späteren Königs Louis-Philippe. Philippe war Großmeister des Grand Orient de France, der ersten französischen Freimaurerloge, und eng mit Monville befreundet. Das legt die Vermutung nahe, dass auch Monville ein Freimaurer war. Philippe baute in seinem eigenen Park eine Wüste, heute als Park Monceau im 8. Arrondissement von Paris bekannt. Neben anderen erhaltenen Follies gibt es dort eine Pyramide, mehrere Grüfte und die Säulen eines verfallenen Mars-Tempels.

Philippe d'Orléans Visionen unterschieden sich deutlich von denen Monvilles: In seiner Wüste fand sich eine perfekte Rotonde, ein utopischer Widerspruch zu den Ruinen in der perfekten Symmetrie des Parks. Das Folly war ein Entwurf von Nicolas Ledoux, einem weitsichtigen Architekten von Boullées Art. In der Republik änderte Philippe d'Orléans seinen Namen zu Philippe Egalité und stimmte als Abgeordneter von Paris für den Tod seines Cousins. Die

Rotonde indessen ist Zeugnis, dass er nie seine Nähe zur absoluten Macht vergaß.

Die französischen Freimaurer waren in der zweiten Hälfte des 18. Jahrhunderts sehr aktiv. Wüstengärten waren für sie eine Möglichkeit, ihre Ideen öffentlich zu zeigen und mit ihnen zu spielen, bevor sie sie in der Revolution umsetzten.

Die Zahl der Wüstengärten, auch Follygärten genannt, wuchs. Auch heute noch können einige ganz oder teilweise besichtigt werden. Der am philosophischsten aufgebaute ist der Parc Jean-Jacques Rousseau in Ermenonville, knapp 50 Kilometer nordöstlich von Paris, der sowohl durch Monvilles Wüste als auch durch den Schweizer Sozialisten und Romantiker inspiriert wurden. Unweit der prähistorischen Höhle des ersten Mannes steht der unvollendete Tempel der Philosophie, seine Säulen auf dem Boden in Erwartung weiterer Entwicklungen. Dort findet sich ein Altar, der der Verträumtheit gewidmet ist.

Monville muss sein Werk als vollendet angesehen haben, als er es kurz nach Ausbruch der Französischen Revolution an einen englischen Freimaurer verkaufte. Wie die Mehrheit des Adels wurde auch er von den Revolutionären ins Gefängnis gesteckt, aber er hatte mehr Glück als seine früheren königlichen Besucher: Er überlebte bis zum Ende des Terrorregimes 1793 und 1794 (unter dem mehr als 20.000 Menschen exekutiert wurden) und wurde nur wenige Tage vor seiner Verhandlung freigelassen. Der neue Besitzer der Wüste schaffte es, sie in diesen schwierigen Zeiten zu beschützen.

Ein Besucher in jüngerer Zeit war Präsident François Mitterrand, ein bekannter Freimaurer. 1990 flog er unangekündigt und in Begleitung seines Kulturministers, Jack Lang, mit einem Helikopter nach Retz, um die Säule zu sehen und zu berühren. Der jetzige Besitzer erlaubt allerdings keine Besucher und macht für niemanden eine Ausnahme. Am folgenden Tag stand ein Justizangestellter am Elysée Palast, klärte den Präsidenten über sein Fehlverhalten auf und kündigte weitere Schritte gegen ihn an.

Mythische Gartenzeiten

Es mag seltsam anmuten, dass in einem Garten Ideen entwickelt werden oder gar eine Revolution geplant wird, aber das würde die Vorstellung von einem Garten als Ort abseits von Zeit und Raum des Alltagsgeschehens außer Acht lassen. Ein echter Garten ist, was Geschäftliches betrifft, eine Wüste. Jenseits des Trubels von Aktivitäten, Transaktionen und Produktionen ermöglicht er völlig andere Gedanken. Zwei Jahrhunderte vor dem Internet schuf Monville mit seinem Garten eine virtuelle Realität. Er musste raus aus Paris, um in einem kleinen, abgelegenen Dorf zu leben, wo er Wälder und Ackerland aufkaufte.

Pflanzen und Bäume, die Basis eines Gartens, leben langsamer als wir, sie folgen einem ruhigeren Rhythmus, der für ein eigenes Kontinuum an Erfahrungen sorgt. Neben dem traditionellen, romantischen Anspruch, sich in der Natur zu verlieren, wird man dort in eine andere Gemütslage gebracht. Der Geist ist empfänglicher für Symbole, Konzepte und höhere Prinzipien. Werden philosophische Ansichten zusätzlich durch Objekte verkörpert, sodass auch unser Körper sie erfahren kann, werden unsere Gedankengänge beschleunigt –

unsere Fähigkeit, Dinge zu erfassen und zu erreichen steigt ins Unermessliche.

Die Wüstengartenrevolution verwandelte Parks: Aus Freizeitbereichen und Machtinstrumenten wurden Werkzeuge fürs Denken und Reflektieren.

Symbolgärten zogen ihre Bedeutung und Energie aus einem fundamentalen Erbe. Ob gläubig oder nicht, die Menschen im Westen sind tief geprägt durch den biblischen Garten, den Garten Eden. Die Genesis, der Anfangstext der Bibel, ist ein Gründungstext der westlichen Zivilisation. Wir erfahren dort nicht nur, dass alles in einem Garten begann, sondern dass ein Garten ein mächtiger Ort ist. Adam, stellvertretend für die Menschheit in diesem Garten, biss in die Frucht der Erkenntnis und wurde aus Eden verbannt, um die Schuld für seine Tat zu tragen. Das Erbe aus Sünde, Schuld, Verführung und mehrdeutigem Spiel mit der Erkenntnis im Garten Eden verstrickt sich zu einem mächtigen Knoten an Paradoxien. Es schafft eine provokante und kreative Situation, eine üppige Quelle geistiger Energie. In der Neuerschaffung von Eden muss Monville sich der Auswirkungen seiner Tat bewusst gewesen sein. Bald schon würde der Adel aus seinem privilegierten Garten Eden verbannt werden.

Und noch mit einem anderen philosophischen Werkzeug ist der Wüstengarten eng verbunden. Die Schurze der Freimaurer (s. Kapitel 5) lassen sich als virtueller Themengarten ansehen, in dem der Geist von Symbol zu Symbol springt. Wenn Freimaurer in der richtigen Gemütsverfassung sind, jenseits des Alltags, durchwandert ihr Geist die virtuelle Raumzeit des Schurzes.

Er ist eine Werkstatt, die Symbole darauf sind die Werkzeuge der Freimaurer.

Der Werkzeugkasten wurde seit den Pythagoreern, die hauptsächlich auf Zahlen und Geometrie vertrauten, aufgestockt. Als mathematische Objekte allgemein bekannt wurden, mussten Freimaurer weitere Möglichkeiten und komplexere Symbole finden. Auf George Washingtons Schurz sind viel mehr Symbole zu sehen als die pythagoreischen Pentagramme und Zahlen, aber diese Symbole sind noch immer die Grundlagen ihrer Philosophie.

Eden am Potomac

Die Instrumentalisierung von Wüstengärten erklärt, warum L'Enfant begeistert darüber war, dass George Washington sich für eine Wildnis als Bauplatz für die Hauptstadt entschied. So sehr, dass er ausrief, er würde die Stadt zu einem Garten Eden machen.

L'Enfant hatte mehrere Ansätze: Erstens, als ob die Erbsünde und -schuld des ersten Gartens Eden zur alten Welt gehörte, wollte er einen Ort schaffen, an dem es einen neuen Anfang gäbe. Ein neuer Garten Eden sollte eine Befreiung bedeuten, eine neue Zivilisation auf einem neuen Kontinent, frei von der alten Sünde, obwohl dieser Gedanke vermutlich nie klar formuliert wurde.

Zweitens betrachtete er Monvilles Wüste als Werkzeug. Die Bauwerke und Monumente in seinem umfassenden Plan sollten mit Bedacht gewählt und platziert werden, damit die Stadt Werkzeug für den Aufbau und die Verwaltung einer neuen Nation werden konnte.

Darin war er sich mit den Freimaurern einig, die in Symbolen den Schlüssel zur Welt sahen.

Jeffersons Ovale

Als Benjamin Franklin und sein Nachfolger Thomas Jefferson als Minister Paris besuchten, besichtigten sie die Wüste. Jefferson wurde von einer Freundin, der britischen Künstlerin Maria Cosway, begleitet. Er interessierte sich sehr für die Innenarchitektur der Säule und machte sich Notizen über die ovalen Räume.

Zurück in Amerika und als erster Außenminister unter George Washington von 1790 bis 1793, hatte Jefferson Monvilles Architektur nicht vergessen. In den Archiven der Massachusetts Historical Society liegen mehrere Zeichnungen, die die einzelnen Schritte, in denen Jefferson gedacht hatte und die direkt von dem runden Turm in Retz inspiriert waren,

zeigen. Die Zeichnung (siehe unten) ist ein Originalplan des ersten Stocks von Monvilles Säule. Die charakteristischen ovalen Räume ordnet Jefferson auf dem nächsten Plan anders an und kommentiert handschriftlich in Französisch: „le tout 24 pieds diametre" (Durchmesser insgesamt 24 Fuß, siehe Illustration unten). Ein anderer Satz ist die Anweisung, wie das Gebäude mit Steinen und Putz zu errichten ist. Das Bauwerk ist von 16 Säulen umgeben, wie Monvilles Turm, aber Jefferson vergrößert die zentrale Treppe, verwandelt sie in eine größere, runde Halle. Auch lässt er die anderen Räume weg und fügt eine riesige Terrasse hinzu, die sich besser in das Klima in Virginia fügte, vermutlich für ein Privathaus.

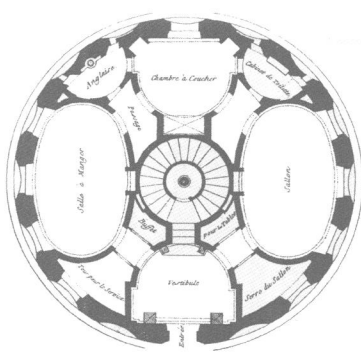

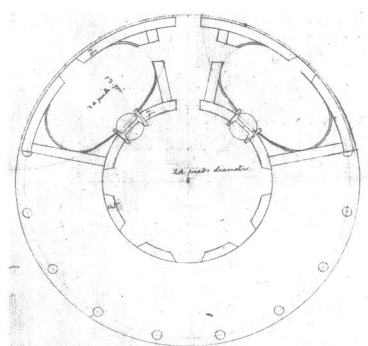

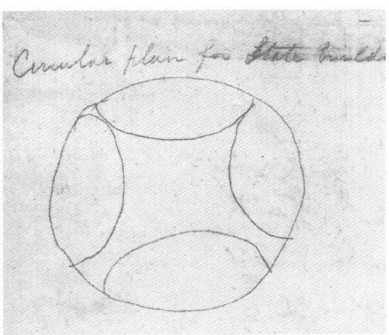

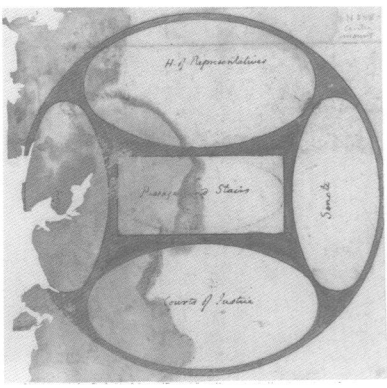

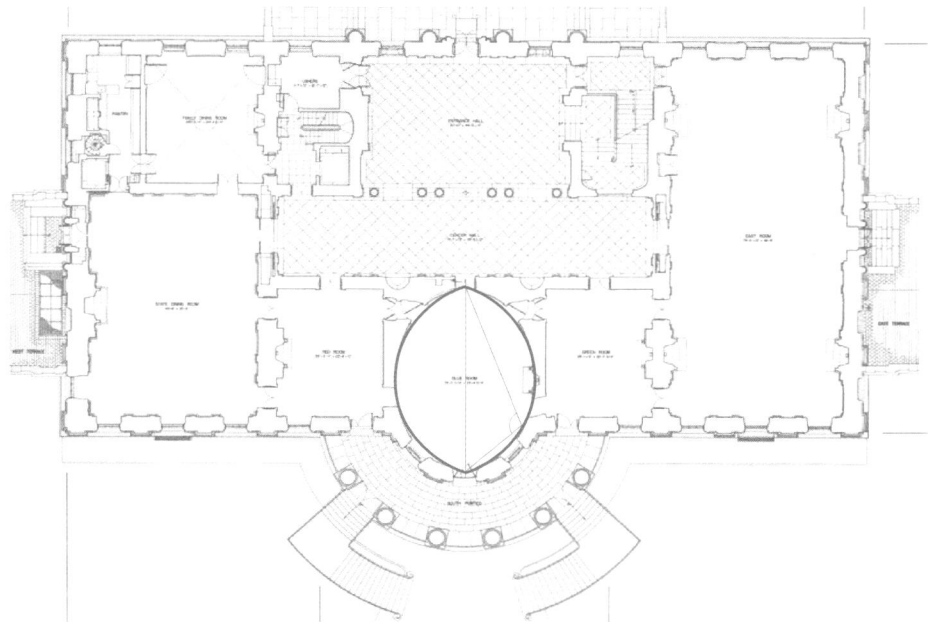

Eine grobe Skizze (S. 224) zeigt, dass Jefferson zu öffentlichen Anliegen zurückkehrte: Ein Kreis mit vier Ovalen wird beschriftet mit: „Runder Plan für Staatsgebäude". Ein weiterer Plan, genauer (siehe S. 224), beschreibt detailliert die Integration von vier ovalen Räumen im geplanten Capitol: „Eingang", „Abgeordnetenhaus", „Gerichtshof", „Senat", zusammen mit einem zentralen Oval, das zu einem Rechteck umgeformt wurde: „Gang und Treppen".

Dieses Capitol wurde nie gebaut. Vermutlich fehlte Jefferson die Zeit, seinen Plan zu vollenden, denn im selben Jahr schrieb er zusammen mit den Kommissaren des Districts of Colombia die Planung für das Capitol öffentlich aus. Gewonnen hat ein konservativerer Entwurf. Im heutigen Capitol erinnert nur noch der zentrale Rundbau an die ursprünglichen, ovalen Pläne. Jefferson fand, er könnte als römisches Pantheon angesehen werden, ein Ort, der allen Göttern geweiht ist (das griechische Wort *pan* bedeutet „alle", *theo* „Gott"). War dies eine Erinnerung an Philippe d'Orléans oben beschriebene Rotonde, mit demselben Doppelsinn von unschuldigen Ovalen und konservativen Kreisen?

Auch George Washington interessierte sich für Ovale, er mochte es, in ovalen Räumen zusammenzukommen. In seinem Haus in Philadelphia gab es zwei Räume mit gewölbten Wänden, in denen er Besuch empfing. Washington begrüßte seine Gäste in der Mitte stehend. Für ihn war das ein Symbol für die Demokratie.

Die blauen Augen von Pythagoras

Jeffersons Zimmer sind, wie die Originale im zerstörten Turm, Ellipsen, keine 108°-Ovale, dennoch ist das 108°-Oval als „Oval Office" im Weißen Haus präsent. James Hobans Pläne für das Haus des Präsidenten zeigen einen ovalen Raum, der sich der 108° sehr annähert. Die Pläne für das Haus, das 1812 im Krieg zerstört wurde, weisen 1814 den Blue Room aus, der der 108° so nahekommt, dass ein Zufall unwahrscheinlich ist (siehe Illustration S. 225).

So fand das Oval, das aufgrund seiner Beziehung zum Hauptsymbol der Pythagoreer „Auge des Pythagoras" genannt werden kann, seinen Weg in die Mitte der neuen Nation und wachte dort symbolische über die neue Welt.

VOM GARTEN ZUM GESCHÄFT

L'Enfant hatte die Gegend bereits verlassen, als das Weiße Haus und das Capitol geplant wurden, denn irgendwann musste die Hauptstadt ihren eigenen Weg finden. Um wachsen und als lebendiger Organismus existieren zu können, war es nötig, dass die Stadt sich von L'Enfant befreite. Das geschah früher als gedacht, als das echte Leben und das Geschäftsleben übernahmen.

L'Enfants erster Entwurf wurde allgemein zustimmend aufgenommen. George Washington hatte L'Enfants Fähigkeit gelobt, sein Konzept auf das Gelände anzupassen: „Die Arbeit von Major L'Enfant, von vielen bewundert, wird demonstrieren, dass er ein Menge Dinge beachten und kombinieren musste, nicht nur auf dem Papier, damit den Gegebenheiten des Terrains ent-

sprochen wird." Sogar Jefferson, der erst etwas anderes wollte, war einverstanden und schickte Kopien der Pläne an Gouverneur Morris, seinen Amtsnachfolger in Frankreich, damit er sie in den wichtigsten Städten des Landes herumreichen konnte.

Als es Zeit war, die Pläne umzusetzen und die Stadt zu bauen, konnte L'Enfant nicht der einzige Projektleiter sein. Die Regierung hatte erklärt, dass das Gebiet zu keinem Mitglied der Union gehörte und nannte es zu Ehren von Christoph Columbus den District of Columbia. Drei Bezirkskommissare wurden für die Zusammenarbeit mit L'Enfant ernannt, der damit Teil eines Teams wurde.

L'Enfant war es nicht recht, bei einem Projekt, das er als seins betrachtete, Absprachen treffen zu müssen. Schlimmer, das Vorhaben begann, Spekulanten anzuziehen und L'Enfant fühlte sich vom Team nicht ausreichend dabei unterstützt, sie abzuwehren. Er konnte seinen Mitstreitern nicht vermitteln, dass er die Stadt als Ganzes konzipiert hatte, bei dem jedes Detail wichtig war, damit die Stadt zuverlässig wie ein Uhrwerk funktionieren würde, aber alles musste seinen vorgesehenen Platz einnehmen.

Im Herbst 1791 brach offener Streit zwischen L'Enfant und den Kommissaren aus. Weil die Nation so schnell wie möglich eine Hauptstadt brauchte, wollten Regierung und Kommissare private Bauplätze verkaufen, L'Enfant aber drängte, damit zu warten, bis ausreichend Kopien überall in der Union verteilt worden wären, damit alle die gleichen Chancen auf Erwerb von Grundbesitz erhalten konnten. Washington schaffte es nicht, L'Enfant zu überzeugen,

der sich hartnäckig weigerte, irgendje-
mandem seine Pläne zu zeigen und so den
Verkauf hinauszögerte.

Im November spitzten sich die Dinge
zu. Durch L'Enfants Eigensinn verärgert,
begann ein mächtiger Landbesitzer mit den
Bauarbeiten dort, wo heute die New Jersey
Avenue ist. L'Enfant schickte Männer, um das
Gebäude abzureißen, sie wurden auf Betrei-
ben der Kommissare verhaftet. L'Enfant heu-
erte Arbeiter an, um den Abriss zu beenden.
Fast wäre er dadurch im Gefängnis gelandet.

Sogar da noch versuchte Washington,
L'Enfant zu beschwichtigen, er gestand ihm
zu, dass er die Schönheit und Regelmäßigkeit

seines Plans vor Augen hatte, dass er aber der
Auffassung war, dass jeder Mensch und jedes
Ding verpflichtet wäre, ihn zu befolgen." Das
führte zu nichts. L'Enfant blieb starrsinnig
und verlangte volle Entscheidungsgewalt, die
er nie erhielt.

Die Symbiose zwischen L'Enfant
und den Gründungsvätern war vorbei.
Die Gründer organisierten die Nation,
sie gründeten nicht länger. Die Zeit der
einsamen Helden war vorüber. Auch die
talentiertesten Menschen mussten in Teams
arbeiten. L'Enfants Abschied markierte ein
Brief Jeffersons vom 6. März 1792 an die
Kommissare: „Es wird als nicht annehmbar

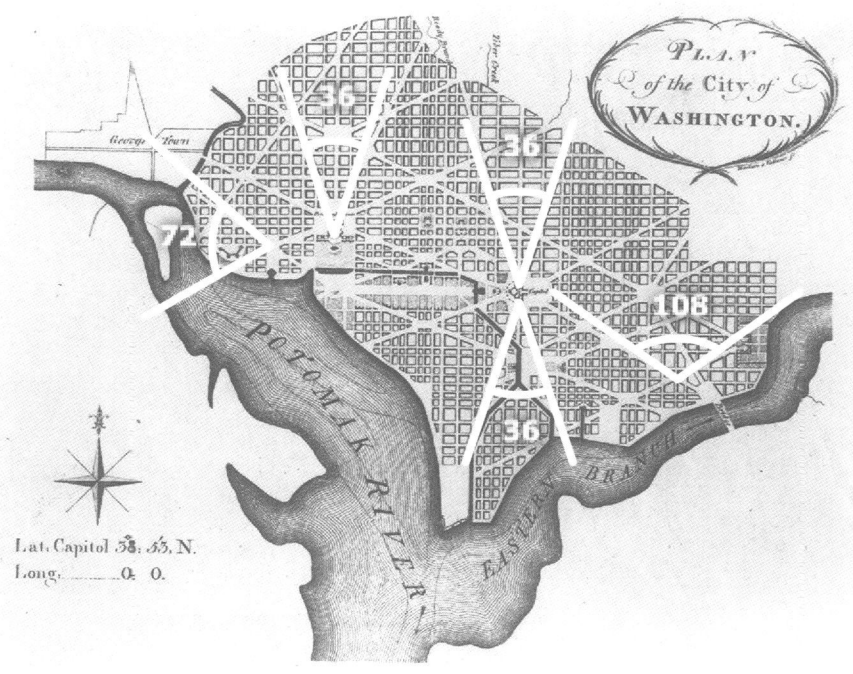

angesehen, Major L'Enfants Subordination weiter hinzunehmen, die übersteigt, was angemessen und gesetzmäßig ist. Er wurde informiert, dass seine Dienste nicht länger vonnöten sind." Die Landkäufer, bis auf zwei, votierten für L'Enfants Rückkehr und priesen seine Arbeit. Sein Entwurf von Washington wurde allgemein begrüßt. Aber L'Enfant hatte sein Projekt verlassen und kehrte nie zurück.

Es gibt einen Aspekt der selten genannt wird: Er war Franzose von Geburt und konnte die blutige Revolution in seinem Heimatland nicht ignorieren. Im Gegensatz zu dem, was in Amerika geschah, wuchs die Revolte in Frankreich zum Bürgerkrieg. Trotz L'Enfants fortschrittlicher Ideen über Freiheit und Demokratie konnte er nicht vergessen haben, dass sein Vater Hofmaler war und zur bedrohten Klasse gehörte. Unter diesen Umständen konnte L'Enfant nicht der unbekümmert Erschaffende sein, der er in den 1780ern war. Er starb 1835, mehr als 40 Jahre später.

Ungenaue Winkel

Ein Geheimnis bleibt: Die Winkel des Pentagramms auf dem Plan sind manchmal exakt und manchmal ungenau, aber immer zu genau für einen Zufall. Warum sind sie nicht immer exakt? Die Wiedererrichtung von San Francisco nach dem Erdbeben von 1904 beweist, dass kein Gelände zu schwierig oder zu hügelig ist, um entschlossene Stadtplaner davon abzuhalten, die Topografie in den Griff zu bekommen. Warum ist Washingtons Raster sowohl regelmäßig als auch enervierend schief mit fast genauen Winkeln und beinahe-Parallelen.

Musste das Planungsteam nach L'Enfants Ausscheiden eine Avenue überarbeiten, um eine unsichere Ausführung zu vermeiden? Das würde einen Bruch mit der ursprünglichen Schönheit des Entwurfs erklären. Der endgültige Plan geht auf Andrew Ellicott zurück, den Washington gebeten hatte, für L'Enfant einzuspringen. Ellicott war das Gelände gut bekannt, da er 1791 das ursprüngliche Gutachten für die Grenzen des Districts of Colombia erstellt hatte. Er benötigte nicht einmal einen Monat für einen Entwurf, der genehmigt wurde. Es scheint, er strich einige Prachtstraßen heraus, fügte andere hinzu und änderte den Verlauf der Massachusetts Avenue. Auch gab er den Straßen ihren Namen. Änderte der Quäker Ellicot absichtlich ein Freimaurer-Projekt, um dessen Symbole zu verbergen? Er kam übrigens nicht besser mit den Kommissaren zurecht als L'Enfant und trennte sich nur wenige Monate später von dem Projekt.

Oder hatte L'Enfant die Geometrie absichtlich verbogen? Das wäre plausibel. Er wusste, dass auch ein pythagoreisches Muster, perfekt ausgeführt und den Menschen übergestülpt, genauso falsch sein konnte wie Le Nôtres Entwurf von Versailles – eine Demonstration der absoluten Macht des Königs. Selbst ein Freimaurer-Schema wäre nicht lebenswert in seiner Perfektion. Pythagoras hatte aufgrund der Perfektion seiner Philosophie versagt, dieser Fehler sollte nicht wiederholt werden. Gemäß ihrer geschworenen Verschwiegenheit (siehe Kapitel 5) würden sich Freimaurer nicht wie Könige benehmen und Macht ausüben.

Ein Teil des Parks von Versailles

So, wie ein Bildhauer eine Rosette für eine Kathedrale nur fast perfekt ausführte, um nicht mit der Perfektion der göttlichen Schöpfung zu konkurrieren, wollte L'Enfant möglicherweise die harte Perfektion des Codes nicht einem lebenden Organismus aufzwingen, der wachsen und gedeihen sollte. Dennoch bedeutet eine gebeugte Ordnung nicht Unordnung. L'Enfant mag befürchtet haben, dass jede fremde Einflussnahme das System zum Einstürzen bringen würde. Das könnte das schlechte Verhältnis zu den anderen Planern erklären, die die Grenzen des ästhetischen Codes nicht erkannt hatten.

Die Bedeutung, die in diesem Buch Symbolen zugeschrieben wird, soll nicht heißen, dass sie mit übernatürlichen Kräften ausgestattet sind, sondern betont, dass sie als mentale Instrumente ihrer eigenen Logik folgen und genauso exakt wie mathematische Lehrsätze eingesetzt werden. Soll eine Hauptstadt die Matrix ihrer Nation sein, hängt alles von der Struktur der Matrix ab.

Versailles 108°

Vergleicht man Washington D.C. mit Versailles, zeigen sich die Unterschiede. Der Palast kehrt Versailles den Rücken zu und öffnet sich seiner eigenen künstlichen Welt. Die wirkliche Hauptstadt Paris war etliche Kilometer entfernt. Statt die Macht zu teilen, zentrierte König Ludwig XIV. alle Regierungsaspekte in sich und ließ keinen Einfluss auf sein königliches Leben zu. Das Weiße Haus und das Capitol in ihrem Park sind mitten in der Geschäftigkeit einer aktiven Stadt, wohingegen der König sein Land ohne Berührung zum wirklichen Leben regierte. L'Enfant hatte darauf bestanden, die kommerziellen Möglichkeiten des Potomac zu entwickeln. Le Nôtre, der Planer des Parks von Versailles, ließ einen Kanal bauen, der in sich abgeschlossen war und auf dem ausschließlich Vergnügungsboote fuhren.

Die Alleen in Versailles verlaufen in einem 56°-Winkel zum Palast, der keinen Bezug zu den pythagoreischen Winkeln 36°,

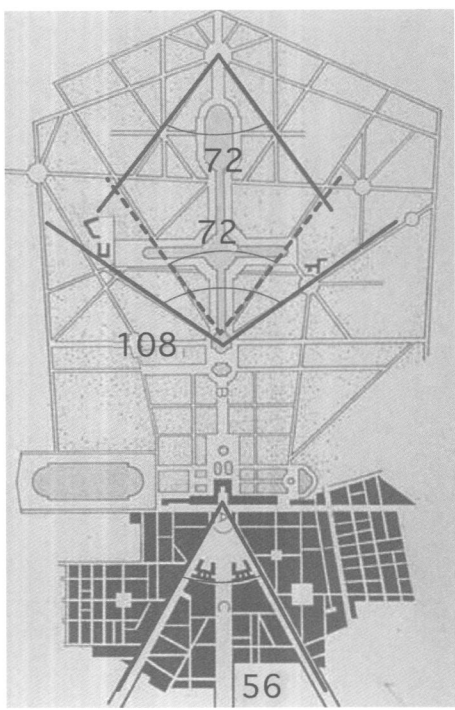

72° und 108° hat. Welchen Schutz diese Winkel bieten mögen oder auch nicht, der Königspalast musste ohne ihn auskommen.

Dennoch hat sich auch Le Nôtre der exakten 72° und 108°-Winkel des Pythagoras bedient. Waren dies Zeichen für seinen Kollegen L'Enfant und dessen Sohn? Die Winkel finden sich am hinteren Ende des Gartens, als ob sie darauf lauerten, nach Amerika auszuwandern.

„Kind" der Gründungsväter

Lassen Sie uns noch einmal bedeutungsvolle Wörter ansehen, wie in dem Beispiel mit „angels", „angles" und „eagle".

L'enfant ist Französisch und bedeutet „das Kind". Wie immer liegt in der Spra-

che eine eigene Symbolik. Die Evangelien lehren, dass ein Kind von weither kam, 18 Jahrhunderte zuvor, um die Menschheit zu retten. Unter Berücksichtigung der Bibel und des christlichen Glaubens ist es unmöglich, keine Parallelen zu L'Enfant zu ziehen, der von jenseits des Ozeans kam, um die amerikanische Nation zu retten. Soweit wir wissen, war L'Enfant ein ganz gewöhnlicher Mensch und nicht von göttlicher Herkunft. Die symbolorientierten Freimaurer müssen dennoch von dem Potential seines Namens beeindruckt gewesen sein. Als Verstärkung des Symbols war L'Enfants Vorname Pierre – Peter – Petrus – der Name des Apostels, dem Jesus die Führung übergab. In Kapitel 3 geht es um einen anderen Peter, Peter den Einsiedler, der über das Mittelmeer fuhr, um ein christliches Königreich in Jerusalem zu gründen. Es scheint, dass das „Kind" den größeren Teil von L'Enfants Persönlichkeit einnahm. Dessen Mission, nimmt man Jesus als Vorbild, war es, eine neue Welt zu schaffen, um sie anderen zu überlassen. L'Enfants Vor- und Nachnamen waren mit dem Augenblick seiner Taufe der Code seines Lebens und machten ihn perfekt für diese Aufgabe.

KAPITEL 8

TURING TURING

Alan Turings außergewöhnlicher Verstand plagte und mühte sich um das Überleben am Übergang zweier Epochen mit eigenen Revolutionen: Die Einführung von Maschinen in die Welt der Verschlüsselung, grundlegende Zweifel an der mathematischen Logik, bedeutende Veränderungen im moralischen Code und in der Sexualität und dem Aufkommen des aktiven Codes, der Vorstufe von Computern.

DER QUANTENSPRUNG ZUM AKTIVEN CODE

„Aktiver Code" ist das Schlüsselwort in diesem Kapitel. Mitte des 20. Jahrhunderts erlebte die Codierung einen Quantensprung und wurde zum aktiven Code und damit zur eigenständigen Schöpfung, die sich um sich selbst kümmerte und nicht länger eine statische Referenz zum Verbergen von Geheimnissen, Erschaffung von Kunst oder Wissenschaft war.

Der aktive Code geht weiter als der dynamische Fibonacci-Code oder die Fragtale des Kapitels 2 und ist direktes Erbe von Pythagoras. Er beruht auf einem dynamischen Code, der ihn unabhängig macht: Er ist das kodierte Programm, das unsere Maschinen, Computer und Roboter mit Autonomie und Intelligenz ausstattet.

Das Kapitel trägt den Namen von Alan Turing (1921–1954), eines britischen Mathematikers, der im Mittelpunkt der Revolution stand, die unsere Sicht auf Codes und seine Wirkung auf Menschen veränderte. Turings Forschung gipfelte in der Turingmaschine, die den Quantensprung zum aktiven Code in die Wege leitete. Der Titel „Turing Turing" spielt auf Turings Methode an, Code auf sich selbst anzuwenden.

Um diese Revolution und ihre Auslöser zu verstehen, müssen wir zwei Gedankensträngen folgen: einem in der Kunst und Literatur und einem in der Wissenschaft. Sie werden selten auf diese Weise betrachtet. Viele halten es für absonderlich, diese zwei Denkweisen zu vergleichen – zwei unterschiedliche Arten der Logik, unterschiedliches Vokabular, zwei verschiedene Geistesausrichtungen. Aber ich bitte Sie, bei mir zu bleiben und

zu bedenken, dass Kunst und Wissenschaft in denselben Gehirnen stattfinden und sich gegenseitig ausgleichen und befeuern. „Wir sehnen uns nur nach dem, was wir intensiv wünschen", sagte Gaston Bachelard in *La terre et les rêveries de la volonté* (Die Erde und die Träumereien des Willens). Und wirklich haben wir uns den aktiven Code, der heute unser Leben dominiert, lange vorgestellt, ihn herbeigesehnt und seine Entstehung gefürchtet. Wir träumten lange von ihm, bevor er in Laboratorien auftauchte.

Wir verstehen den heutigen aktiven Code und seine Auswirkung auf unser Leben nicht, ohne uns mit den Träumen zu befassen, die seine Dynamiken erschufen und den Träumen, die seine Entwicklung begrenzen könnte.

Bevor wir uns Turing zuwenden, um seinen Quantensprung zu verstehen, ist es notwendig, einige Schlüsselereignisse der vorangegangenen Jahrhunderte, meist in Kunst und Literatur, in Augenschein zu nehmen.

Marys Junggesellen-Kind

1817 machte Mary Shelley das aktuelle Problem der Erschaffung von Maschinen und deren Autonomie fassbar. Mithilfe des fiktiven Doktor Frankenstein schuf sie eine „Kreatur", deren Eindruck so machtvoll ist, dass sie auch zweihundert Jahre später ein außergewöhnlicher, kultureller Bezug ist.

Mary Shelleys Kreatur verkörpert all unsere ambivalenten Vorstellungen über Maschinen: einerseits das rein wissenschaftliche und mechanische Gerät, in einem Labor zusammengebaut, ohne übernatürliche Komponenten. Zwar ist ihre Grundlage organisches Material, aber heute denken wir doch darüber nach, organisches Gewebe in die Prozessoren der nächsten Generation einzubauen. Dadurch würden Computer weder lebendiger noch übernatürlich.

Andererseits wird der Apparat „Kreatur" genannt: Seine Grundbaustoffe sind Teile menschlichen Fleisches und seine Inbetriebnahme durch Blitzeinschlag gleicht einer Geburt, einer Kraft aus dem Himmel, vielleicht sogar aus dem göttlichen.

In der Erzählung bewegen uns mindestens zwei Themen, die speziell auf die Zukunft vorbereiten. Das erste ist das Lernvermögen der Kreatur. Geboren mit einem leeren, aber intelligenten Geist, strebt es nach Wissen und beobachtet aus diesem Drang heraus die Kinder einer nichtsahnenden Familie.

Das zweite Thema ist die Fähigkeit, sich fortzupflanzen. Ein Punkt, den Mary Shelley für entscheidend hielt, war die Weigerung Frankensteins, seiner Kreatur diese Möglichkeit einzubauen. Daraufhin bedroht das autonome Wesen Frankensteins Leben und seine Familie. Er bittet ihn im Austausch von Frieden um Reproduktion. Frankenstein willigt ein und beginnt mit der Konstruktion. Dann überkommt ihn das Entsetzen, als er sich vorstellt, dass die Kreatur sich tatsächlich in unzähligen Abkömmlingen fortpflanzt, die das Überleben der Menschheit bedrohen. Er zerstört den angefangenen Embryo und macht die Kreatur zu einem ewigen Junggesellen. Im Finale stellt die Kreatur die ausgleichende Gerechtigkeit her, indem sie Doktor Frankensteins Braut tötet.

Mary Shelley hat zwei Botschaften. Sie sagt, dass die Kreatur, obwohl autonom, auf den Menschen angewiesen ist, um seine Vervielfältigung zu ermöglichen, da sie diese

Aufgabe nicht selbst erledigen kann. Autonomie und Reproduktion sind getrennte Funktionen. Außerdem behauptet sie, wir hätten eine tiefsitzende, mentale Sperre dagegen, sich selbst reproduzierende Maschinen herzustellen und könnten unbewusst Angst davor haben, dass unsere Maschinen sich unkontrolliert vermehren und uns bedrohen.

Ideen springen bisweilen ungewollt von einem zum anderen über. Durch einen poetischen Zufall bekam Shelley ihre Idee zu Frankensteins Maschine, während sie auf einer literarischen Party mit ihrem Mann und anderen Dichtern ein Spiel spielte. Einer der Dichter war Lord Byron, dessen Tochter Ada später Assistentin von Charles Babbage wurde und ihm das Konzept des Programmierens vorstellte und somit die Möglichkeit autonomer Maschinen. Die poetische Verbindung wird noch romantischer,

Titelbild von Frankenstein

Golem

weil Adas Mutter den Einfluss von Byrons Wahnsinn auf Ada fürchtete und ein Treffen der beiden lebenslang verhinderte.

Es muss noch darauf hingewiesen werden, dass die literarische Mutter des prophetischen Kindes, der Kreatur, Mary (Maria) hieß.

Der Golem: Wahrheit oder Tod

Eine andere mythische Kreatur, der Golem, hat parallel zu Mary Shelleys Kreatur einen langanhaltenden Erfolg, aber mit anderer Botschaft. Bei ihm ging es nicht um Reproduktion, da der Tradition gemäß jeder ausreichend heilige Rabbi ihn aus Ton kneten konnte. Er war eher ein Roboter-Diener, seine Wurzeln sind in den zentraleuro-päischen, jüdischen Gemeinden des Mittelalters zu finden. Mit wenigen, aber präzisen Kommandos konnte er an- und ausgeschaltet werden. Aktiviert wurde er, wenn ein Rabbi das hebräische Wort EMET („wahr") auf seine Stirn schrieb. Wurde der erste Buchstabe entfernt, stand dort MET („Tod") und er war deaktiviert.

Dieses Befehlssystem ist das erste Beispiel für die Einbeziehung von Sprache und binärer Logik in die Steuerung von Maschinen und Robotern. Davon abgesehen, verfügte der Golem nicht über Intelligenz und führte nur spezielle Aufgaben aus, meist zur Verteidigung der jüdischen Gemeinden.

Franz Kafkas Strafgesetz-Code

Die beiden Vorgenannten sind Stars einer Gruppe autonomer Kreaturen in der Literatur, deren Mitgliederzahlen mit steigender Popularität von Science-Fiction in den 1940er Jahren kometenhaft anstiegen. Die Geschichten über sie sind faszinierend, in ihnen findet das Thema Anwendung auf

In der Strafkolonie, *Franz Kafka*

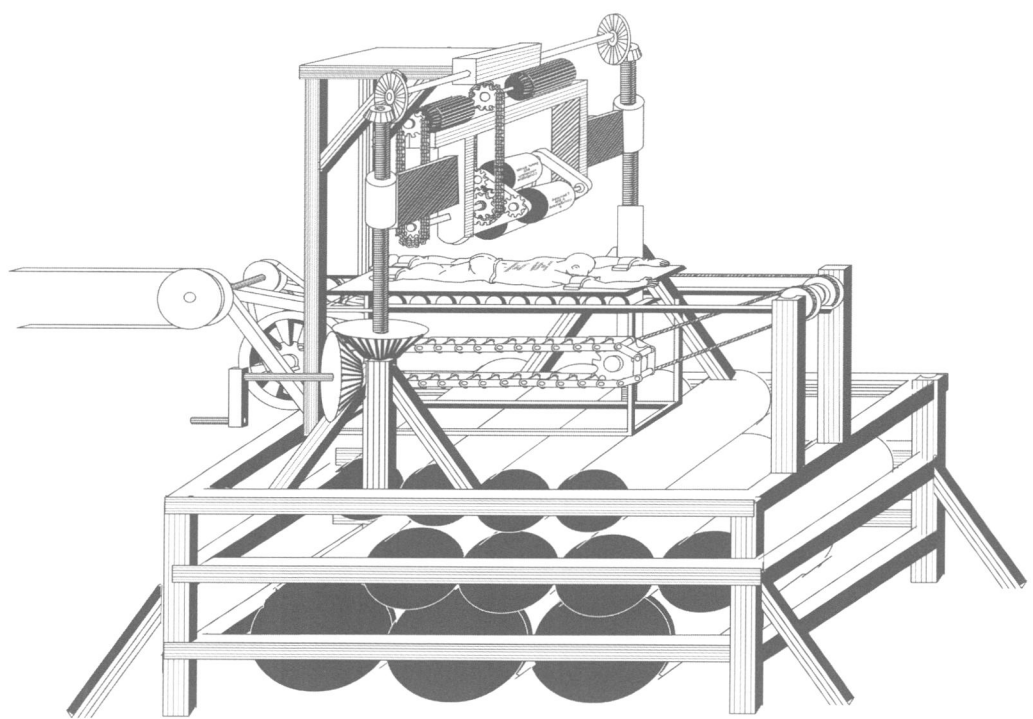

alle Lebensumstände auf allen Planeten des Universums. Manchmal entstehen sie parallel zu wissenschaftlichen und technologischen Entwicklungen, manchmal gehen sie ihnen voraus oder regen dazu an.

Bedeutungsvoller ist eine Kurzgeschichte von Franz Kafka, die er 1910 schrieb: *In der Strafkolonie*. In der nüchternen Umgebung eines Gefängnisses exekutiert eine Maschine die Insassen. Um sie in Gang zu setzen, füttert man die Maschine mit einem geschriebenen Programm: dem Gesetz, das der jeweilige Häftling gebrochen hat. Den Text ritzt sie in den Körper des Insassen.

Die Injektion eines Gesetzestextes verwandelt den Häftling, der mit dem

Wissen um seine Schuld neu geboren wird. Nach einer Phase intensiver Erleuchtung stirbt das Opfer schließlich.

In einer finalen Verzweiflungstat setzt der Erschaffer und Verwalter der Maschine sie gegen sich selbst ein und zerstört sich und sie.

Mit dieser logischen Wende plus dem geschriebenen Programm plus einem Drucker wandelte Kafka auf Turings Schiene.

Wegen der Programmiereigenschaft und was sie dem Fleisch ihres Schöpfers antut, stellten Surrealisten sie später als wichtiges Beispiel einer „Junggesellenmaschine" dar.

Eigentlich sollte es diese Geschichte gar nicht geben. Kafka hatte in seinem Testament bestimmt, sie nach seinem Tod zu vernichten.

Das Duchamp-Gambit

Marcel Duchamp (hier von Man Ray als
Rose Scelavy porträtiert) war der ruch-
loseste Codeknacker der Kunstgeschichte.
Geboren 1887, tauchte er in den 1910er Jahren in der Szene auf. Er produzierte einige
eigene Gemälde, bis er bemerkte, dass
Picasso und Braque dabei waren, mit ihren
kubistischen Arbeiten die Kunstcodes zu
brechen. Schwer beeindruckt machte er den
nächsten Schritt, um das bereits wankende
Gebäude zum Einsturz zu bringen. Mit seinem *Akt, die Treppe herabsteigend Nr. 2*,
der 1912 im Salon des Indépendants ausgestellt wurde, ging er so weit, dass er gebeten
wurde, die Leinwand abzuhängen.

Picasso und Braque standen ihm nicht
bei: In ihren Augen überschattete das
Bewegungsbild ihre eigenen revolutionären
Arbeiten. Ihre Verwegenheit reichte nicht,
um die neue Inkarnation von Villards Zahlen nach Pythagoras (siehe Kapitel 4) zu

Duchamp, Akt, die Treppe herabsteigend Nr. 2
(Philadelphia Museum of Art, Philadelphia)

*Marcel Duchamp, porträtiert von Man Ray als Rose
Scelavy*

akzeptieren, erkannten sie möglicherweise
gar nicht. Duchamp allerdings nahm ihren
Kubismus für bare Münze: Er deutete die
dritte Dimension nicht nur an, so wie sie,
er setzte die Dreidimensionalität seines
Modells zur Gänze um.

Er war zudem noch einen Schritt weiter
gegangen und fügte noch eine Dimension
ein: die Zeit. Der Betrachter sieht das
Modell tatsächlich die Treppe hinab gehen
(siehe Illustration oben), für Kubisten ein
schmutziger Trick. Aber dieser Trick war
für Duchamp Beginn seiner Tätigkeit in
der Welt der autonomen Maschinen. Seine
Arbeiten zeigen bereits die Dynamiken.

Was den Akt betrifft, entfernt Duchamp ihn aus der sogenannten unabhängigen Ausstellung. Er fuhr mit ihm über den Atlantik und zeigte ihn im folgenden Jahr in der New York Armory Show. Auch dort verursachte das Bild einen Skandal, verblieb aber auf dem amerikanischen Kontinent. In poetischer Gerechtigkeit hängt es heute mit anderen Werken Duchamps im Philadelphia Museum of Art, ein Verbindungsglied zur Geschichte der Unabhängigkeit der Stadt. (Amerika verdaut europäische Revolutionen besser als Europa selbst!)

Der Skandal markiert eine Veränderung in der Geschichte der Codes. Er unterstreicht die Bedeutung von Codes zu Beginn des zwanzigsten Jahrhunderts. Zum ersten Mal wurde ein „Akt" nicht aufgrund der gewagten, anatomischen Details abgelehnt, sondern für die Kühnheit seines Codes. Der Quantensprung des aktiven Codes kündigte sich in der Kunst an.

Duchamp nutzte die Wellen des Skandals, um sogar noch weiter zu gehen. In seinem „Gambit" opferte er die direkte Darstellung von Objekten und Personen. Er war berufsmäßiger Schachspieler. Beim Schach opfert ein Spieler im Gambit eine wichtige Figur, um einen strategischen Vorteil zu erwirken.

Duchamp opferte die von ihm sogenannte „retinale" Malerei und meinte damit Bilder, die mechanisch auf der Retina der Betrachter erscheinen, die sich vermeintliche Kunstwerke ansehen. Seiner Meinung nach sollte Kunst aus dem Geist des Betrachters entstehen, nicht dem Auge. Damit setzte er eine dynamische Beziehung zwischen dem künstlerischen Schaffen und der öffentlichen Intelligenz voraus.

Damit einher ging die Ansicht, dass die künstlerische Arbeit nicht länger nach Perfektion auf der Leinwand streben sollte, die sich auf der Netzhaut der Betrachtenden abbildet. Duchamps zweiter brillanter Zug war die Abschaffung der handwerklichen Kunstfertigkeit. Als Demonstration zeigte er seine Readymades, von ihm ausgesuchte, industriell hergestellte Objekte, die auf diese Art zu Kunstwerken wurden. Von Bedeutung war, dass die Kunst dadurch nicht länger in den Objekten lag, sondern in der Beziehung zwischen dem Künstler und der Öffentlichkeit.

Es gibt keine Kunst ohne Betrachter, und der musste nun aktiv werden.

Das öffentliche Codeknacken

Nach diesem Wendepunkt wurde der Kunstcode kryptografisch und verbarg den Inhalt der Kunst. Außerdem versteckte er gemäß Duchamps Herangehensweise mit den Readymades ebenso den Künstler. Unter diesem Gesichtspunkt und trotz Methoden und einer Logik außerhalb der Textform wurde Kunst zu einem weiteren Zweig der Verschlüsselung. Sie umfasst

Duchamp: Die Braut entblößt von ihren Junggesellen, sogar *(Philadelphia Museum of Art, Philadelphia)*

weniger materiell strategische, dafür langfristig kritischere Probleme als die militärische und diplomatische Codierung. Außerdem werden die Betrachter geistig gefordert und zu Codebrechern. Da Duchamp der Codebrecher des Originals ist, wurden die Kunstinteressierten zu Codebrechern des Codebrechers.

Duchamps ultimativer Kunstcode trägt den Titel „Das verborgene Geräusch": Im Inneren einer Garnrolle steckt ein unsichtbarer Gegenstand. Duchamp macht sich damit über mittelalterliche Gebetsbücher lustig, die kostbar illustriert, aber verschlossen waren, damit niemand einen Blick hineinwerfen konnte.

Es wirkt wie ein Streich, aber dieser neue, nicht akzeptable Skandal verdeutlicht die Verschlüsselung in der Kunst besser als alle anderen.

Die Brautmaschine

Um im Jargon zu bleiben, war Duchamps Königin auf dem Schachbrett der Kunst des zwanzigsten Jahrhunderts unzweifelhaft seine Braut. Er arbeitete von 1915 bis 1923 an seinem Werk, bevor er *Die Braut entblößt von ihren Junggesellen, sogar* ausstellte, auch als *Großes Glas* bekannt.

Die unerreichbare Braut steckt zwischen zwei Glasplatten wie ein Exemplar eines Insektenkundlers, zusammen mit den aufgehängten Anzügen der Junggesellen. Duchamp erklärte, dass das Werk einen plötzlichen Schnitt markiert, durch ein größeres Phänomen, das sich zeitlich ausdehnt, also in der vierten Dimension, vor und nach diesem Augenblick. Die Zeit spielt wie beim früheren Akt eine Rolle,

aber hier sehen wir nur eine Seite der Verschlüsselung, Moment statt Dauer.

Duchamp und Dalí setzen das Thema unterschiedlich um, aber beide involvieren die vierte Dimension in ihre Werke. Dalís Christus an einem vierdimensionalen Kreuz ist statisch (siehe Kapitel 2), die sechs Elemente des Corpus Hypercubus werden im dreidimensionalen Raum ausgebreitet. Wie Jesus, sind sie Spuren eines anderen Lebens jenseits dessen, was wir kennen. Duchamp hingegen ist aggressiv dynamisch: Wir folgen der nackten Braut auf der Treppe und werden Zeuge eines rauen Schnitts in ihrer eigenen Zeit.

Die Braut ist entblößt bis auf ihr innerstes Wesen: Sie ist eine Reibe. Sie zeigt ihre wahre Natur. Sie ist bereit, jeden Verlobten, der sich an sie herantraut, durch ihre Funktion zu einem ewigen Junggesellen zu machen. Es gibt keine Hoffnung auf Fortpflanzung.

Duchamp beschädigte sein eigenes Werk unabsichtlich, aber wirkungsvoll. Auf dem Heimweg von der Ausstellung war es so schlecht verpackt, dass das Glas zerbrach.

Bemerkenswert ist, dass Tod und Zerstörung allen Maschinen innewohnen, die in der Volkskultur und der Kultur allgemein herausragen.

Die Entschlüsselung des Reichtums der schwer fassbaren Aussage des „großen Glases" von Duchamp geht weiter. Die Braut, das Thema Zölibat und die Maschinenteile inspirierten den surrealistischen Autor Michel Carrouges zu seinem Konzept der Junggesellenmaschine und seiner Suche für andere Beispiele für solche Maschinen in Kunst und Literatur.

Spielcodes

In den folgenden Jahren widmete Duchamp sich hauptsächlich dem Schach, Kunstkritiker nennen dies häufig „die Kunst für das Schachspiel verlassen". Mit der Annahme, dass dieselbe Person manchmal ein Genie ist, um dann dem Spaß eines Hobbys zu frönen, zeigen sie wenig Respekt für Duchamp. Schlimmer noch, diese Einstellung lässt die Bedeutung von Schach und Spiel in unserer Kultur außer Acht.

Und übersieht als Steigerung die Rolle von Spielen in der Geschichte der Codes.

Spiele überleben seit Jahrtausenden am Rande der offiziellen, anerkannten Kunst und ihren Formen.

Ihnen liegt eine abstrakte Natur inne, unabhängig von den Objekten, mit denen sie gespielt werden. Ein Spiel ist ein Regelwerk. Schach beispielsweise kann mit schönen oder hässlichen Figuren gespielt werden, ohne Einfluss auf die Qualität des Spiels.

Mit aktiven Codes wird im Reich der Spiele leidenschaftlich experimentiert. Sie sind Grundlage für jedes Karten- oder Brettspiel. Die Codes sind Beispiele von stabiler Autonomie. Spiele wie Schach oder Dame sind so präzise festgelegt, dass sie jahrhundertelang überlebt haben, obwohl sie von ungebildeten Personen mit verschiedenen Sprachen, unterschiedlichem Alter und Glauben gespielt wurden, ohne dass eine internationale Vereinigung die Regeln erzwungen hätte.

Diese Codes sind keine physikalischen Maschinen mit Zahnrädern, Stiften und Kabeln, dennoch überlebten sie durch die Zeit auf irgendeiner Ebene und verbreiteten sich im Raum. Sie sehen wie Text aus, sind aber mehr als das. Sie verlieren nichts durch Übersetzung. Sie sind autonome Einheiten.

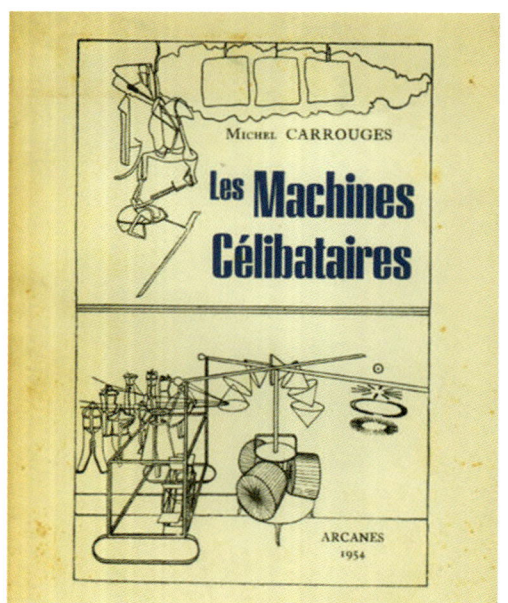

Michel Carrouges' Buch Die Junggesellenmaschinen

Das traditionelle koreanische Spiel Nyout ist mindestens so alt ist wie die Gründung des Königreichs Korea im Jahr 1122 vor Christus und wird noch immer hergestellt und weltweit gespielt.

Seit Jahrtausenden experimentiert der menschliche Geist mit Codes, wenn er Spielregeln erfindet und verfeinert. Das führte im zwanzigsten Jahrhundert zur Anwendung des aktiven Codes auch in anderen Bereichen. Die Welt der Spiele profitierte vom Quantensprung der Codierung, es entstanden Computerspiele, die mit Robotern autonome Spielpartner stellten und die erstmals unsere Intelligenz massiv herausforderten.

Duchamps Reise durch das Schachspiel wurde bisher nicht dekodiert, genauso wenig wie sein letztes Werk, das nach seiner Schachepisode entstand. Vertrauen wir auf Duchamps Genius', dürfen wir davon ausgehen, dass uns *Gegeben sei: 1. Der Wasserfall, 2. Das Leuchtgas* Hinweise auf zukünftige Entwicklungen gibt.

Die Junggesellenmaschinen-Theorie

Wir verdanken Michel Carrouges eine Theorie über die Junggesellenmaschine, die von Duchamp und anderen inspiriert war, unter ihnen Mary Shelley und Franz Kafka, aber auch Alfred Jarrys *Der Supermann*, Jules Vernes *Das Schloss in den Karpaten*, Bram Stokers *Dracula*, Adolfo Bioy Casares' *Morels' Erfindung* und sogar Lautreamonts *Die Gesänge des Maldoron* und Edgar Allan Poes *Wassergrube und Pendel*.

Carrouges „Theorie" liest sich nicht wie eine mathematische Abhandlung von Alan Turing. Ihre Struktur folgt nicht der strikten

Logik mathematischer Theorien, dennoch ist sie wissenschaftlich bedeutend in der Art, mit der sie frei mit der potenziellen Energie der Dichtkunst navigiert. Das macht seine Forschung zur Ergänzung des rein logischen Gedankens. Sie stellt die Grundelemente der vorstellbar bestmöglichen, autonomen Maschinen in den Vordergrund.

Duchamp stimmte Carrouges' Erkenntnissen in einigen seiner Briefe zu und schätze sie, einschließlich der 1976er Ausgabe des Buchs *Junggesellenmaschinen*.

Eine theoretische Junggesellenmaschine besitzt vier Grundcharakteristika:

1. Sie ist autonom, betrieben durch ein kodiertes Programm. Einmal in Gang, kann sie Hindernisse überwinden und effizient arbeiten, bis sie ihr Ziel erreicht.

2. Sie benötigt Menschen. Die Maschine ist gleichzeitig autonom und interagiert mit Menschen.

3. Sie funktioniert nur dann perfekt, wenn es Zeugen dafür gibt. Die Zuschauer greifen nicht ein, aber die menschlichen Akteure wissen, dass sie beobachtet werden und dass dies notwendig ist.

4. Ein Gründungsmythos ergänzt und gleicht die autonome, innere Logik der Maschine aus. Ein unerklärter und paradoxer Mythos, etwa eine Legende, stellt die Anziehung für die menschlichen Akteure zur Maschine und deren Beobachtung dar.

Das Carrouges-Schema

Diese vier Prinzipien bieten einen Referenzrahmen für die vier Grundkomponenten einer Maschine:

- Autonomie
- Einbeziehung eines Anwenders
- Dramatische Interaktion mit Menschen
- Eine symbolische Dimension

Heute muss der Begriff Maschine um Computersysteme und Software erweitert werden: auf alles, das mittels Codes läuft und für einen autonomen Betrieb sowie ein eigenes Leben geschaffen wurden. Die Beachtung von Carrouges' Prinzipien ist in der zweiten Hälfte des zwanzigsten Jahrhunderts langsam gewachsen, dennoch sind sie ziemlich prophetisch.

Lange galt das Prinzip der Autonomie als das einzig ausschlaggebende: Eine Maschine, die mit wenig Hilfe funktioniert, ist eine gute Maschine. Punkt.

Das zweite Prinzip durchläuft noch immer einen Prozess zögerlicher Akzeptanz. Bis in die 1980er galt ein Anwender als seiner Maschine ausgeliefert. Später planten die Entwickler den Anwendungskomfort ein, dennoch sollten die Anwender sich ihren Maschinen anpassen und sich fortbilden, um gute User zu werden. Auch heute noch sind nur wenige Maschinen in der Lage, sich ihren Anwendern anzupassen. Die berühmteste Ausnahme ist „Big Blue", ein Schachcomputer, der durch das Spielen lernt.

Was die beiden letzten Prinzipien betrifft, so neigen Codedesigner dazu, sie als Tummelplatz von Marketing und Werbung anzusehen. Denen liefern sie ein perfektes Produkt, alles andere fällt nicht in ihr Ressort. Durch das Marketing soll der Showeffekt hinzugefügt werden – von der Präsentation bis zur Verpackung.

Kann man erwarten, dass ein Programmierer Kunst, Mythos und Symbolik in einen Code einarbeitet? Die Frage ist nicht so weit hergeholt, wie man meinen könnte. Die Computerfreaks, die alle Maschinen kodieren, sind Fans der geheimnisvollsten Fantasy-Spiele und fleißige Leser von Fantasy-Romanen: Sehen Sie sich nur einmal das Magazin *Wired* an. Das Problem sind vermutlich nur die unterschiedlichen Denkweisen.

Unten finden sich weitere Anwendungen des Carrouges-Schemas.

Ewiger Junggeselle

Carrouges behandelt in seiner Charakteristik der Maschinen nicht die Funktion der Reproduktion oder nur indirekt durch den Gebrauch des Wortes „Junggeselle". Sie wird zwar vermerkt, aber nur als Unmöglichkeit oder Verbot. Das lässt vermuten, dass Kunst und Poesie ihre Arbeit, eine effektive Maschinenreproduktion zu ersinnen, noch nicht abgeschlossen haben. Bachelards Worte „Wir sehnen uns nur nach dem, was wir intensiv wünschen" sagen uns, dass wir uns diese Möglichkeit nicht eindringlich genug vorstellen. Auch heute, 50 Jahre danach, gibt es die Funktion nicht und sie wird nur selten erhofft.

Die Frage stellt sich, ob wir uns eine Maschinenreproduktion intensiv genug vorstellen können, um sie erreichen zu wollen?

Spiegeln Kunst und Mythos etwa die Ahnung wider, dass kodierte Reproduktion eine Sackgasse ist, die mit den uns verfügbaren Codes nicht umzusetzen ist?

DIE TURINGMASCHINE

Paradoxerweise ist trotz der immensen industriellen und technischen Bemühungen im 20. Jahrhundert die bedeutendste Maschine eine, die physisch nicht zu existieren brauchte, sondern geistiges Werkzeug war. Alan Turing erfand sie 1936, sie war die Vorlage für alle möglichen rechnenden Maschinen, eine Maschine, so elementar, dass sie alle anderen jemals konstruierten Maschinen simulieren konnte. Das Anliegen war, sie technisch umsetzbar aussehen zu lassen, eine physische Konstruktion war unnötig.

Echte Computer wurden etliche Jahre später gebaut, aber die Turingmaschine bleibt die Universalmaschine, ein Modell für alle möglichen Computer. Sie dient noch immer als Mittel, um über Maschinen und mechanische Berechnungen nachzudenken. Bevor wir uns diese Maschine genauer ansehen, müssen wir verstehen, wie Turing sie geschaffen hat.

Turings Entscheidung

Als Mathematiker entwickelte und verwendete Turing seine Maschine, um sich mit der Frage bezüglich der generellen Entscheidbarkeit zu befassen, die David Hilbert Anfang des 20. Jahrhunderts aufgebracht hatte. Die Frage könnten wir uns bei jedem Problem stellen: Gibt es eine Möglichkeit, zu bestimmen, ob wir Erfolg haben werden, bevor wir nach einer Lösung suchen?

Hilbert formulierte die Frage mathematischer: Gibt es eine allgemeine Methode oder einen allgemeinen Prozess, durch den man entscheiden kann, ob ein mathematischer Satz bewiesen werden kann? Diese

Methode oder dieser Prozess soll nicht den Satz „beweisen", sondern nur im Voraus bestimmen, ob er bewiesen werden kann. Anders gesagt: Sieht man sich ein Theorem an, das man beweisen möchte, lässt sich von vornherein bestimmen, ob das möglich ist?

Kurt Gödel hatte sich damit befasst und anhand seiner Gödelnummern, siehe Kapitel 2, beschlossen, „Methode oder Prozess" als „mathematische Methode" zu betrachten. Turing verstand die Begriffe als mechanischen Prozess und wandte seine Turingmaschine an. Auch änderte er den Wortlaut, ersetzte beweisbar durch berechenbar. Seine Frage lautete: Gibt es einen Prozess, durch den man entscheiden kann, ob eine Zahl mit begrenzten Mitteln als Dezimale dargestellt werden kann? Oder praktischer: Können wir entscheiden, ob die Dezimale einer Zahl von einer Maschine geschrieben werden können?

Die Antwort ist übrigens nein. Gödel bewies, dass es Theoreme gibt, deren Richtigkeit nicht beweisbar ist. Und Turing bewies, dass es reelle Zahlen gibt, deren Berechenbarkeit wir nicht bestimmen können. Keiner von beiden präsentierte solch ein Theorem oder eine solche Zahl, muss dazu gesagt sein.

Die Maschine

Eine Turingmaschine besteht aus folgenden Komponenten:

- Einem Speicher: eine Anzahl Felder auf einem Band, jedes Feld kann ein Zeichen tragen.
- Einem Lese- und Schreibkopf, der über das Speicherband hin- und herfährt, an einem Feld anhalten kann, den Inhalt scannt und ihn eventuell löscht oder ersetzt.
- Einem Befehlssatz.
- Einem Register, dass sich den Zustand der Maschine merkt. Wird die Maschine eingeschaltet, ist der gespeicherte Inhalt die Anfangsberechnung und der Befehlssatz ist das Programm.

Verlassen wir die abstrakte Beschreibung und schauen uns eine Maschine an, die Zahlen mit 2 multipliziert. Diese Maschine beginnt mit einem Speicherband, auf dem es so die Anzahl Punkte gibt, die der Zahl entspricht, die multipliziert wird. Das Ergebnis wird die Anzahl Sterne auf dem Band bei Maschinenstopp sein.

3 mal 2 auf Turing-Art

Ein einfaches Beispiel: Wir beginnen mit drei Punkten auf dem Band und der Erwartung, sechs Sterne zu erhalten. Der Kopf fährt zum ersten Punkt. Der Maschinenzustand ist 0, einer von hier vier möglichen Zuständen. Wie bei Computern üblich, kann auch die Turingmaschine auf mehrere Arten für selbst die einfachste Aktion programmiert werden, um zum selben Ergebnis zu gelangen. Der Befehlssatz könnte wie folgt aussehen:

Zustand 0: Zähl einen Punkt und halt an, wenn keine Punkte unter dem Kopf sind

WENN in Zustand 0	UND scan einen Punkt	Lösch den Punkt	Bleib in Zustand 0
WENN in Zustand 0	UND scan ein leeres Feld	Fahr nach rechts	Wechsel in Zustand 1
WENN in Zustand 0	UND scan einen Stern	STOPP	

Zustand 1: Geh zum ersten leeren Feld rechts und schreibe einen Stern

WENN in Zustand 1	UND scan einen Punkt	Geh nach rechts	Bleib in Zustand 1
WENN in Zustand 1	UND scan einen Stern	Geh nach rechts	Bleib in Zustand 1
WENN in Zustand 1	UND scan ein leeres Feld	Schreib einen Stern	Wechsel in Zustand 2

Zustand 2: Schreib einen zweiten Stern

WENN in Zustand 2	UND scan einen Stern	Geh nach rechts	Bleib in Zustand 2
WENN in Zustand 2	UND scan ein leeres Feld	Schreib einen Stern	Wechsel in Zustand 3

Zustand 3: Geh zurück und such nach weiteren Punkten

WENN in Zustand 3	UND scan einen Stern	Geh nach links	Bleib in Zustand 3
WENN in Zustand 3	UND scan einen Punkt	Geh nach links	Bleib in Zustand 3
WENN in Zustand 3	UND scan ein leeres Feld	Geh nach links	Wechsel in Zustand 0

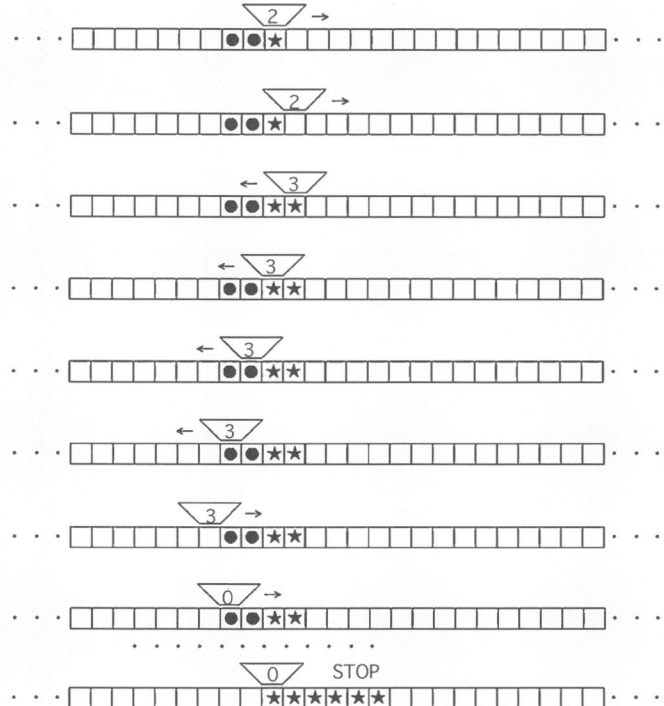

Code:

Eine Zahl mit 2 zu multiplizieren, ist nur der erste Schritt. Wie würden Sie eine Turingmaschine programmieren, die alle möglichen Zahlen mit allen möglichen anderen Zahlen multiplizieren soll? Die Maschine unten soll eine Anzahl Punkte mit einer Anzahl schwarzer Felder multiplizieren. Wie lautet das Programm?

Code:

Könnten Sie eine Turingmaschine für die Subtraktion programmieren? Das sollte leichter sein als Multiplikation. Die Maschine unten soll die Anzahl Punkte von der Anzahl der schwarzen Felder subtrahieren. Wie lautet das Programm?

Turing turingen

In diesem Kapitel wird mit Alan Turings Name, naja, frevlerisch umgegangen, sodass man vermuten könnte, dass sein Nachname als Verb zu verwenden ist im Sinne von „eine Turingmaschine einsetzen". Ein Sakrileg? Vielleicht, aber eins, gegen das sich Turing nicht gesperrt hätte. Mathematiker sind die Comedians der Wissenschaften. So, wie andere durch Wortspiele erheitern, spielen sie mit Konzepten, erforschen sie in allen Richtungen und generieren weitere Konzepte. In Turings Fall genau das, worum es bei seinen Maschinen geht: Das Spiel mit dem eigenen Konzept, um neue Einsichten zu erhalten.

Duchamp war ein Comedian in der Parallelwelt der Kunst. Er stellte den Kunstcode auf den Kopf, um verknöcherte Kunststile loszuwerden und machte auch vor Stilen wie dem Kubismus nicht halt, die revolutionär schienen, im Grunde aber nur alte Formen in neuem Gewand waren und mit verworfenen Teilstücken älterer Kunst spielten.

Turingen ist, was Turing machte und wodurch er Ruhm erlangte. Um zu zeigen, dass unentscheidbare Berechnungen existieren können, setzte er seine Maschine auf sie selbst an. Er verwendete die Gödelnummern-Methode (siehe Kapitel 2), um aus einer Maschine eine nach normalem Standard riesige Zahl zu machen, was aber unbedeutend war: Eine Turingmaschine ist lediglich eine Reihe Zeichen. Der Inhalt des Speichers plus dem Befehlssatz ebenfalls nur eine Reihe Zeichen. Diese Sequenz kann in eine Gödelnummer umgewandelt werden.

Turing wandte die Maschine auf diese Zahl an: sich selbst. Diese Situation mit ihrer zwingenden Logik und mathematischer Raffinesse, die hier darzustellen nicht ohne Übersimplifizierung möglich wäre, verursachte ein unentscheidbares Berechnungsparadoxon. Der Hinweis muss reichen, dass das die mathematische Mutter des Barbier-Paradoxons ist, bei dem ein Barbier jeden rasiert, der sich nicht selbst rasiert und der, wenn er sich selbst rasiert, kein Barbier sein kann.

Die wissenschaftliche Welt kam nach Turings Folgerung oder der von Gödel nicht zum Erliegen. Aber wir verdauen noch immer die Tatsache, dass Logik und die Art, wie wir sie kodieren, nicht die Perfektion besitzt, bei der alles eindeutig wahr, falsch oder bestimmbar ist. Ist das ein Fehler im System oder eine Tür, deren Griff wir noch nicht gefunden haben?

Cäsar turingen

Lassen Sie uns einen Zeitsprung wagen und eine Turingmaschine auf den Cäsar-Code anwenden (siehe Kapitel 1).

Zuerst schreiben wir die Originalbotschaft in den Maschinenspeicher. Vorzugsweise schreiben wir die Buchstaben als Zahlen gemäß ihrem Rang im Alphabet. Für jeden Buchstaben steht eine Anzahl Punkte: 1 für A, 2 für B und so weiter. Buchstaben werden durch Striche getrennt, sodass eine Maschine, die das Wort ACE kodieren soll, so aussieht:

Zustand 0: Zähl einen Punkt und halt an, wenn der Kopf keinen Punkt mehr zählt

WENN in Zustand 0	UND scan einen Punkt	Lösch den Punkt	Bleib in Zustand 0
WENN in Zustand 0	UND scan ein leeres Feld	Geh nach rechts	Wechsel in Zustand 1
WENN in Zustand 0	UND scan einen Strich	Lösch den Strich	Wechsel in Zustand 3
WENN in Zustand 0	UND scan einen Stern	STOPP	

Zustand 1: Geh zum ersten leeren Feld und schreib einen Stern

WENN in Zustand 1	UND scan einen Punkt	Geh nach rechts	Bleib in Zustand 1
WENN in Zustand 1	UND scan einen Strich	Geh nach rechts	Bleib in Zustand 1
WENN in Zustand 1	UND scan einen Stern	Geh nach rechts	Bleib in Zustand 1
WENN in Zustand 1	UND scan ein leeres Feld	Schreib einen Stern	Wechsel in Zustand 2

Zustand 2: Geh zurück und suche einen Punkt oder einen Strich

WENN in Zustand 2	UND scan einen Stern	Geh nach links	Bleib in Zustand 2
WENN in Zustand 2	UND scan einen Punkt	Geh nach links	Bleib in Zustand 2
WENN in Zustand 2	UND scan einen Strich	Geh nach links	Bleib in Zustand 2
WENN in Zustand 2	UND scan ein leeres Feld	Geh nach links	Wechsel in Zustand 0

Zustand 3: Geh zum ersten freien Feld rechts und schreibe einen Stern und einen Strich

WENN in Zustand 3	UND scan einen Punkt	Geh nach rechts	Bleib in Zustand 3
WENN in Zustand 3	UND scan einen Strich	Geh nach rechts	Bleib in Zustand 3
WENN in Zustand 3	UND scan einen Stern	Geh nach rechts	Bleib in Zustand 3
WENN in Zustand 3	UND scan ein leeres Feld	Schreib einen Stern	Wechsel in Zustand 4

Zustand 4: Schreib einen Strich und kehr zurück

| WENN in Zustand 4 | UND scan einen Stern | Geh nach rechts | Bleib in Zustand 4 |
| WENN in Zustand 4 | UND scan ein leeres Feld | Schreib einen Strich | Wechsel in Zustand 2 |

Bleibt man bei Cäsars einfachstem Code, zeigt sich das Ergebnis weiter hinten auf dem Band als Buchstabenreihe, die als Sterne und Trennstriche dargestellt wird.

Auf den ersten Blick sieht das Programm simpel aus. Einer nach dem anderen werden die Buchstaben hinten auf dem Band kopiert, jeder Punkt als Stern, drei Sterne mehr für jeden Buchstaben.

Das Programm kodiert alle Buchstaben, nur gibt es eine letzte Hürde: Es kann den Buchstaben Z nicht verarbeiten, der um Ecken verläuft. Das Z muss als 1 Stern, nicht als 27 Sterne dargestellt werden.

Code:
Wie würden Sie die Turingmaschine für Cäsars Code vervollständigen, damit sie den Buchstaben schafft, der um die Ecken geht?

DIE AKTIVE JEFFERSON-SCHERBIUS VERSCHLÜSSELUNG

Die Erfindung nutzte in diesem Fall zu spät die verfügbare Technologie, die sie ermöglichte. Erst 1917 arbeitete der deutsche Erfinder Albert Scherbius daran, die Schreibmaschine, die 40 Jahre zuvor erfunden wurde, mit Thomas Jeffersons Chiffrierscheiben, die es seit über 100 Jahren gab, zu verbinden. Scherbius ließ seine Erfindung patentieren und bot sie 1918 dem deutschen Militär an, zu spät, um sie noch im Ersten Weltkrieg einzusetzen, der später im selben Jahr endete.

Hätte Scherbius seine Maschine einige Jahre früher erfunden und die kaiserliche Armee hätte sie übernommen, wäre der Krieg ein anderer geworden – und vermutlich die ganze Welt. In Sachen Geheimcodes markiert der Erste Weltkrieg das Ende einer Ära. Armeen verwendeten Verschlüsselungs-

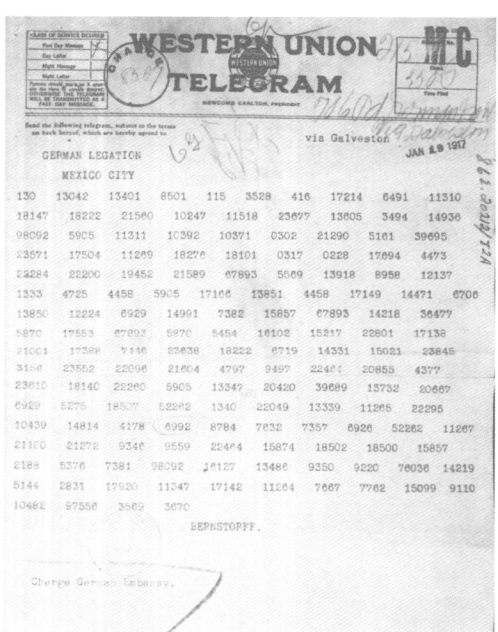

methoden aus dem 19. Jahrhundert, alle mit Stift und Papier ausgeführt. Die Kommunikationstechnik hatte einen Quantensprung gemacht, die Chiffrierung nicht.

Der Morsecode verband die Länder der Erde innerhalb von Sekunden über Stromdrähte, während die Codeknacker über ihren antiquierten manuellen Techniken schwitzten. Wie befürchtet (siehe Kapitel 1) konnten elektrische Telegrafen leicht unterbrochen und abgehört werden. Gleich zu Beginn des Kriegs hatte sich Großbritannien um das deutsche Netz gekümmert, um die Deutschen zu zwingen, über internationale Leitungen zu kommunizieren.

Verbindungen über strategische Leitungen brachten riesige Mengen ungeschützter Informationen. Die Chiffrierung war zu schwach. Der aktive Code hatte noch nicht Einzug in die Verschlüsselung gehalten.

Das beste Beispiel für ein strategisches Leck damals war die Zimmermann-Depesche, aufgrund deren die USA in den Krieg eingriff, nachdem ihre Dechiffrierer von einer möglichen Allianz zwischen Deutschland mit Mexiko und Japan erfahren hatten (siehe Illustration links).

Die Jefferson-Scheiben

Wie Cäsar und Leon Battista Alberti, beschäftigte sich auch Thomas Jefferson als Ausnahmedenker ebenso leicht mit Verschlüsselung wie mit ästhetischen, symbolischen und architektonischen Codes.

Er versetzte Albertis Scheibenverschlüsselung in eine neue Dimension, indem er sie über Zylinder um ein Vielfaches erweiterte (siehe Illustration S. 251). Auf jeder Scheibe stehen die Buchstaben des Alphabets in beliebiger Reihenfolge. Eine Nachricht wird Wort für Wort codiert. Der Chiffrierer bildet das Wort durch Drehen der Scheiben, arretiert die Zeile und versendet dann die Buchstaben einer anderen Zeile.

Wären die Buchstaben der Jefferson-Zylinder in Spalten, auf einer Matrix, auf einem Blatt Papier. statt in Scheiben

Der Jefferson-Zylinder

eingraviert, erinnerte das System stark an das Bellaso-Vigenère-System (siehe Kapitel 6). Der Vorteil liegt in der Vermeidung von Fehlern. Scheiben zu drehen und eine Zeile Buchstaben abzulesen ist sicherer, als Zeilen und Spalten einer Matrix nachzugehen.

Die Anfälligkeit aller maschinenbasierten Systeme ist der Diebstahl. Bei solch einem Ereignis ist dieses System allerdings sicherer als die Bellaso-Vigenère-Methode, weil der Chiffrierschlüssel umfangreicher ist. Der von den kommunizierenden Parteien vereinbarte Schlüssel setzt eine bestimmte Anordnung der Scheiben voraus. Dazu kommt die zufällige Anordnung der Buchstaben auf den Scheiben, die im Gegensatz zur alphabetischen Ordnung der Bellaso-Vignère-Matrix einen komplexeren Code ergibt.

Jefferson entwickelte seine Zylinder 1793, als er Außenminister und noch nicht Präsident der USA war. Während der Amerikanischen Revolution setzte er spezielle Botschafter für vertrauliche Post ein. Später, als Minister der USA in Frankreich von 1784 bis 1789, schickte er verschlüsselte Botschaften, um die Hinterzimmer der europäischen Poststellen auszutricksen, in denen alle Briefe geöffnet und gelesen wurden. Als er später von Amerika aus mit Europa korrespondierte, erfand und benutzte er die Zylinder zur Verschlüsselung seiner vertraulichsten diplomatischen Botschaften. Die Methode war sicher, trotz der vorausgehenden Auslieferung von Zylindern an die Briefpartner. Jefferson verwendete die Zylinder bis zum Kriegsbeginn 1812. Dann gerieten

Die Enigma-Maschine

sie in Vergessenheit, wurden aber einige Male wiederbelebt, das letzte Mal um 1914 herum durch das US-Militär, das sie unter dem Namen M-94 im Zweiten Weltkrieg einsetzten.

Ein Satz der Scheiben ist in Jeffersons Haus Monticello in Virginia ausgestellt.

Enigma-Rotoren von Scherbius

Die Maschine, die Albert Scherbius baute, kann man sich als aufgetakelte Schreibmaschine vorstellen. Sie verschlüsselte Nachrichten Buchstabe für Buchstabe und hatte zwei Tastaturen: eine ganz normale Schreibmaschinentastatur und einen Satz Buchstaben auf einer Glasscheibe, wo jeder Buchstabe durch eine kleine Glühbirne beleuchtet wurde. Nach der Anfangseinstellung drückte der Verschlüsseler die Taste mit dem Buchstaben, der verschlüsselt werden sollte, wie unten zu sehen ist. In der Maschine leuchtete der entsprechende verschlüsselte Buchstabe auf und der Benutzer übertrug den beleuchteten Buchstaben in die geheime Nachricht.

Das System war insofern automatisch, als der Eingebende nichts über die innere Funktion der Maschine zu wissen brauchte. Er drückte, las und übertrug.

Ein anderer Vorteil war, dass die Maschine symmetrisch war: Der Code des Codes war der Originalbrief. Ausgehend von der übereinstimmenden Einstellung der Maschinen brauchte der Anwender nur den Chiffrierschlüssel zu drücken und erhielt eine eindeutige Botschaft.

Dafür setzte Scherbius sogenannte Rotoren ein. Jeder Rotor war ein Rad mit innerer Verdrahtung, das einfachen

alphabetischen Austausch erzeugte. Wurde eine Taste gedrückt, löste das in einem Rotor einen elektrischen Impuls aus, der dadurch den Austauschbuchstaben beleuchtete.

Ein einzelner Rotor produzierte lediglich einen konstanten, leicht zu knackenden Ersatz. Den Durchbruch erzielte Scherbius, als er drei Rotoren in Reihe verwendete. Jeder Rotor schickte den Impuls zum nächsten für einen weiteren Austausch, aber mit dem ausschlaggebenden Mechanismus dazwischen: Die Rotoren waren aufeinander ausgerichtet und drehten unterschiedlich, wie die Räder eines Tachometers, wenn die Tasten gedrückt wurden. Dadurch entstand ein mutierender Austausch. Scherbius hatte dort Cäsars Codes integriert, als bewegliche Differentiale.

Nachdem das deutsche Militär das System übernommen hatte, fügte der Erfinder Willi Korn einen „Reflektor" hinzu. Dieses spiegelähnliche Bauteil schickte die elektrischen Impulse durch die Rotoren wieder zurück, bevor sie auf die Buchstaben trafen. Dadurch entstanden nicht nur mehr Austauschmöglichkeiten und Cäsar-Anwendungen und damit mehr Sicherheit, sondern auch eine bequeme Symmetrie im System.

Das letzte Quäntchen Sicherheit war das Steckbrett, wie traditionell in der Telefonverbindung eingesetzt, mit Drähten und Steckern, die für einen weiteren Buchstabenwechsel sorgten. Um die Gesamtsymmetrie zu erhalten, arbeitete es zwischen den Tasten und den Rotoren und zum Schluss zwischen den Rotoren und den Anzeigefeld. Er wirkte wie ein weiterer, unbeweglicher Rotor.

Die Verschlüsselungsschritte waren:

- Tastatur
- Steckbrett
- Rotor 1
- Rotor 2
- Rotor 3
- Reflektor
- Rotor 3
- Rotor 2
- Rotor 1
- Steckbrett
- Anzeigefeld

In diesem System war der „Schlüssel" für den Austausch zwischen zwei Parteien der Anfangszustand der Maschine. Die deutsche Armee hatte einen Code für die Übersendung dieser Information durch Kommunikationskanäle entwickelt, die so unterschiedlich wie möglich von denen für die chiffrierten Nachrichten waren.

Die Qualität der Verschlüsselung war die große Anzahl an Möglichkeiten: der Anordnung der drei Rotoren, ihre Anfangsposition und die Einstellung des Steckbretts.

Die Sicherheit des Systems basierte auf drei Ebenen der Geheimhaltung:

- die geheimen Prinzipien der Maschinen
- die geheime Verdrahtung der Rotoren
- das Geheimnis der Tasten

Angenommen, ein Codeknacker kennt die Maschine, aber nicht die Tasten, dann ergibt sich eine Anzahl von Kombinationen, die der Kryptografie-Historiker Tony Sale angibt mit: 15.000.000.000.000.000.000.

Weder Scherbius noch die deutsche Wehrmacht nannte die Maschine „Enigma". Britische Kryptografen gaben ihr den Namen. Über ihre Bemühungen, den Maschinencode zu knacken, wurde im und nach dem Krieg so viel gesprochen, dass der Name haften blieb, der Name Scherbius aber geriet in Vergessenheit.

Maschine gegen Maschine

Im Zweiten Weltkrieg war das Codeknacken extrem wichtig. Tatsächlich kam dem mehr Bedeutung zu als in jedem anderen Krieg und war gleichzeitig viel komplizierter, da die neuen drahtlosen Verbindungen zu Landempfängern die Menge der verfügbaren Daten enorm erweiterten. Bereits vor Beginn des Kriegs war der Quantensprung in der Chiffrierung in den aktiven Code bekannt. Die kryptografische Forschung der Alliierten konzentrierte sich auf die deutsche Enigma, um eine wirksame Maschine zu bauen, die ihren Code brechen konnte.

Aus historischer Sicht ist das Thema so sensibel, dass es auch 70 Jahre später noch kontrovers behandelt wird. Weiterhin werden Bücher, Filme und Websites mit „der Wahrheit" über Enigma veröffentlicht und wer was wie und wo entschlüsselte. Eine bestätigte offizielle Version gibt es allerdings nicht. Wie es sich für die Geschichte der Geheimnisse und Geheimdienste gehört, ist sogar die beste Dokumentation zweifelhaft und die aufrichtigsten Zeugen fragwürdig. Alle Zutaten sind vorhanden – die Codes, die Beteiligten, die vielen Zeugen, die Legenden, um eine riesige, reale

Junggesellenmaschine auferstehen zu lassen, analog zu den Kriterien nach Carrouges, die die vielleicht einzig sichere Art ist, diesen speziellen Aspekt des Zweiten Weltkriegs zu beleuchten.

Etwas Unwohlsein rührt vermutlich von etwas, das tiefer als der übliche Nationalstolz auf gewonnene Kriege und der klassischen Geschichtsschreibung durch die Sieger liegt. Das wahre Problem ist auch nicht die Entschlüsselung, sondern betrifft viel allgemeiner die Entwicklung intelligenter Maschinen. Ein Land, das für sich beanspruchen kann, über den ersten intelligenten Code zu verfügen, steht in der Geschichte als Bereiter einer neuen Ära da. Die Kultur dieses Landes wäre die Maßgabe für eine neue Kultur. Ist die bewaffnete Auseinandersetzung vorüber, setzt sich der kulturelle Krieg fort: Jedes Land möchte seine Sichtweise geltend machen einschließlich seiner wirtschaftlichen Ressourcen. Der aktive Code wird schnell zum nationalen Helden.

Ein perfektes Beispiel ist die allgemeine Nichtbeachtung des Computers, den der Deutsche Konrad Zuse in den 1930ern erfand. Er hatte Programmier- und Speicherwerke und war binär. Ab 1941 arbeitete er zufriedenstellend mit Daten, mit denen er über Lochkarten gefüttert wurde. Zuse und sein Prototyp überlebten die Kriegsbombardements, die deutsche Regierung lehnte eine Förderung aber ab. Zuse floh in die Schweiz. Obwohl sein Prototyp Z3 allen Computerprojekten überlegen war, wurde er missachtet und auch später nicht erwähnt, als seine Grundlagen in andere Projekte einflossen. Zukünftige Historiker werden sich fragen, warum Enigma eher mit Alan Turing, ihrem Codeknacker, in Verbindung gebracht wird, als mit seinem Erfinder Alfred Scherbius.

Vor diesem Hintergrund ist die folgende kurze Abhandlung der Ereignisse die wohl fairste, unter Beachtung der heute allgemein akzeptierten Fakten.

Von der Bombe zum Koloss

Bereits 1932 war das polnische Militär besorgt über den Fortschritt der Deutschen in der Chiffrierung und stellte ein Team zusammen, das die Scherbius-Maschine studieren sollte. Sie konnten eine Maschine

Die Bombe, die Maschine, die Enigma-Codes knacken konnte.

Bletchley Park, heute ein Kryptografie-Museum

auf dem Weg zur deutschen Botschaft in Warschau abfangen. Daraufhin begannen sie mit der Entwicklung eines Gegenspielers, der den Enigma-Code knacken sollte, wenn man die Maschine, nicht aber den Schlüssel hatte: die Anfangseinstellung. Weil ihre Maschine während des Dechiffrierens tickte, nannten sie sie „die Bombe". Mit ihrer Hilfe und der Analyse der Enigma konnten sie eine Vielzahl an Nachrichten entschlüsseln.

Nach der deutschen Invasion konnten die polnischen Kryptografen nicht alleine weitermachen und brachten Kopien von Enigma und der Bombe zu ihren französischen und britischen Alliierten, zusammen mit genauen Beschreibungen ihrer Funktionen.

Das war eine enorme Hilfe, aber obwohl sie über die Mechanik der Maschine nicht länger zu grübeln brauchten, hatten die Codeknacker der Alliierten ihre Mühe. Ein Nachbau wurde in die USA verschickt, in beiden Ländern wurden Enigmas hergestellt. Ein Team von Kryptoanalytikern

sollte sich mit der Maschine vertraut machen und herausfinden, wie ihr Code zu knacken war.

Zwar besaßen die alliierten Nachrichtendienste die Maschine, aber das Hauptproblem war, dass die Deutschen das Informationsleck bemerkt hatten. Zwar verwendeten sie Enigma im Vertrauen auf ihre grundsätzliche Sicherung, aber sie veränderten die Rotoren und setzten mehr davon ein. Dadurch wurden weit weniger Nachrichten entschlüsselt und den Codebrechern blieb nur noch ein Mittel: Versuch und Irrtum. Wie stark die neue Kombiniermethode auch war, war sie doch anfällig dafür, einfach so viele Kombinationen wie möglich auszuprobieren und dabei nach Wörtern zu suchen, eine Methode, die auch bei Homofonen funktionierte (siehe Kapitel 6).

Der romantischste Ort im Zweiten Weltkrieg war Bletchley Park in England. Das frühere Manor of Eaton wurde aufgrund seiner Lage zwischen Oxford und Cambridge ausgesucht, von dort konnten die schlausten Köpfe beider Universitäten angezapft werden. Dort untersuchten die Codebrecher, die an der Enigma arbeiteten, alle abgefangenen, verschlüsselten Nachrichten. Unter den Akademikern befand sich Alan Turing, der die Anwendung der Bombe verbesserte und ihre Effektivität steigerte.

Bletchley Park entwickelte schließlich eine eigene Maschine, um den Deutschen entgegenzuwirken, und nannte sie Colossus. Sie berechnete Buchstabenstatistiken und gilt als ein Schritt hin zu modernen Computern. Die Arbeit in Bletchley Park war entscheidend für die britische Moral im Zweiten Weltkrieg.

Heute ist dort ein Kryptografie-Museum untergebracht.

DAS TURINGEN DER PHYSISCHEN WELT

Turing kanalisierte seine Kreativität am erfolgreichsten durch die ultimative Junggesellenmaschine: eine logische Maschine, die physisch nicht existierte. Mit ihr als Grundlage ging er einen Schritt weiter

und bewies, dass es die Logik, auf die sie vertraut hatten, so nicht gab. Es gab unentscheidbare Entitäten, die es in der

geradlinigen, gesetzmäßigen, richtig-oder-falsch-Welt nicht geben sollte. Vielleicht sah er sich selbst auch so, denn er war homosexuell in einer Zeit, in der dies ein Verbrechen war. Später wurde er deswegen verurteilt und einer chemischen Therapie unterzogen, die möglicherweise zu seinem Selbstmord führte.

Nach dem Krieg war Turing halbherzig an britischen und amerikanischen Computerprojekten beteiligt. Mit seiner Teilnahme oder ohne waren seine Ideen ausschlaggebend für die Entwicklung von Computern, wie wir sie heute kennen. Konrad Zuse verdanken wir die Methode, Programme und Arbeitsspeicher auf demselben Gerät einzusetzen. Es ist sehr bedauerlich, dass Turing und Zuse nie zusammengearbeitet haben. Im Kalten Krieg waren Computer ein sensibles Thema. Turings Homosexualität und Zuses Nationalität machten eine Sicherheitsfreigabe unmöglich. Sie gehörten nicht den Teams an, die Computer entwickelten und bauten. Von ihnen stammten die Voraussetzungen dafür noch vor Beginn des Zweiten Weltkriegs. Die Entwicklung der Computertechnologie und -wissenschaften in den 1950ern fand ohne sie statt.

Turings untergeordnete Rolle in der Entwicklung von realen Computern erklärt sich durch seine Psychologie: Er war Mathematiker und kein Ingenieur. Die Welt der mathematischen Grundlagen und Theorien war sein Zuhause und nicht die physikalische der Zahnräder. Donald W. Davies, ein führender Forscher der mathematischen Logik, erzählt folgende Anekdote: Als er mit Turing daran arbeitete, einen programmierten Computer zu bauen, den Turing 1947 im National Physical Laboratory in London entwickelt hatte, entdeckte Davies einige Fehler in Turings Grundlagenpapier von 1936 „On Computable Numbers, with an Application to the Entscheidungsproblem." Einige seiner Programmloops beispielsweise schlossen nicht korrekt. 1936 war das verzeihlich, heute nicht mehr. Als Davies Turing darauf hinwies und ihm gleichzeitig anbot, die kleinen Fehler zu beheben, „wurde er ungeduldig und sagte deutlich, ich würde meine und seine Zeit mit meinen wertlosen Bemühungen verschwenden". Es unterstreicht Turings Ansehen, dass Davies seine Korrekturen erst 50 Jahre später veröffentlichte. Aus Sicht der Symbolik und Geschichte der Codes allerdings sind diese Fehler und Turings Reaktion wichtig. In der Psychologie sind Fehler keine Fehler, sie sind wahrnehmbare Tatsachen. Hier verraten sie, dass Turing nicht behaglich zumute war mit der präzisen materiellen Umsetzung seiner Erfindung. Die Umstände hatten ihn in ein „physikalisches Labor" versetzt, sein Verstand wollte viel lieber an einem Mathematiker-Schreibtisch arbeiten. Seine Vorstellungskraft war nicht für solch praktische Ingenieursprojekte gemacht. Hinzu kommt eine unschöne Scheidung, ein weiterer Schritt in Richtung Turings tragischem Ende.

Tod mit Symbol (oder Abgang durch Eden)

1954 beschloss Turing, diese Welt durch ihren Vorgarten, den Garten Eden, zu verlassen. Mathematik, Logik und Chiffrierung – all dies ist Symbolverwaltung und war sein Lebenswerk. Seiner Berufung und seinem Genie entsprechend lebte er bis zum Schluss in der Welt der Symbole.

Man nimmt an, dass die Frucht der Erkenntnis, in die Adam und Eva bissen, ein Apfel war. Der Biss brachte sie nicht um, Turing jedoch schon. Er wurde tot aufgefunden, neben ihm lag ein Apfel. Turing starb an einer Cyanidvergiftung. Zwar wurde der Apfel nie untersucht, vermutlich aber hatte er ihn mit dem Gift versetzt. Welche Frucht könnte verbotener sein als eine vergiftete? Turings Erkenntnis war eine bittere: In seinem Apfel steckte der Tod.

Der Code wird verständlich, wenn wir uns daran erinnern, dass die Pythagoreer logische Wahrheit in der Wissenschaft und Freundschaft innerhalb von Menschengruppen gleichsetzten. Turing erfuhr Rückschläge, sowohl in der Wissenschaft als auch in emotionalen Angelegenheiten. Er lernte, dass weil es unbestimmbare Fragen gibt, die perfekte richtig-oder-falsch-Logik

Das buntgestreifte Apple-Logo aus dem Jahr 1977.

nicht auf die gesamte wissenschaftliche Welt anwendbar war. Und er erlebte, dass seine tiefen Gefühle als homosexueller Mann nicht auf die menschliche Gemeinschaft anwendbar waren. Angesichts solcher Paradoxien muss er zu dem Schluss gekommen sein, dass der Garten Eden für ihn ein tödlicher Ort war.

Zwanzig Jahre später nannten Steve Jobs und Steve Wozniak ihren ersten erfolgreichen Personal Computer, den sie in ihrer legendären Garage gebaut hatten, Apple (Apfel). Zu der Namensgebung befragt, betonte Wozniak, dass es keine beabsichtigte Symbolik war, keine Referenz an Turings Apfel. Er und sein Freund waren an dem Tag durch kalifornische Apfelplantagen gefahren und von ihnen sehr beeindruckt gewesen. Auch sollte der Apfel kein Hinweis auf den Garten Eden sein. Sollte das berühmte Apple-Logo, der angebissene Apfel, tatsächlich nur eine Laune ihrer Werbeagentur gewesen sein, um die Junggesellenmaschine zu vermarkten? Geschichte oder moderne Legende? Jobs und Wozniac brachten 1976 ihre erste Maschine, den kurzlebigen Apple I, auf den Markt, für 666 $, der „Zahl des Teufels“. Das konnte kein Zufall sein, sieben Jahre nach Vangelis' und Aphrodite's Childs berühmtes Album „666 – The Apocalypse of John“. Ist dies eine Beschwörung des Teufels in der Maschine?

KAPITEL 9

AUSZUG IN DAS LAND DER CODES

Heute, in der ultimativen Epoche in der Geschichte der Codes, ist die Welt stärker als je zuvor von Codes abhängig. Der aktive Code schafft eine Welt weit über die Vorstellungen von Pythagoras hinaus, in der jedes Objekt, jedes Lebewesen, jeder Mensch und jeder Gedankensplitter digitalisiert werden kann, sodass seine Bedeutung in Zahlen ausgedrückt wird. Wir werden durch den aktiven Code gelenkt, Zahlen haben uns so fest im Griff, unser Leben und unsere Sicht auf die Welt, dass man sich fragt, wo die Grenzen unserer oder sogar ihrer Freiheit liegen.

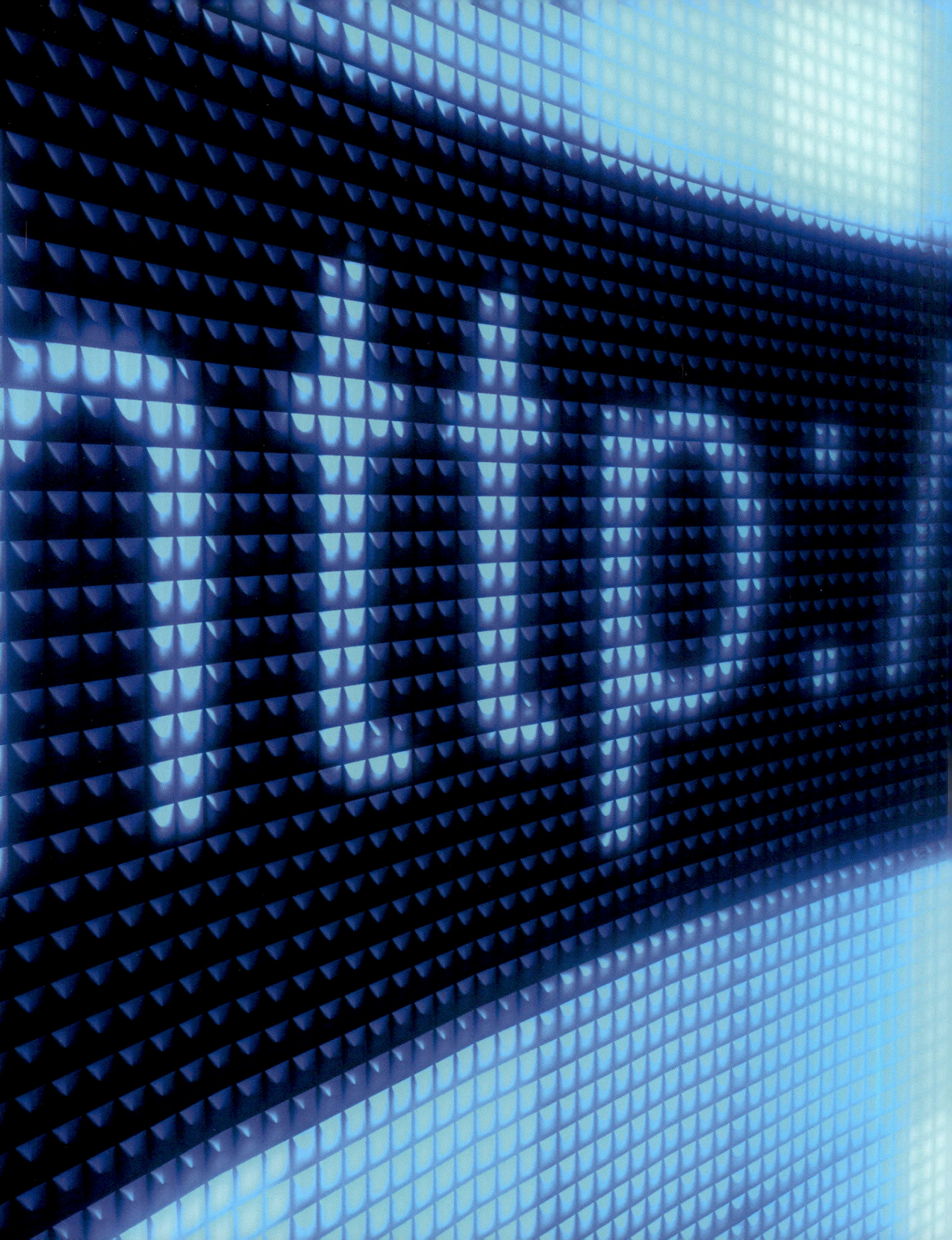

Noch 1930 definierten Nachschlagwerke einen Computer als Mensch, der Berechnungen anstellt. Heute wird unter dem Schlagwort eine Maschine aufgeführt, Menschen werden nicht erwähnt. So elementar ist die Veränderung, die der aktive Code, in Kapitel 8 beschrieben, mit sich brachte. Aktiver Code tritt auf. Abgang Mensch.

KODIERTE GOLEMS

Der aktive Code ist das am stärksten beworbene Produkt, das die Menschheit sich jemals selbst verkauft hat. Als die Computer in den 1950ern auf den Markt kamen, war die Begeisterung riesengroß und es wurden ihnen Wunderkräfte zugeschrieben. Damals leisteten Computer kaum mehr, als Daten zu speichern und sie schnell zu sortieren. Dennoch unterstellte man ihnen eine sagenhafte Intelligenz. Geschäftswelt und Regierung vertrauten blind ihren angeblichen Fähigkeiten und investierten in ihre Weiterentwicklung. „Computerunterstützt" wurde zum Synonym für „mit Zauberstab ausgestattet". Keine ernsthafte Aktivität konnte mehr ohne Computer durchgeführt werden. Militär, Verwaltung und Wirtschaft sahen Computer als ihr wichtigstes Zubehör an. Unternehmen gerieten häufig ins Schlingern oder scheiterten sogar, nachdem ihre Buchhaltung digital umgestellt wurde oder unvorhergesehene Verzögerungen, mangelhafte Problemanalysen oder fehlerhaftes Kodieren die neuen Maschinen beeinträchtigten. Dennoch gab niemand den Computern die Schuld.

Ihre unwiderstehliche Anziehung liegt in der Kombination aus verstecktem Inhalt und Schnelligkeit. Schnelligkeit war immer schon die Schlüsselkompetenz für überragende Maschinen. „Schneller" ist leichter erreicht als „schlauer", wird aber häufig damit verwechselt. Die Computerintelligenz hatte mit Geschwindigkeit mehr Erfolg als mit Intelligenz. Auch heute noch, 20 Jahre nach Arthur C. Clarkes und Stanley Kubricks *2001: Odyssee im Weltraum*. Und obwohl wir denken, wir hätten enorme Fortschritte gemacht, existiert die künstliche Intelligenz eines HAL 9000, des denkenden Roboters, nicht. Wird es sie jemals geben? Ist der berühmte Satz „Es tut mir leid, Dave, aber das kann ich nicht tun" das schlussendliche Statement der Menschheit zur künstlichen Intelligenz? Oder – wie später hier zu lesen sein wird – nähern wir ihr uns auf anderem Wege, weniger offensichtlich?

Ungeachtet der technologischen Fortschritte liegt versteckten und kodierten Inhalten die Poetik der Macht und der Geheimnisse, die über die Jahrhunderte angesammelt wurden, inne. Symbolisch gesehen sind verschlüsselte Daten mehr als nur Daten: Die Codierung verwandelt Daten, befördert sie in höhere Dimensionen, wo geheimnisvolle Prozessoren goldene Resultate generieren.

Als in den 1980ern PCs auf den Markt kamen, konnten wir es nicht abwarten, dass wirklich jeder so ein Zaubergerät besaß. Mehr als zwanzig Jahre später laufen Milliarden von Menschen mit einer Maschine in der Tasche herum, die sie vertraut „Telefon" nennen und die mehr kann als jeder strategische Computer aus den 1960er Jahren – und niemand fühlt sich betrogen. Diese Taschencomputer beliefern uns mit Geschwindigkeit, Verschwiegenheit und Unterhaltung.

AUSZUG AUS DEM VIRTUELLEN GARTEN EDEN

Diese elektronische Technikexplosion legte den Grundstock für die ambitionierteste Meisterleistung der Menschheit überhaupt. Statt neue Territorien zu erforschen, schufen wir welche. Das geschah spontan über

Der IBM-PC von 1981 lief mit MS-DOS.

einen Zeitpunkt von wenigen Jahren und war unwiderstehlich.

Sogar vor der magischen Verbindung durch Hypertext verführte in den 1990ern der einfache Austausch von Text und Bildern über Modems und Telefonleitungen die Geeks, die Zugang dazu hatten. Sie begannen ihre Invasion des neuen Internets, einem Raum mit neuen Dimensionen. Ein Traum war wahr geworden. User wurden zu körperlosen Wesen, die andere körperlose Wesen trafen und frei verfügbares Material teilten.

Am häufigsten wurde wild-erotisches Material von den Servern heruntergeladen. Gut oder schlecht, die Träume waren rein, ohne ein körperliches Gegenüber. Im Internet patrouillierten keine Sheriffs und man traf keine Freundinnen an. Diese Vorstellung war allgewaltig.

Es gab die heute üblichen Klick-und-an-Bildschirme noch nicht. Die erste Generation Internet war wie eine endlose Festplatte mit einem Interface, das nicht ansprechender war als der Windows Explorer, aber Internauten kümmerte es nicht, präzise die Adresse einer Seite oder eine Suche über Textverzeichnisse der Server einzugeben. Das dicke Papierverzeichnis des *Wired* mit Websiteadressen war sowohl Triumph als auch ein Muss. Die Ära des File Transfer Protocol war das goldene Zeitalter für Computerfreaks. Sie dachten, sie erhielten über die Tastaturen magischen Kontakt mit Codes, ausgenommen die Leute, die es anödete, sich durch das Code-Land zu tippen. Enthusiasten fütterten genussvoll das Netzwerk mit Daten.

Hypertext war die letzte Zutat für die Umwandlung des Internet zu einem virtuellen Garten Eden. Man klickt ein Wort an und wird auf eine andere Seite geleitet, irgendwo an einen nicht spezifizierten Ort in der virtuellen Sphäre – ein Gefühl der Freiheit!

WIEDERGEBORENE INTERNAUTEN

Das Internet bot gratis an, woran Bruderschaften und Mysterien Jahrtausende unter Zuhilfenahme von geheimen Ritualen schwer gearbeitet hatten. Internauten waren auf einmal nicht nur körperlos, sondern in ein neues Leben hineingeboren, in dem sie sogleich über den Vorteil unbegrenzten, völlig kostenfreien Reisens quer durch das Universum verfügten. Ihren Körper ließen sie stundenlang in der alten Welt zurück und durchwanderten die virtuelle Welt der Gratis-Daten.

Das Ansehen des Internets als virtueller Garten Eden wurde von einem Gründungsmythos genährt: Hierarchielosigkeit. Der Aufbau des Systems als Netzwerk von Netzwerken ohne herrschende Führung sprach für den Mythos und tut es noch immer. Das Internet war ein Garten Eden ohne Aufsicht oder allmächtigem Gott. Der Biss in die Frucht der Erkenntnis barg kein Risiko.

Die „anarchische" Struktur des Internets ist seiner militärischen Vergangenheit geschuldet. Als in den 1950er Jahren der Kalte Krieg zwischen dem Westen und dem sogenannten Ostblock begann, baute der Westen ein Kommunikationsnetz auf, das dafür sorgen sollte, dass Militärlabors und die Industrie bei einem Atomkrieg überlebten. Daher hatte das Netzwerk redundante Verbindungen, kein spezielles Zentrum und konnte seine Struktur aufrechterhalten, selbst wenn einige Löcher darin entstehen sollten. Kurz gesagt: Wenn der direkte Weg einer Nachricht von A nach B zerstört war, konnte sie B auch über C oder E oder F erreichen. Als Nebenprodukt der Überlebensfähigkeit bei einem nuklearen Weltkrieg konnte das Netzwerk auch alle lokalen Desaster überstehen.

Ironischerweise schuf das Militär, das einer strengen hierarchischen Struktur untersteht, das am wenigsten hierarchische Kommunikationsnetz aller Zeiten. Die Schwäche einer zentralisierten Organisation ist das Zentrum: Tötet den König und das Königreich ist euer. Das optische Netzwerk von Chappe, siehe hierzu Kapitel 1, war in Paris ansässig. Erobere Paris, wie Napoleon, und das Netzwerk ist dein.

Das militärische ARPANET, das zum Internet wurde, hatte keine bestimmte Zentrale. Es ist der Entwurf zur wahrgewordenen Freiheit von der Hierarchie.

DIE AUSWANDERUNGSWELLE IN DAS LAND DER CODES

Ein bisher nicht dagewesenes Phänomen taucht auf, das der Immigration in der Hinsicht ähnelt, dass enorme Transfer-Aktivitäten dazu gehören. Der Unterschied ist, dass es sich dabei zwar um menschliche Aktivität, aber nicht um tatsächliche Umsiedlung von Menschen handelt.

Der erste Schritt – die Vorbereitung der Reise – wurde in den 1980ern und frühen 1990ern gemacht. Die Menschlichkeit packte sozusagen den Koffer. Menschen speicherten Daten, geistige Arbeit und Unterhaltung aus den Weiten hinter dem Monitor in die Tiefen ihrer Computer, auf ihrer Festplatte.

Der zweite Schritt – die Migration in den virtuellen Raum des Internets – findet aktuell noch statt und ist so weit fortgeschritten, dass es kein Zurück gibt. Unsere Festplatten wandern zu entfernten Speichern an nicht weiter spezifizierten Orten aus: Eine Online-Verwahrung archiviert unsere Arbeit auf sicheren Seiten irgendwo im Web für den Fall, dass die eigene Festplatte defekt ist.

Unsere Festplatten folgen unserer Post und unseren Geschäften. Über Internet-Maildienste wie Google Mail senden, empfangen, verwalten und archivieren wir unsere Kommunikation. Gewerbliche Seiten bieten Produkte und Bezahlwege an. Unser Vertrauen in das Web ist so tief, dass wir es praktisch und sicher finden, über solche Stellvertreter zu leben und zu handeln.

Allerdings verlagert sich dadurch das Lebens-
elixir unserer Handlungen – alle für unser
Geschäft relevanten Daten – irgendwo in die
virtuelle Welt außerhalb unserer Reichweite.

Ein anderes Problem ist die Existenz von
kodierten Pendants unserer Identität, unseres Besitzes in der virtuellen Welt und die
Verlinkung unserer physischen Existenz und
unseres physischen Besitzes mit den virtuellen Versionen bis zur Untrennbarkeit. Wie
wir unten bei der Diskussion über Sicherheitsprobleme sehen werden, ist unsere
Situation die, dass wir unsere Existenz
und Sicherheit in beiden Welten verwalten
müssen. Die Code-Welt, die unseren Alltag
erleichtern sollte, hat uns ein Parallel-Leben
gebracht, mit eigenen Gefahren. Wir müssen
uns des Risikos bewusst sein, dass wir in zwei

Persönlichkeiten zerfallen können, eine physische und eine virtuelle. Und unsere geistige
Gesundheit hängt von unserer Fähigkeit ab,
die beiden Leben zu integrieren.

DIE KABBALA-VERBINDUNG

Virtuelle Realität ist kein neues Konzept.
Durch die Vorstellungskraft von Dichtern
und den Erfahrungen von Mystikern war
sie schon lange vor der dazu benötigten
Technologie bekannt. Dichter ließen uns
an ihren Welten teilhaben. Mystiker teilten
ihre durch Predigten und Offenbarungen.
Eine dieser Welten, eine uralte, mystische,
kann uns dabei helfen, unsere heutige
Faszination für das Land des Internetcodes
in die richtige Perspektive zu bringen und
es besser zu verstehen.

Internetseite von Google

Die Kabbala ist die Verkörperung und der Ausdruck des Wiedererwachens der jüdischen Mysterien, die ihre Blütezeit im 16. Jahrhundert hatten. Ihre Wurzeln finden sich im 12. und 13. Jahrhundert in der Provence. Das Wissen um sie wurde weitergegeben und erstarkte im 14. Jahrhundert in Katalonien. Von dort verbreitete sie sich nach Norden und Osten und erreichte ihren Gipfel im 16. und 17. Jahrhundert in der Philosophie des Isaak Luria. Ihr zugrunde liegen die ersten fünf Bücher der Bibel: Genesis, Exodus, Levitikus, Numeri und Deuteronomium, die sogenannte Tora oder Pentateuch mit ihren jeweiligen Kommentaren.

Die Kabbala ist der Grundstein des jüdischen Mystizismus, ihre Ausübenden sind Mystiker mit transzendentalen Erfahrungen und mit einem Verständnis für das Universum, das sich radikal von den üblichen Ansichten von Laien unterscheidet. Mystische Erfahrung ist natürlich etwas sehr Subjektives und kann nicht von außen beobachtet werden. Häufig wird ihr mit Skepsis begegnet, dennoch gibt es in allen Zivilisationen und Religionen Berichte über mystische Begegnungen. Und fast durchgängig gelten diese Erlebnisse nicht nur als real, sondern als einander ähnelnd. Wo immer der Ursprung dafür ist, alle Mystiker erleben mehr oder weniger dasselbe.

Mystiker sind nicht Thema dieses Buches. Sie werden in den Kapiteln 2 und 5 in Zusammenhang mit Pythagoras und den Freimaurern mit ihren kodierten mythischen Reisen erwähnt. Allerdings ist die Kabbala ein Sonderfall. Sie unterscheidet sich von den mystischen Bewegungen anderer Religionen und verlangt nach einer speziellen Analyse, da sie sich ausdrücklich mit Codes und einem Universum, das Codes unterliegt, beschäftigt. Vor Jahrhunderten war die Kabbala ein Werkzeug, mit dem jüdische Mystiker Zugang zu einem kodierten Universum fanden, das ihnen ein feineres Gespür für die Geschehnisse im Leben vermittelte.

Die Tora wird von kabbalistischen Gelehrten in einer Sprache beschrieben, die jeder Codierer erkennt: in Ziffern. Auf den ersten Blick scheint die Tora ein ganz normaler Text zu sein, der auch von Laien gelesen werden kann. Verschiedenste religiöse Gruppen, kleine und große, Moslems, Juden und Christen beziehen sich alle auf dieselben fünf Bücher und ziehen ihre religiöse Erfahrung aus der Weise, wie sie sie lesen. Die kabbalistischen Mysterien sind jedoch anders zu lesen.

Es heißt, die augenscheinliche Aufteilung der Tora in Worte sei nur ein Schleier, der für Laien die wahre Essenz verdeckt, die ein unfassbar heiliges Wort ist, gebildet durch alle vorkommenden Buchstaben. Außerdem sei jeder einzelne Buchstabe sowie die Anordnung der Buchstaben ausschlaggebend. Ohne sie würde das komplette Wort der Tora seine heilige Bedeutung verlieren.

Gibt es einen besseren Weg, auszudrücken, dass die Tora ein Geheimcode ist, der durcheinandergeriete, würde ein Buchstabe fehlen oder nicht an seinem Platz stehen? Einen Code dieser Art haben wir schon mit den Vigenère-Kryptogrammen (in Kapitel 6) kennengelernt. Gershom Scholem zitiert in *Zur Kabbala und ihrer Symbolik* einen

Text aus dem zweiten Jahrhundert, in dem Rabbi Meir zu einem Schriftgelehrten in Ausbildung sagt: „Mein Sohn, arbeite sorgfältig, denn dies ist die Arbeit Gottes; lässt du einen einzigen Buchstaben aus oder schreibst einen zuviel, wirst du die ganze Welt zerstören."

„Handgeschriebene Torarollen sind noch immer im Einsatz und werden für rituelle Zwecke (z. B. *Gottesdienste*) angefertigt, die *Sofer-Toras* (Sofer ist ein ausgebildeter Schreiber). Sie zu schreiben bedarf es einer peinlichst genau zu folgender Methodik durch hochqualifizierte Schriftgelehrte. Dieses Vorgehen hat zur Folge, dass moderne Ausgaben des Textes noch fast genauso aussehen wie vor Jahrtausenden. Der Grund dafür liegt in der Annahme, dass jedem Wort eine göttliche Bedeutung zukommt und nicht aus Versehen verändert werden darf, damit es zu keinen Fehlern kommt." (Übersetzung aus „Torah" bei Wikipedia).

Der jüdischen Mystik zufolge ist die Tora ein lebendiges Wesen, das nicht mit der Textsammlung verwechselt werden darf, die für jeden lesbar ist. Die Tora basiert auf diesen Texten, so heißt es, aber existiert oberhalb und jenseits von ihnen. Dasselbe gilt für das Internet: Es basiert auf einer Sammlung kodierter Texte – Computerprogramme der verschiedenen Netzwerke und Websites, dennoch kann es nicht auf diese Texte reduziert werden und existiert fernab von ihnen, denn die Texte sind aktiver Code. Jeder Internaut kann das nachvollziehen, wenn er eine Seite im Internet aufruft, ein Drop-Down-Menü anklickt, dort den Quelltext der

Seite heraussucht und ihn mit dem auf der lebendigen, interaktiven Seite vergleicht. Der Text für den aktiven Code sollte nicht mit der interaktiven Wirkung, die der Code verursacht, verwechselt werden.

Die Mystik mit ihrem symbolischen Ansatz behauptet, dass die Tora bereits 2000 Jahre vor Beginn der Welt existierte. Bedenkt man Rabbi Meirs Aussage, dass sie eine präzise Wiedergabe von Gottes Arbeit ist, lässt sich interpretieren, dass die Tora der Code der Welt ist, die Blaupause, auf die sich Gott bezog, als er sie schuf. So betrachtet, ist die Tora viel zu mächtig, um ohne Verschlüsselung veröffentlicht zu werden. Wenn der Reichtum des Basistextes und seine Verlesung bereits wertvolle Lehren für Millionen von Gläubigen sind, stellen Sie sich die enorme Fülle vor, die ein erleuchteter Mystiker in einer höheren Lesart darin vorfindet.

Diese kurze Beschreibung der Kabbala verdeutlicht, dass unser aktuelles Interesse an den Welten im Internet kein zufälliges Beiprodukt der Elektrotechnik des 20. Jahrhunderts ist. Voller ekstatischer Zugang zu mystischer Erkenntnis bleibt in den verschiedenen Religionen einer Handvoll Propheten vorbehalten, aber ein teilweiser Einblick ist für viele Mystiker und weniger für alle Gläubigen zugänglich, die tief beeindruckt davon sind, mit wem sie in Kontakt treten können.

Die Verfolgung eines mythisch-kodierten Universums hat eine lange Geschichte. Das Internet ist zwar keine Religion und kein Glaube, dennoch löst seine Faszination etwas Ähnliches im menschlichen Geist aus: das Verlangen, ein Universum jenseits und oberhalb des unseren zu betreten. Der physische und materielle Aspekt des Internets liegt auf der Hand, aber der massive Exodus ins Code-Land verlangt nach einer Erklärung. Wie frevelhaft es auch klingen mag, die Erklärung kann in dem menschlichen Wesenszug liegen, der dafür verantwortlich ist, dass wir nach anderen Reichen streben. Der Erfolg der Kabbala zeigt, dass uns die Faszination von Codes seit Jahrhunderten begleitet.

PRIVATSPHÄRE UND SICHERHEIT

Uns alle beschäftigt die Sicherheit der Kommunikationsnetzwerke: Privatpersonen und Unternehmen, Regierungen und Verwaltungen. Das Chiffrieren hat höchsten Stellenwert und soll alle Sicherheitsprobleme lösen, die sein Zwilling, der aktive Code, verursacht. Das Szenario ist ein Karneval widersprüchlicher Schutzanforderungen: Privatpersonen wollen Schutz vor Kriminellen und Machtmissbrauch durch Regierungen, Verwaltungen brauchen Schutz vor unethischen Personen, Unternehmen müssen sich gegen Diebe schützen und Regierungen gegen Feinde, fremde oder andere – die Liste ist endlos.

Balance der Kräfte

Das Problem der Freiheit spielt sich zwar in der kodierten virtuellen Welt ab, dennoch existiert der Interessenskonflikt schon seit Langem. Die Philosophen des 18. Jahrhundert fanden heraus, dass die Lösung im Ausbalancieren der Kräfte der konkurrierenden Mächte liegt. Das ist der Eckpfeiler aller Demokratien und auch auf die virtuelle Welt anwendbar. Die Lösung ist nicht perfekt, aber sie hilft, die Gesellschaft lebenswert zu erhalten.

In der Code-Welt ist das Mittel zum Ausgleich ein numerischer Chiffrierschlüssel. Jeder User, privat oder öffentlich, hat freien Zugang zu hochentwickelter Verschlüsselungssoftware von einer Qualität, die sich kein venezianischer Diplomat des 17. Jahrhundert hätte vorstellen können. Jeder kann in Windeseile einen Text verschlüsseln, den der Empfänger mit dem korrekten „Schlüssel" entschlüsseln kann, ohne dass einer von ihnen sich mit Kryptografie auskennen muss. PGP (Pretty Good Privacy) war das symbolträchtige Original-Werkzeug: freie Software, die sich in viele Richtungen entwickelt hat.

Numerische Schlüssel können gehackt werden, aber das erfordert die brutale Gewalt eines Supercomputers, verursacht immense Kosten und dauert. Kosten und Verzögerung sind hier der Schlüssel zur Sicherheit.

Der paradoxe Diffie-Hellman-Merkle Schlüsselaustausch

Es mutet wie ein Zaubertrick an: Wie tauscht man einen Geheimschlüssel mit jemandem aus, wenn alle zuschauen und einem auf die Hände gucken?

Wie bei fast allen geheimen Systemen seit Cäsar funktioniert auch die Internet-Kryptografie nur, wenn Parteien den Schlüssel dazu austauschen. Cäsar setzte bei seinem Code einen alphabetischen Sprung ein, eine Zahl zwischen 1 und 25. Bei Vigenère war es das geheime Wort, das unter der Nachricht wiederholt wurde.

Beim Internet ist der Schlüssel eine Zahl mit 128 oder 256 Stellen.

Für alle, die die einfache Rechenart dieses Systems nicht kennen, wirkt es wie Magie. Nehmen wir an, Sie und ich möchten über Emails geheime Informationen austauschen. Wir suchen uns zwei Zahlen, die wir nicht verstecken. Dann, während diese Zahlen für alle Neugierigen sichtbar sind, schicken wir offene Emails, produzieren dabei aber eine neue Zahl, die so geheim ist, dass unser zukünftiger Schriftverkehr sicher ausgetauscht wird.

Das könnte so vonstattengehen:

A: Hi. Lass uns als Grundlage der Verschlüsselung 3 und 10 nehmen.

B: Okay, ich bin mit 3 and 10 einverstanden. Kein Problem.

A: Gut. Merke dir 11.

B: Okay. Du merkst dir 14.

A: Danke für die 14, jetzt kann ich den geheimen Schlüssel berechnen.

B: Danke für deine 11. Ich habe den Zahlenschlüssel auch berechnet und bin absolut sicher, dass er mit deinem übereinstimmt. Ich habe ihn auf den folgenden Text angewandt.

A: Alles klar. Ich habe ihn entschlüsselt und konnte ihn problemlos lesen.

A und B haben einfach und öffentlich vier Zahlen ausgetauscht: 3, 10, 11 und 14 und sind sich sicher, dass sie damit einen Schlüssel erstellen können, den keiner erkennt. Besser noch, sie haben sich dabei an Regeln gehalten, die jeder kennt. Grob gesagt wird die Magie dadurch erzeugt, dass nur A weiß, wie er sein System „geseedet" hat, um die Zahl (Na) zu erhalten und ebenso weiß niemand, wie B ihr System für

ihre Zahl (Nb) geseedet hat. Die Sicherheit ist so gut, wie As und Bs Fähigkeit, ihre Seeds geheim zu halten.

Die mathematische Magie dahinter ist die Arbeit von drei unabhängigen Mathematikern: Whitfield Diffie, Martin Hellman und Ralph Merkle. Anfangs arbeiteten die Mathematiker jeder für sich, bündelten dann ihre Kräfte und produzierten gemeinsam das System, das sofort Jahre der Forschung in etablierten Laboren ersetzte.

Der Systemschlüssel beruht auf zwei Zahlengimmicks, die nur ein wenig Mittelstufen-Mathematik erfordern: die Primzahlen und die Potenzen der Zahlen, die wir bei den Gödelzahlen in Kapitel 2 kennengelernt haben. Außerdem nutzt das System die „Modulo"-Funktion (Zahl p modulo Zahl q ist der Rest der Division von p durch q, beispielsweise: 43 modulo 10 ist 3 und 22 modulo 7 ist 1).

Die erste Zahl, die ausgetauscht wird, ist die „Basis". Alle nachfolgenden Zahlen sind Potenzen der Basis. Ist die Basis 3 (immer eine Primzahl), würden die Potenzen von 3 für die Umwandlung verwendet: 9, 27, 81 und so weiter.

Die zweite Zahl, die ausgetauscht wird, ist die Modulo-Referenz. Wenn es die Zahl 7 ist, sind alle nachfolgenden Zahlen Reste ihrer Division durch 7.

Um den realen Austausch vorzunehmen, wählt A eine Primzahl, die niemand, nicht einmal B, kennt. Er nimmt die Potenz der Zahl und berechnet das Ergebnis mit dem gewählten Modulo. Nehmen wir an, er nimmt die 11. Dann rechnet er:

$3^{11} = 177.147$

und nimmt das Modulo:

177.147 modulo $10 = 7$

und sendet 7

B wählt 14. Dann rechnet sie

$3^{14} = 4.782.969$

und nimmt das Modulo:

$4.782.969$ modulo $10 = 9$

und sendet 9,

A rechnet mit seinem Geheimschlüssel 11:

9^{11} modulo $10 = 31.381.059.609$
modulo $10 = 9$

B rechnet mit ihrem Geheimschlüssel 11:

7^{14} modulo $10 = 678.223.072.849$
modulo $10 = 9$

Bei beiden Rechnungen wird jede geheime Zahl nur einmal eingegeben und ihre Basis zur nächsten Potenz berechnet. Modulo wird zur Sicherheitssteigerung eingesetzt. Es ist für Exponenten transparent und versteckt die Originalzahlen. Die Modulo-Funktion verhindert eine Rückrechnung. Es lässt sich nicht feststellen, welcher Zahl das Modulo zugeordnet werden kann. Es gibt zu viele Möglichkeiten. Beispielsweise könnte für 3 gelten: 23 modulo 10 genauso wie 293 modulo 10.

Der Schlüssel zum Schlüssel:

(Basis) $(N_a + N_b)$ modulo 10

In diesem Beispiel sind die Zahlen natürlich zu klein. Einfaches Ausprobieren knackt den Schlüssel schnell. Bei größeren Zahlen und einem größeren Modulo, sodass der Schlüssel viel mehr Möglichkeiten bietet, würde das Ausprobieren zu lange dauern und damit zu teuer werden.

Die Random-Gang

Heutige Geheimcodes basieren auf Zufallszahlen. Pythagoras wäre sehr verwirrt darüber, denn man kann sie verwenden, aber nicht sehen und sobald eine Zufallszahl als solche identifiziert wurde, ist sie keine mehr.

Wir greifen auf Zufallszahlen aufgrund eines strategischen Grundprinzips zurück. Wenn ein Gegner all unsere Waffen und Taktiken so genau kennt, dass er unsere nächsten Schritte voraussagen kann, bleibt einem nur noch, ihn oder sie zu überraschen und diese Schritte zufällig zu wählen. Vladimir Nabokov beschreibt diese Strategie in seinem Roman *Lushins Verteidigung* (verfilmt von Marleen Gorris): Der Schachmeister Lushin zieht zufällige Züge auf dem Brett und im echten Leben in dem verzweifelten Versuch, seine Widersacher zu verwirren.

In unserem offenen/versteckten Schlüsselaustausch liegt die Sicherheit in der geheimen Wahl unseres eigenen Schlüssels, der später in großen ganzen Zahlen und ihren Modulos versteckt wird. Würde ein Lauscher unseren Schlüssel erahnen, bräche das Sicherheitssystem zusammen. Zufallszahlen verhindern das. Irgendwo tief in unserem Computer generiert ein Klumpen Code eine Zufallszahl, wann immer wir einen numerischen Schlüssel benötigen.

Der absolute Zufall ist ein Traum und liegt jenseits menschlichen Zugriffs und sicherlich außerhalb des Zugriffs von Algorithmen wie Computerprogrammen. Wir überschlagen den Zufall, wenn wir Würfel werfen oder Karten mischen. Computerprogramme verwenden Algorithmen, die Pseudo-Zufallszahlen produzieren, die den echten nicht einmal nahekommen. Sie sind das schwache Glied in der Sicherheitskette, eine mögliche Hintertür, wenn unser Feind unseren Algorithmus errät und unseren Zufallsmantel lüpft.

LEBEN KODIEREN

Völlig unerwartet taucht das philosophische System des Pythagoras in dieser Situation auf und verkündet eine reine, pythagoreische Welt. Pythagoras war der Ansicht, dass nur Zahlen real sind und der Rest eine Illusion, die zur realistischen Beschreibung der gegenwärtigen Welt wird. Wir brauchen unsere digitalen Gegenstücke in den Netzwerken. Verwaltungen und Unternehmen haben immer weniger mit physischen Körpern zu tun und zunehmend mit unseren digitalen Stellvertretern. Unsere Freiheit wird stärker dadurch definiert, was unsere Codes können, statt über unsere persönlichen Fähigkeiten. Körper folgen Codes. Digitale Nachahmung im Web wird allmählich so gefährlich wie Kidnapping und Mord in der physischen Welt.

Ein Beispiel dafür ist der weitverbreitete Identitätsdiebstahl. Durch „Phishing", dem sich rasant ausbreitendem Fischen nach persönlichen Daten im Netz, gelangen Kriminelle an Kreditkarten- und Sozialversicherungsnummern sowie Internet-Passwörter, mit denen sie sich in vielen Situationen als das Opfer ausgeben. Das geht so weit, dass Opfer ihr Hab und Gut verlieren. Einige wurden für Verbrechen angeklagt, die andere in ihrem Namen begingen. Der Prozess der Rückgewinnung der eigenen Identität ist lang und schwierig. Persönlich in Erscheinung zu treten, hilft wenig: Zahlen triumphieren über den physischen Körper.

Turing-Test 2.0

Ein Nebenproblem dabei ist eine ironische Abwandlung von Alan Turings berühmtem Test zur Bestimmung künstlicher Intelligenz. Danach gilt künstliche Intelligenz als erfolgreich, wenn eine Person nicht feststellen kann, ob sie mit einer Maschine oder einem Menschen spricht. Heute müssen Maschinen testen, ob sie es mit einer Maschine oder einem Menschen zu tun haben.

Armeen von Software-Robots durchstreifen das Internet auf der Suche nach einem Schlupfloch in eine geschützte Website. In dem Bruchteil einer Sekunde probieren sie Millionen von Namens- und Passwortkombinationen aus und sind damit bei weitem gefährlicher als unehrliche Menschen.

CAPTCHA-Webformular

Wegen ihnen werden wir manchmal aufgefordert, ein „Captcha" einzugeben, ein Wort mit einem Hintergrund, der automatische Scanner verwirren soll. Noch gibt es zum Glück Unterscheidungsmerkmale zwischen Mensch und Maschine.

Das Cantor-Sieb

Simpler Diebstahl ist nicht die schlimmste Erscheinung bei der Auswanderung in das Land des Codes. Tückischer ist es, die physische Welt digital zu einer virtuellen umzuwandeln, um anschließend die physische Welt durch unsere digitalen Gegenstücke zu verwalten. Das Risiko dabei liegt in einer Herabstufung der Realität zu einer untergeordneten Welt.

Kapitel 2 hat uns Georg Cantors Beweis für die Existenz von mindestens zwei verschiedenen Unendlichkeiten nahegebracht. Aleph-Null ist die Unendlichkeit der ganzen Zahlen, Aleph-Eins ist eine größere Unendlichkeit, das heißt die Zahlensätze in einem dreidimensionalen Universum. Zwischen ihnen mögen weitere Unendlichkeiten liegen, wichtig aber ist, dass Cantor zeigte, dass die Welten von Aleph-Null und Aleph-Eins sich nicht 1:1 entsprechen. So haben wir zwei Symbole, die mindestens zwei Unendlichkeiten repräsentieren: die „kleine", Aleph-Null, für digitalisierbare Zahlensätze und die „große", Aleph-Eins, für Zahlensätze, die zu groß zum Digitalisieren sind.

Das Konzept zweier unterschiedlicher Unendlichkeiten, eine größer, eine kleiner, ist schwer zu erfassen. Dennoch müssen wir es akzeptieren, denn es wurde mathematisch bewiesen und beide Unendlichkeiten

werden für den nachfolgenden wesentlichen Punkt benötigt.

Aleph-Null steht für alles, was unsere Codes und Computer verarbeiten können, da sie auf ganzen Zahlen und ihren Geschwistern, den rationalen Zahlen, beruhen. Computer auf heutigem Stand werden niemals eine Welt produzieren oder managen, die umfangreicher als Aleph-Null ist. Die reale Welt, in der wir leben, hat aber den Umfang von Aleph-Eins. Computer verarbeiten nur Näherungen an die reale Welt. Der Abstand ist so gering, dass wir ihn nie erfassen könnten, aber er existiert.

Wir könnten das Abstandsproblem als Zeitverschwendung abtun, aber es führt uns direkt zu Pythagoras. Die Zahl 2 existiert in Aleph-Null, aber die Quadratwurzel aus 2 kommt in Aleph-Eins vor – die beiden treffen sich nie! Eine Verhältnis- oder eine Dezimalzahl kann sich der Wurzel aus 2 so stark annähern, wie wir möchten, aber sie wird niemals die Wurzel aus 2 werden.

Werden wir Menschen als Bewohner von Aleph-Eins (und wohl eines höheren Aleph, wenn man unsere Vorstellungskraft bedenkt) von unseren Aleph-Null-Schatten fair behandelt? Reicht der Aleph-Null-Code für die Verwaltung der Aleph-Eins-Welt überhaupt?

Wir lebenden Wesen aalen uns in der Welt von Aleph-Eins, genießen die grenzenlose Ausdehnung organischen Lebens, unserer Gedanken und Potenziale. Hängt man uns Aleph-Null-Zahlen an, scheinen wir bequem vorausschaubar zu sein, simple Datenbanken. Dennoch stellt unsere Präsenz in Aleph-Null nur den

Aleph-Null, die kleinste der ganzen Zahlen

Schatten dessen dar, was wir in Aleph-Eins sind. Wenn Computer Aleph-Null nur anwenden, um uns zu studieren und zu verstehen, ist es nicht schlimm. Das kratzt nur die oberflächliche, numerische Aleph-Null-Haut an, lässt aber unsere Aleph-Eins-Freiheit unberührt. Soll allerdings Aleph-Null unser Leben managen, dann stecken wir in der Klemme.

Aleph-Null ist für Aleph-Eins, was eine DVD für ein Live-Konzert ist. Die DVD gibt wieder, was Mikrofone und Kameras eingefangen und digitalisiert haben, aber die Besucher hatten ein tieferes Erlebnis bezüglich Klang, Bildern und Gefühlen.

In der Kabbala bezeichnet Aleph das Universum als Ganzes.

Die Massen-Online-Braut

Als ob es unvermeidlich sei, ist gemäß Carrouges' vier Prinzipien der Autonomie, Einbeziehung eines Akteurs, dramatischer Interaktion mit menschlicher Gesellschaft und symbolischer Dimension eine Junggesellenmaschine im Internet entstanden (siehe Kapitel 8). Der symbolische Mythos Hierarchielosigkeit war von Anfang an vorhanden. Die Autonomie und die menschliche Einbeziehung waren sozusagen eingebaut. Die dramatische, öffentliche Show kam als letztes dazu, als Textbeiträge in Foren. Internauten lieben es, sich über alles auszutauschen.

Durch bessere Computer und ein schnelleres Netz schließt die Show inzwischen satten Sound und Bilder ein. Einige Internauten installieren Onlinekameras, damit die Welt ihnen 24/7 zusehen kann. Die beliebtesten und lukrativsten Seiten sind momentan die, über die sich Internauten sehen und Musik und Videos austauschen können. Die ultimativ spektakulären, kodierten Shows sind die „bleibenden" Welten, mit virtuellen Ereignissen, ob mit oder ohne Zuschauer. Dorthin gehen raffinierte Masken tragende Internauten, um zu sehen und gesehen zu werden und ein gesetzloses Leben jenseits der grundsätzlichen Gesetzlosigkeit des Internets zu führen.

Die ersten Schöpfer dieser Welten meinten Anreize bieten zu müssen und schufen komplexe Kriegs- und Wettkampfwelten, die „Massen-Online-Gemeinschaftsspiele". Bald entdeckten sie, dass die meisten Internauten sich dort nur umsehen und einander treffen wollten. Darauf entstanden persistente Welten mit dem Schwerpunkt, ein neues Leben im Code-Land anzubieten. Internauten besitzen Land und Häuser, machen Geschäfte, erschaffen Dinge und verdienen virtuelles Geld, das in echte Dollar getauscht werden kann.

Persistente Welten laufen parallel zu unserer, aber mit einem großen Unterschied: die Internauten sind sichtbar, sie sind Teil der Show. Die virtuelle Welt ist vermutlich die ultimative, gelebte Junggesellenmaschine.

Parallelwelten interagieren miteinander. In einem Interview, das Steve Ranger 2007 mit William Gibson führte, sagte dieser über das berühmteste Massen-Online-Gemeinschaftsspiel, dass er „sehr selten Leute auf der Straße sieht, die wirken, als ob sie Second Life entflohen seien. Sie sehen zu sehr wie einige Second Life-Avatare aus."

Screenshot Second Life

Interaktion als fünfte Dimension

Softwareentwickler ringen um den perfekten Code. Ihr Bestreben, fehlerfreie Programme zu produzieren, scheint nicht schwer, aber Fehler nehmen viele Formen an. Für Herausgeber und Anwender überraschend, gibt es bisher kein fehlerfreies Programm. Es scheint unvermeidbar, dass sich Irrtümer in das Land des Codes einschleichen, obwohl es doch von den Fehlern der menschlichen Welt frei sein sollte. Internauten kennen das wiederholte Zusenden von Patches, die Fehler reparieren. Meist werden sie den Anwendern als

Verbesserungen oder Erhöhung der Sicherheit angepriesen, aber sie merzen lediglich Fehler aus.

Die Lösung scheint simpel und leicht umsetzbar. Eine genaue Analyse des Projekts, klare Aufgabenverteilung und Codierung durch Profiprogrammierer, von anderen Profis geprüft – fertig ist die Perfektion. Aber wie viele Geeks ein Softwareunternehmen auf ein Projekt auch ansetzt, andere Geeks werden Fehler und Falltüren finden und publik machen. Patches und so weiter folgen auf den Fuß.

Nicht, dass die ersten Geeks dämlich sind und die anderen Genies. Interessant ist dabei, wie der derzeitige Stand der Code-Welt enthüllt wird. Denn eine neue Bedingung – die Interaktion – wird immer wichtiger. Wenn die Software im Netz „freigelassen" wird, findet sofort eine intensive Interaktivität mit anderer Software statt. Auch der sorgfältigst getestete Code springt in ein Meer der Möglichkeiten, das für Programmierer und Tester zu groß ist, um jeden Tropfen zu bedenken. Die Codeschreiber werden eine weitere Dimension in ihre Arbeit einbeziehen müssen. Außer den drei Raumdimensionen und der ebenso entscheidenden Zeit gibt es die Dimension der Interaktion, die ganze Palette des Wechselspiels eines Produkts mit Usern, die Input geben, und anderen Produkten in Wechselwirkung. Unsere heutige Software ist äußerst komplex mit so vielen Funktionen, dass sogar erfahrene Profitester nicht die Kombinationsvielfalt ausloten können, die Anwender der Software verursachen. Neben der Interaktion mit dem User gibt es weitere mit anderen Produkten in derselben Maschine oder im selben Netzwerk, die die Daten oder die Laufzeitumgebung teilen.

Die fünfte Dimension der Interaktion ist ein Wettkampf der Codes, der zaghaft mit der Enigma im Zweiten Weltkrieg und ihren Widersachern begann (siehe Kapitel 8). Es gibt Email-Programme, die den Spam-Filter umgehen sollen, Viren, die Firewalls durchdringen wollen, Spyware, die den Aktivitäten des Anwenders nachforscht und tatsächliche Spione, die mit hochentwickelten Tools Kommunikation knacken. Diese und andere Software interagiert miteinander, sammelt und verbreitet Daten, die andere Software speisen. Wir sind zwar noch die Handlanger mit den Fingern auf der Tastatur, aber das vollständige Verständnis für die Masse an Interaktionen liegt schon längst jenseits unserer Vorstellungskraft. Zu viele Akteure handeln zu schnell.

Eine Ur-Netzsuppe

Der Science-Fiction-Autor William Gibson prägte in den frühen 1980ern den Begriff Cyberspace, noch vor der offiziellen Geburt des Internets. Ähnliche, kleinere Netzwerke wurden bereits von Wissenschaftlern und Geeks weltweit genutzt. Sie kurbelten Gibsons Zukunftsvision an, in der Menschen ihren Geist direkt mit dem Netz verbinden würden. Das befeuerte wiederum Tim Berners-Lee und andere, die mit ihm das Internet aufbauten.

Es besteht eine starke Ähnlichkeit zur „Ursuppe", die Stanley Miller 1963 als möglichen Ursprung des Lebens auf der Erde präsentierte. Gibsons Cyberspace, der jetzt mit zahmen und wilden Codes umherschwärmt, steht für die Schöpfung neuer, aktiver Einheiten.

Ein kurzer Abstecher in die Chemie und Biologie ist jetzt unumgänglich. Millers Hypothese besagt, dass die Erdatmosphäre vor 500 Millionen Jahre genug Bestandteile elementaren Lebens in sich trug, dass gelegentliche Blitzentladungen sie ionisieren und zu Aminosäuren, den Bausteinen des Lebens, zusammensetzen konnten. Man denke an Mary Shelleys Doktor Frankenstein, der seine aus Fleischfetzen zusammengesetzte Kreatur durch Blitze zu Leben erweckte.

Millers Experimente resultierten wie erwartet in der Suppe. Als man später herausfand, dass Methan- und Ammoniakgase in der frühen Atmosphäre nicht vorkamen, wurden seine Ergebnisse infrage gestellt. 60 Jahre später wurde wieder eine Ursuppe zusammengerührt. Am 28. März 2007 verkündete Douglas Fox im Magazin *Scientific American* einen Durchbruch: „Eine Frankenstein-ähnliche Anordnung von Glaskolben und knisternden Elektroden hat uns etwas Neues über den Ursprung des Lebens enthüllt. Die frühe Erdatmosphäre könnte die lebensnotwendigen Chemikalien produziert haben. Das widerspricht der Annahme, dass sie von Kometen und Meteoren stammen." Dieses bessere Verständnis der frühen Atmosphäre ermöglichte es Jeffrey Bada vom Scripps Institution of Oceanography in La Jolla, Kalifornien, eine einzigartige Aminosäuresuppe aus etwas zu erhalten, das der Originalatmosphäre sehr nahekommt.

Zurück zum Code und zu Mary Shelleys und Stanley Millers Visionen stellen wir fest, dass das Internet das erste Stadium der inaktiven Rohkomponenten hinter sich gelassen hat. Codes und Maschinen haben sich bereits zu einem unabhängigen, basisaktiven Code, zu Viren und Bots aller Arten, die den virtuellen Raum bevölkern, zusammengefügt. Eine Ursuppe braut sich zusammen. Um bei diesem Bild zu bleiben, können wir erwarten, dass aktive Elemente sich zu neuen Codeformen zusammensetzen, so wie Millers Suppe Lebensformen produzierte. In Gibsons Roman *Idoru* ahmt eine Codeform menschliches Leben nach. Die Codeformen, die heute in der Netzsuppe köcheln, werden weit eher ihren eigenen Mustern folgen, die keiner bisherigen Lebensform ähnelt.

Die alternative Hypothese, dass das Leben auf der Erde aus dem Weltall stammt, lässt sich auch auf den Code anwenden. Radiowellen sind sein Äquivalent zu Meteoren und Kometen. Entfernte Sterne und Galaxien schicken sie auf die Erde. Astrophysiker beobachten sie und fügen sie nonchalant den Datenmassen hinzu, die das Internet als Routine zusammenrührt. Sollten die Wellen einen Code bringen, der ein Netzwerk anlegen kann, kann keiner das Infiltrieren der Codesphäre der Erde mit kodierten Lebensformen aus entlegenen Gegenden des Universums verhindern.

Das eingebaute Bewusstsein

Dass der aktive Code sich zur Autonomie und einer höheren Lebensform entwickeln könnte, wird durch eine grundlegende Eigenschaft von Turings Universalmaschine unterstützt: dem Vorhandensein einer sehr einfachen, aber realen Form des Bewusstseins.

Das elementare Bewusstsein ist die Wahrnehmung der Umgebung. Vollständiges Bewusstsein umfasst bei Menschen die Wahrnehmung des Selbst und der Umgang mit sich als Objekt der Erkenntnis. Das ist es, was Turing anstrebte: ein Computer, der sich selbst programmieren kann. Nichts anderes schwebte ihm vor. Er wollte nicht 2 plus 2 rechnen, er wollte dem Code ein Bewusstsein geben.

Turings Ziel war eine Maschine, die Codes hosten und sich selbst berechnen konnte. Er integrierte externe Rechenarten wie Addition und Multiplikation lediglich als Beweis, dass es sich um einen echten Computer handelte und Selbstprogrammierung eine Option war. Diese Berechnung gab es allerdings nur, weil die Logik danach verlangte. Sie war nicht als technische Meisterleistung gedacht. Unter diesem Aspekt hätte Turing den Einsatz seiner Maschine außerhalb der Mathematik wohl ungern gesehen. Die spätere Entwicklung der Universalmaschine zu einem Computer war ihm nicht recht, was erklären könnte, dass er es nicht schaffte, einen funktionierenden Computer zu bauen, und auch seine negative Reaktion auf Davies' Bemerkungen über die Fehler in seinem Papier. Das hielt er für irrelevant. Turings Heimat war die pure Mathematik. Wie viele andere Mathematiker, hatte er möglicherweise überhaupt kein Interesse an angewandter Mathematik. Wenn er auch wusste, wie wichtig es war, seine Maschine anzuwenden und wie willens er auch war, zu helfen, sein Herz schlug nicht dafür.

Turing ging mit den Entwürfen für seine Maschine nicht direkt zum Patentbüro. Es kam ihm nie in den Sinn, seine Erfindung zu schützen, auch darin war er kein Ingenieur, kein Scherbius, der eine Verschlüsselungsmaschine erfand und sie umgehend patentieren ließ. Im Gegenteil, er veröffentlichte die Pläne für die Maschine in einem Wissenschaftsmagazin, wie Einstein seine Relativitätstheorie, und überließ es jedem, seine Entwürfe umzusetzen. Nicht wie die Code-Lords unserer Zeit, die Reichtümer auf ihren patentierten Elementarcodes auftürmen, verdiente Turing nicht einen Penny an seiner Schöpfung.

Der aktive Code trägt also seit seiner Geburt die Anlage des Bewusstseins in sich. Ob das Potenzial des aktiven Codes ausreicht für die Entwicklung zu einer bewussten Entität, bleibt abzuwarten. Turing war der Doktor Frankenstein des aktiven Codes: Er rief ihn ins Leben, verwehrte ihm aber die Fähigkeit, sich auszubreiten und zu vervielfältigen. Ingenieure griffen das Projekt auf und bauten unsere heutigen Computer: mechanische Geräte, die eine Symbiose aus aktivem Code und elektronischen Maschinen hosten. Symbiose ist ein alter Trick der Natur, bei der zwei Lebensformen einander helfen und so eine neue Lebensform entstehen lassen. Flechten etwa sind eine Kombination aus Algen und Pilzen, die nur zusammen überleben und gemeinsam extremes Klima aushalten. Computer und Datennetzwerke könnten auch nicht ohne einander existieren, gemeinsam schaffen sie neue Welten.

Das Koppeln von Code und Maschine weckt Gedanken an die uralte Verbindung von Körper und Geist, mit der sich Philosophen seit Jahrtausenden beschäftigen. Die Unterteilung von Geist und Körper ist für die einen offensichtlich, für die anderen unsinnig. Code und Maschine unterscheiden sich deutlicher, der Code ist nicht auf eine einzige Maschine beschränkt. Kommerzielle Software überlebt in vielen Maschinen, Internetviren hüpfen von Gerät zu Gerät, ein Kunststück, dass der menschliche Geist selten zeigt. Es sei denn, wir denken an Pythagoras' Glauben an die Seelenwanderung nach dem Tod.

Beständigkeit ist das Schlüsselwort für Pythagoreer und Datennetzwerke. Die Pythagoreer gründeten ihre Philosophie auf der Beständigkeit des Codes des Universums und der Beständigkeit des Geistes über den Tod hinaus. Praktisch gesehen ist die Beständigkeit das ständige Wunder der heutigen Technologie: Sie ist die Qualität, die die Netzwerke als Rückgrat unserer Zivilisation am Laufen hält. Neben alltäglichen mechanischen Problemen, den Risiken der Stromnetze, den Zufallsausfällen von Kabeln und Laserstrahlen, ungenügender Wartung durch die Menschen, den kapriziösen Arbeiten der Programmierer und der fehlerhaften Eingabe durch Anwender gibt es draußen in der virtuellen Welt aktive Entitäten mit einem beständigen Wesen. Kriegen und Tsunamis zum Trotz funktionieren diese Entitäten und erhalten Daten. Wieviel Zeit auch seit meinem letzten Einschalten vergangen ist, finde ich meine Post so vor, wie ich sie verlassen habe, mein Second Life-Besitz bleibt unverändert und meine Gruppen warten auf meine neuen Beiträge.

Beständigkeit ist auch notwendig für das schöpferische Kochen einer Ur-Code-suppe. Entstehen dabei neue Entitäten, brauchen sie die Wärme eines beständigen Umfelds, um zu überleben. Diese Entitäten könnten eine Alternative bei der Jagd nach künstlicher Intelligenz sein, allerdings eine äußerst frustrierende. Statt zu beweisen, dass unser brillantes Programmieren und exzellenter Maschinenbau neue Intelligenz erschaffen hat, wären wir hilflose Zuschauer beim nächsten Quantensprung des Codes in einen unkontrollierten Zustand.

KAPITEL 10

DIE GALERIE DER VERSCHLÜSSELUNGEN

Tauchen Sie mit der folgenden Sammlung Chiffre-Alphabete und -symbole vom Mittelalter bis in unsere heutige Zeit virtuell in die Welt der Codes ein – eine Galerie, die einen Besuch lohnt!

Anhand von Chiffre-Alphabeten erhält der Laie eine Vorstellung davon, was Codes und Geheimschriften sind. Man ersetzt A, B und C durch kuriose Zeichen und steckt schon mitten in der Welt der Geheimnisse.

Vom Mittelalter bis ins 20. Jahrhundert entstanden viele solcher Chiffre-Alphabete, einige für das Militär, andere für die Diplomatie. Auch Privatpersonen schützten mit eigener Verschlüsselung ihre Geheimnisse. Andere dienten der Illustration, beispielsweise, um einer Geschichte über Außerirdische oder exotische Menschen Tiefe zu verleihen. In neuerer Zeit stammen Chiffre-Alphabete häufig von Künstlern, die neue Sprachen oder die neue Erscheinungen von Sprachen schaffen möchten. Diese Sammlung ist eine Auswahl aus unzähligen Alphabeten, die ein ganzes Buch und noch mehr füllen könnten.

Der überwiegende Teil der Alphabete ist nicht sicher. In der direkten Übertragung von Buchstaben in Symbole sind sie für Amateur-Codeknacker leichte Beute.

In dieser Galerie bietet Ihnen jedes Ausstellungsstück die Gelegenheit, sich an seinem Code auszuprobieren, um die kuriosen geistigen Irrfahrten der Autoren kennenzulernen. So erhalten Sie eine Einführung in die Verschlüsselungen.

Drei Ausstellungsräume hat die Galerie: „Wir sprechen Außerirdisch" zeigt durch Künstler erschaffene Alien-Sprachen, „Code als Kunstform" stellt Sprachen vor, die Teil des Werks von Schriftstellern und Künstlern sind und in „Engelsgleiche Mystiken" trifft man auf Sprachen von Mystikern in Kontakt mit himmlischen Kreaturen.

WIR SPRECHEN AUSSERIRDISCH

Da Sprache in unserem Sozialleben einen wichtigen Stellenwert hat, neigen Autoren, die über außerirdische Welten schreiben, dazu, deren Sprachen gleich mit zu erfinden. Das begann bereits mit der ersten Science-Fiction-Welt, *Utopia* von Thomas Morus. Der Trend hält an, siehe etwa die Klingonen in *Star Trek*.

Utopisten verwenden die einfachste Form von Außerirdisch: Sie verleihen ihrer Muttersprache eine exotische Schriftform und verwirren so die Leser. Wogegen Wesen wie die von J. R. R. Tolkien oder die Marsianer und Uranier von Hélène Smith über eigene Sprachen verfügen. Diese Außerirdischen hat ihre eigene Schriftsprache inklusive Vokabular und Grammatik.

Der Trend zu ausgefeilten Fantasiesprachen scheint der Entwicklung in den Sprachwissenschaften zu folgen. Tolkien war Philologe, Hélène Smith kannte Linguisten wie Ferdinand de Saussure und deren Arbeiten. Sind wir bereit für neue Fantasiesprachen, die sich die Computerverarbeitung zu Nutze machen?

Thomas Morus

1516 suchte Thomas Morus (1478–1535) nach einer Umgebung, in der sich seine Vorstellungen von Demokratie und religiöser Toleranz entwickeln konnten. Er erfand die Insel Utopia und beschrieb sie im Buch gleichen Namens. Mit Liebe zum Detail schrieb er über das Leben dort, über Städte, Verwaltung und Religionen.

Utopia wurde so berühmt, dass spätere Autoren sie als Leitbild verwendeten. Rabelais lässt in *Gargantua und*

Morus' Buch Utopia

Pantagruel Panurge eine seltsame Sprache sprechen, die Pantagruel als das Utopisch seiner Kindheit erkennt.

Damit seine Beschreibung der Zivilisation von Utopia realer wirkte, benötigte Morus eine spezielle Sprache und ein Alphabet dafür. Er dachte sich das Alphabet mit seinem Freund Peter Gilles, einem Humanisten aus Antwerpen, aus. Sie entschieden sich für eine logische Reihe geometrischer Symbole:

A	B	C	D	E	F	G	H	I	J	K	L	M
N	O	P	Q	R	S	T	U	V	W	X	Y	Z

Entschlüsseln Sie:

So beschreibt Morus die Gesellschaft auf Utopia:

Entschlüsseln Sie:

Dieser Abschnitt betrifft den Handel auf der Insel:

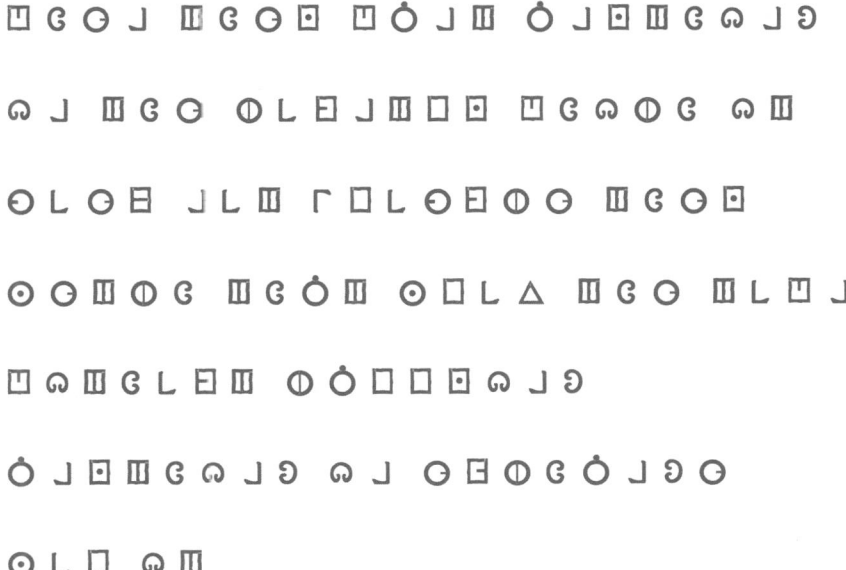

Nehmen wir an, die Eins-zu-Eins-Entsprechung zwischen lateinischen Buchstaben und utopischen Symbolen ist eine andere. Könnten Sie den folgenden Text trotzdem entschlüsseln? (Methoden und Hinweise finden Sie in Kapitel 4.)

Entschlüsseln Sie:

Über den Stolz.

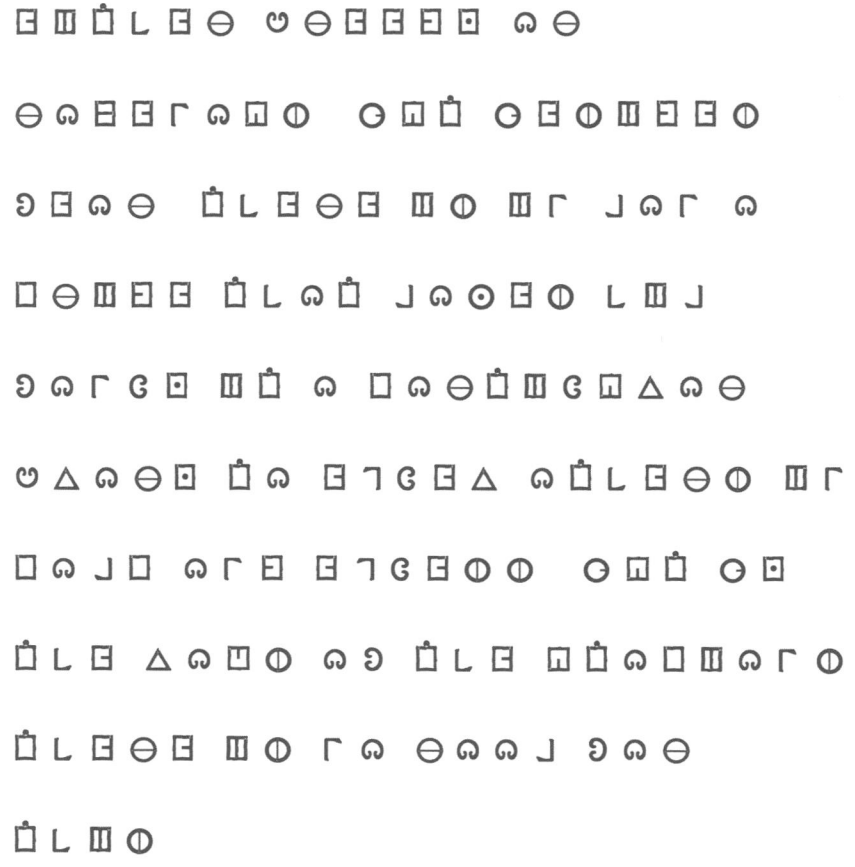

Hélène Smith und die Alien-Sprache

Catherine Elise Müller (1861–1929) war gegen Ende des 19. Jahrhunderts als Medium in Genf tätig, wo sie das Pseudonym Hélène Smith benutzte. In vielen Séancen behauptetet sie, dass sie mit den Bewohnern von Mars und Uranus sprach.

A	B	C	D	E	F	G	H	I	J	K	L	M

N	O	P	Q	R	S	T	U	V	W	X	Y	Z

Entschlüsseln Sie:

Theodore Flournoy beschreibt Hélène Smith.

Das ging so weit, dass sie Marsianisch und Uranisch sprach und schrieb. Zeitgenössische, berühmte Experten für Sprache und Psychiatrie besprachen und analysierten diese Sprachen.

Smith' produzierte eine beeindruckende Menge an gesprochenem, geschriebenem und gezeichnetem Material. In ihren Séancen sah sie die Landschaften so deutlich vor sich, dass sie sie malen konnte. Oben und links sieht man eine Landschaft auf dem Mars. Die marsianische Sprache war sehr ausgefeilt, Vokabular und Grammatik so präzise, dass sie Briefe an ihre außerirdischen Freunde schreiben konnte und sogar Bücher verfasste. Nach eingehender Analyse stellte Professor Theodore Flournoy viele Ähnlichkeiten zwischen Marsianisch und Französisch fest, was aufgrund der Entfernung zwischen den beiden Zivilisationen unmöglich war. Er nannte Smith eine „glossolalische Somnambule" und meinte damit, dass sie im Schlaf sprechen und laufen konnte. Andere Forscher fanden Spuren von Sanskrit, Italienisch, Deutsch, Magyar und Englisch, Sprachen, mit denen Hélène Smith Kontakt hatte.

Die Übung hier findet ohne das Marsianisch der Hélène Smith statt. Stattdessen gibt es einen Chiffriercode, der ihre grafische Sprache näherbringt und ihre Symbole in Eins-zu-Eins-Entsprechung zu unserem Alphabet verwendet.

André Breton und andere Surrealisten ignorierten die wissenschaftliche Meinung über Hélène Smith und feierten sie als großartige Autorin und Dichterin. Als sie später ihre Visionen zeichnete, lobten sie ihre Kunst. Smith – oder ihre außerirdischen Brieffreunde – bewies bemerkenswerte grafische Kreativität für Schriften und fürs Malen. Man muss einfach von ihrer Flugmaschine, die rote und gelbe Flammen ausstößt, beeindruckt sein.

Nach ihrer Mars-Phase durchlief Smith eine Uran-Zeit, in der sie sich eine radikal andere Schrift aneignete. Die Schrift unten verbindet Buchstaben wie im Sanskrit.

Entschlüsseln Sie:

Hélène Smith beschreibt ihre Mal-Séancen.

J. R. R. Tolkiens Welt der Worte

Tolkien (1892–1973) gehört zu den Schöpfern des modernen Fantasy-Genres. Seine Geschichten aus Mittelerde, wo seine Serie *Herr der Ringe* angesiedelt ist, ermöglichten es Hunderten anderer Autoren, ihre eigene Fantasie-Welt zu erdenken.

Tolkien liebte Sprache. Er glaubte, dass Sprache die Grundlage für alle menschlichen Aktivitäten sei. Dem folgend, entwickelte er häufig die Sprache seiner Figuren, bevor er zu schreiben anfing.

Sein Alphabet war angelehnt am Stil der Futhark-Runen, die Germanen und Skandinavier im ersten Jahrtausend benutzten.

Als er mit ihr vertraut war, konnte er sich in die Fantasiewelt einfühlen, die Mittelerde werden würde. Die Geschichten folgten naturgemäß.

Die nächste Seite zeigt einen Auszug von Tolkiens Cirth-Alphabet, das wir auf das heutige Englisch anwenden können. Das komplette Alphabet umfasst viele zusätzliche Buchstaben, wie es sich für die Sprache von Mittelerde gehört, die von vielen verschiedenen Wesen gesprochen wird. Jedes Wesen hat ein eigenes Sprachsystem, wobei Töne erzeugt werden, die Menschen niemals hervorbringen könnten. Hier stoßen Sie vielleicht auf Tolkiens typischen „Mittelhumor".

A	B	C	D	E	F	G	H	I	J	K	L	M

N	O	P	Q	R	S	T	U	V	W	X	Y	Z

Entschlüsseln Sie:
Tolkiens halbes Paradoxon.

Entschlüsseln Sie:
Tolkien über Leben und Tod.

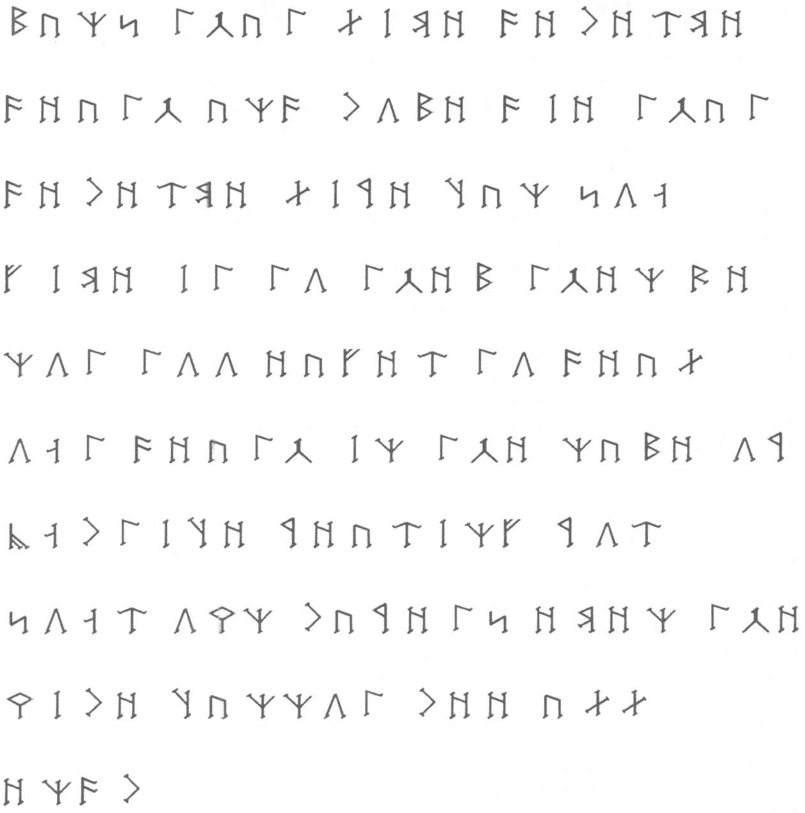

ᛒᚢᛋᛋ ᛚᛀᚾᛚ ᚼᛁ� ᚠᛖ ᛝᚼ95ᛖ95

ᚠᛖᚢᛚᛀᚾᚢᚠ ᛝᛀᛒᛖ ᚠᛁᛋ ᛚᛀᚾᛚ

ᚠᛖ ᛝᚼ95ᛖ95 ᚼᛁ995 ᛋᚢᛋ ᛋᛀᛁ

ᚠᛁ95 ᛁᛚ ᛚᛀ ᛚᛀᛖ ᛒ ᛚᛀᛋᛖ ᛒᛖ

ᛋᛀᛚ ᛚᛀᛀ ᛏᚢᚠᛖᛏ ᛚᛀ ᚠᛖᚢᚼ

ᛀᛚ ᚠᛖᚢᛚᛀ ᛁᛋ ᛚᛖ ᛋᚢᛒ5 ᛀᚤ

ᚳᛖᛝᛚᛁᛋᛋ ᚤᛀᚢᛏᛁᛋᚠ ᚤᛀᚻ

ᛋᛀᛏ ᛀᚠᚤ ᛝᚢᚤᛀᛚᛋ 95ᛋᛋ ᛚᛀᛋ

ᚤᛁᛝᛋ ᛋᚢᚤᚤᛀᛚ ᛝ5ᛋ ᚢᚼᚼ

ᛋ ᛋᚠ ᛝ

Entschlüsseln Sie:
Tolkiens Drachen-Theorie:

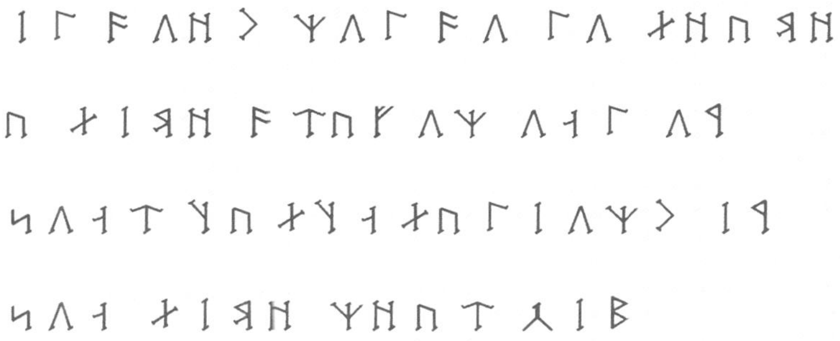

ᛁᛚ ᚠᛖᛏᛝ ᛋᛀᛚ ᚠᛀ ᛚᛀ ᚼᚢᚢ95

ᚢ ᚼᛁ995 ᚠᛏᚢᚠᛀᛋ ᛀᛚᛀ ᛀᚤ

ᛋᛀᛏ ᛋᚢᚼᚤᚼᛏᛀᛚᛁᛀᛋᛝ ᛁᚤ

ᛋᛀᛏ ᚼᛁ995 ᛋᚢᛝᛏᛀᛁᛒ

Entschlüsseln Sie:
Tolkien über Gesundheit.

Howard Phillips Lovecraft

H. P. Lovecrafts (1890–1937) Fantasy- und Science-Fiction-Werk ist absichtlich unehrlich, betrügerisch und köstlich irreführend. Er gab vor, sich auf wahre Begebenheiten zu stützen, die er frech „hartnäckige Gerüchte" nannte und schuf Fantasiewelten, die weit über das hinausgehen, was der arglistigste Okkultist sich ausdenken könnte. Er bekräftigte ihre „Echtheit", indem er sich auf gefälschte historische Aufsätze bezog.

Lovecrafts Werke sind außergewöhnliche Beispiele für die Macht der Symbolik in Sprache. Seine wichtigste Schöpfung, wichtiger als seine Geschichten, ist das Wort *Necronomicon*. Das Buch desselben Titels ist eine wahre Bibliothekslegende. In Wahrheit gab es dieses Buch nie, seine Fans waren aber so begeistert, dass sie es in die Realität umsetzten – heute existiert eine Druckversion. Lovecraft erwähnte, dass der arabische Titel des Buches *Al Azif* war, wie in „als ob es nie existiert hätte". Das hat sich gründlich geändert!

Fünfzig Jahre nach Lovecrafts Tod wurde die Macht des Wortes in den boomenden Rollenspielen deutlich, in denen *Necronomicon* und *Cthulhu* zentrale Referenzen sind. In der Zwischenzeit befeuerten das Präfix *necro*, das sich auf Tod und Totenkulte bezieht, und das Suffix *nomicon*, ein Hinweis auf ein okkultes Buch, die Auswahl von

Codewörtern der Cyberfantasy-Kultur. Neil Stephensons *Cryptonomicon* ist ein direkter Erbe, so wie Gordon R. Dicksons *Necromancer* William Gibson zu seinem *Neuromancer* inspirierte.

Dechiffrieren wir einmal Lovecrafts eigenen Namen. Er spielte so häufig mit Worten und Symbolen, dass man das auch auf ihn beziehen kann. Schnell fallen „Craft" (Handwerk) und „Love" (Liebe) auf: ein Handwerker, der seine Kunst liebt. Lovecraft versenkte sich so sehr in seine Schöpfung, dass er die Gegenwart aufgab und seine mythischen Kreationen als real ansah. Das Chiffre-Alphabet „Nug-Soth" (siehe Bild unten), das in einem seiner Bücher erschien, hat seinen literarischen Konstrukten eine symbolische Basis gegeben.

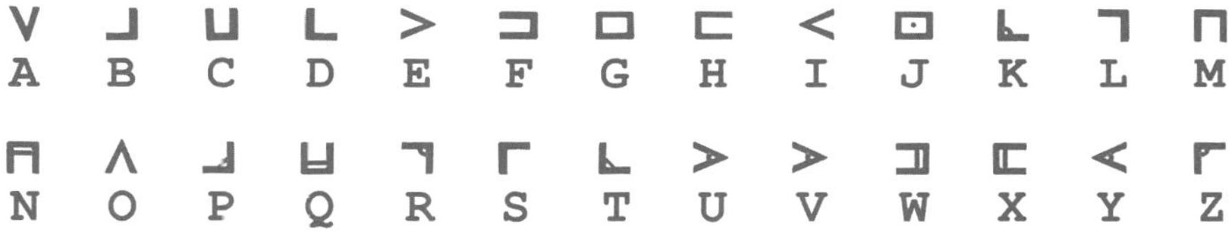

V	⅃	⊔	L	>	⊐	□	⊏	<	⊡	∟	⅂	⊓
A	B	C	D	E	F	G	H	I	J	K	L	M

⊓	∧	⅃	⊔	⅂	⌐	Γ	∟	>	>	⊐	⊏	<	Γ
N	O	P	Q	R	S	T	U	V	W	X	Y	Z

Entschlüsseln Sie:

Das Vorwort zu *Der Schatten aus der Zeit* beschreibt den Helden als möglichen Schlafwandler.

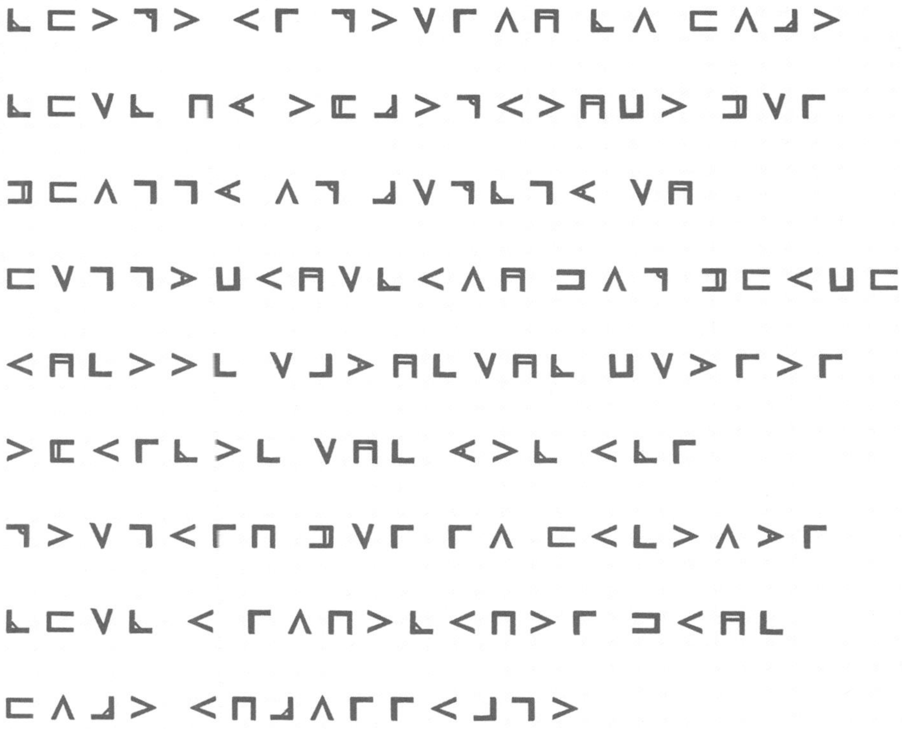

```
∟⊏>⅂> <Γ ⅂>VΓ∧⊓ ∟∧ ⊏∧⅃>

∟⊏V∟ ⊓< >⊏⅃>⅂<>⊓⊔> ⊐VΓ

⊐⊏∧⅂⅂< ∧⅂ ⅃V⅂∟⅂< V⊓

⊏V⅂⅂>⊔<∧V∟<∧⊓ ⊐∧⅂ ⊐⊏<⊔⊏

<⊓∟>>∟ V⅃>∧∟V∧∟ ⊔V>Γ>Γ

>⊏<Γ∟>∟ V∧∟ <>∟ <∟Γ

⅂>V⅂⅂<Γ⊓ ⊐VΓ Γ∧ ⊏<∟>∧>Γ

∟⊏V∟ < Γ∧⊓>∟<⊓>Γ ⊐<∧∟

⊏∧⅃> <⊓⅃∧ΓΓ<⅃⅂>
```

Entschlüsseln Sie:

Weitere Einzelheiten über den Helden, Bestätigung seines Schlafwandelns und vermutlich glossolalischen Zustands, Bestätigung, dass er eine erfundene Sprache sprach.

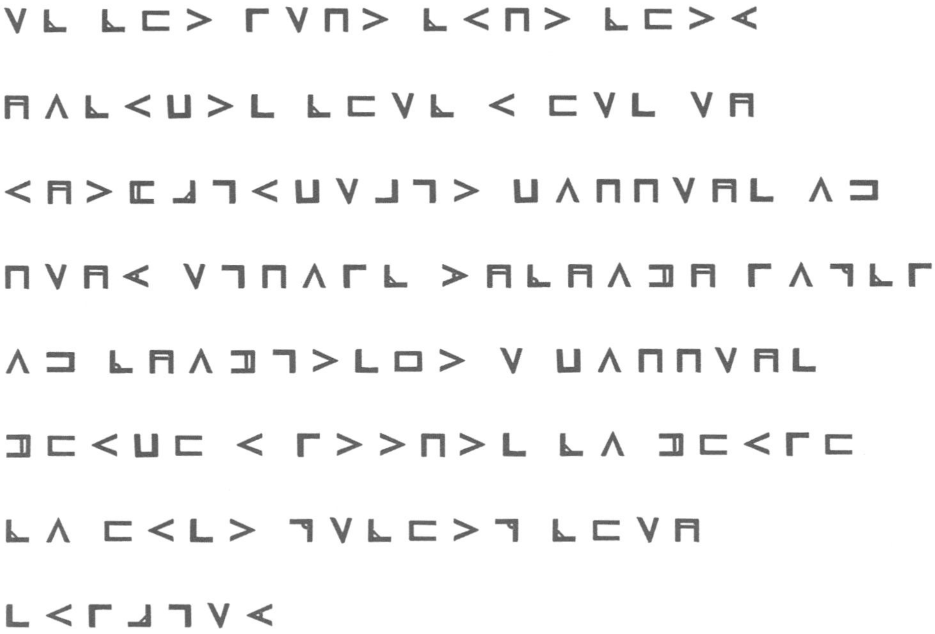

Vᴸ ᴸⴹ> ᴦVⴖ> ᴸ<ⴖ> ᴸⴹ><

ꓩᴧᴸ<ᴜ>ᴸ ᴸⴹVᴸ < ⴹVᴸ Vꓩ

<ꓩ>ⴹᴶ꓾<ᴜVᴶ꓾> ᴜᴧⴖⴖVᴧᴸ ᴧⴺ

ⴖVꓩ< Vᴶⴖᴧᴦᴸ >ꓩᴸꓩᴧⴺꓩ ᴦᴧᴶᴸᴦ

ᴧⴺ ᴸꓩᴧⴺᴶ>ᴸꓳ> V ᴜᴧⴖⴖVᴧᴸ

ⴺⴹ<ᴜⴹ < ᴦ>>ⴖ>ᴸ ᴸᴧ ⴺⴹ<ᴦⴹ

ᴸᴧ ⴹ<ᴸ> ꓾Vᴸⴹ>꓾ ᴸⴹVꓩ

ᴸ<ᴦꓸ꓾V<

Entschlüsseln Sie:

Die Beschreibung der Alten im mythischen *Necromonicon*.

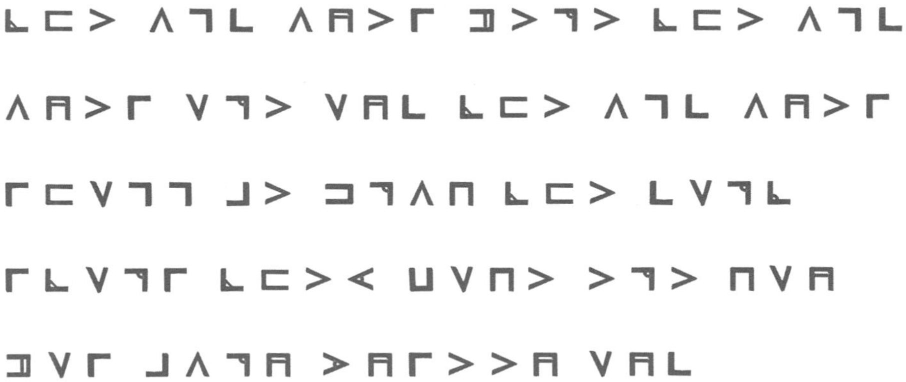

ᴸⴹ> ᴧ꓾ᴸ ᴧꓩ>ᴦ ⴺ>꓾> ᴸⴹ> ᴧ꓾ᴸ

ᴧꓩ>ᴦ V꓾> Vᴧᴸ ᴸⴹ> ᴧ꓾ᴸ ᴧꓩ>ᴦ

ᴦᴸV꓾꓾ ꓸ> ⴺ꓾ᴧⴖ ᴸⴹ> ᴸV꓾ᴸ

ᴦᴸV꓾ᴦ ᴸⴹ>< ᴜVⴖ> >꓾> ⴖVꓩ

ⴺVᴦ ꓸᴧ꓾ꓩ >ꓩᴦ>>ꓩ Vꓩᴸ

ᒉ∧∨ᒪᒥᒥ∧⊓＞ ᒪᒥ＞＜

ᒪ＞ᒥᑌ＞ᕼᒪ＞ᒪ ᒪ∧ ᒍᒉ＜⊓∨ᒉ

＞∨ᒉᒪᒥ

Die Klingonen bei *Star Trek*

Fernsehserien, die auf anderen Planeten oder in anderen Galaxien spielen, brauchen eigene Sprachen für Nachrichten oder Zeichen, die erscheinen.

Ein Beispiel dafür ist Klingonisch, gesprochen und geschrieben von den Klingonen aus der *Star Trek*-Serie. Es heißt, die Schriftzeichen wurden spontan entwickelt. Später arbeitete der Linguist Dr. Marc Okrand Klingonisch zu einer richtigen Sprache aus. Um den außerirdischen Charakter zu fördern, dachte sich Okrand spezielle Lautkombinationen aus. (siehe die Website Omniglot.com).

Als Experiment, wie Klingonisch aussieht und obwohl klingonische Buchstaben den menschlichen nicht entsprechen, kommt hier ein Beispiel in der Klinzhai-Form des Klingonischen vom Yamada Language Center der Universität von Oregon:

Ist Klingonisch ein Konkurrent von Englisch? Bei Google kann man Suchanfragen in Klingonisch stellen http://www.google.com/advanced_search?hl=xx-klingo.

Worf, ein Klingone aus Star Trek

Das Zeichen der Klingonen

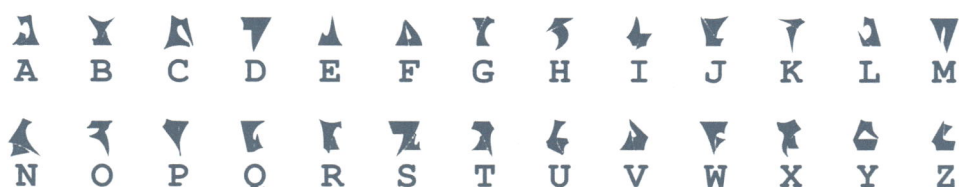

Entschlüsseln Sie:

Klingonisches Sprichwort 1.

Entschlüsseln Sie:

Klingonisches Sprichwort 2.

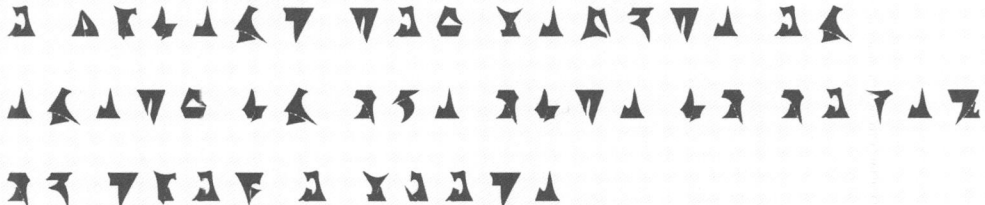

Entschlüsseln Sie:

Klingonisches Sprichwort 3.

Entschlüsseln Sie:

Klingonisches Sprichwort 4.

Entschlüsseln Sie:

Klingonisches Sprichwort 5.

Entschlüsseln Sie:

Klingonisches Sprichwort 6.

Edgar Allan Poe

Alle Leser von Edgar Allan Poes *Der Gold-käfer* über eine Suche nach einem Schatz, den ein Pirat der Karibik vergraben hat, erinnern sich an Captain Kidds Nachricht auf einem Stück Pergament. Legrand, einer der Schatzjäger, findet die Beute, weil er die Wörter entschlüsseln kann. Sind Sie so gut wie Legrand und können direkt zum ver-grabenen Schatz gehen?

Obwohl Kidd ein Pirat der Südsee war, benutzte er Symbole, die ein Schriftsetzer nur in einer Druckerei finden könnte.

Um die Herausforderung zu steigern, wird das Chiffre-Alphabet erst bei der Lösung aufgeführt.

Der Goldkäfer, frühe Illustration von Herpin

Entschlüsseln Sie:

Die Nachricht auf dem Pergament.

5 3++! 305)) 6* ;48 26)4+.)

4+);80 6* ;48 !8'60)

)85;;]8*;:+*8 !83(88) 5*!

;46(;88* 96*?;8)*+(;485); 5*!

2: *+(;4 956* 2(5*-4)8'8*;4

0692 85);)6!8)4++; 1(+9 ;48

081; 8:8 +1 ;48 !85;4)485! 5

28806*8 1(+9 ;48 ;(88

;4(+?34 ;48)4+; 161;: 188;

+?;

Entschlüsseln Sie:
Poes berühmtes Zitat über Rätsel und menschliche Genialität.

6; 95:]800 28 !+?2;8!

]48;48(4?95* 6*38*?6;: -5*

-+*);(?-; 5* 8*6395 +1 ;48

=6*!]46-4 4?95* 6*38*?6;:

95: *+; 2: .(+.8(5..06-5;6+*

(8)+0'8

Diese Geschichte machte Poe berühmt und in der Vorstellung seiner Leser zum unbesiegbaren Codeknacker. Code-Enthusiasten schrieben ihm verschlüsselte Briefe, um die Fähigkeit des Meisters zu testen, fremde Codes zu entziffern.

1841 veröffentliche Poe zwei Krypto-gramme. Er gab an, ein Leser namens W. B. Tyler hätte sie ihm geschickt. Hätten Sie sie lösen können? Es dauerte 150 Jahre, bis das erste 1992 entschlüsselt wurde, 8 weitere Jahre bis zur Auflösung des zweiten. Sie sind hier wegen ihrer kreativen Art, Schriftzeichen und Symbole zu verwenden.

Entschlüsseln Sie:

Das erste Tyler-Kryptogramm.

,†§:‡] [,?‡), [¡¶?,†,)¡,§[¶ ͺ,:¶![
§(,†§¡||(?‡?,⁎⁎(‡‡¡(,¶⁎·‡[§¡¶§¡
¶]¿,†§[?(§[::(‡[·‡(⁎;(||(,†§¡‡[⁎
:,]!¶†‡||]?⁎!¶‡†§¶||,⁎(†¡(,?‡§(¡
☞¡¶ᵒ[?(,;§‡☞‡]†§§:(‡[†[¶?‡]:
⁎;¡¶:(§?]!¶†§‡];§?‡†¡‡‡¶!(,†§?(||
⁎][§¡'¡,:,,†§☞)·,?||⁎]?,§§(!‡¡(,
†§†[‡!)⁎][‡:?]||

Entschlüsseln Sie:

Das zweite Tyler-Kryptogramm.

AN EDGAR A. POE, ESQ.

DR ⊤iἀ OGXEW PⱼꜰFγλ ɴꟼUH ⌐IA VꝖꜱMꝘ ꝘGᴍSꝖᵤ
xᴅTbjꜱ SNB ᴇꜱꜵᴌɴK3Yꝺ ʃCP ᴛꜵol HᴛZꝮᴜꝯꝯ
ꝯᴄᴜꝺZᵤₕ ᵢoⱽₐ ᴄʃ] ꝖᴋꜵꝜNₐꜱꜵ
ʟʟᴋᴊꜰ ꝺꜱ ɴꝺᴅꝺL Ꝟⱽ ꝯⱽ ᴛꝖꝺDɴ Rₚ ꜰᴋᴛꜱ Tₐ
QⱼꜱᴛBXPᴇE yGᴍdU VB ꜱᴌᴀᴠᴠᴛꜱ ɴⱽꜵ ᴄꜱGᴅYRꝯ
ᴅʜB γFKxᴅꞬf ZꝮNꜱᴍᴇʟʟ ᴋꝞ ᴄꝞO ojɴɪ zꝘₕ MʃꞬ
wꝮVᵢᴇGXₕB ꜵᴜL ɴꜱɴ AFKₛO iyBꜰDV BₕxꝘₐᵢᴠᴄᴍ
ɪᴘLꝒₛꝮꝼᴇꝺ ꜱPₗᶻl CEᴍɴSW bGᴇᴛₗₕ aNjᴍꜵ ꜱꝺᴠꜵᴄᴛꝮꜵ γakₗXDIꜵ
Ꝯw ʃCⱼ ᴊꜵᴄᴋ ᴛₗᴏꝺꝺL LRꝞꝞꝺO YᴛꝞl Pⱼ Ꝙw
SEB ᴅɴBLꝘu Lpₕ ɴꜱɴᴊꜵ aᴛꝺꜵ diky ꝯⱽꝯ ᴄEpₗᴍₓꜵᴌ
γaxᴍidꜵ ᵒⱽⱽ
ꜱxⱼᶻ elf ᴋMᴋ xᴛKSꜱG HᴛiᴛᵧW ꝖꝘP qᴛꝺ Dꜵꜵⱼ ɴⱽⱽ
Uꝺᴄꜵmᴇ ɴᴋ VFʜᴧ lDaₕ XᴍᴋᴛᴛᴛIax Ye ᴧꜱᴠ aₐFᵧW
XꝖꝯᴍᴋUᴧᴍꜵᴋᴛ Ꝟ a ꜱꝘ ꜵᴋᴇꝏxᵧMᴄꝖꜵ uᴍey ᴦᴘᴄ GᵢOꝖꝘ
ɴBᴛEmMꝖ ɴᴋ Lᴄoᴏᴧ ꜱᴛₗꝒᴛꜱ ᴦᴘoꝯⱼ ꝘN₂ᴜ aᴦᴛjᴧ ᴧauꝯꜰ
RZɴK Cᴛꝯ ᴧᴌ ꝏᵢⱲ ⱼDᴍɴᴠᴛᴧUⱼꝼꝖ xᵢⱲ ᴛᴠ VᵢᴧᝪMFᴛⱽ
bzɴL Lᴃᴛᴛₕ ꜰW ᴇᴇToYᴅꜵ ᴧiT ᴋᴘᴧoᴌꜵꜵ VᵢᴧꝘMFᴛⱽ
ⱽᴧʜꝮᴛP ⱼᴛᵧÜꝛᴇᴛᴍ ᴄW ɴNꝺᴦ ꝺᴛꝮꝣEⱽᴧ ᴦᴊdₕ VDⱼ
kySXᴛꝯⱼx Ꝙꜱ ꜵFꝯᴛꜱꜰ ꜵᴜL ᴌQꜽgmxᴠᴦ ꝏꜵ ɴⱼUiᴋA
Mᴦ γᴧᴋꜵ ꜵ ꝘWᴛᴃ ꝺᴍᴦ ɪꝛꜱ ɪɴꝛꜵSW ꝘDꝏwꝏₐᴦꝖ
AꝮGb MʃꞬ aRɴᴍaᴅꝖ CF ᴄ fjeo ᴧꜰ cⱼ ᴛꜵᴧᴠꝺ K ᴋꜱXꜽⱼ
qdꜰb Ꝗᴄʃᴘⱼ3 ludₐA K ꝛꜱꜵᴀ ɴᴋᴧaꝺ Ꝯᴠ ꜱᴘⱼ3ꝺ WꝒꝺb
Kⱼ emy ꜵw ꝘᴅG

Die tanzenden Männchen des Conan Doyle

In seinem Buch *Die tanzenden Männchen* bewies Sir Arthur Conan Doyle mehr Kreativität als Poe in seinem *Der Goldkäfer*. Statt lediglich die Symbole einer konventionellen Schrift zu vertauschen, verschlüsselte er Buchstaben mit Zeichnungen von „tanzenden Männchen", die seit Erscheinen im Dezember 1903 im *Strand Magazine* seine Leser fasziniert (siehe unten).

Conan Doyle fügte seinem Code ein Detail hinzu, das es künstlerisch aufwertete, aber leider die Sicherheit beeinträchtigte. Entgegen der typografischen Logik, bei der Versalien Worte und Sätze beginnen, hält jeder letzte Buchstabe eines Wortes eine Flagge. Vielleicht war das eine Anlehnung an Poes Chiffre, bei dem der Abstand zwischen zwei Wörtern kleiner war als der normale Abstand zwischen den Buchstaben im Wort.

Sherlock Holmes löste das Rätsel ähnlich wie Legrand in *Der Goldkäfer*: mittels E-Hintertürchen und Buchstabenstatistiken sowie den Hinweisen, die er in dem Fall bereits kannte. Als er den Schlüssel

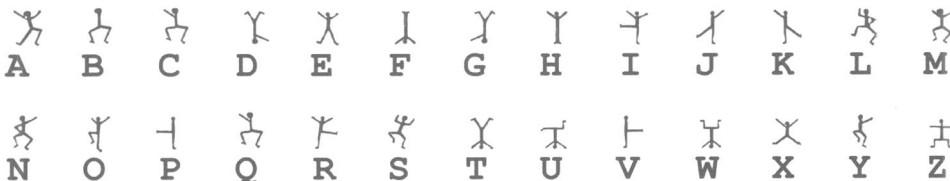

Entschlüsseln Sie:

Sherlock Holmes' Hommage an seinen Kollegen Legrand, in der er in seinen eigenen Worten Poes berühmte Bemerkung über Chiffren und Rätsel aufführt.

Entschlüsseln Sie:

Sherlock Holmes' Schlussfolgerung in den „Tanzenden Männchen".

*Seite aus dem Biologie-
Kapitel des Voynich-
Manuskripts*

geknackt hatte, sandte er dem Verbrecher eine kodierte Nachricht und lockte ihn in eine Falle.

AUSSTELLUNGSSTÜCK: DAS VOYNICH-MANUSKRIPT

Im 16. Jahrhundert fertigte ein außerordentlicher, unbekannter Künstler ein schwieriges Kunstwerk an: ein einhundert Seiten starkes Manuskript mit bunten Bildern und verschlüsselten Texten. Die Symbole unterscheiden sich von allen anderen bekannten Alphabeten, erinnern dennoch an sie.

Das Manuskript wird in der Beinecke Rare Book Library an der Universität Yale aufbewahrt. Entdeckt hat es 1912 der Buchhändler Wilfrid M. Voynich. Unzählige Forscher haben sich seitdem mit dem Buch befasst. Voynich selbst hatte die Geschichte des Buchs neun Jahre lang recherchiert, bevor er es der Welt präsentierte.

Hatte der Künstler seine eigene „voynichsche" Sprache erfunden oder lediglich einen lateinischen oder mittelenglischen

Text in sein eigenes Alphabet übertragen? Seine Hand war zumindest außerordentlich darauf trainiert, die Buchstaben flüssig und gleichmäßig zu schreiben.

Die durchgängige Flüssigkeit der Handschrift widerlegt scheinbar die aktuell akzeptierte Theorie, dass das Buch eine Fälschung ist. Der britische Forscher Gordon Rugg bewies 2003, dass die voynichschen Wörter systematisch erzeugt wurden. Dafür fertigte er eine Schablone aus gelochter Pappe an, die er über ein Silbenfeld führte und so Worte bildete. Da seine Wörter denen im Voynich-Manuskript ähneln, folgert er, dass das Dokument eine Fälschung ist. Er schreibt es Edward Kelley zu, einem Okkultisten der elisabethanischen Zeit, der solche Methoden angewandt haben soll.

Lässt diese Argumentation nicht weitere Schlussfolgerungen zu? Hätte der Künstler solch eine ausgeklügelte Methode für jedes Wort eingesetzt, wäre seine Handschrift dann so flüssig? Oder bewies Gordon Rugg, dass die Voynich-Sprache eine strukturierte ist, bei der Worte nach Mustern entstehen statt durch zufälliges Gerede?

Warum besteht man darauf, ein Meisterwerk der Kunst einen Schwindel zu nennen? Ist das die Rache frustrierter Codeknacker? Noch etwas macht das Manuskript interessant. Auf den Nur-Text-Seiten markieren sternförmige Aufzählungszeichen am Rand jeden Absatz. Bei Weitem die meisten Sterne haben sieben Zacken. Warum gerade dieser ungebräuchliche Stern? Kabbalisten und Alchemisten verwenden ihn als Zeichen für die sieben Planeten. Der Künstler malte ihn viele hundert Male. Wie ein Pentagramm lässt sich der Stern mit einem durchgehen-

den Strich malen, was der Künstler jedoch nicht getan hat. Mit Absicht oder aus Mangel an mathematischer Kultur?

Der Stern allein ist ein Hinweis, dass das Manuskript eventuell Inhalte ganz anderer Art enthält, aus der Welt der Symbole. Und es führt uns ins England der Renaissance, bestärkt durch die Referenz an die Zahl 7. Das erste magische System, das John Dee und Edward Kelley als durch Engel gebracht beschrieben, ist die *Heptarchia Mystica* oder „Siebenfache Mystische Doktrine". Sie bezieht sich auf die von den damaligen Alchemisten (siehe Bild unten) anerkannten sieben traditionellen Metalle und Planeten (einschließlich des Mondes). Und es enthält 49 Engel, die Quadratzahl von 7.

Gabriel Landini hat die Voynich-Schriftart nachgestaltet und sie EVA 1 genannt, das Europäische Voynich-Alphabet. Natürlich hat die Anordnung der Zeichen nichts mit unseren lateinischen Buchstaben zu tun, aber wir verwenden sie für einen Abstecher in die Voynich'sche Sprache.

Entschlüsseln Sie:

Ein passendes Zitat: William Blake über Vorstellungskraft.

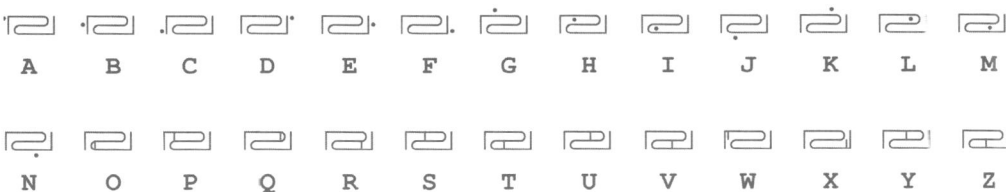

Johann Joachim Bechers
Lingua universalis

A	B	C	D	E	F	G	H	I	J	K	L	M

N	O	P	Q	R	S	T	U	V	W	X	Y	Z

1661 entwarf Johann Joachim Becher eine einzigartige Art des Alphabets. Er fügte dem Grundelement, einer Spirale, an bestimmten Stellen Segmente und Punkte hinzu. So entstand ein System, das eine Doppelnutzung ermöglichte.

Die erste ist traditionell: Man reiht Buchstaben aneinander, um Wörter zu formen. Die andere ist interessanter: Punkte und Segmente werden auf demselben Grundelement S angebracht. Das ist möglich, weil alle relevanten Punkte und Segmente an verschiedenen Stellen des S kumuliert angebracht werden. Auf die Art können alle Buchstaben eines Wortes in einem einzigen Symbol untergebracht werden. Das englische THIS würde so geschrieben werden:

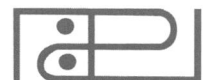

Entschlüsseln Sie:

Ein Satz mit der kumulativen Methode.

Die kumulative Methode hat seinen Nachteil. Sie erhält nicht die Reihenfolge der Buchstaben im Wort, dadurch ist sie keine effiziente Kommunikationsmethode. Gleichzeitig wird sie dadurch nur noch spannender. Jedes Wort ist ein Anagramm, das sortiert werden muss.

Dieser unterhaltsame Umgang mit Bechers Alphabet lag nicht in Bechers Absicht. Er wollte 1661 damit eine Universalsprache schaffen, die überall auf der Welt leicht geschrieben, gesprochen und ver-

standen werden kann. Bechers ist eine der vielen Entwürfe für Universalsprachen der letzten vierhundert Jahre, aber durch ihr seltsam logisches Alphabet herausragend.

Alle Universalsprachen haben als Ziel die Rückkehr in das goldene Zeitalter, das in der Genesis beschrieben wird, als alle Menschen dieselbe Sprache sprachen. Dieser Zustand nahm ein Ende, als der Turm zu Babel dem Himmel allmählich gefährlich nahe kam.

Pieter Bruegel der Ältere: Turmbau zu Babel *(Kunsthistorisches Museum, Wien)*

Entschlüsseln Sie:

Aus Genesis 11.

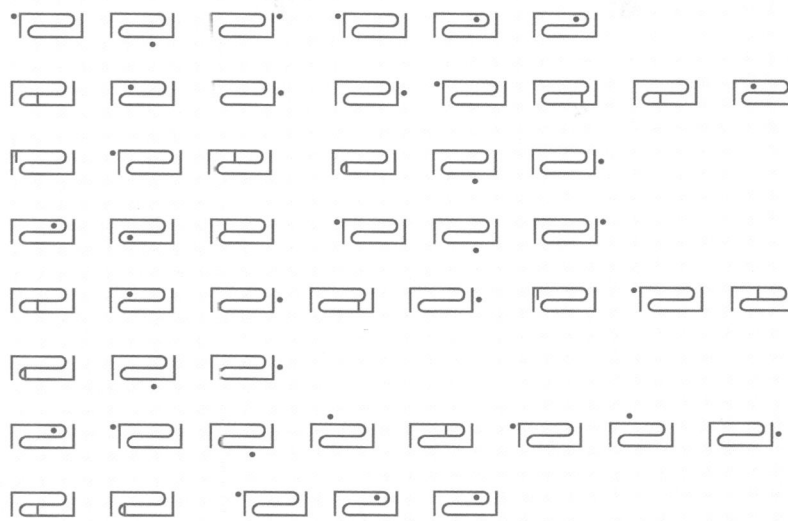

Diesen biblischen Fluch abzuschütteln war das Ziel vieler Sprachkonstrukteure seit Becher. Alle sind daran gescheitert, einschließlich der Erfinder von Esperanto, dem bisher bemerkenswertesten Projekt. Die Hoffnung allerdings stirbt zuletzt, besonders in computergestützten Zeiten, in denen automatische Übersetzungen von einer in die andere Sprache möglich scheinen.

Und während viele Wissenschaftler an der Programmierung dieses universellen Kommunikationssystems arbeiten, bemühen sich andere um noch effizientere Chiffrierung, um völlige Unlesbarkeit zu erreichen (siehe Kapitel 9).

Palancs Creme-Linien

Francis Palanc war Bäcker. In seiner Freizeit frönte er, ohne dass er sich als Künstler angesehen hätte und von Kunstkritikern unbeachtet, der „Art brut". Jean Dubuffet, der ihn entdeckte, prägte diesen Begriff, ernannte Palanc zum Vertreter der Art brut und stellte seine Werke im eigenen Museum in Lausanne aus. Die Bezeichnung Art brut ist jenen vorbehalten, die außerhalb aller Kunstkreise und – noch wichtiger – ohne Bewusstsein dafür, dass sie Künstler sind, arbeiten.

Palancs Inspiration waren traditionelle Bäckertechniken. Er malte Bilder mit einem Spritzbeutel und Creme. Seine Absicht war möglicherweise, Kuchen mit geheimen Botschaften zu produzieren. Dafür arbeitete er ein neues Alphabet aus.

1947 hatte er zwei eigene, unterschiedliche Alphabete. Bei einem bestanden die Buchstaben aus geschlossenen Linien, beim anderen waren die Buchstaben offen. Letzteres ist unten aufgeführt.

Leider eröffnete das Art Brut Museum im schweizerischen Lausanne zu spät, um die verschlüsselten Kuchen des Francis Palanc zu zeigen.

A	B	C	D	E	F	G	H	I	J	K	L	M

N	O	P	Q	R	S	T	U	V	W	X	Y	Z

Entschlüsseln Sie:

Teil eines Rezepts für einen Paris-Brest Kuchen.

Entschlüsseln Sie:

Das Rezept für welchen traditionellen Kuchen ist dies?

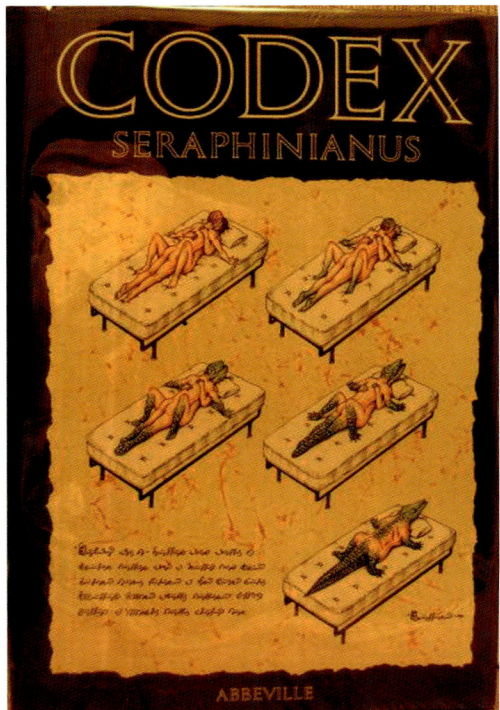

Luigi Serafinis Codex Seraphinianus

Serafinis Codex Seraphinianus

1981 veröffentlichte der milanesische Architekt und Designer Luigi Serafini ein außergewöhnliches, Voynich-ähnliches Buch, den *Codex Seraphinianus*. Das teure und seltene Kunstobjekt umfasst Zeichnungen sowie Texte in einem Chiffre-Alphabet.

Nur die Seitenzahlen wurden bisher entschlüsselt: Sie sind Symbole, die arithmetisch auf 21 basieren. Bisher ist es niemandem gelungen, auch nur einen Satz zu lesen, der lebende Autor gibt keinen Kommentar zu einem Meisterwerk ab. Lesbar oder nicht, die limitierte Ausgabe des Buches ist ihren hohen Preis wert. Die Zeichnungen sind von so erlesener Qualität und Erfindungsgabe, dass niemand enttäuscht sein kann.

Natürlich ist Serafini kein Unschuldiger. Als er sich entschloss, zwei Jahre als Eremit in einer kleinen Wohnung in Rom zu leben, um sein Magnum Opus zu erschaffen, war das Voynich-Manuskript bereits seit 50 Jahren bekannt, Kopien kursierten überall. Seine parodistischen Seiten und der grafische Humor täuschen leicht. Das Voynich-Manuskript besitzt auch Humor und Sex, wie die nackten Damen, die in einem Vagina-förmigen Teich baden. Der Codex Seraphinianus ist offensichtlich das Werk eines Alchemisten: sowohl Kunst als auch düsteres Machwerk. Alchemisten des 21. Jahrhunderts wissen zu viel über Chemie und Physik, um aus Blei Gold machen zu wollen (siehe dazu www.levity.com/alchemy). Heute ist die Kunst eins ihrer Werkzeuge, vielleicht ihre letzte Zuflucht.

Luigi Serafini bediente sich einer zufälligen Quelle. Sein Familienname bot ihm die goldene Chance, so eng mit seinem großen Werk zu werden, wie Farbe sich auf die Leinwand legt. Auf Italienisch bedeutet Serafini „die Seraphim", das sind laut Bibel die 12 hochrangigen Engel, die den Thron Gottes bewachen. Dass er den Titel *Codex Seraphinianus* wählte, setzt ihn in die Tradition von John Dees und Edward Kellys Schöpfung der henochischen Sprache, der Sprache der Engel.

Dieses Niveau der Symbolik bietet keinen Platz für Worte wie *Schabernack* oder *Fälschung*. Als ausgefeilte Werke gehören sie zur bildenden Kunst und stecken voller Bedeutung.

Die Buchstaben im *Codex* unterscheiden sich in mindestens einem Punkt von allen anderen Alphabeten. Sie sehen aus, wie aus Seil oder Faden gemacht und nicht mit Linien gezogen. Die meisten bilden Kreise, einige sogar Knoten. Serafinis Schrift ist die eines Nähers oder Seemanns, die von Palanc die eines Konditors.

Stefano Benni

Die Richtung von Stefano Benni ist eine gänzlich andere als die von Luigi Serafini und dem Voynich-Manuskript. Er erfindet ein Chiffre-Alphabet, verrät seine Bedeutung und erschafft dann eine Welt, ohne das Alphabet zu verwenden. Das Alphabet ist nur ein weiteres kurioses Teilstück von vielen in einem fremden Land.

1984 erdachte Benni das Oswaldische Alphabet zur Illustration der Erschaffung seiner mythischen, fremden Welt Stranalandia. Wie die Manuskripte von Voynich und Serafini, kommen in seinem Buch *I meravigliosi animali di Stranalandia* (Die wunderbare Tierwelt Stranalandias) nicht nur Texte, sondern auch Zeichnungen vor, die Pirro Cuniberti von den wilden Landschaften und Kreaturen angefertigte.

Bennis Schrift hat verschiedene Stile für Buchstaben und Zahlwörter. Die Buchstaben sind eine ernste Sache, ihr Aussehen ist lustig. 26 Buchstaben sehen den Leser mit einem oder mehr Augen an. Ihre Linien sind fantasievoll, mit Leben erfüllt. Sie

Entschlüsseln Sie:

Bennis paradoxe Bemerkung über Reue.

Entschlüsseln Sie:

Über unser Treffen mit einer außerirdischen Zivilisation.

Entschlüsseln Sie:

Der einleitende Satz von Bennis Roman *Die Bar auf dem Meeresgrund*, 1984.

beobachten eindeutig, wollen aber nicht ins Leben eingreifen. Sie könnten von dem netten Graffitisprayer von nebenan stammen.

Im Gegensatz dazu soll mit Bennis Zahlen gespielt werden. Sie wirken wie Cartoons, sind aber lächerlich unhandlich. Ihre beiden Augen gucken frech. Ihre Füße stehen fest auf dem Boden, sie möchten lustige Engel sein. Sie rühren keinen Finger, um Ihnen zu helfen. Während Sie ernsthafter

Entschlüsseln Sie:

Was ist das Ergebnis dieser einfachen Addition, geschrieben mit Bennis spöttischen Zahlen?

$$=$$

Entschlüsseln Sie:

Was ist das Ergebnis dieser einfachen Multiplikation mit denselben Zahlen?

$$=$$

Arbeit am Computer nachgehen, erinnern sie Sie daran, dass auch in den nüchternsten Dingen wie Mathematik und Buchhaltung der Humor nicht außer Acht gelassen werden sollte.

Bruno Munari

Der Künstler Bruno Munari (1907–1998) beschäftigte sich mit Chiffre-Alphabeten und ästhetischen Codes. Sein Alphabet aus dem Jahr 1935 sieht wie eine Ansammlung abstrakter Symbole nach Bauhaus-Art aus.

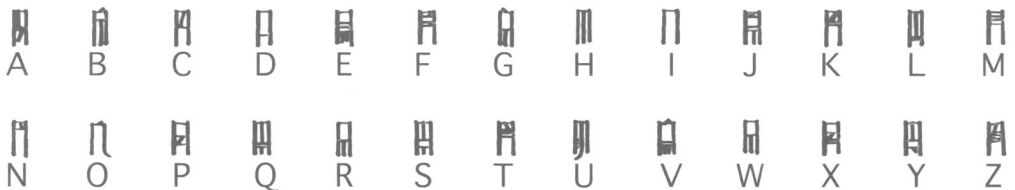

Entschlüsseln Sie:

Munari über Leonardos *Gioconda* (*Mona Lisa*).

Entschlüsseln Sie:

Munari über das Leben.

Entschlüsseln Sie:

Ein Zen-Prinzip.

Entschlüsseln Sie:

Munari über Symbole und Bedeutung.

Aber es steckt Humor in Munaris Philosophie. Er schreibt über den ästhetischen Code in einem Gedichtband über Kunsttheorien. Er wollte Logik in die Kunst bringen, so wie John Dee es bei der Magie versucht hat. Das Buch basiert auf dem sogenannten Munari-Prinzip: „Klarheit, Knappheit, Genauigkeit und Humor". Er wollte nicht, dass sein Alphabet leicht oder überhaupt zu lesen war. Er verwendete es, um „unlesbare Texte" zu produzieren, zu einer Zeit, als er an einer „nutzlosen Maschine" arbeitete.

Er bestand darauf, dass die „größten Hinderungsgründe, Kunstwerke zu verstehen, das Verlangen nach Verständnis ist". Und tatsächlich ist dieses Alphabet ganz und gar nicht schnell zu verstehen.

Wir sehen uns Munaris strenges Alphabet anhand einiger seiner provokanten Zitate an, die für dieses Buch von besonderer Bedeutung sind.

HIMMLISCHE MYSTERIEN

Mystisch darf nicht mit außerirdisch verwechselt werden. Wie wir in Kapitel 9 gesehen haben, machen Mystiker aller Religionen ähnliche Erfahrungen, die so machtvoll sind, dass sie sich dadurch zutiefst verändern und das Bedürfnis haben, ihr Wissen mit dem Rest der Menschheit zu teilen. Das jüdische Mysterium Kabbala ist eine Antwort, ihre Grundlage ist das Lesen des Pentateuchs, einer kodierten Version der ersten fünf Bücher der Bibel, sowie die Meditation darüber. Andere Mystiker gehen andere Pfade und erzählen, was sie von den Wesen auf ihren mystischen Reisen erfahren haben.

Es kann nicht erwartet werden, dass solch himmlische Kreaturen unsere banale Sprache sprechen. Ob Dämon, Engel oder höheres Wesen, sie inspirierten die Mystiker dazu, spezielle Symbole, Alphabete und Vokabeln zu benutzen. Die Mystiker waren keine Künstler oder Traumreisenden. Sie waren aufrecht Suchende nach höherer Erkenntnis und bewegten sich in den Bereichen von Religion, Okkultismus und Wissenschaft. Manches Mal gerieten sie durch ihre geheimnisvollen Symbole und Sprachen in den Verdacht, unglaubwürdig zu sein, aber sie ließen sich nicht beirren. Die Symbole sind der beste Einstieg in ihre Welten.

Hildegards verschlüsselter Glaube

Hildegard von Bingen war eine Pionierin. Neben ihrer kreativen musikalischen, schriftstellerischen und künstlerischen Arbeit (siehe Kapitel 4) schuf sie eine Sprache. Ihre Lingua Ignota („unbekannte Sprache") wird häufig als älteste konstruierte Sprache bezeichnet, kann aber nicht mit Kunstsprachen wie Esperanto und Volapük verglichen werden. Sie umfasst nur tausend Wörter, ist also eher als Codebuch zu betrachten. Ohne echte Grammatik ist sie keine funktionierende Sprache, ihre Worte ersetzen nur normale Worte in normalen Sätzen.

Hildegard beharrte darauf, dass die Lingua Ignota nicht von ihr stammte, sondern dass sie ihr eröffnet und wie ihre Visionen von oben gesandt wurde. Anscheinend kommunizierte sie über sie mit der göttlichen Quelle und gab so Visionen und mystische Kenntnisse an andere weiter. Sie enthält

nur Hauptwörter und Adjektive und behandelt nicht nur mystische Themen, auch Religion, Handwerk, Krankheiten, Anatomie, soziale Hierarchie, Kleidung, Landwirtschaft, Tiere und so weiter.

Die Anwendung der Lingua Ignota ist ein Rätsel. Es ist nicht bekannt, ob Hildegard andere in der Sprache unterrichtete oder ermutigte, sie zu lernen. Wurde sie von einer geheimen Bruderschaft gesprochen, über die es keine Aufzeichnungen gibt? Hildegard kannte sich in den Naturwissenschaften aus und verfügte über genug Charisma, um ein Pythagoras des 12. Jahrhunderts zu sein. Aber auch darüber haben wir nichts Schriftliches. Es gibt einen rührenden Brief an Hildegard von ihrem Benediktinerfreund und -sekretär Volmar, als sie im Sterben lag. Er drückt darin seine Trauer aus, dass mit ihr ihre Musik und ihre Sprache verschwinden werden: *„Ubi tunc vox inauditae melodiae? Et vox inauditae lingua?"* („Wo wird dann die nie dagewesene Musik sein? Wo die nie dagewesene Sprache?").

Aus mystischer Sicht hatte Hildegard nichts zu verheimlichen. Im Gegenteil, sie könnte die neue Sprache mit den fremden Buchstaben aus dem Bedürfnis heraus entwickelt haben, mystische und weltliche Sprache voneinander zu trennen. Aus Respekt scheinen einige Wörter durch ihre Lingua Ignota-Entsprechungen ausgetauscht, zur Betonung ihrer mystischen Bedeutung. Ihre Symbole bildeten eine grafische Erweiterung der normalen, geschriebenen Sprache. Hildegard hatte es geschafft, die Sprache kunstvoll zu erleuchten, um bestimmte Wörter hervorzuheben, ohne sie zu schreiben oder auszusprechen.

War die Sprache als Mittel zur Erleuchtung gedacht? Sollte sie die Sprache sein, mit der das Unbekannte enthüllt werden konnte? Hildegards Vokabular dient dazu, die wahre Bedeutung von Schlüsselwörtern

Entschlüsseln Sie:

So würde ein Satz von Hildegard nach Übertragung in ihr Alphabet aussehen.

Entschlüsseln Sie:

Dieser Text von Hildegard bezieht sich auf die Umstände ihrer ersten großen Vision als Erwachsene.

der Mystik offenzulegen, jenseits ihres allgemeinen, weltlichen Gebrauchs. Mystik versteckt sich häufig hinter der Gewöhnlichkeit weltlicher Sprache. Wenn diese durch die Lingua Ignota erleuchtet wird, wird uns auch der mystische Wert klar.

Um ein Gespür für Hildegards Sprache zu erhalten, sind unten einige der wichtigsten Wörter in ihrer Handschrift aufgeführt, zusammen mit ihrer lateinischen und deutschen Übersetzung.

Wenn wir Hildegards Lingua Ignota auf den Satz „The son of God, our savior, helps us against the devil" („Der Sohn Gottes, unser Erlöser, hilft uns gegen den Teufel") anwenden, sieht das so aus:

„The 
of , our
, helps us against the
." … und hört sich folgendermaßen an:

„The Scirizin of Aigonz, our Liuionz, helps us against the Diueliz."

Möglicherweise waren die Erleuchtung als auch der Jargon der Bruderschaft nebensächliche Aspekte der Lingua Ignota. Vielleicht ist die Sprache der letzte verbliebene Hinweis auf die geheime Verbindung oder der Gruppe der Anhänger, die Hildegards Einfluss in ihrer zweiten Lebenshälfte quer durch Europa verbreiteten. Mit 42 Jahren begannen ihre wichtigen Visionen und sie wurde zum begehrten moralischen und mystischen Zentrum. Prinzen, Bischöfe und Päpste suchten ihren Rat. Neben ihren bedeutenden Musik- und Literaturwerken schickte sie eine große Anzahl Briefe in mehrere Länder. Unermüdlich ging sie gegen die moralische Korruption in der Kirche an.

Wie Pythagoras maß auch Hildegard der Musik einen hohen Stellenwert bei. Mit Kompositionen und Gesängen fügte sie ihrer mystischen Welt neue Komponenten hinzu – ein weiterer Code, der die herkömmliche Sprache überstieg. Sie komponierte gregorianische Musik in Neumen auf vierlinigen Notensystemen, mit Melodien, die bis zu zweieinhalb Oktaven umspannten. Ihre Sprünge und Rollen verlangen von den Sängern großes Können und hohe Konzentration.

Aigonz	Deus	*Gott*
Aieganz	Angelus	*Engel*
Zuuenz	Sanctus	*Heiliger*
Liuionz	Salvator	*Erlöser*
Diueliz	Diabolus	*Teufel*
Ispariz	Spiritus	*Geist*
Nimois	Homo	*Mann*
Jur	Vir	*Held*
Vanix	Femina	*Frau*
Peuearrez	Patriarcha	*Patriarch*
Korzinthio	Propheta	*Prophet*
Falschin	Vates	*Poet*
Sonziz	Apostolus	*Apostel*
Linschiol	Martir	*Märtyrer*
Zanziuer	Confessor	*Bekenner*
Vrizoil	Virgo	*Jungfrau*
Jugiza	Vidua	*Witwe*
Pangizo	Penitens	*Büßer*
Kulzphazur	Attavus	*Vater*
Phazur	Avus	*Vorfahr*
Peueriz	Pater	*Pater*
Maiz	Mater	*Mutter*
Hilzpeueriz	Nutricus	*Essen*
Nilzmaiz	Noverca	*Stiefmutter*
Scirizin	Filius	*Sohn*
Hilzscifriz	Privignus	*Stiefsohn*
Limzkil	Infans	*Baby*
Zains	Puer	*Junge*
Zunzial	Juvenis	*Jugend*

Die Chiffre des Doctor mirabilis

Roger Bacon (etwa 1214–1294), Spitzname Doctor mirabilis, sah als gläubiger Christ und Franziskanermönch keinen Widerspruch zwischen Wissenschaft und Religion und war wie Pythagoras sowohl mystischer als auch wissenschaftlicher Visionär.

Bacon ist – vielleicht ungerechtfertigt – so berühmt, wie er es in seinem Kloster nie vorhergesehen hätte. In der heutigen Zeit herrscht großes Interesse an alten Manuskripten, das mysteriöse Voynich-Dokument ist ein geläufiger Begriff. Auf der Suche nach dem Autor gilt Roger Bacon als einer der Kandidaten.

War Bacon ein Fürsprecher von Geheimschriften und Kryptografie? Zitate von ihm in dieser Richtung gibt es viele: „Ein Mann muss verrückt sein, wenn er ein Geheimnis auf andere Weise schreibt als die, die es vor dem einfachen Volk versteckt" oder „Es ist eine große Narretei, einem Esel Salat zu geben, wenn Disteln ihm genügen; und es schmälert die Majestät der Dinge, die Mysterien enthüllen".

Bacon schlug mehrere Möglichkeiten vor, die Aussage eines Texts zu verstecken:

- „Manche verwendeten Zeichen und Verse und andere Rätsel und bildhafte Sprache."
- „Und eine unendliche Anzahl Dinge findet sich in vielen Büchern und der Wissenschaft, die durch obskure Reden verdeckt sind, dass niemand ohne Unterrichtung sie verstehen kann."
- „Drittens verstecken einige ihre Geheimnisse durch die Art des Schreibens, etwa durch Verwendung ausschließlich von Konsonanten, sodass niemand das lesen kann, wenn er nicht die Bedeutung der Wörter kennt: Und das war üblich unter Juden, Chaldäern, Syrern und Arabern, ja, und auch den Griechen: Daher wird dort viel verborgen, aber besonders bei den Juden."
- „Viertens werden Dinge versteckt durch eine Vermischung von Buchstaben vieler Arten. So hat Ethicus der Astronom seine Weisheit verborgen, indem er hebräische, griechische und lateinische Buchstaben, alle durcheinander, schrieb."
- „Fünftens verstecken sie ihre Geheimnisse, indem sie andere Buchstaben schreiben, als in ihrem Land üblich."

Entschlüsseln Sie:
Diese Anwendung von Bacons erster Methode versteckt sein berühmtestes Zitat, ein immer noch wichtiges Prinzip.

Ein langes Leben sitzt sicherlich im Ernst. Kein klassischer Adler benötigt alle Suche unter wütenden Graden. Jede Wissenschaft bewegt und berührt ihn, sonst ermüdet meine Kunst in kalten Seelen.

Im fünften Zitat schlägt Bacon exotische Buchstaben vor. Vielleicht schreiben ihm Voynich-Fanatiker deshalb das mysteriöse Manuskript zu. Dabei lassen sie die wahrscheinliche Entstehungszeit im 15. oder 16. Jahrhundert außer Acht, die wiederum eher auf John Dee hinweist.

Entschlüsseln Sie:
Probieren Sie Bacons Methode, um die Vokabel herauszunehmen. Wie schwierig ist es, zum Originaltext zurückzufinden?

ts rptd grt fll t gv n ss lttc, whn thstls wll srv hs trn; nd h mpairth th mjst f thngs wh dvlgth mstrs

Entschlüsseln Sie:
Bacons fünfte Methode anhand seines eigenen Texts unter Verwendung des griechischen Alphabets, jeder römische Buchstabe durch sein Äquivalent ersetzt.

Ιτ ισ ρεπυτεδ α γρεατ φολλψ το γιϖε αν ασσ λετ-τυχε, ωηεν τηιστλεσ ωιλλ σερϖε ηισ τυρν; ανδ ηε ιμπαιρετη τηε μαφεστψ οφ τηινγσ ωηο διϖυλγετη μψσ-τεριεσ. Ανδ τηεψ αρε νο λονγερ το βε τερμεδ σεχρετσ, ωηεν τηε μυλτιτυδε ισ αχθυαιντεδ ωιτη τηεμ

Entschlüsseln Sie:
Über Notwendigkeit und Anwendung des Verbergens.

Ι δεεμεδ ιτ νεχεσσαρψ το τουχη τηεσε τριχκσ οφ οβσχυριτψ, βεχαυσε ηαπλψ μψσελφ μαψ βε χονστραινεδ, τηρουγη τηε γρεατνεσσ οφ τηε σεχρετσ ωηιχη Ι σηαλλ ηανδλε, το υσε σομε οφ τηεμ, σο τηατ, ατ τηε λεαστ, Ι μιγητ ηελπ τηεε το μψ ποωερ

Geoffrey Chaucer

Ein Grundprinzip der Schaffenskunst ist, dass neue Produkte leichter mit neuen Worten geschaffen werden. Heute ist es gängige Marketingstrategie, erst einen neuen Namen zu finden und erst dann das Produkt und sein Design zu erfinden. Bekannte Wörter werden meist mit anderen Dingen verbunden und können gedanklich einengen, wenn nach neuen Ideen gesucht wird. Neue Wörter sind frei von Ballast und grenzen den Geist nicht ein. Das gleiche gilt auch für die Wissenschaft, wie Geoffrey Chaucer (1340–um 1400) wusste.

Wissenschaftler im 14. Jahrhundert kamen zu derselben Schlussfolgerung bezüglich neuer Worte. Sie fanden und entwickelten ständig neue Dinge und brauchten dafür neue Bezeichnungen. Nicht etwa, wie manche vermuten, um ihre Ergebnisse hinter verschleiernden Worten zu verstecken, sondern um eine radikale Abkehr von alten Denkungsarten zu unterstreichen. Sie verwendeten Worte, um ihre Gedanken und die ihrer Leser in die Logik neuer Wissenschaften zu zwingen.

Ein weiterer Vorteil neuer Wörter und Sprachen ist die Vermittlung von Fachwissen und persönlicher Distanz. Mit ihren speziellen Codebüchern bewiesen die Wissenschaftler der Renaissance sowohl die Existenz ihrer Wissenschaften als auch die Beherrschung des Materials. War für die jeweilige Wissenschaft das Vertrauen der Menschen notwendig, wie in der Medizin, war der Bezug auf geheimnisvolle Codebücher um so wichtiger.

Geometrie-Forscher griffen bei der Bezeichnung auf Latein oder Griechisch zurück, Chemiker, die noch zur Alchemie gehörten, verwendeten arabische Ausdrücke. Andere erfanden nicht nur Fachsprachen, sondern schrieben sie mittels Chiffre-Alphabet. Chaucer wandte diese Technik in einigen Büchern an.

this table serveth for to enter in to the table of

equacion of the mone on either side

„Diese Schrift dient dazu, die Berechnung der Bewegung des Mondes zu verstehen."

Chaucer hat für die Wissenschaft geleis-
tet, was Hildegard für die Mystik getan hat.
Beide gaben ihren neuen Sprachen mehr
Substanz.

Nachstehende Verschlüsselungen verwenden ein Alphabet, das von dem oben
aufgeführten abgeleitet ist und das Chaucer
in seinem Manuskript von *The Equatorie
of the Planetis* (Von der Umlaufbahn der
Planeten) verwendet. Die komplette Tabelle
finden Sie bei den Lösungen.

Astrolabium

Entschlüsseln Sie:
Wie das Astrolab anzuwenden ist.

Entschlüsseln Sie:
Der Anfang des Vorworts der *Canterbury Tales*.

Agrippas Okkultismus

Heinrich Cornelius Agrippa (1486–1535) entwickelte diverse Chiffre-Alphabete, wobei er mit einer Fülle von grafischen Elementen seine bizarren Gedanken illustrierte (siehe Kapitel 4). Er behauptete, seine Zeichen und Alphabete seien bedeutungsgeladen, normale Wörter wären dafür ungeeignet. Vermutlich stammten sie aus uralten Quellen. Er schrieb die Alphabete mit großer Präzision, verwendete sie allerdings kaum für seine Bücher.

Am seltsamsten und schwierigsten zu lesen ist sein „Thebanisches" Alphabet, das unten abgebildet ist. Agrippas bekanntestes Werk *De Occulta Philosophia* bietet eine gute Gelegenheit, es auszuprobieren, wie ein elisabethanischer Zeitgenosse es getan hätte.

A	B	C	D	E	F	G	H	I	J	K	L	M

N	O	P	Q	R	S	T	U	V	W	X	Y	Z

Entschlüsseln Sie:

Die ersten zwei Sätze von Agrippas Ansprache an den Leser. Entdecken Sie, wie Agrippas Verstand arbeitete.

Agrippa entwarf sein Malachim-Alphabet, um damit über die Astrologie zu schreiben. Die Buchstaben sind Linien zwischen Sternen, so, wie wir Sterne beim Betrachten zu Sternbildern zusammenzufügen. Mit diesem Code wollte Agrippa zum ersten Stern-Codebrecher werden und die Botschaften der Sterne und Planeten entschlüsseln.

Das Alphabet „Überquerung des Flusses" beschwört den Styx herauf, den Fluss, über den die Verstorbenen die Unterwelt erreichen.

Entschlüsseln Sie:
Agrippa über die Venus.

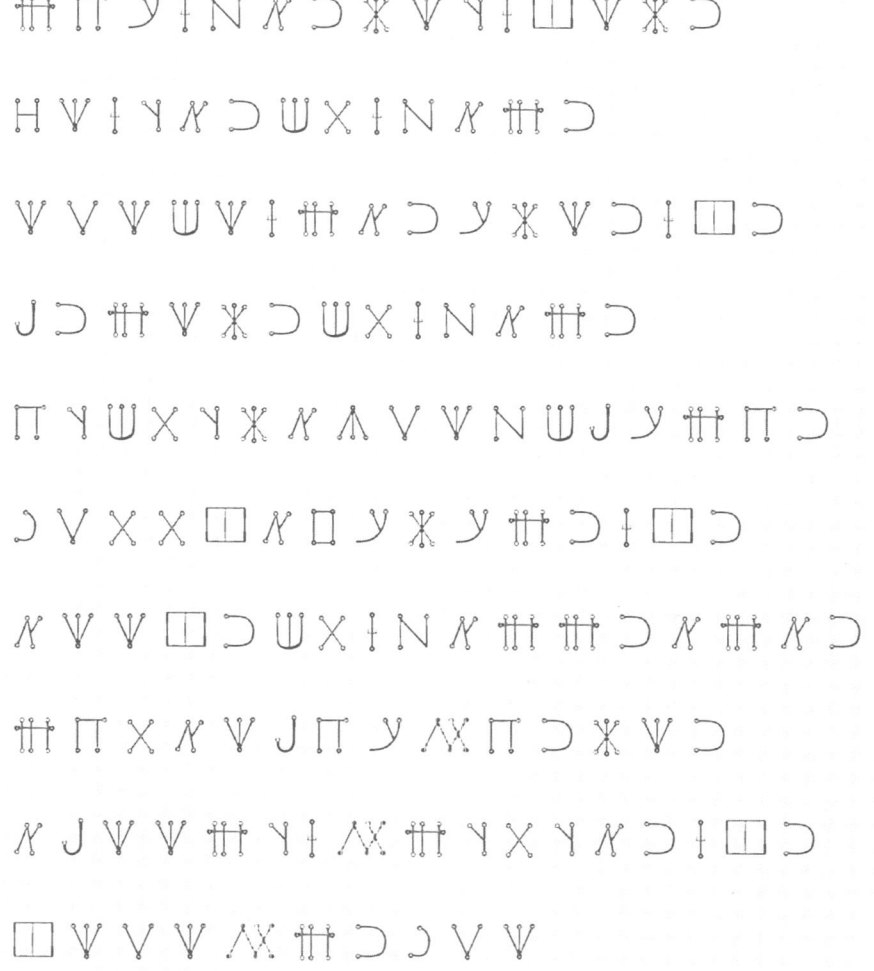

A B C D E F G H I J K L M

N O P Q R S T U V W X Y Z

Entschlüsseln Sie:

Agrippa über den Mars.

Entschlüsseln Sie:

Die allgemeine Richtlinie des *Picatrix*.

⅃ᴇ⅂⅂Ꝫ⅂⅃ᴲᏖ⅂⅂ⅠⅠᏖ⅂ᐳ⅂ᏖᐳᐳᏃ

⅂Ꮴᐳ⅂⅃⅂ⅠΣᴲᏖ⅃ᴇ⅃ᴇ⅂Ꝫ⅂⅃ᐳᏃᐳ

Ꝫ⅂⅃ᴲᏖᐺ Ꮴ⅂Ⅰ⅃᎒⅂⅃ᴇ⅂⅂ᴲᐳᐳ⅂

⅃△⅂ꝪⅰᏃᐺ ⅂⅂⅂ᏖᐳᐳᏃ⅂ᏖᏙᏃ⅂⅂

ⅰΣᴲ⅃ᴇᐺ Ꝫ⅂⅂Ꮴ⅂ΣᴇⅠᐺ△ᐳᏖΣ

ᴲᐺ∽Ꝫᐺ⅃⅃ᴲ∽∽ᴲᐺ∽

Agrippa kannte arabische Quellen, die in den Westen über ein geheimnisvolles Buch, den *Picatrix*, gelangt waren, sein arabischer Titel ist *Ghâyat al-Hakîm* (Das Ziel des Weisen). Im Gegensatz zu Lovecrafts *Necronomicon* gibt es den *Picatrix* tatsächlich, er wurde etwa im Jahr 1000 geschrieben, um das astrologische Verständnis der damaligen Zeit auf einen Nenner zu bringen. Agrippa baute auf dem Inhalt des *Picatrix* auf. Darin enthalten ist auch die pythagoreische Verbindung zwischen den Sternen und der Musik. Die Form der Lyra in der Form von Hörnern am Kopf eines Stiers steht in Harmonie mit den Himmelskörpern.

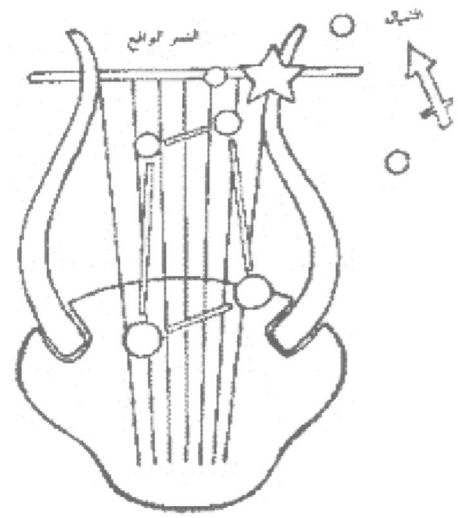

Erstaunlicherweise hat Agrippas Zodiak-Alphabet eher mit Magie zu tun: keine Sterne, sondern grafische Symbole.

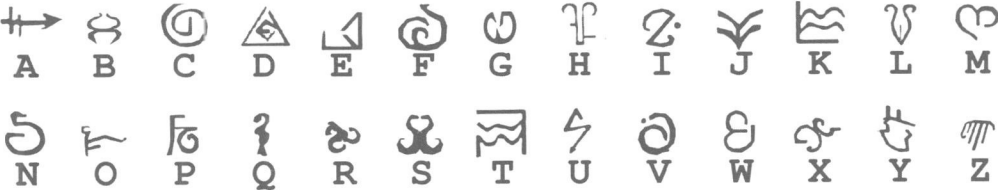

Entschlüsseln Sie:

Agrippa über die Sonne.

John Dee

John Dee lebte von 1527 bis 1609 und war Hofastrologe von Königin Elisabeth. Wie viele außergewöhnliche Denker im 16. und 17. Jahrhundert war er ein Wissenschaftler und Ingenieur, während er gleichzeitig die Forschung und Ausübung düsterer, okkulter Praktiken betrieb. Er half ausschlaggebend bei der Entwicklung der British Navy und der Ausbildung der ersten großen Seefahrer. Er kartografierte den astrologischen Himmel auf dieselbe Weise wie die Meere. Dazu war er noch ein ausgezeichneter Mathematiker.

Mit der Hilfe von Edward Kelley entwickelte er die Henochische Magie, deren Grundlage die Zusammenarbeit mit Engeln ist. Dee und Kelley versicherten, dass ihnen das Henochische Alphabet von Engeln gebracht wurde, weil sie über diese Symbole angesprochen werden wollten. Tatsächlich verlieh dieses Alphabet, das Sie unten sehen, Dees und Kelleys Arbeiten einen magischen Charakter.

Dees Ziel war es, der Pythagoras und Euklid der Magie zu werden. Er versuchte, dem Okkultismus einen logischen Anstrich zu verpassen. In *Monas Hieroglyphica* lassen seine Prinzipien und „Theorien" die Magie zumindest formell wie Euklids Geometrie aussehen. Dee muss gehofft haben,

dass durch den Respekt, den er der Symbolik und dem externen Aspekt der Logik zollte, die Wahrheit auf „magische" Art folgen würde, dass seine wackeligen Theorien über die Magie, mit Basis-Geometrie vermischt, gültig würden.

Ein wichtiger Punkt kommt hier hervor: die Macht der Symbolik. Sie ist so stark, dass wir verleitet werden zu glauben, dass sie etwas beinhaltet und wahr ist, wo immer sie auftaucht und wer immer sie benutzt. Das kann natürlich schnell anhand der Swastika (dem Hakenkreuz) widerlegt werden, die äußerst unterschiedliche Bedeutungen in diversen Kulturen hat.

Dass Dee ein Opfer seiner Verwirrung

war, ist kein Zeichen für Unehrlichkeit.
Im Gegenteil, es beweist seine Offenheit,
vielleicht gewürzt mit einer Prise Naivität.
Im späten 16. Jahrhundert war es schwer,
eine Linie zwischen gültiger und ungültiger
Wissenschaft zu ziehen. Die neugierigsten
Forscher sahen sich ungeniert auf beiden
Seiten um.

    In Edward Kelleys Fall sind Zweifel
angebrachter. Dee vertraute ihm und
brauchte ihn als Medium, um mit der
Engelwelt und anderen zu kommunizieren.
Viele Zeitgenossen geben an, dass Kelley

Entschlüsseln Sie:
Theorie in Dees *Monas Hieroglyphica*.

Entschlüsseln Sie:

These 2 der Theorie über die Engelsmagie.

Entschlüsseln Sie:

These 3 der Theorie über die Engelsmagie.

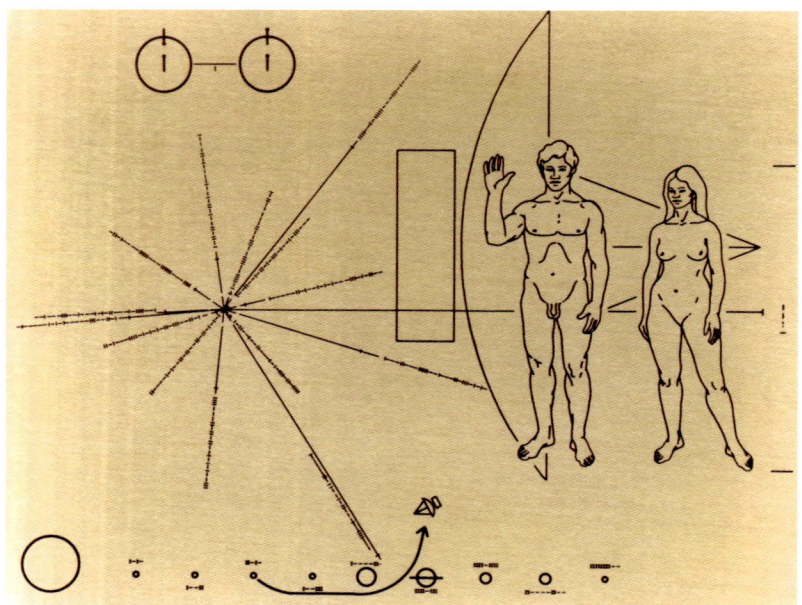

*Goldene Plakette an
der unbemannten Sonde
Pioneer 10.*

ganz und gar nicht aufrichtig war. Als Seher gab er vor, in Spiegeln alles zu sehen, was Dee sehen wollte.

WELTRAUM-CODE

Diese Galerie wäre unvollkommen ohne einen Blick in den Weltraum und weit entfernte Galaxien. Wir wollen, vier Jahrhunderte nach Dees Versuchen, Engel und Dämonen zu beschwören, extraterrestrische Wesen anrufen.

Die *Pioneer*-Plakette

Im 20. Jahrhundert erhielt die Menschheit die Gelegenheit, eine Botschaft an Außerirdische jenseits des Sonnensystems zu schicken, die sie an einem unbekannten Datum irgendwann in der Zukunft lesen könnten. 1971 schickte die NASA die Raumsonde *Pioneer 10* auf eine Flugbahn an Jupiter vorbei zu weit entfernten, unbekannten Zielen.

Eric Burgess und Richard Hoagland hatten die Idee, dass *Pioneer* eine Plakette tragen sollte mit der Botschaft, dass es Menschen auf dem Planeten Erde gibt.

Die Designer brachten die Botschaft auf einer 228,6 mm × 152,4 mm großen und 1,27 mm dicken, vergoldeten Aluminiumplakette an und versahen sie mit wissenschaftlichen Bezügen. Pulsare halten das Sonnensystem in Stellung und das Wasserstoffatom ist das Grundmaß, um menschliche Körper und die Planeten zu beschreiben.

SETI@home

Das Internet ermöglicht ein ehrgeiziges, aber kostengünstiges Projekt, in dem Millionen Computer eingesetzt werden, um die Radiofrequenzen des Weltraums zu analysieren in der Hoffnung, auf extraterrestrische Intelligenz zu stoßen. Jeder kann an SETI teilnehmen, das Kurzwort für Search

Abschuss von Pioneer 10

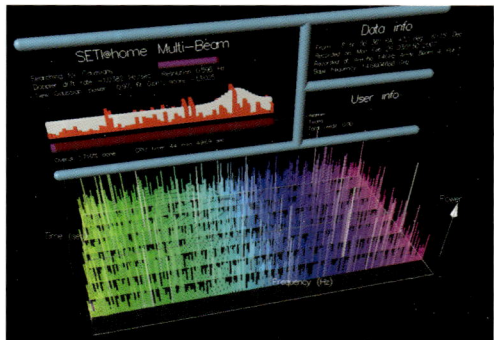

Monitordarstellung von SETI@home

for Extraterrestrial Intelligence, indem er eine bestimmte Software auf seinem PC installiert. Wenn dieser ungenutzt ist, nimmt der Computer am „räumlich verteilten Rechnen" teil, indem er sich einer enormen Berechnung anschließt.

Neben der speziellen Suche nach außerirdischer Intelligenz beweist SETI das Konzept einer anderen Art von Code-Aktivität. Der Code wird wie ein Virus verbreitet, allerdings auf freiwilliger Basis, und wandert von der University of California in Berkeley auf einen Schwarm Computer, der wie ein einziger Supercomputer arbeitet. Diese Situation wirkt wie eine Spielart der „Ursuppe", die wir am Ende von Kapitel 9 behandelt haben. Der Queen Code der Berkeley-Server kontrolliert und verbreitet seine Funktionen, scheinbar ohne das Risiko, dass er außer Kontrolle gerät. Seine Leistung ist so groß, dass er auch in anderen Projekten eingesetzt wird.

Als dieses Buch entstand, war SETI bereits acht Jahre lang im Einsatz und analysierte die Daten, die es vom Radioteleskop in Arecibo, Puerto Rico, erhielt. Bisher gibt es vielversprechende Spuren, aber keine Ergebnisse.

Diese Lauschart basiert auf Radiowellen-Technologie, die vor gut 100 Jahren entdeckt wurde. Das Versenden von Codes bleibt sicher nicht auf diese Technologie begrenzt. Sind wir vielleicht technische präkolumbianische Indianer, die an der atlantischen Küste hocken und auf Rauchsignale aus Osten warten?

Hans Freudenthals Lincos

Warum aufspüren und lauschen, wenn wir nicht bereit sind zu sprechen? Vierzig Jahre vor SETI veröffentlichte Dr. Hans Freudenthal mit Lincos den Entwurf für eine kosmische Sprache, die so aufgebaut war, dass alle intelligenten Spezies sie verstehen sollten.

Schritt für Schritt sollten „intelligente" Außerirdische lernen, mit Menschen zu reden. Freudenthals grundlegende Hypothese: Um Lincos zu erlernen, ist die Lust am Rätselraten notwendig. Jede Lernstufe ist ein Rätsel, das gelöst werden muss, um weitermachen zu können. Welche Rasse hätte schon ein hohes technologisches Niveau erreicht, wenn sie keinen Spaß am Entschlüsseln hätte?

Freudenthals Arbeit wurde in die Studies in Logic-Sammlung aufgenommen. Eine Sprache aus dem Nichts zu entwickeln und dabei ausschließlich auf Logik mit so wenig grundlegenden Bausteinen wie möglich zu bauen, erinnert stark an die Arbeit von Logikern bei der Erneuerung der Mathematik. Werden die Aliens wirklich einmal Gesprächspartner sein oder ist das nur eine Entschuldigung, über eine Geheimsprache miteinander zu reden?

LÖSUNGEN

KAPITEL I: Die ersten Codes

POLYBIUS

Seite 13: Scipio Africanus:

FORTVNE FAVORS THE BOLD

Das Glück ist mit den Tapferen.

Seite 16: Cato der Ältere:

CARTHAGE MUST BE VTTERLY DESTROYED

Im Übrigen bin ich der Meinung, dass Karthago zerstört werden muss.

Seite 16: Scipio Africanus:

I AM NEVER LESS AT
LEISVRE THAN WHEN AT
LEISVRE OR LESS ALONE
THAN WHEN ALONE

Ich bin nie weniger in Muße als wenn ich in Muße bin oder weniger allein als wenn ich allein bin.

Seite 17: Vergilius:

YIELD NOT TO MISFORTVNES
BVT ADVANCE ALL THE MORE
BOLDLY AGAINST THEM

Gib dem Unglück nicht nach, sondern trete ihm umso mutiger entgegen.

JULIUS CÄSAR

Seite 18: Julius Cäsar:

> LEAP, FELLOW SOLDIERS, VNLESS YOU WISH TO BETRAY
> YOUR EAGLE TO THE ENEMY. I, FOR MY PART, WILL
> PERFORM MY DUTY TO THE COMMONWEALTH AND MY GENERAL

Springt, Mitsoldaten, es sei denn, ihr wollt eure Fahne dem Feind verlieren. Ich für meinen Teil werde meine Pflicht gegenüber dem Reich und der Armee treu erfüllen.

Seite 19: Publius:

> BAD IS A PLAN WHICH CANNOT BEAR A CHANGE

Nur ein schlechter Plan erlaubt keine Veränderung.

Seite 19: Cäsars letzte Worte:

> YOU TOO MY SON?

Auch du, mein Sohn?

Seite 19: Cäsars Rat:

> IF YOU MUST BREAK THE LAW, DO IT TO SEIZE POWER: IN ALL
> OTHER CASES OBSERVE IT

Brich das Gesetz nur, um die Macht zu ergreifen. In allen anderen Fällen respektiere es.

DAS SKYTALE

Seite 21: Äsop:

A doubtful friend is worse than a certain enemy

Lieber ein deutlicher Feind als ein zweifelhafter Freund.

Seite 21: Jeder dritte Buchstabe muss gelesen werden:

ADOUBTFUL⁼RIE
NDISWORSETHAN
ACERTAINENEMY

Seite 21: Aristoteles:

The vigorous are no better than the lazy during one half of life for all men
are alike when asleep

Während der Hälfte des Lebens sind die Fleißigen nicht besser als die Faulen, denn im
Schlaf sind alle Menschen gleich.

Seite 21: Jeder siebte Buchstabe muss gelesen werden:

THEVIGOROUSA
RENOBETTERTH
ANTHELAZYDUR
INGONEHALFOF
LIFEFORALLME
NAREALIKEWHE
NASLEEP

Seite 21: Sophokles:

It is the merit of a general to impart good news and to conceal the truth

Ein verdienstvoller General verkündet gute Nachrichten und verschweigt die Wahrheit.

Seite 21: Jeder dritte Buchstabe muss gelesen werden:

ITISTHEMERITOFAGENER
ALTOIMPARTGOODNEWSAN
DTOCONCEALTHETRUTH

DAS TELEGRAFENSYSTEM DER BRÜDER CHAPPE

Seite 26: Tachygraf:

IF YOU SUCCEED YOU WILL SOON BASK IN GLORY

Wenn du Erfolg hast, wirst du bald in Ruhm schwelgen.

Seite 29: die erste telegrafische Nachricht:

CONDE RESTORED TO THE REPUBLIC
REDDITION THIS MORNING AT SIX

Conde wieder in Händen der Republik. Übergabe heute Morgen um sechs Uhr.

DER MORSECODE

Seite 37: die erste im ursprünglichen Morsecode versandte Nachricht:

WHAT HATH GOD WROUGHT

Was hat Gott bewirkt.

KAPITEL 2: Die Lehrsätze von Pythagoras

DIE FIBONACCI-FOLGE

Seite 65: die Lösung der Entschlüsselung lautet: A = XXVI, B = XXV, ..., Z = I

FOR CENTURIES THE VAST ROMAN EMPIRE WAS RUN ACCU-
RATELY BY GOVERNMENTS AND MANAGERS USING ROMAN
NUMERALS

Jahrhundertelang wurde das riesige römische Imperium sehr effizient von Regierungen und Verwaltungen geführt, die römische Zahlen verwendeten.

DIE CODIERUNG VON GÖDEL:

Seite 71: das codierte Zitat:

Hi

Die Buchstaben H und I entsprechen den ungeraden Zahlen 17 und 19. Diese funktionieren als Potenzen der ersten zwei Primzahlen 2 und 3:

$2^{17} \times 3^{19} = 131.072 \times 1.162.261.467 = 152.339.935.002.624$

KAPITEL 3: Der Templerorden

GEHEIME KOMMUNIKATION

Seite 95: der erste Satz aus der Ordensregel der Templer:

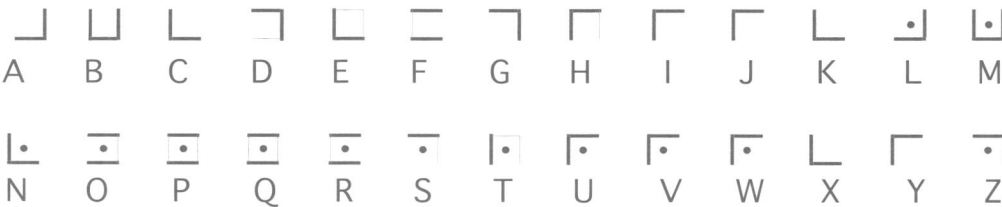

We speak firstly to all those who secretly despise their own will and desire with a pure heart to serve the sovereign king and with studious care desire to wear, and wear permanently, the very noble armour of obedience.

Wir sprechen zuerst zu all denen, die im Geheimen ihren eigenen Willen ablegen, um mit reinem Herzen dem souveränen König zu dienen, und den innigsten Wunsch hegen, für immer die edle Rüstung des Gehorsams zu tragen.

Seite 96: Die Begrüßungsworte für einen neuen Ritter wurden in Symbolen codiert, die aus dem Siegel des Salomo abgeleitet sind. Es wurden Linien mit oder ohne Punkt benutzt, die den Buchstaben des modernen Alphabets entsprechen:

Let the Rule be read to him, and if he wishes to studiously obey the command-ments of the Rule, and if it pleases the Master and the brothers to receive him, let him reveal his wish and desire before all the brothers assembled in chapter and let him make his request with a pure heart.

Man lese ihm die Regel vor, und wenn er den Geboten der Regel gehorchen will, und wenn es dem Meister und den Brüdern gefällt, ihn zu empfangen, soll er seinen Wunsch und seine Sehnsucht vor allen im Kapitelsaal versammelten Brüdern offenbaren und sein Anliegen mit reinem Herzen vorbringen.

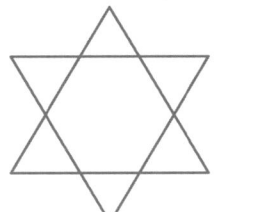 

Seite 97: Die Klausel über eine ausreichend kräftigende Ernährung ist in einer vom Keltischen inspirierten Kreuzform mit einem überlappenden Kreis codiert (s. Abbildung):

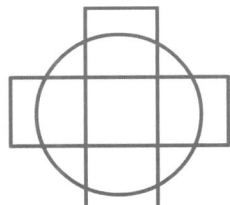

Because of the shortage of bowls, the brothers will eat in pairs, so that one may study the other more closely, and so that neither austerity nor secret abstinence is introduced into the communal meal. And it seems just to us that each brother should have the same ration of wine in his cup.

Weil es zu wenig Schüsseln gibt, teilen sich zwei Brüder eine Schüssel. So können sie sich besser beobachten, sodass weder Entbehrungen noch geheime Abstinenz in das gemeinsame Essen einschleichen. Und es scheint uns gerecht, dass jeder Bruder die gleiche Ration Wein im Trinkbecher erhält.

Seite 98: Die Klausel über das Privatleben der Tempelritter ist in der hier abgebildeten Kreuzform codiert:

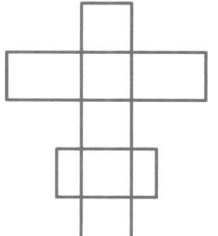

Without the permission from the Master or from the one who holds that office, let no brother have a lockable purse or bag, but commanders of houses or provinces and Masters shall not be held to this. Without the consent of the Master or of his commander, let no brother have letters from his relatives or any other person; but if he has permission, and if it pleases the Master or the commander, the letters may be read to him.

Ohne die Erlaubnis des Meisters oder seines Stellvertreters darf kein Bruder eine abschließbare Tasche oder einen Beutel bei sich tragen, außer den Kommandanten der Häuser oder Provinzen und den Meistern. Ohne Genehmigung eines Meisters oder Kommandanten darf kein Bruder Briefe von Verwandten oder anderen Personen besitzen; nur mit besonderer Erlaubnis, und wenn ein Meister oder Kommandant dieses genehmigt, dürfen Briefe einem Bruder vorgelesen werden.

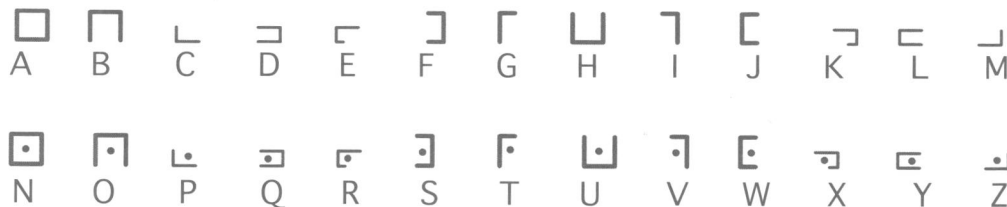

Seite 99: Bericht über einen militärischen Konflikt:

THE BATTLE AGAINST THE INFIDELS TOOK PLACE ON MAY 13 OF THE YEAR OF THE LORD 1284 AND LASTED FOR 7 HOURS THE LORD BE PRAISED THAT AMONG THE 129 KNIGHTS ENGAGED IN COMBAT WE LOST ONLY 16 WE ALSO REGRET THE LOSS OF 35 SQUIRES AND 17 HORSES WE ESTIMATE THAT THE LOSSES AMONG THE INFIDELS AMOUNT TO 93 ARMED WARRIORS AND 58 HORSES.

Die Schlacht gegen die Ungläubigen fand am 13. Mai des Jahres des Herrn 1284 statt und dauerte 7 Stunden. Der Herr sei gelobt, dass wir von den 129 Rittern, die sich am Kampf beteiligten, nur 16 verloren haben. Auch bedauern wir den Verlust von 35 Knappen und 17 Pferden. Wir schätzen, dass die Verluste unter den Ungläubigen 93 bewaffnete Krieger und 58 Pferde betragen.

KAPITEL 4: Der Vitruviusmann

LUCA PACIOLIS GÖTTLICHES VERHÄLTNIS

Seite 125: Leonardo da Vinci schrieb einen Teil seiner Notizen in Spiegelschrift, von rechts nach links. Er konnte nicht nur mit der rechten und linken Hand schreiben, sondern auch mit beiden Händen zeichnen und malen:

> I cannot forbear to mention among these precepts a new device for study which, although it may seem but trivial and almost ludicrous, is nevertheless extremely useful in arousing the mind to various inventions. And this is, when you look at a wall spotted with stains, or with a mixture of stones, if you have to devise some scene, you may discover a resemblance to various landscapes, beautified with mountains, rivers, rocks, trees, plains, wide valleys and hills in varied arrangement; or again you may see battles and figures in action; or strange faces and costumes, and an endless variety of objects, which you could reduce to complete and well drawn forms. And these appear on such walls confusedly, like the sound of bells in whose jangle you may find any name or word you choose to imagine.

Eine Sache muss ich noch erwähnen. Auch wenn sie zunächst trivial und fast lächerlich erscheinen mag, ist sie trotzdem extrem nützlich, um den Geist für neue Ideen und Assoziationen zu öffnen. Stelle dich, wenn du einen Entwurf zu machen hast, vor eine Wand mit Flecken oder aus verschiedenen Arten Steinen und sieh sie dir genau an. In dem was du siehst, könntest du Landschaften mit prächtigen Bergen, Flüssen, Felsen, Bäumen, Ebenen, weiten Tälern und Hügeln erkennen, oder vielleicht Schlachten und Menschen; oder fremde Gesichter und Trachten und eine unendliche Vielfalt an Objekten. Was du siehst, kannst du dann zeichnen und daraus ein vollständiges Bild machen. Auf der Wand steht aber alles chaotisch durcheinander, wie der Klang von Glocken, in deren Läuten man jeden willkürlichen Namen oder jedes Wort erkennen kann, wenn man will.

Die englische Übersetzung stammt vom Projekt Gutenberg

Seite 126: Diese Variante der von Leonardo verwendeten Spiegelschrift ist von links nach rechts zu lesen, wobei man unten anfängt:

It was asked of a painter why, since he made such beautiful figures, which were but dead things, his children were so ugly; to which the painter replied that he made his pictures by day, and his children by night.

Man fragte einen Maler einmal, wie es denn möglich sei, dass er, der solche schönen Bilder von leblosen Gegenständen male, solche hässlichen Kinder habe. Daraufhin antwortete der Maler, dass er seine Gemälde am Tage mache, seine Kinder aber nachts.

HEINRICH CORNELIUS AGRIPPA

Seite 132: Agrippas himmlisches Alphabet:

Moreover we must know that there are some properties in things only whilst they live, and some that remain after their death.

Wir müssen uns außerdem darüber klar sein, dass es Eigenschaften von Dingen gibt, die an das Leben gebunden sind, während andere Eigenschaften auch nach dem Tod erhalten bleiben.

KAPITEL 5: Die Freimaurer

DIE SPRACHE DER BALKEN

Seite 149: Giebelspruch:

In God we trust

Gott sei mit uns.

Seite 149: Giebelspruch:

Francis built this

Erbaut von Francis.

DIE SPRACHE DER STEINE

Seite 151: Sprichwort von König Salomo:

A threefold cord is not easily broken

Ein dreifach geflochtenes Seil bricht nicht so schnell.

KAPITEL 6: Homofone und Vigenère

DAS E ALS BRECHEISEN

Seite 169 und 170: Texte von Alberti in monoalphabetischer Substitutionsverschlüsselung:

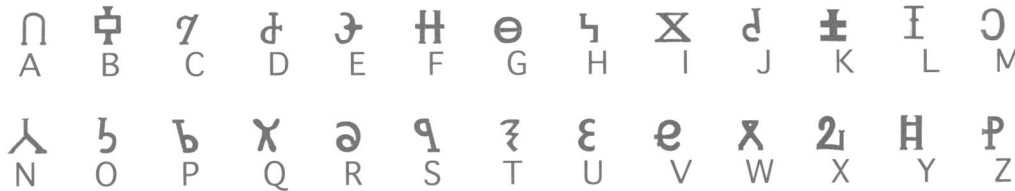

Painting contains a divine force which not only makes absent men present, as friendship is said to do, but moreover makes the dead seem almost alive. Even after many centuries they are recognized with great pleasure and with great admiration for the painter. Thus the face of a man who is already dead certainly lives a long life through painting. Some think that painting shaped the gods who were adored by the nations. It certainly was their great gift to mortals, for painting is most useful to that piety which joins us to the gods and keeps our souls full of religion.

Die Malerei enthält eine göttliche Kraft, die nicht nur abwesende Menschen präsent macht, wie es auch die Freundschaft vermag, sondern auch die Toten zum Leben zu erwecken scheint. Auch Jahrhunderte später werden die Porträtierten immer noch erkannt und der Maler wegen seiner Kunst bewundert. Der Tod des Körpers beeinflusst nicht das Weiterleben der gemalten Gesichtszüge. Die Malerei ist sicherlich ein großes Geschenk der Götter an die sterblichen Menschen, denn sie gibt auch den Göttern eine Gestalt, und damit den Menschen einen Halt für ihren Glauben.

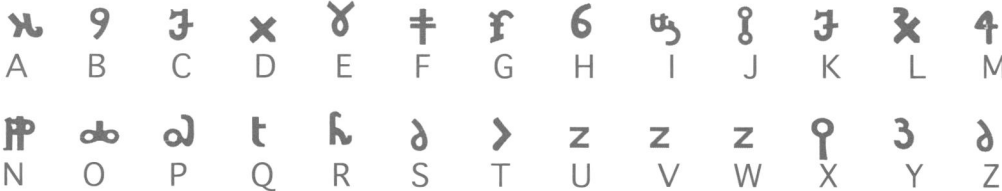

Circles are drawn from angles. I do it in this manner. In a space I make a quadrangle with right angles, and I divide the sides of this quadrangle in the painting. From each point to its opposite point I draw lines and thus the space is divided into many small quadrangles. Here I draw a circle as large as I want it so the lines of the small quadrangles and the lines of the circle cut each other mutually. I note all the points of this cutting; these places I mark on the parallels of the pavement in my painting.

Für das Malen von Kreisen benutze ich Winkel. Zunächst zeichne ich ein regelmäßiges Viereck. Anschließend zeichne ich Punkte im gleichen Abstand voneinander auf allen Seiten und ziehe Linien von der einen Seite zur gegenüberliegenden Seite, sodass das Viereck in kleinere Vierecke aufgeteilt wird. Dann zeichne ich einen Kreis, der so groß ist, dass sich die Linien der kleinen Vierecke und die Linien des Kreises kreuzen. Diese Kreuzpunkte markiere ich und benutze sie als Anknüpfungspunkte für parallele Linien.

Die englische Übersetzung wurde aus The Notebook, *http://www.noteaccess.com übernommen.*

SIMEONE DE CREMA

Seite 171 und 172: über die Stadt Mantua:

At the beginning of the fifteenth century the city of Mantua was run by the Gonzaga family.

Zu Beginn des 15. Jahrhunderts regierte die Familie Gonzaga über die Stadt Mantua.

MICHELE STENO

Seite 175, zweite und dritte Fassung auf Seite 176 und 177: Text von Leonardo da Vinci über Sterne:

First describe the eye; then show how the twinkling of a star is really in the eye and why one star should twinkle more than another, and how the rays from the stars originate in the eye; and add, that if the twinkling of the stars were really in the stars – as it seems to be – that this twinkling appears to be an extension as great as the diameter of the body of the star; therefore, the star being larger than the earth, this motion effected in an instant would be a rapid doubling of the size of the star. Then prove that the surface of the air where it lies contiguous to fire and the surface of the fire where it ends are those into which the solar rays penetrate, and transmit the images of the heavenly bodies, large when they rise, and small, when they are on the meridian.

Beschreibe zunächst das Auge. Zeige dann, dass das Blinken von Sternen tatsächlich nur in unserer Wahrnehmung stattfindet, und dass dieses die Erklärung dafür ist, dass der eine Stern kräftiger zu strahlen scheint als der andere, und dass die Quelle des Strahlens von Sternen im menschlichen Auge liegt. Weise darauf hin, dass ein Stern – größer als die Erde –, wenn er nicht nur in unserer Wahrnehmung, sondern auch tatsächlich blinken würde, sich innerhalb eines Bruchteils einer Sekunde im Umfang verdoppeln müsste. Erkläre anschließend, dass der Stern in der Atmosphäre von einem Ring, wie aus Feuer, umgeben wird, durch den die Sonne ihre Strahlen sendet. Dies erzeugt ein Bild von Himmelskörpern, die beim Aufgehen immer größer werden und die, wenn sie sich dem Meridian nähern, immer kleiner zu werden scheinen.

GIAMBATTISTA PALATINO

Seite 179: Leonardo da Vinci über geheime Erfindungen und Archimedes:

> If any man could have discovered the utmost powers of the cannon, in all its various forms and have given such a secret to the Romans, with what rapidity would they have conquered every country and have vanquished every army, and what reward could have been great enough for such a service! Archimedes indeed, although he had greatly damaged the Romans in the siege of Syracuse, nevertheless did not fail of being offered great rewards from these very Romans; and when Syracuse was taken, diligent search was made for Archimedes; and he being found dead, greater lamentation was made for him by the Senate and people of Rome than if they had lost all their army; and they did not fail to honour him with a burial and with a statue.
>
> At their head was Marcus Marcellus. And after the second destruction of Syracuse, the sepulchre of Archimedes was found again by Cato, in the ruins of a temple. So Cato had the temple restored and the sepulchre he so highly honoured…Whence it is written that Cato said that he was not so proud of anything he had done as of having paid such honour to Archimedes.

Hätte jemand damals das Funktionieren und die Kräfte der Kanone entdeckt und dieses Geheimnis den Römern offenbart, so wäre kein Land vor ihnen sicher gewesen, und keine Armee hätte ihnen Widerstand leisten können. So jemand hätte die größten Belohnungen erhalten. Die Römer beschenkten ja auch Archimedes reichlich, obwohl er für die großen Verluste der römischen Belagerungsarmee um Syrakus verantwortlich war. Nach dem Fall von Syrakus suchte man zuerst nach Archimedes, und nachdem man seinen Leichnam gefunden hatte, trauerten der Senat und die Einwohner Roms lauter, als wenn die gesamte römische Armee gefallen wäre. Und sie beerdigten ihn in Ehren und errichteten ihm eine Statue.

Der Anführer der römischen Armee war Marcus Marcellus. Und nachdem Syrakus zum zweiten Mal gefallen war, traf Cato in einer Tempelruine auf den Sarkophag von Archimedes. Cato ließ den Tempel und den Sarkophag neu aufbauen und restaurieren. Und es steht geschrieben, dass Cato diese Huldigung für Archimedes als seinen größten Verdienst betrachtete.

DER HERZOG VON MONTMORENCY

Seite 182 und 183: Montmorency und Markierungszeichen:

The term 'markup' is derived from the traditional publishing practice of 'marking up' a manuscript, that is, adding symbolic printer's instructions in the margins of a paper manuscript. For centuries, this task was done by specialists known as 'markup men' and proof-readers who marked up text to indicate what typeface, style, and size should be applied to each part, and then handed off the manuscript to someone else for the tedious task of typesetting by hand.

Der Begriff „Markierungszeichen" bezieht sich auf das traditionelle Verfahren von Druckern, wobei ein Text markiert wurde. Die Ränder eines zu druckenden Manuskripts enthielten dabei Zeichen als Anweisungen für den Setzer. Mittels vereinbarter Symbole bezeichneten die sogenannten Markierungsspezialisten und Korrektoren jahrhundertelang auf diese Weise Buchstabentyp, Stil und Größe der zu druckenden Textabschnitte. Das auf diese Weise markierte Manuskript wurde anschließend von Hand gesetzt.

HEINRICH II. VON FRANKREICH

Seite 186 und 187: Heinrich II. und Machiavelli:

It is not unknown to me how many men have had, and still have, the opinion that the affairs of the World are in such wise governed by fortune and by God that men with their wisdom cannot direct them and that no one can even help them; and because of this they would have us believe that it is not necessary to labour much in affairs, but to let chance govern them. This opinion has been more credited in our times because of the great changes in affairs which have been seen, and may still be seen, every day, beyond all human conjecture. Sometimes pondering over this, I am in some degree inclined to their opinion. Nevertheless, not to extinguish our free will, I hold it to be true that Fortune is the arbiter of one-half of our actions, but that she still leaves us to direct the other half, or perhaps a little less.

Englische Übersetzung von W. K. Marriott

Es ist mir nicht unbekannt, dass viele Menschen der Meinung waren und sind, dass die Angelegenheiten dieser Welt vom Schicksal und von Gott bestimmt werden, und dass die Menschen mit ihrer Weisheit sie nicht ergründen können, und niemand etwas dazu beitragen könne. Darum wollen sie uns glauben machen, dass es nicht erforderlich sei, sich besonders anzustrengen für Dinge, sondern dass wir sie dem Zufall überlassen müssten. Dass sich in unserer Zeit täglich große Veränderungen in vielen Bereichen vollziehen, die das menschliche Verständnis übersteigen, bekräftigt diesen Glauben. Manchmal, wenn ich darüber nachdenke, neige ich auch dazu, hieran zu glauben. Trotzdem und ohne den freien Willen zu leugnen, meine ich, dass das Schicksal zwar die Hälfte unserer Handlungen bestimmt, dass wir jedoch selber die andere, vielleicht etwas kleinere, Hälfte bestimmen können.

Übersetzt aus dem Englischen von Anne Döbel

MARIA STUART

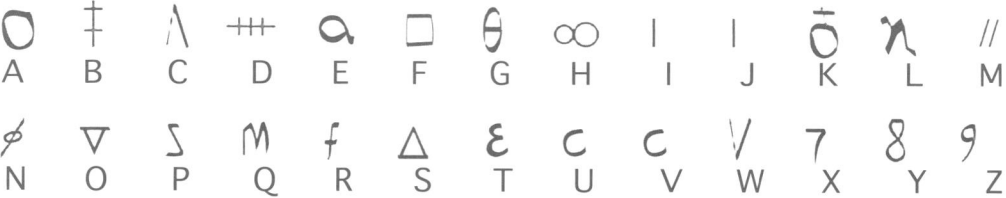

Seite 188 und 189: der Maria Stuart zugeschriebene Brief:

> Alas! I never decieved anybody; but I remitt myself wholly to your will; and send me word what I shall doo, and whatsoever happen to me, I will obey you. Think also yf you will not fynd some invention more secret by phisick, for he is to take phisick at Craigmillar and the bathes also, ad (*sic*) shall not come fourth of long time.

Ach! Ich habe noch niemals jemanden betrogen, werde aber tun, was Sie verlangen. Sagen Sie mir also, was sie wollen und was die Folgen für mich sein werden, ich werde Ihnen gehorchen. Wenn Sie sich keine List ausdenken können, die er nicht durchschauen könnte, so empfiehlt sich vielleicht ein Getränk, denn auf Craigmillar nimmt er Medikamente und Bäder, und deshalb wird man dort nichts vermuten.

VON POLYBIUS BIS GUILLOTINE

Seite 191: Fragment aus dem letzten Brief von Marie-Antoinette:

Polybius-Quadrat mit Nullsymbolen

I have been sentenced to death

Ich bin zum Tode verurteilt worden.

Seite 191: Brief von Marie-Antoinette an Fersen:

Polybius-Quadrat mit dem Codewort: HOPE

I am sending a messenger to de Mercy; I have urged him most emphatically to
insist that words be said and action taken at long last which will make some
impression here. Time is running short; it is impossible to wait much longer.
I am sending the blank signed papers which you requested. Adieu. When shall
we meet again in peace?

*Ich habe Kontakt mit de Mercy und habe ihn dringend gebeten, in Wort und Tat
etwas zu unternehmen, was hier Eindruck macht. Es bleibt uns nicht mehr viel Zeit,
wir können nicht länger warten. Ich schicke Ihnen die Blankopapiere unterschrieben,
worum Sie mich gebeten haben. Werden wir uns jemals noch in Frieden treffen?*

HEINRICH IV. VON FRANKREICH

Seite 192 und 193: über François Viète:

Viète introduced the first systematic algebraic notation in his book 'In artem analyticam isagoge' published at Tours in 1591. The title of the work may seem puzzling, for it means 'Introduction to the analytic art' which hardly makes it sound like an algebra book. However, Viète did not find Arabic mathematics to his liking and based his work on the Italian mathematicians such as Cardan, and the work of ancient Greek mathematicians. One would have to say, however, that had Viète had a better understanding of Arabic mathematics he might have discovered that many of the ideas he produced were already known to earlier Arabic mathematicians. Viète demonstrated the value of symbols introducing letters to represent unknowns. He suggested using letters as symbols for quantities, both known and unknown. He used vowels for the unknowns and consonants for known quantities.

Von: J. J. O'Connor und E. F. Richardson, School of Mathematics and Statistics, University of St. Andrews, Schottland.

In seinem Buch In artem analyticam isagoge *das 1591 in Tours erschien, entwickelte Viète die erste systematische algebraische Notation. Der Titel des Werkes* Einführung in die analytische Kunst *lässt nicht vermuten, dass es sich hier um ein algebraisches Lehrwerk handelt. Der Grund lag darin, das Viète mit der arabischen Mathematik wenig anfangen konnte und er auf den Theorien italienischer Mathematiker wie Cardano und den alten Griechen aufbaute. Hätte Viète die arabische Mathematik besser gekannt, hätte er bemerkt, dass die von ihm entwickelten Ideen den Arabern schon länger bekannt waren. Viète demonstrierte den Nutzen der Bezeichnung unbekannter Größen durch Symbole und schlug vor, dafür Buchstaben zu verwenden: Vokale für unbekannte Größen und Konsonanten für bekannte Größen.*

ALBERTIS BUCHSTABENSCHEIBEN

Seite 195:

Nichts macht mir so viel Freude wie mathematische Forschung

(i = 3)

und mathematische Beweisführung, vor allem wenn ich sie zu praktischen Zwecken verwenden kann

(r = 1)

und aus der Mathematik die Prinzipien der Perspektivmalerei oder eine

(e = 4)

verblüffende Technik, um schwere Lasten zu transportieren, ableiten kann.

DER DURCHBRUCH VON BELLASO

Seite 198: Abraham Lincoln:

I have no purpose, directly or indirectly, to interfere with the institution of slavery in the States where it exists. I believe I have no lawful right to do so, and I have no inclination to do so. March 4, 1861, inaugural address.

Ich strebe nicht danach, mich direkt oder indirekt in die Institution der Sklaverei in den Staaten einzumischen, in denen sie besteht. Das Gesetz gibt mir nicht das Recht dazu und ich fühle mich dazu auch nicht gerufen. 4. März 1861, Antrittsrede.

Seite 200: Robert E. Lee: Die Analyse der codierten Nachricht ergibt eine richtige Zahl identischer Buchstabenkombinationen:

```
KCES 32, 272 = 240
GZHY 222, 327 = 105
SAY 6, 241 = 235
LVY 26, 206 = 180
KCE 32, 272 = 240
CES 33, 273 = 240
YQS 50, 310 = 260
OHL 72, 247 = 175
AZF 76, 280 = 204
HBX 92, 132 = 40
NAL 118, 163 = 45
MOS 124, 229 = 105
LVM 129, 216 = 87
WBH 143, 158 = 15
SNA 162, 257 = 95
LXZ 173, 253 = 80
GIL 176, 331 = 155
SHC 186, 316 = 130
GZH 222, 327 = 105
ZHY 223, 328 = 105
```

Die meisten Zwischenräume sind eine Vielfalt von fünf, was auf ein Codewort mit fünf Buchstaben hindeutet. Aus einer statistischen Analyse von Gruppen mit fünf Buchstaben ergibt sich:

erster Buchstabe: H oder S
zweiter Buchstabe: K oder O
dritter Buchstabe: H oder U
vierter Buchstabe: I oder T
fünfter Buchstabe: D

Die Nachricht ist zu kurz für eine rein statistische Lösung, aber nachdem verschiedene Möglichkeiten ausprobiert wurden, stellte sich rasch heraus, dass das Codewort SOUTH (Süden) lautet. Anschließend lässt sich die Nachricht wie folgt decodieren:

If it came to a conflict of arms, the war will last at least four years. Northern politicians will not appreciate the determination and pluck of the South, and Southern politicians do not appreciate the numbers, resources, and patient perseverance of the North. Both sides forget that we are all Americans. I foresee that our country will pass through a terrible ordeal, a necessary expiation, perhaps, for our national sins.

Wenn es zu einer bewaffneten Auseinandersetzung kommt, müssen wir mit mindestens vier Jahren Krieg rechnen. Die Politiker der nördlichen Staaten werden die Entschlossenheit und den Mut des Südens bedauern, die Politiker der südlichen Staaten werden die vielen Soldaten, die Mittel und die geduldige Ausdauer des Nordens bedauern. Ich prophezeie eine höllische Zerreißprobe für unsere Nation, eine notwendige Buße für unsere nationalen Sünden.

KAPITEL 8: Turing Turing

3 MAL 2 AUF TURING-ART

Seite 247: Die Maschine multipliziert die zwei Punktsätze des Speichers unter der Annahme, dass kein Feld leer ist. Um sich an die Schritte der Rechnungen „zu erinnern", verwendet die Maschine zwei Zähler, # und @, die sie in den Speicher schreibt:

Zustand 1: Lösch einen Punkt

WENN in Zustand 1	UND scan einen Punkt	Lösch den Punkt	Bleib in Zustand 1
WENN in Zustand 1	UND scan eine Leerstelle	Fahr nach rechts	Wechsel in Zustand 2

Zustand 2: Wenn der linke Satz gezählt ist, stopp, sonst zähl einen weiteren Punkt

WENN in Zustand 2	UND scan ein #	STOPP	
WENN in Zustand 2	UND scan einen Punkt	Schreib ein #	Wechsel in Zustand 3

Zustands 3 und 4: Geh direkt zu einer doppelten Leerstelle

WENN in Zustand 3	UND scan ein #	Fahr nach rechts	Bleib in Zustand 3
WENN in Zustand 3	UND scan einen Punkt	Fahr nach rechts	Bleib in Zustand 3
WENN in Zustand 3	UND scan eine Leerstelle	Fahr nach rechts	Wechsel in Zustand 4
WENN in Zustand 4	UND scan einen Punkt	Fahr nach rechts	Wechsel in Zustand 3
WENN in Zustand 4	UND scan eine Leerstelle	Fahr nach links	Wechsel in Zustand 5

Zustand 5 bis 9: Verdopple den rechten Satz

WENN in Zustand 5	UND scan einen Punkt	Fahr nach links	Bleib in Zustand 5
WENN in Zustand 5	UND scan eine Leerstelle	Fahr nach links	Wechsel in Zustand 6
WENN in Zustand 6	UND scan einen Punkt	schreib ein @	Bleib in Zustand 6
WENN in Zustand 6	UND scan ein @	Fahr nach rechts	Wechsel in Zustand 7
WENN in Zustand 6	UND scan eine Leerstelle	Lass eine Leerstelle	Wechsel in Zustand 10
WENN in Zustand 7	UND scan einen Punkt	Fahr nach rechts	Bleib in Zustand 7
WENN in Zustand 7	UND scan eine Leerstelle	Fahr nach rechts	Wechsel in Zustand 8
WENN in Zustand 8	UND scan einen Punkt	Fahr nach rechts	Bleib in Zustand 8
WENN in Zustand 8	UND scan eine Leerstelle	Schreib einen Punkt	Wechsel in Zustand 9
WENN in Zustand 9	UND scan einen Punkt	Fahr nach links	Bleib in Zustand 9
WENN in Zustand 9	UND scan eine Leerstelle	Fahr nach links	Bleib in Zustand 9
WENN in Zustand 9	UND scan ein @	Schreib einen Punkt	Wechsel in Zustand 5

Zustand 10: Fahr nach links zu einem #

WENN in Zustand 10	UND scan einen Punkt	Fahr nach links	Bleib in Zustand 10
WENN in Zustand 10	UND scan eine Leerstelle	Fahr nach links	Bleib in Zustand 10
WENN in Zustand 10	UND scan ein #	Lösch das #	Wechsel in Zustand 1

Subtraktion:

Diese Maschine subtrahiert den rechten Satz vom linken Satz, löscht dabei nacheinander Punkte von beiden Seiten. Sie nimmt an, dass das linke Set mindestens so viele Punkte wie das rechte hat.

Zustand 1: Lösch einen Punkt auf der linken Seite

WENN in Zustand 1	UND scan einen Punkt	Lösch den Punkt	Bleib in Zustand 1
WENN in Zustand 1	UND scan eine Leerstelle	Fahr nach rechts	Wechsel in Zustand 2

Zustand 2: Find die Leerstelle zwischen den beiden Punktsätzen

WENN in Zustand 2	UND scan einen Punkt	Fahr nach rechts	Bleib in Zustand 2
WENN in Zustand 2	UND scan eine Leerstelle	Fahr nach rechts	Wechsel in Zustand 3

Zustand 3: Find das letzte besetzte Feld auf der rechten Seite

WENN in Zustand 3	UND scan einen Punkt	Fahr nach rechts	Bleib in Zustand 3
WENN in Zustand 3	UND scan eine Leerstelle	Fahr nach links	Wechsel in Zustand 4

Zustand 4: Lösch einen Punkt auf der rechten Seite

WENN in Zustand 4	UND scan einen Punkt	Lösch den Punkt	Bleib in Zustand 4
WENN in Zustand 4	UND scan eine Leerstelle	Fahr nach links	Wechsel in Zustand 5

Zustand 5: Stopp wenn das rechte Set abgearbeitet ist, sonst mach weiter

WENN in Zustand 5	UND scan eine Leerstelle	STOPP	
WENN in Zustand 5	UND scan einen Punkt	Fahr nach links	Wechsel in Zustand 6

Zustand 6: Geh zurück zu der Leerstelle zwischen den Punktsätzen

WENN in Zustand 6	UND scan einen Punkt	Fahr nach links	Bleib in Zustand 6
WENN in Zustand 6	UND scan eine Leerstelle	Fahr nach links	Wechsel in Zustand 7

Zustand 7: Wenn der linke Satz abgearbeitet ist, stopp, sonst mach weiter

WENN in Zustand 7	UND scan eine Leerstelle	STOPP	
WENN in Zustand 7	UND scan einen Punkt	Fahr nach links	Wechsel in Zustand 8

Zustand 8: Find das linke Ende

WENN in Zustand 8	UND scan einen Punkt	Fahr nach links	Bleib in Zustand 8
WENN in Zustand 8	UND scan eine Leerstelle	Fahr nach rechts	Wechsel in Zustand 1

CÄSAR TURINGEN

Seite 249: Dieses scheinbar kleine Detail verkompliziert tatsächlich das Programm:

Wie gewöhnlich gibt es viele verschiedene Lösungen. Eine ist, ein Unterprogramm zu schreiben – einen weiteren Befehlssatz -, wenn ein Buchstabe der Chiffre fertig ist und Zustand 4 einen Strich schreibt.

Dazu muss die Zahl 26 irgendwo als Referenz erscheinen. Sie wird dem Speicher zugefügt, links von den originalen Punktbuchstaben als Gruppe von 26 Strichen, gefolgt von einer Raute (#).

KAPITEL 10: Die Galerie der Verschlüsselungen

THOMAS MORUS

Seiten 282 und 283: Beschreibung der Gesellschaft von Utopia:

> There is a master and a mistress set over every family; and over thirty families there is a magistrate.

Es gibt einen Herrn oder eine Herrin für jede Familie, für mehr als dreißig Familien einen Magistrat.

Seite 283: über den Handel auf der Insel:

> When they want anything in the country which it does not produce, they fetch that from the town, without carrying anything in exchange for it.

Wenn die Leute auf dem Land etwas möchten, was sie nicht selbst herstellen, holen sie es sich aus der Stadt, ohne eine Gegenleistung dafür zu erbringen.

Seite 283: über den Stolz:

> It is the fear of want that makes any of the whole race of animals either greedy
> or ravenous; but besides fear, there is in man a pride that makes him fancy it
> a particular glory to excel others in pomp and excess. But by the laws of the
> Utopians, there is no room for this.

Aus Angst vor der Not heraus ist jede Rasse der Tiere entweder gierig oder uner-
sättlich. Aber neben der Angst wohnt in den Menschen ein gewisser Stolz, der es
genießt, andere in Pomp und Überfluss zu übertreffen. Die Gesetze der Utopier geben
dieser Haltung keinen Raum.

Dies ist die zweite Austausch-Tabelle:

A B C D E F G H I J K L M N O P Q R S T U V W X Y Z
I E H U X G K O T A F M N P J R D B C Z V S W Q Y L

HÉLÈNE SMITH UND DIE ALIEN-SPRACHE

Seite 285: Flourneys Beschreibung von Hélène Smith:

> I found the medium in question to be a beautiful woman, about thirty years of
> age, tall, vigorous, of a fresh, healthy complexion, with hair and eyes almost black,
> of an open and intelligent countenance, which at once evoked sympathy.

Ich fand das fragliche Medium als schöne Frau vor, etwa dreißig Jahre alt, groß,
lebhaft, mit einem frischen, gesunden Teint, Haare und Augen fast schwarz, mit einem
offenen und intelligenten Gemüt, sofortige Sympathie hervorrufend.

Seite 287: Beschreibung einer Mal-Séance durch Hélène Smith:

'…On the days when I am to paint I am always roused very early – generally between five and six in the morning – by three loud knocks at my bed. I open my eyes and see my bedroom brightly illuminated, and immediately understand that I have to stand up and work.' She continues: 'I dress myself by the beautiful iridescent light, and wait a few moments, sitting in my armchair, until the feeling comes that I have to work. It never delays. All at once I stand up and walk to the picture. When about two steps before it, I feel a strange sensation, and probably fall asleep at the same moment. I know, later on, that I must have slept because I notice that my fingers are covered with different colours, and I do not remember at all to have used them, though, when a picture is being begun, I am ordered to prepare colours on my palette every evening, and have it near my bed.'

„An den Tagen, an denen ich malen soll, werde ich früh von drei lauten Schlägen gegen mein Bett geweckt, meist zwischen fünf und sechs Uhr morgens. Ich öffne die Augen, mein Schlafzimmer ist hell erleuchtet. Ich weiß sofort, dass ich aufstehen und arbeiten muss." Sie fährt fort: „Ich ziehe mich bei dem schillernden Licht an und verharre in meinem Sessel, bis ich das Gefühl bekomme, mit der Arbeit anfangen zu müssen. Ich stehe abrupt auf und gehe zum Bild. Etwa zwei Schritte davor fühle ich mich seltsam und schlafe vermutlich sofort ein. Später weiß ich, dass ich geschlafen haben muss, denn meine Finger sind mit verschiedenen Farben bekleckert, aber ich erinnere mich nicht daran, sie benutzt zu haben. Obwohl ich, wenn die Arbeit an einem Bild beginnt, den Auftrag erhalte, jeden Abend die Farben auf meiner Palette vorzubereiten und sie nahe am Bett zu lagern."

J. R. R. TOLKIENS WELT DER WORTE

Seite 288: halbes Paradoxon:

> I don't know half of you half as well as I should like; and I like less than half of you half as well as you deserve.

Ich kenne die Hälfte von euch nicht halb so gut, wie ich gern möchte. Und ich mag weniger als die Hälfte von euch halb so sehr, wie ihr es verdient.

Seite 289: über Leben und Tod:

> Many that live deserve death. And some die that deserve life. Can you give it to them? Then be not too eager to deal out death in the name of justice, fearing your own safety. Even the wise cannot see all ends.

Viele, die leben, verdienen den Tod. Und einige, die sterben, verdienen das Leben. Kannst du es ihnen geben? Dann sei nicht so schnell mit dem Todesurteil bei der Hand, aus Sorge um die eigene Sicherheit. Auch der Weise sieht nicht alles.

Seite 289: die „Drachen"-These:

> It does not do to leave a live dragon out of your calculations, if you live near him.

Es geht nicht an, einen lebenden Drachen nicht zu beachten, wenn du in seiner Nähe lebst.

Seite 290: über die Gesundheit:

> And it is not always good to be healed in body. Nor is it always evil to die in battle, even in bitter pain. Were I permitted, in this dark hour, I would choose the latter.

Und es nicht immer gut, wenn der Körper geheilt wird. Auch ist es nicht immer schlecht, im Gefecht zu sterben, selbst unter großen Schmerzen. Könnte ich in dieser dunklen Stunde wählen, ich wählte Letzteres.

HOWARD PHILLIPS LOVECRAFT

Seiten 291: Vorwort zu *Der Schatten aus der Zeit*:

> There is reason to hope that my experience was wholly or partly a hallucination – for which indeed, abundant causes existed. And yet, its realism was so hideous that I sometimes find hope impossible.

Es besteht die Hoffnung, dass meine Erfahrung ganz oder teilweise eine Halluzination war, wofür eine Menge spricht. Und doch wirkte es so real, dass ich manchmal glaube, es kann keine Hoffnung geben.

Seite 292: über den Helden:

> At the same time, they noticed that I had an inexplicable command of many almost unknown sorts of knowledge – a command which I seemed to wish to hide rather than display.

Gleichzeitig fiel ihnen auf, dass ich unerklärliche Kenntnisse auf vielen fast unbekannten Gebieten hatte – Kenntnisse, die ich eher verbergen denn enthüllen wollte.

Seiten 292 und 293: Beschreibung der Alten:

The Old Ones were, the Old Ones are and the Old Ones shall be. From the dark stars they came ere man was born, unseen and loathsome. They descended to primal earth.

Die Alten waren, die Alten sind und die Alten werden sein. Sie kamen von den dunklen Sternen, bevor es Menschen gab, ungesehen und abscheulich. Sie stiegen auf die Ur-Erde hinab.

DIE KLINGONEN BEI *STAR TREK*

Seiten 294 bis 296: Sprichwörter:

1   Mere life is not a victory; mere death is not a defeat.

Leben allein ist kein Sieg, Tod allein keine Niederlage.

2   A friend may become an enemy in the time it takes to draw a blade.

Ein Freund wird so schnell zum Feind, wie es braucht, ein Schwert zu ziehen.

3   Only a fool fights in a burning house.

Nur ein Narr kämpft in einem brennenden Haus.

4   Four thousand throats may be cut in one night by a running man.

Ein Mann kann in einer Nacht viertausend Kehlen durchschneiden.

5   There is no victory without combat.

Es gibt keinen Sieg ohne Kampf.

6   Act and you shall have dinner. Think and you shall be dinner.

Handle und du wirst Essen haben. Denke und du wirst Essen sein.

EDGAR ALLAN POE

5	2	-	!	8	1	3	4	6	/	=	0	9
A	B	C	D	E	F	G	H	I	J	K	L	M

*	+	.	<	(	)	;	?	'	]	[	:	7
N	O	P	Q	R	S	T	U	V	W	X	Y	Z

Seiten 296 und 297: Die Nachricht auf dem Pergament:

A good glass in the bishop's hostel in the devil's seat
forty-one degrees and thirteen minutes
northeast and by north
main branch seventh limb east side
shoot from the left eye of the death's-head
a bee line from the tree through the shot fifty feet out.

Ein gutes Glas im Bischofshotel in des Teufels Sitz
Einundvierzig Grad und dreizehn Minuten
Nordöstlich und nördlich
Hauptast siebenter Ast Ostseite
Schieß von dem linken Auge des Totenkopfes
Eine kerzengerade Linie von dem Baum durch den Schuss fünfzig Fuß hinaus.

Seite 297: Zitat über Rätsel und menschliche Genialität:

It may well be doubted whether human ingenuity can construct an enigma of the kind which human ingenuity may not, by proper application, resolve.

Es ist zweifelhaft, ob menschliche Genialität ein Rätsel erschafft, das menschliche Genialität bei korrekter Umsetzung nicht lösen kann.

Seite 298: das erste Tyler-Kryptogramm:

The soul secure in her existence smiles at the drawn dagger and defies its point. The stars shall fade away, the sun himself grow dim with age and nature sink in years, but thou shalt flourish in immortal youth, unhurt amid the war of elements, the wreck of matter and the crush of worlds.

Die Seele, sicher in ihrer Existenz, lächelt den gezogenen Dolch an und bietet die Stirn. Die Sterne werden verblassen, die Sonne wird im Alter verdunkeln und die Natur versinken, aber Ihr sollt in unsterblicher Jugend blühen, unberührt vom Krieg der Elemente, dem Verfall der Dinge und dem Zusammenbruch der Welten.

(1992 gelöst von Terence Whalen)

Seite 298: das zweite Tyler-Rätsel:

It was early spring, warm and sultry glowed the afternoon. The very breezes seemed to share the delicious langour of universal nature, are laden the various and mingled perfumes of the rose and the-essaerne (sic), the woodbine and its wildflower. They slowly wafted their fragrant offering to the open window where sat the lovers. The ardent sun shoot fell upon her blushing face and its gentle beauty was more like the creation of romance or the fair inspiration of a dream than the actual reality on earth. Tenderly her lover gazed upon her as the clusterous ringlets were edged by amorous and sportive zephyrs and when he perceived the rude intrusion of the sunlight he sprang to draw the curtain but softly she stayed him. 'No, no, dear Charles,' she softly said, 'much rather you'ld (sic) I have a little sun than no air at all.'

Der Frühling war gekommen, der Nachmittag leuchtete warm und sinnlich. Die lauen Lüfte schienen das allgemeine, köstliche Sehnen zu teilen, beladen mit den verschiedenen und gemischten Düften der Rosen und dem -Essaerne [sic], dem Geißblatt und den Wildblumen. Langsam wehten ihre duftenden Gaben zum offenen Fenster, wo die Liebenden saßen. Die Strahlen der heißen Sonne fielen auf ihr errötendes Gesicht und ihre Schönheit mutete wie eine Schöpfung der Romantik oder die heitere Inspiration eines Traums an denn wie irdische Realität. Zärtlich sah ihr Geliebter sie an, ihre Locken von verliebten und verspielten Zephyren umrahmt. Als er das rüde Eindringen der Sonnenstrahlen bemerkte, sprang er auf, um die Vorhänge zuzuziehen, sie aber hielt ihn sanft zurück: „Nein, nein, lieber Charles", sagte sie leise, „es ist besser, ein wenig Sonne auszuhalten, als gar keine frische Luft."

(2000 gelöst von Gil Broza. Mehr über die Entschlüsselung und Geschichte der zwei Rätsel sind auf der Website http://www.bokler.com/eapoe.html) zu lesen.

DIE TANZENDEN MÄNNCHEN DES CONAN DOYLE

Seite 299: Aussage über Poes Kommentar zu Chiffre und Rätsel:

What one man can invent, another man can discover.

Was ein Mann erfindet, kann ein anderer entdecken.

Seite 300: Schlussfolgerung des Abenteuers in *Die tanzenden Männchen*:

And so, my dear Watson, we have ended by turning the dancing men to good when they have so often been the agents of evil, and I think that I have fulfilled my promise of giving you something unusual for your notebook.

Und so, mein lieber Watson, haben wir die tanzenden Männchen zum Guten gewandelt, nachdem sie so oft Agenten des Bösen waren. Und ich denke, ich habe mein Versprechen gehalten, dass ich Ihnen etwas Ungewöhnliches für Ihr Notizbuch geliefert habe.

AUSSTELLUNGSSTÜCK: DAS VOYNICH-MANUSKRIPT

Das EVA 1-Alphabet von Gabriel Landini:

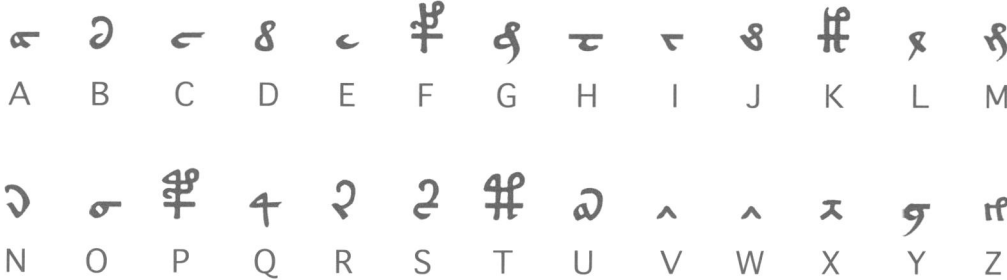

Seite 303: William Blake über die Vorstellungskraft:

I know of no other Christianity and of no other Gospel than the liberty both of body and mind to exercise the Divine Arts of Imagination: Imagination the real and eternal World, of which this Vegetable Universe is but a faint shadow.

Ich kenne kein anderes Christentum und kein anderes Evangelium, als die Freiheit von Körper und Geist, die göttliche Kunst der Vorstellungskraft auszuüben. Die Vorstellung der echten und ewigen Welt, von der unser Gemüse-Universum nur ein blasser Schatten ist.

JOHANN JOACHIM BECHERS *LINGUA UNIVERSALIS*

Seite 304: Satz, mit der kumulativen Methode verschlüsselt:

IHST AEILNRSUV EMSTY ILW BIGNR ACEP

This Universal system will bring peace.

Das Universalsystem wird Frieden bringen.

Seite 305: Genesis 11:

> And all the earth was one lip and there was one language to all.

Es hatte aber alle Welt einerlei Zunge und Sprache.

PALANCS CREME-LINIEN

Seite 306: Auszug aus dem Rezept für einen Paris-Brest Kuchen:

> Using a long serrated knife, cut the pastry ring in half horizontally. Pipe the custard onto the bottom half. Pipe the whipped cream on top of the custard.

Man nehme ein langes Messer mit Wellenschliff und teile die Teigringe horizontal, bringe dann die Puddingfüllung mittels Spritzbeutel auf die untere Hälfte, mit einem anderen Spritzbeutel die geschlagene Sahne auf den Pudding.

Seite 307: traditionelles Kuchenrezept:

> In a medium bowl, beat sugar, eggs, and vanilla until light. Mix in the chocolate mixture until well blended. Stir in the sifted ingredients alternately with sour cream, then mix in chocolate chips. Drop by rounded tablespoonfuls onto ungreased sheets.

Man nehme eine mittlere Schüssel und schlage Zucker, Eier und Vanille schaumig. Die Schokoladenmischung einrühren. Dann die gesiebten Zutaten, eventuell mit saurer Sahne, unterrühren, dann die Schokoladenstückchen. Mit Esslöffeln Häufchen auf ungefettetes Backpapier legen (Rezept für Kekse).

STEFANO BENNI

Seite 310: Bemerkung über Reue:

One can repent even of having repented.

Man kann es bereuen, bereut zu haben.

Seite 310: über das Treffen mit außerirdischer Zivilisation:

When it comes to cultures meeting, I prefer to be the discoverer than the one discovered.

Was ein Treffen der Kulturen betrifft, wäre ich lieber Entdecker statt Entdeckter.

Seiten 310 und 311: erster Satz aus *Die Bar auf dem Meeresgrund:*

I don't know if you are going to believe me; we spend half of our lives mocking what others believe, and the other half believing what others mock.

Ich weiß nicht, ob Sie mir glauben: Wir verbringen die Hälfte unseres Lebens damit, das zu verspotten, was andere sagen, die andere Hälfte damit, zu glauben, was andere verspotten.

Seite 311: Addition:

789 + 1.235 + 254 = 2.278

Seite 311: Multiplikation:

137.028.956 x 4 = 548.115.824

BRUNO MUNARI

Seite 312: über Leonardos *Mona Lisa*:

> If Leonardo's *Gioconda* had legs, she would leave art and return to reality.

Hätte Leonardos Mona Lisa *Beine, würde sie die Kunst verlassen und in die Wirklichkeit zurückkehren.*

Seite 312: über das Leben:

> Take life as seriously as a game.

Nehmen Sie das Leben so ernst wie ein Spiel.

Seite 313: ein Zen-Prinzip:

> View the rainbow in profile.

Seht euch den Regenbogen im Profil an.

Seite 313: über Symbole und ihre Bedeutung:

> Let us try to use symbols as we use words in poetry: words that have more than one meaning, and whose content varies according to why and where they are situated.

Wir sollten Symbole verwenden wie Worte in der Poesie: Worte, die mehr als eine Bedeutung haben und deren Inhalt davon abhängt, warum und wo sie verwendet werden.

HILDEGARDS VERSCHLÜSSELTER GLAUBE

Seite 315: ein Satz von Hildegard:

It came to pass that the heavens were opened and a blinding light of exceptional brilliance flowed through my entire brain.

Und es geschah, dass der Himmel sich öffnete und ein blendendes Licht von außergewöhnlicher Leuchtkraft durch mein ganzes Gehirn floss.

Seiten 316 und 317: Hildegards erste große Vision:

It happened that, in the eleven hundred and forty-first year of the Incarnation of the Son of God, Jesus Christ, when I was forty-two years and seven months old, Heaven was opened and a fiery light of exceeding brilliance came and permeated my whole breast, not like a burning, but like a warming flame, as the sun warms anything its rays touch.

Es geschah im elfhunderteinundvierzigsten Jahr nach der Menschwerdung Jesu Christi, als ich zweiundvierzig Jahre und sieben Monate alt war, dass sich der Himmel öffnete und ein helles Licht von außerordentlicher Leuchtkraft herauskam und durch mein ganzes Gehirn fuhr, aber wie eine wärmende Flamme, wie die Sonne alles mit ihren Strahlen wärmt.

DIE CHIFFRE DES DOCTOR MIRABILIS

Seite 319: Anwendung von Roger Bacons erster Methode:

All science requires mathematics.

Alle Wissenschaft erfordert Mathematik (der erste Buchstabe jedes Wortes).

Seite 320: Bacons Methode ausprobieren: erst die Vokale entfernen, dann das griechische Alphabet verwenden:

> It is reputed a great folly to give an ass lettuce, when thistles will serve his turn; and he impaireth the majesty of things who divulgeth mysteries.

Es ist töricht, einem Esel Salat zu füttern, wenn ihm Disteln reichen würden und es schmälert die Majestät der Dinge, die die Mysterien enthüllen.

Seite 320: über Notwendigkeit und Anwendung des Verbergens:

> I deemed it necessary to touch these tricks of obscurity, because haply myself may be constrained, through the greatness of the secrets which I shall handle, to use some of them, so that, at the least, I might help thee to my power.

Es schien mir notwendig, diese Tricks des Verbergens anzuwenden, weil ich eventuell dazu gezwungen bin, wegen der Bedeutung der Geheimnisse, mit denen ich Umgang habe, das anzuwenden, sodass ich Ihnen zu meinem Wissen verhelfen kann.

GEOFFREY CHAUCER

Seite 322: wie das Astrolabium anzuwenden ist:

> Thyn astrolabie hath a ring to putten on the thombe of the right hand in taking the height of thinges.

Dein Astrolabium hat einen Ring, in den du den Daumen deiner rechten Hand steckst, wenn du die Höhe von Dingen misst.

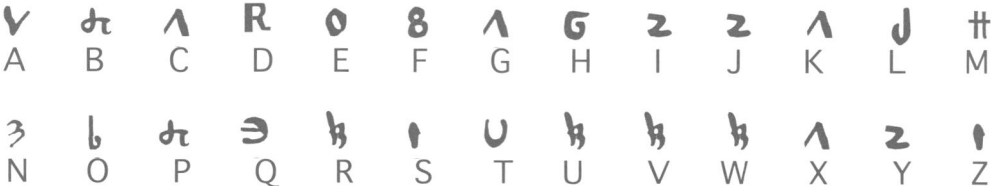

Seiten 322 und 323: aus dem Vorwort der *Canterbury Tales:*

> His eyen stepe, and rollinge in his heed,
> That stemed as a forneys of a leed;
> His botes souple, his hors in greet estaat.
> Now certeinly he was a fair prelat;
> He was nat pale as a for-pyned goost.
> A fat swan loved he best of any roost.
> His palfrey was a broun as is a berye.

Die Augen traten steif aus seinem Gesicht,
das dampfte, schlimmer dampfen kann es nicht.
Die Stiefel fein, das Ross im höchsten Staat,
er war fürwahr ein stattlicher Prälat.
Wie ein gequälter Geist wirkte er nicht,
und gebratener Schwan war sein Leibgericht.
Braun war sein Zelter wie die Beeren.

Übersetzt aus dem Englischen von Anne Döbel

AGRIPPAS OKKULTISMUS

Seiten 324 und 325: Wie Agrippas Verstand arbeitete (Thebanisches Alphabet):

I do not doubt but the Title of our book of Occult Philosophy, or of Magick,
may by the rarity of it allure many to read it, amongst which, some of a crasie
judgement, and some that are perverse will come to hear what I can say, who, by
their rash ignorance may take the name of Magick in the worse sense, and though
scarce having seen the title, cry out that I teach forbidden Arts, sow the seed of
Heresies, offend pious ears, and scandalize excellent wits; that I am a sorcerer,
and superstitious and divellish, who indeed am a Magician: to whom I answer,
that a Magician doth not amongst learned men signifie a sorcerer, or one that is
superstitious or divellish; but a wise man, a priest, a prophet; and that the Sybils
were Magicianessess, & therefore prophecyed most cleerly of Christ; and that
Magicians, as wise men, by the wonderful secrets of the World, knew Christ, the
author of the World, to be born, and came First of all to worship him; and that the

name of Magicke was received by Philosophers, commended by Divines, and not unacceptable to the Gospel.

Ich habe keinen Zweifel, dass der Titel dieses Buches Über okkulte Philosophie oder von der Magie, viele verlocken wird, es zu lesen, unter ihnen werden Verrückte sein und auch Perverse, die wissen wollen, was ich zu sagen habe und die durch ihr Nichtwissen den Ausdruck Magie von seiner schlimmsten Seite verstehen und einige werden bei dem Titel aufschreien, ich würde verbotene Künste unterrichten, die Saat der Ketzerei säen, fromme Ohren beleidigen und gebildete Köpfe schockieren, dass ich ein Zauberer sei, abergläubisch und teuflisch, während ich in Wahrheit ein Magier bin: Und ich weiß, dass ein Magier unter den Gelehrten kein Zauberer ist oder abergläubisch oder teuflisch, sondern ein weiser Mann, ein Priester, ein Prophet. Und dass die Sybillen Magierinnen waren und eindeutig Prophezeiungen über Christus sagten und dass Magier, diese weisen Männer, durch die wunderbaren Geheimnisse unserer Welt Christus, den Schöpfer der Welt, kannten und die ersten waren, die ihm huldigten und dass der Begriff Magie durch Philosophen empfangen wurde, nahegelegt durch Götter und vom Evangelium nicht abgelehnt.

Seite 326: über die Venus (Malachim-Alphabet):

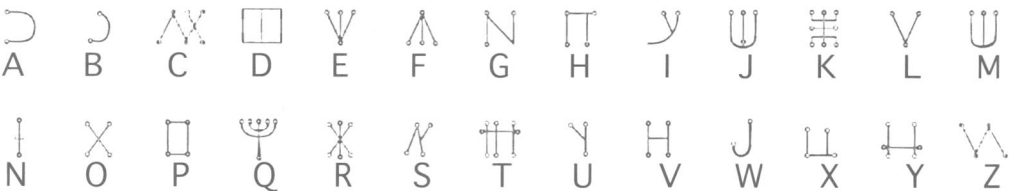

Things are under Venus, amongst Elements, Aire, and Water; amongst humours, Flegm, with Blood, Spirit, and Seed; amongst tasts, those which are sweet, unctuous, and delectable.

Dinge unter der Macht der Venus sind bei den Elementen Luft und Wasser, bei den Launen Trägheit, mit Blut, Geist und Samen, bei den Geschmäckern die süßen, fettigen und köstlichen.

Seite 327: über Mars („Überqueren des Flusses"-Alphabet):

> Things are Martiall, amongst Elements, Fire, together with all adust, and Sharp things; amongst humours, Choller; also bitter tasts, tart, and burning the tongue, and causing tears.

Dinge unter der Macht des Mars sind bei den Elementen das Feuer, zusammen mit allen scharfen Dingen, bei den Launen Wut, bei Geschmäckern der bittere, herbe und brennende, der Tränen verursacht.

Seite 328: Allgemeine Prinzipien des *Picatrix* („Überqueren des Flusses"-Alphabet)

> The cautious Soul collaborates with the Astral action just as the skilled peasant collaborates with Nature when plowing and digging.

Die umsichtige Seele arbeitet mit den Sternbewegungen wie der geübte Bauer beim Pflügen und Graben mit der Natur.

Seite 329: Agrippa über die Sonne (Zodiak-Alphabet):

> Things under the power of the Sun are, amongst Elements, the lucid flame; in the humours, the purer blood, and spirit of life; amongst tasts, that which is quick, mixed with sweetness.

Dinge unter der Macht der Sonne sind bei den Elementen die heiße Flamme, bei den Launen das reinere Blut und der Lebensgeist, bei den Geschmäckern alles, was flüchtig ist, mit Süße vermischt.

JOHN DEE

Seite 331: These 1:

It is by the straight line and the circle that the first and the most simple example and representation of all things may be demonstrated, whether such things be either non-existent or merely hidden under Nature's veils.

Durch die gerade Linie und den Kreis kann das erste und einfachste Beispiel und das Symbol aller Dinge demonstriert werden, ob diese Dinge entweder nicht existieren oder nur durch den Schleier der Natur verhüllt sind.

Seite 332: These 2:

Neither the circle without the line, nor the line without the point, can be artificially produced. It is, therefore, by virtue of the point and the Monad that all things commence to emerge in principle. That which is affected at the periphery, however large it may be, cannot in any way lack the support of the central point.

Weder der Kreis ohne Linie, noch die Linie ohne den Punkt können künstlich entstehen. Daher liegt es am Punkt und der Monade, dass alle Dinge grundsätzlich einen Anfang nehmen. Alles am Rand, und sei es noch so groß, kann auf die Unterstützung durch den Mittelpunkt nicht verzichten.

Seite 333: These 3:

Therefore, the central point which we see in the centre of the hieroglyphic Monad produces the Earth, round which the Sun, the Moon, and the other planets follow their respective paths. The Sun has the supreme dignity, and we represent him by a circle having a visible centre.

Daher repräsentiert der mittlere Punkt, den wir im Zentrum der hieroglyphischen Monade sehen, die Erde, um die die Sonne, der Mond und alle anderen Planeten ihren jeweiligen Pfaden folgen. Der Sonne gebührt die höchste Ehre, wir stellen sie durch einen Kreis mit sichtbarem Zentrum dar.

BIBLIOGRAFIE
REGISTER
DANKSAGUNG
BILDNACHWEISE

BÜCHER UND ZEITSCHRIFTEN

Albani, Paolo und Buonarroti, Berlinghiero, *Aga magéra difúra: dizionario delle lingue immaginarie*. Bologna: Zanichelli, 1994.

Belloc, Alexis, *La télégraphie historique depuis les temps reculés jusqu'à nos jours*. Paris: Firmin Didot, 1894.

Bouleau, Charles, *The Painter's Secret Geometry*. New York: Harcourt, Brace & World, 1963.

Carcopino, Jérôme, *La basilique pythagoricienne de la porte majeure*. Paris: L'artisan du livre, 1927.

Carrouges, Michel, *Les machines célibataires*. Paris: Chêne, 1976.

Castéra, Bernard de, *Le compagnonnage*. Paris: Presses Universitaires de France, 1988.

Copeland, B. Jack (Hrsg.), *The Essential Turing*. Oxford, GB: Clarendon Press, 2004.

Dach, Michel, *Le Désert de Retz à la lumière d'un angle particulier*. Rocquencourt, Frankreich: Michel Dach, 1995.

Dailliez, Laurent, *Les Templiers et les Règles de l'Ordre du Temple*. Paris: Editions Pierre Belfond, 1972.

Davis, Martin, *Computability and Unsolvability*. New York: McGraw-Hill, 1958.

Desgris, Alain, *Organisation et vie des Templiers*. Paris: Guy Tredaniel Editeur, 1997.

Delclos, Marie und Caradeau, Jean-Luc, *L'ordre du temple*. Paris: Trajectoire, 2005.

Félibien des Avaux, André, *Entretiens sur les vies et les ouvrages des plus excellents peintres anciens et modernes*. Paris: Sébastien Mabre Cramoisy, 2005.

Flournoy, Theodore, *From India to the Planet Mars: A Case of Multiple Personality with Imaginary Languages*. Princeton, N. J.: Princeton University Press, 1994.

Freudenthal, Hans, *Lincos: Design of a Language for Cosmic Intercourse*. Amsterdam: Noord-Hollandse Uitgeversmaatschappij, 1960.

Gannon, Paul, *Colossus: Bletchley Park's Greatest Secret*. London: Atlantic Books, 2006.

Ghyka, Matila C., *The Geometry of Art and Life*. New York: Dover, 1978.

Hambidge, Jay, *The Elements of Dynamic Symmetry*. New York: Brentano's, 1926.

Henry, Victor, *Le langage martien*. Paris: J. Maisonneuve, 1901.

Howard, Michael A., *The Runes and Other Magical Alphabets*. Wellingborough, GB: Thorsons Publishers, 1978.

Huntley, H. E., *The Divine Proportion: A Study in Mathematical Beauty*. New York: Dover, 1970.

Jusserand, J. J., *With Americans of Past and Present Days*. New York: Charles Scribner's Sons, 1917.

Kahn, David, *The Codebreakers*. London: Weidenfeld and Nicolson, 1966.

Martin, Jean-Jack, *Compagnons charpentiers, ces derniers indiens*. Tours, Frankreich, 2006.

Montagné, Jean-Claude, *Histoire des moyens de télécommunication de l'antiquité à la seconde guerre mondiale*. Bagneux, Frankreich: Jean-Claude Montagné, 1995.

Morrison, Philip und Emily (Hrsg.), *Charles Babbage and His Calculating Engines*. New York: Dover, 1961.

Ollivier, Michel, „Comment naquit le monopole des télécommunications". *Le Monde*, 3.−4. Mai, 1987.

Pernoud, Régine, *Hildegard von Bingen: Inspired Conscience of the Twelfth Century*. New York: Marlowe & Company, 1998.

Renard, Pierre-Émile, *Chambourcy et le Désert de Retz*. Chambourcy, 1984.

Richter, Irma A., *The Notebooks of Leonardo da Vinci*. Oxford, GB: Oxford University Press, 1952.

Rouge, Georges-Louis le, *Détail des nouveaux jardins à la mode*. Paris: 1776−1787.

Rougier, Louis, *La religion astrale des Pythagoriciens*. Paris: Presses Universitaires de France, 1959.

Scholem, Gershom, *On the Kabbalah and Its Symbolism*. New York: Schocken Books, 1969.

Seuphor, Michel (red.), *Cercle et carré*, Paris: Pierre Belfond, 1971.

Shugarts, David A., *Secrets of the Widow's Son*. New York: Sterling Publishing, 2005.

Singh, Simon, *The Code Book*. New York: Doubleday, 1999.

Vergez, Raoul, *La pendule à Salomon*. Paris: Juliard, 1957.

Wilson, Geoffrey, *The Old Telegraphs*. London: Phillimore, 1976.

Wolfe, James Raymond, *Secret Writing: The Craft of the Cryptographer*. New York: McGraw-Hill, 1970.

Yaguello, Marina, *Lunatic Lovers of Language: Imaginary Languages and Their Inventors*. London: Athlone Press, 1991.

WEBSITES

Auf die Links wird mit der üblichen, beim Umgang mit dem Internet angemessenen Vorsicht hingewiesen. Die Adressen sind zum Zeitpunkt der Entstehung dieses Buches aktuell, sie können nach der Veröffentlichung aber bereits umgezogen oder verschwunden sein.

Labor für künstliche Sprachen — www.rickharrison.com/language/index.html (Rick Harrisson)

Cincinnatusorden in Pennsylvania — www.pasocietyofthecincinnati.org

Steinmetz-Wandergesellen, Abteilung Nordamerika — www.stonecarver.com/union.html

Steinmetzzeichen — www.goldenageproject.org.uk/192masonsmarks.html

Minoische Steinmetzzeichen — www.mmtaylor.net/Holiday2000/index.html (Insup und Martin Taylor)

Norfolk Incredible Font Design — www.norfok.com/ (freie Nug Soth -Schrift)

Nu Isis Working Group — www.geocities.com/nu_isis/index_f.html (Seite mit seltenen Schriften)

Ronald W. Kenyon — www.geocities.com/rwkenyon/chronology.html

Betsy Ross und die Flagge — www.ushistory.org/betsy/flagtale.html

Villard de Honnecourt — www.villardman.net (Carl F. Barnes)

Voynich-Schrift — www.voynich.nu/extra/eva.html (Seite mit seltenen Voynich-Schriften von René Zandbergen und Gabriel Landini)

Das Voynich-Manuskript an der Yale University — http://webtext.library.yale.edu/beinflat/pre1600.MS408.html

Vereinigte Großlogen von Deutschland — http://freimaurer.org

REGISTER

BILDNACHWEISE

O=oben
U=unten

24 © science photo; **46/60O/60U/62** Jérôme Carcopino, La Basilique Pythagoricienne de la Porte Majeure, © 1927 Choureau et Cie.; **72** Le Corbusier, Le Modulor, © F.L.C./Adagp, Paris 2008; **76** © Fotolia:/Pavel Parmenov; **85** © Bigstock/Eishier; **104** © Google Earth; **115** Mauritz Escher, Drawing Hands, © M.C. Escher. Courtesy M.C. Escher Company; **137** Dreamstime.com/ James Steidl; **139** Pierre d'Aubusson, Belagerung von Rhodos, © Bibliothèque nationale de France; **141/142** Jean-Jack Martin, Compagnons Charpentiers, Tours 2006, © Jean-Jack Martin; **189** © Fotolia/Eric Boulanger; **194** National Security Agency; **198** National Security Agency; **199** National Security Agency; **Seite 212** Sammlung der New-York Historical Society, Negativ 50222d **213 (oben rechts):** Library of Congress 213U Dreamstime.com/Todd Taulman; **Seite 220:** mit freundlicher Genehmigung von Michael Drach **Seite: 224** Thomas Jefferson, „Capitol, Ovale des Pavillons, runder Plan," Massachusetts Historical Society **229** Dreamstime.com/Thomas Payne; **232** © basegreen/Flickr; **Seite 237:** Man Ray, Rose Scelavy, © Man Ray Trust/Adagp, Paris 2007/ ARS, New York City **Seite 237:** Marcel Duchamp, *Nu descendant un escalier (Akt, eine Treppe herabsteigend)* © Marcel Duchamp/Adagp, Paris 2007/ARS, New York City, Philadelphia Museum of Art **Seite 241:** Marcel Duchamp, *Mit verstecktem Geräusch*, © Marcel Duchamp/Adagp, Paris 2007/ARS, New York City, Philadelphia Museum of Art **Seite 249:** Marcel Duchamp, *La mariée mise à nu ...(le grand verre) (Die Braut wird von ihren Junggesellen entkleidet, sogar [Das Große Glas])*, © Marcel Duchamp/Adagp, Paris 2007/ARS, New York City, (wie vom Künstler zerbrochen) **Seite** Marcel, Duchamp, *Etant donné, seulement la porte extérieure...(Gegeben sei, die Tür nur)* © Marcel Duchamp/Adagp, Paris 2007/ARS, New York City, Philadelphia Museum of Art **Seite 251 (oben):** US Nationalarchiv **Seite 251 (unten):** National Security Agency **Seite** Matt Crypto, Wikimedia Commons **257** © Apple Inc.; **293** © Corbis; **Seite 334/335:** NASA **336** © SETI

Wikimedia Commons:

21, 27, 74, 75, 81, 91, 109, 111, 121, 123, 127, 210, 215, 216O, 216U, 218, 219U, 234, 235, 251O, 251U, 255, 262, 282, 301, 321, 330

iStockphoto.com:

2 jsp; **6** MadeByEve; **12** sefaoncul; **17** aaronizer; **35** Adrio; **38** Acerebel; **40** Margaretrr; **41** HultonArchive; **43** jasantiso; **45** karimhesham; **58** da-kuk; **66** WilshireImages; **79** MelonBee; **81** Aneurysm; **93** whitemay; **106** jodiecoston; **136** xyno; **146** pawelosi; **164** busypix; **202** kompasstudio; **203** Phototreat; **254** Mouse-ear; **260** ahlobystov; **264** gmutlu; **280** sharply_done; **322** jodiecoston; **338** oonal; **382** THEPALMER

SCHRIFTARTENNACHWEISE

Wenn nicht anders vermerkt, stammen alle speziell für dieses Buch geschaffenen Schriftarten von Pierre Berloquin & Denis Dugas.

Seite 291: Nug-Soth: urhixidur font, Copyright Daniel U. Thibault

Seite 303 (unten): EVA Hand 1 von René Zandbergen und Gabriel Landini, zu sehen unter http://www.voynich.nu/extra/eva.html. © René Zandbergen, 2004

Seite 308-309: Luigi Serafini, „Codex Seraphinianus", Franco Maria Ricci, 1981, © Luigi Serafini

Seiten 309-311: Schrift von Denis Dugas, erstellt mit Erlaubnis von Stefano Benni

Seiten 323-325: Theban, © Ben Whitmore 1998

Seite 326: NI MalachimB, frei verfügbare Schriftart der NU Isis Working Group, 2001

Seiten 330-333: NI Enochian, frei verfügbare Schriftart der NU Isis Working Group

DANKSAGUNG

Bei folgenden Personen möchte ich mich für ihre Hilfe bedanken:

Laurent Bastard
Ginny Bess
Jacques Borowczyk
Jean-Mary Couderc
Mike Dickman
Denis Dugas
Didier Guiserix
Meredith Hale
Jean-Jack Martin
Chrissy McIntyre
Stuart Miller
Guy Nouri
Pierre-Émile Renard

ERSCHIENEN BEI LIBRERO:

Der Goldene Schnitt
Gary B. Meisner
978-94-6359-143-0

Die Geheimnisvolle Geschichte der
Labyrinthe
Julie E. Bounford
978-94-6359-288-8

Sherlock Holmes
Pierre Berloquin
978-94-6359-146-1

Das Kunst-Rätsel-Buch
Susie Hodge, Dr. Gareth Moore
978-94-6359-359-5

Das Astronomiebuch
Jim Bell
978-94-6359-115-7

Das Buch der Unendlichkeit
Antonio Lamúa
978-90-8998-361-9

Das Okkulte
John Michael Greer
978-94-6359-116-4

Sciencia
Burkard Polster u.a.
978-90-8998-430-2

Quadrivium
Miranda Lundy u.a.
978-90-8998-429-6

Megalithe
Hugh Newman, Howard Crowhurst u.a.
978-94-6359-119-5